DB-Fachbuch

Herausgegeben vom Eisenbahn-Fachverlag

D1665441

Eisenbahnbetriebstechnologie

1. Auflage
DB-Fachbuch

Eisenbahn-Fachverlag
Heidelberg · Mainz

Gert Heister, Jörg Kuhnke, Carsten Lindstedt, Roswitha Pomp, Thorsten Schaer, Thomas Schill, Stephan Schmidt, Norbert Wagner, Wolfgang Weber

Eisenbahnbetriebstechnologie

Die Bearbeitung dieses Bandes wurde im September 2005 abgeschlossen.
Foto auf dem Titel: DB AG/Schmid.

Herausgeber: Eisenbahn-Fachverlag GmbH in Zusammenarbeit mit DB Training, Learning & Consulting.

Eisenbahn-Fachverlag, Heidelberg · Mainz

ISBN 3-9808002-2-9

Inhaltsverzeichnis

Verzeichnis der Abbildungen und Tabellen

Abbildungsverzeichnis

Nr.	Abbildung	Seite

Kapitel 3

Nr.	Abbildung	Seite

Kapitel 7

Tabellenverzeichnis

Vorwort

„Eisenbahnbetriebstechnologie" – das Betriebsmanagement der Bahn

Eisenbahninfrastrukturunternehmen (EIU) – wie die DB Netz AG – operieren am Trassenmarkt. Die Eisenbahnverkehrsunternehmen (EVU) innerhalb und außerhalb des Konzerns Deutsche Bahn AG sind die Kunden der DB Netz AG. Die Erträge dieser Unternehmen beeinflussen erheblich den betriebswirtschaftlichen Erfolg der DB Netz AG.

Das Produkt „Fahrplantrasse" muss den EVU auf dem Trassenmarkt diskriminierungsfrei angeboten werden. Die Leistungserstellung durch den Vertrieb der DB Netz AG hat darüber hinaus so zu erfolgen, dass das Produkt „Fahrplantrasse" den Erfordernissen des Marktes entspricht. Durch Optimierungen in der Aufbau- und Ablauforganisation können zwar Kosten reduziert und unternehmerische Potentiale erschlossen werden. Die Grundlage eines soliden Trassenmanagements bilden jedoch die Kenntnis der verfügbaren Fahrwegkapazitäten und deren fahrplan- bzw. betriebstechnologisch optimale Nutzung (→ **„Fahrwegkapazitätsbetrachtungen"**).

Die „Eisenbahnbetriebstechnologie", welche das gesamte „Betriebsmanagement der Bahn" umfasst, charakterisiert – unabhängig von unternehmensinternen Bezeichnungen – diejenigen Tätigkeiten und Prozesse, welche nach Abschluss der Angebotsplanung für die unbehinderte eisenbahnbetriebliche Durchführung von Verkehren notwendig sind.

Während die Angebotsplanung als Kernaufgabe des EVU betrachtet werden kann, ist die Fahrplanerstellung (→ **„Trassenmanagement"**) Aufgabe der EIU. Die Durchführungsplanung (→ **„Örtliche Richtlinien"** und **„Fahren und Bauen"**) ist nur in Abstimmung zwischen EVU und EIU möglich. In der Betriebsdurchführung (→ **„Betriebszentralen"** und **„Überwachung der Mitarbeiter im Bahnbetrieb"**) steuert vornehmlich das EIU den Produktionsprozess. Die Qualität der Schnittstellen zwischen EIU und EVU in der Betriebsdurchführung (→ **„Betriebsleittechnik"**) entscheidet über die dabei erreichte Güte der Umsetzung der Planung (→ **„Betriebsprozessanalyse"**).

Neben den beschriebenen betriebswirtschaftlichen Unternehmenszielen hat das EIU die Aufgabe, weitere volkswirtschaftliche und gesellschaftspolitische Ziele zu verwirklichen. Der Gesetz- und Verordnungsgeber hat in mannigfaltigen Vorschriften darüber hinaus den Betrieb von Eisenbahnen spezifiziert und reglementiert. Beispielhaft soll auf die Eisenbahn-Bau- und Betriebsordnung (EBO) hingewiesen werden.

Der Eisenbahn-Fachverlag unternimmt mit dem DB-Fachbuch „Eisenbahnbetriebstechnologie" den Versuch an die Tradition komplexer eisenbahnbetriebstechnologischer Darstellungen (z.B. „Hahn'sche Eisenbahnbetriebslehre") anzu-knüpfen. Ein interdisziplinäres Team von Eisenbahnern verschiedener Fachbereiche hat mit großem Engagement das vorliegende Werk in seiner Freizeit erstellt. Es richtet sich an alle im Produktionsprozess der Bahn beschäftigten Mitarbeiter von Eisenbahninfrastruktur- und -verkehrsunternehmen, insbesondere an Trainees, Direkteinsteiger und „Fachwirte für den Bahnbetrieb", welchen es darüber hinaus als Lehrbuch dienen möge.

Studenten von Universitäten und Fachhochschulen mit eisenbahnbetriebswissenschaftlichen oder -bautechnischen Studiengängen kann das Fachbuch helfen schon frühzeitig den Blick für die Praxis zu schärfen.

Die folgende Darstellung gibt Ihnen einen Überblick darüber, welchen zeitlichen und fachlichen Planungshorizonten die einzelnen Kapitel zuzuordnen sind.

Planungs-horizont	Infrastruktur-planung	Produktions-planung	Produktions-durchführung
langfristig	(7) Fahrwegkapazitätsbetrachtungen		(5) Betriebsleittechnik
mittelfristig	z.B. Infrastruktur-instandhaltung (Wartung, Inspektion und Instandsetzung)	(6) Trassenmanagement und (2) Fahren und Bauen	(1) Örtliche Richtlinien und (4) Betriebsprozessanalyse
kurzfristig	z.B. Disposition und Durchführung der technischen Entstörung		(3) Betriebszentralen und (1) Überwachen der Mitarbeiter im Bahnbetrieb

Abbildung: Übersicht DB-Fachbuch „Eisenbahnbetriebstechnologie".

Das Team der Fachautoren wünscht Ihnen viel Spaß und Erfolg bei der Lektüre und steht Ihnen für Fragen und Anregungen jederzeit gern zur Verfügung.

München, im September 2005

Thorsten Schaer

(im Namen aller Fachautoren)

1 Örtliche Richtlinien und Überwachung der Mitarbeiter im Bahnbetrieb

1.1 Einleitung

Eisenbahnunternehmen, ob als Betreiber einer Eisenbahninfrastruktur oder als Eisenbahnverkehrsunternehmen, sind bei der Erbringung ihrer Leistungen zur Beachtung einer Reihe von Gesetzen, Rechtsverordnungen und Richtlinien verpflichtet. In der Bundesrepublik Deutschland sind dies z.B. das Allgemeine Eisenbahngesetz (AEG) und die Eisenbahn-Bau- und Betriebsordnung (EBO), welche von den Eisenbahnunternehmen u.a. eine sichere Durchführung des Eisenbahnbetriebes fordern. Die EBO beschreibt z.B. Anforderungen an das Betriebspersonal. In § 47 Abs. 4 der EBO heißt es dazu: „Den Betriebsbeamten sind schriftliche Anweisungen über ihre dienstlichen Pflichten zugänglich zu machen."[1]

Die Eisenbahnunternehmen haben Vorschriften und betriebliche Anweisungen erarbeitet, die auf diesen Gesetzen bzw. Rechtsverordnungen beruhen, und ihren Mitarbeitern bekannt gegeben.

Die wohl bekanntesten Vertreter dieser unternehmensspezifischen Regelungen sind für die Deutsche Bahn AG das Regelwerk „Züge fahren und Rangieren" und für die nichtbundeseigenen Eisenbahnen, das Regelwerk „Fahrdienstvorschrift für Nichtbundeseigene Eisenbahnen (FV-NE)" (Abbildung 1.1).

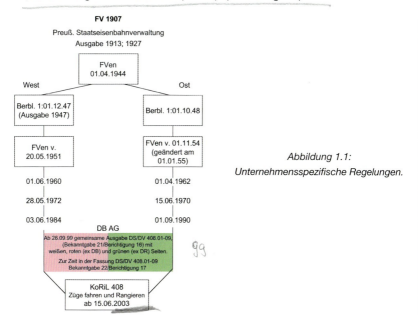

Abbildung 1.1:
Unternehmensspezifische Regelungen.

1.2   Bahnbetrieb, Mitarbeiter

Eine Definition von Bahnbetrieb liefert gegenwärtig die Konzernrichtlinie (KoRil) 408 „Züge fahren und Rangieren". Im Modul 408.0101 Abschnitt 1 heißt es u.a. „Bahnbetrieb ist das Bewegen von Fahrzeugen. Zum Bahnbetrieb gehören das Fahren von Zügen und das Rangieren." [2]

Die KoRil 408 „Züge fahren und Rangieren" unterscheidet vier Mitarbeitergruppen, welche diese Konzernrichtlinie anwenden. Dies sind
- Mitarbeiter, die Aufgaben im Bahnbetrieb wahrnehmen,
- Mitarbeiter, die Örtliche Richtlinien, Fahrpläne oder
  Betriebs- und Bauanweisung (Betra) aufstellen,
- Mitarbeiter mit Planungs-, Leitungs- oder Überwachungsaufgaben im
  Bahnbetrieb und
- Ausbilder Bahnbetrieb.

Zu den Aufgaben im Bahnbetrieb gehören das Vorbereiten, Zulassen und Durchführen der Fahrzeugbewegungen. Diese Tätigkeiten im Bahnbetrieb werden in der Regel von Fahrdienstleitern, Weichenwärtern, Triebfahrzeugführern und Zugführern wahrgenommen. Dabei können sie von Schrankenwärtern, Zugmeldern, Rangierbegleitern, Rangierern, Triebfahrzeugbegleitern, Zugschaffnern, Zugvorbereitern und örtlichen Aufsichten unterstützt werden, ohne dass es dazu eines besonderen Auftrages bedarf. Aufgaben im Bahnbetrieb, für die originär Fahrdienstleiter, Weichenwärter, Triebfahrzeugführer oder Zugführer zuständig sind, können von diesen jedoch auch auf andere Mitarbeiter übertragen werden. Dies geschieht dann auf Grund von Regeln in der KoRil 408 und mit Einzelauftrag.

Die anderen drei Mitarbeitergruppen führen nicht direkt Tätigkeiten im Bahnbetrieb aus. Sie sind hauptsächlich mit vorbereitenden und begleitenden Tätigkeiten, z.B. Planung des Bahnbetriebes oder Ausbildung der Mitarbeiter, welche Tätigkeiten im Bahnbetrieb wahrnehmen, beschäftigt. Alle vier Mitarbeitergruppen finden sich, wenn auch nicht namentlich, in § 47 der EBO wieder. Dort werden diese unter dem Begriff Betriebsbeamte zusammengefasst.

1.3   Betriebliche Planung – Was ist das?

Der reibungslose Betrieb einer Eisenbahn erfordert das exakte Zusammenspiel einer Vielzahl von Beteiligten aus den unterschiedlichsten Bereichen. Ein Teil dieses Zusammenspiels sind die planerischen Tätigkeiten. An erster Stelle sind dies natürlich die Planungen für den Bau der Infrastrukturanlagen, wie Oberbau, Bahnsteige usw., aber auch der Fahrzeuge. Außer diesen Planungen, mit zumeist technischem Hintergrund, sind jedoch auch planerische Tätigkeiten erforderlich, die den eigentlichen Betrieb der Eisenbahn ermöglichen. Seien es Fahr- und Rangierpläne oder Wagen- bzw. Lokumlaufpläne.

Wie eingangs erwähnt, sind beim Betrieb einer Eisenbahn die einschlägigen Gesetze, Rechtsverordnungen usw. zu beachten. Diese sind in vielen Fällen jedoch so allgemein gehalten, dass eine Umsetzung denkbar, eine einheitliche und damit effiziente Handhabung der Bestimmungen auf allen Arbeitsplätzen schwerlich möglich ist. In der EBO § 39 Absatz 5 heißt es z.b. „An Haltsignalen dürfen Züge nur mit besonderem Auftrag vorbeifahren." [3] Wie dieser Auftrag aussehen kann, lässt der Verordnungsgeber an dieser Stelle offen. Ein besonderer Auftrag kann ein Signal sein, wie es in der Eisenbahn-Signalordnung genannt ist, ein mündlicher oder schriftlicher Auftrag. Dieses Beispiel zeigt die Notwendigkeit diese Vorgaben für öffentliche Eisenbahnen zu präzisieren. Die Präzisierung haben die Eisenbahnen durch die Schaffung eines Regelwerkes erreicht, welches garantiert, dass alle Mitarbeiter den Bahnbetrieb nach denselben Regeln durchführen.

Allerdings ist es auch mit dem unternehmensinternen Regelwerk als solchem nicht gelungen, für alle vorkommenden betrieblichen, baulichen und technischen Situationen Handlungsanweisungen zu geben. Die Vielzahl der zu regelnden Sachverhalte würde das Regelwerk aufblähen und damit wenig anwenderfreundlich gestalten. Deshalb sind für die einzelnen Betriebsstellen auf die örtlichen Besonderheiten zugeschnittene Regelungen erforderlich. Diese Regelungen werden von Mitarbeitern mit Planungsaufgaben erstellt – den Betriebsplanern. Die Erarbeitung all dieser spezifischen Regeln wird als betriebliche Planung bezeichnet.

Unabdingbar für eine sichere und reibungslose Durchführung des Bahnbetriebes ist es, dass die technische und betriebliche Planung aufeinander abgestimmt sind und die planenden Mitarbeiter entsprechend eng zusammenarbeiten.

Im weiteren Verlauf dieses Kapitels geht es hauptsächlich um die betriebliche Planung zur Konkretisierung des betrieblichen Regelwerkes.

1.4 Historie

1.4.1 Örtliche Regelungen – weshalb?

Zum Einstieg ein Blick in historische und aktuelle Regelwerke.

„Auf jedem Bahnhofe muss ein Merkbuch (Merkblatt, Bahnhofdienstanweisung) vorhanden sein, worin die Besonderheiten des Bahnhofs und seiner Einrichtungen und sonstige für die Dienstbesorgung in Betracht kommende Umstände zu vermerken sind. Mit Genehmigung der Eisenbahndirektion kann bei einfachen Verhältnissen hiervon abgesehen werden. Der Vorsteher hat dafür zu sorgen, dass neu eintretende und aushilfsweise zu beschäftigende Beamte sich alsbald mit dem Inhalte des Merkbuchs vertraut machen und dies unterschriftlich bestätigen." [4]

„Wo die Fahrdienstvorschriften zusätzliche Bestimmungen erforderlich machen, die in verschiedenartigen Einrichtungen und örtlichen Verhältnissen begründet sind, ordnet sie jede Direktion für ihren Bezirk besonders an, soweit in den Fahr-dienstvorschriften vorgeschrieben, im „Anhang zu den Fahrdienstvorschriften (AzFV)", im übrigen im Bahnhofsbuch [§ 7 (8)] oder in der Sammlung betrieblicher Vorschriften." [5]

„Für Betrieb mit Streckenblockung, für besondere Verhältnisse und in Fällen, wel-che die FV-NE vorsieht, trifft der Oberste Betriebsleiter (OBl) zusätzliche Bestim-mungen. … Diese besonderen Regelungen gibt der OBl in der Sammlung betrieb-licher Vorschriften (SbV) bekannt. Sie enthält auch die Beschreibung der örtlichen Verhältnisse." [6]

„Zusätzliche oder abweichende Regeln werden in den Örtlichen Richtlinien zur Konzernrichtlinie 408.0101 – 0911 und im Auftragsbuch gegeben. Örtliche Richt-linien werden für Mitarbeiter auf Betriebsstellen und für das Zugpersonal getrennt herausgegeben." [7]

Diese Zitate aus Regelwerken verdeutlichen, dass sich die Verfasser dieser Regel-werke bewusst waren, dass es praktisch nicht durchführbar ist, alle Möglichkeiten an unterschiedlichen baulichen, organisatorischen und technischen Gegebenhei-ten und den sich daraus ergebenden unterschiedlichen Handlungsanweisungen in dem jeweiligen Regelwerk darzustellen. Aus diesem Grund war es erforderlich und wird es auch zukünftig notwendig sein, den Mitarbeitern örtliche Regelungen zum bestehenden Regelwerk an die Hand zu geben, welche ganz konkret auf einen Arbeitsplatz zugeschnitten sind.

Abbildung 1.2:
Unterschiedliche
Fahrdienstleiterarbeitsplätze.

Abbildungen: DB AG/Kirsche (oben)
und Donath (links).

1.4.2 Örtliche Regelungen bei der Deutschen Bahn AG

Nach Beendigung der Teilung Deutschlands, jedoch schon vor der Gründung der DB AG, waren Deutsche Bundesbahn und Deutsche Reichsbahn bemüht, das in unterschiedlicher Weise entwickelte Regelwerk zu harmonisieren und in diesem Zusammenhang zu reformieren.

Die wesentlichen Bestimmungen für den Bahnbetrieb waren bei der Deutschen Bundesbahn in der „DS 408 Fahrdienstvorschrift" und bei der Deutschen Reichsbahn in der „DV 408 Fahrdienstvorschriften" enthalten. Beide Regelwerke gaben an, wie den Mitarbeitern örtliche Regeln bekannt zu geben sind. Diese Möglichkeiten waren sehr vielschichtig, z.B. Bahnhofsbuch, Anweisungen örtlicher Art, Streckenbuch, Sammlung betrieblicher Verfügungen, Anhang zu den Fahrdienstvorschriften, um nur einige zu nennen.

Dieser Zustand fand am 01.03.1998, mit der Bekanntgabe 19 zur DS 408 und der Berichtigung 14 der DV 408, sein Ende. Zu diesem Zeitpunkt wurde sowohl in DS 408 als auch in DV 408 im § 1 Abs. 2a festgeschrieben: „Zusätzliche Regeln für die Mitarbeiter im Bahnbetrieb werden von den Geschäftsbereichen in den Örtlichen Richtlinien zur DS (DV) 408 und im Auftragsbuch gegeben." [8]

Zum 15.06.2003 wurden die DS und DV 408 durch die Konzernrichtlinie 408 ersetzt. Damit wurden formal die bis dahin unterschiedlichen Regelungen der ehemaligen Deutschen Bundesbahn und Deutschen Reichsbahn vereinheitlicht.

1.5 Örtliche Richtlinien zur Konzernrichtlinie 408.0101 – 0911

Den Mitarbeitern im Bahnbetrieb werden zusätzliche Regeln zu einer Reihe von betrieblichen Regelwerken durch die „Örtlichen Richtlinien zur Konzernrichtlinie 408.0101 – 0911" bekannt gegeben. Insofern ist die Bezeichnung „zur Konzernrichtlinie 408.0101 – 0911" etwas irreführend, da auch zusätzliche Regeln zu anderen betrieblichen Regelwerken, z.B. DS/DV 301 – Signalbuch –, enthalten sind. Dies ist historisch bedingt und wird sich sukzessive ändern. Näheres dazu lesen Sie im Abschnitt 1.8 Ausblick.

Im betrieblichen Regelwerk ist vermerkt, ob der Anwender zu den dort enthaltenen Bestimmungen ggf. örtliche Regeln beachten muss. Im Text der Regelwerke ist darauf hingewiesen, wenn örtliche Regelungen gegeben sind bzw. gegeben sein können. Ist kein solcher Hinweis vorhanden, dürfen auch keine örtlichen Regeln gegeben sein.

Die Mitarbeiter im Bahnbetrieb arbeiten entweder stationär auf Betriebsstellen, z.B. Fahrdienstleiter, oder mobil in Zügen, z.B. Triebfahrzeugführer. Die Örtlichkeit, auf welche das Regelwerk angewendet wird, ist für das stationäre Personal konstant. Das mobile Personal dagegen bewegt sich innerhalb des Streckennetzes der DB AG und trifft dabei auf unterschiedlichste örtliche Gegebenheiten. Für beide Mitarbeitergruppen werden deshalb unterschiedliche Örtliche Richtlinien herausgegeben. Dies sind die „Örtlichen Richtlinien zur Konzernrichtlinie 408.0101 – 0911 für Mitarbeiter auf Betriebsstellen" und die „Örtlichen Richtlinien zur Konzernrichtlinie 408.0101 – 0911 für das Zugpersonal".

Zur Gewährleistung eines einheitlichen Erscheinungsbildes der Örtlichen Richtlinien wurden innerhalb der KoRil 408 die Modulgruppen 408.11 – 19 erstellt. In Ihnen sind die Vorschriften zusammengefasst, die sich an die Mitarbeiter richten, welche Örtliche Richtlinien aufstellen.

1.5.1 Grundsätze

Auf Betriebsstellen, die mit Mitarbeitern besetzt sind, müssen „Örtliche Richtlinien zur Konzernrichtlinie 408.0101 – 0911 für Mitarbeiter auf Betriebsstellen" ausliegen, wenn zusätzliche Regeln erforderlich sind. Zusätzliche Regeln für unbesetzte Betriebsstellen sind in den Örtlichen Richtlinien derjenigen Betriebsstelle enthalten, dessen Mitarbeitern diese unbesetzte Betriebsstelle zugeordnet ist. Wenn unbesetzte Betriebsstellen im Störungsfall besetzt werden sollen, sind die betreffenden örtlichen Regeln für diese Betriebsstelle zusätzlich dort zu hinterlegen.

Sind für eine Strecke örtliche Regelungen erforderlich, sind diese dem Zugpersonal mittels der „Örtlichen Richtlinien zur Konzernrichtlinie 408.0101 – 0911 für das Zugpersonal" bekannt zu geben. Mit dem Begriff „Strecke" ist hier ein definierter Abschnitt innerhalb des Streckennetzes der DB AG gemeint, der sowohl die freie Strecke als auch die Betriebsstellen innerhalb dieses Abschnittes umfasst.

1.5.2 Zuständigkeiten

Eisenbahninfrastrukturunternehmen sowie die Eisenbahnverkehrsunternehmen, welche Mitarbeiter auf Betriebsstellen beschäftigen, stellen „Örtliche Richtlinien zur Konzernrichtlinie 408.0101 – 0911 für Mitarbeiter auf Betriebsstellen" auf bzw. wirken an deren Erstellung mit.

Die „Örtlichen Richtlinien zur Konzernrichtlinie 408.0101 – 0911 für das Zugpersonal" werden von der DB Netz AG jeweils für den Geltungsbereich einer ihrer Niederlassungen herausgegeben. An der Erstellung der Regeln sind jedoch auch die anderen Eisenbahnunternehmen beteiligt, in dem sie verpflichtet sind, Angaben, Änderungen und Ergänzungen zu den Regelungsinhalten der herausgebenden Stelle mitzuteilen.

1.5.3 Form

Form und Gestaltung der Örtlichen Richtlinien sollen sich an den Bedürfnissen der Anwender orientieren. Dass sich diese Bedürfnisse bei den Mitarbeitern auf Betriebsstellen von denen, welche sich in Zügen befinden, unterscheiden, liegt auf der Hand. Allein das Platzangebot für die Unterbringung der Regelwerke der verschiedenen Mitarbeitergruppen unterscheidet sich enorm.

Das Zugbegleitpersonal benötigt ein kompaktes und für alle Strecken einheitlich strukturiertes Werk. Diese Gesichtspunkte spielen beim stationären Personal keine so große Rolle.

Um den Betriebsplanern, welche die „Örtlichen Richtlinien zur Konzernrichtlinie 408.0101 – 0911 für Mitarbeiter auf Betriebsstellen" erarbeiten, möglichst viel Handlungsspielraum zu gewähren, wurden nur einige wenige Vorgaben erarbeitet, die sich vornehmlich auf die Gestaltung der Vorspannseiten beziehen.

Dies sind:
1. Jede Örtliche Richtlinie ist mit einer Titelseite zu versehen.
2. Jedem Exemplar ist ein Verzeichnis der Bekanntgaben beizuheften.
3. Bei der herausgebenden Stelle ist ein Nachweis der Prüfungen und Bekanntgaben zu führen.
4. In die Örtlichen Richtlinien ist ein Inhaltsverzeichnis, ein Verzeichnis der Anhänge und ein Verteiler einzufügen.
5. Die Inhalte sind entsprechend Modul 408.1101 Abschnitt 2A 01 zu gliedern.

Das Layout und auch das Medium, auf welchem die „Örtlichen Richtlinien zur Konzernrichtlinie 408.0101 – 0911 für Mitarbeiter auf Betriebsstellen" bereitgestellt werden, können auf die Bedürfnisse der jeweiligen Anwender zugeschnitten werden.

Weiterhin ist es zulässig, Regeln für mehrere Betriebsstellen zusammenzufassen, wenn dies sinnvoll ist; z.B. alle Stellwerke eines Bahnhofs.

In den Abbildungen 1.3 bis 1.5 sind Beispiele für die Punkte 1. bis 3. dargestellt.

Örtliche Richtlinien zur Konzernrichtlinie 408.0101 – 0911

für Mitarbeiter auf Betriebsstellen

für Stellwerk B1, Bahnhof Eisenhüttenstadt

Gültig ab   12.12.2004

Abbildung 1.3: Titelseite von „Örtliche Richtlinien zur Konzernrichtlinie 408.0101 – 0911".

1	2	3	4
	Bekanntgaben		
lfd. Nr.	gültig ab	In Örtliche Richtlinien eingearbeitet	
		am	durch
1	15.06.2003	–	Neudruck
2	12.12.2004	12.12.2004	*NAME*

Abbildung 1.4, links:
Nachweis der Bekanntgaben.

Abbildung 1.5, unten:
Nachweis der Prüfungen und Bekanntgaben/Berichtigungen bei der herausgebenden Stelle.

1	2	3	4	5	6
Geprüft		Bekanntgaben			
am	durch	lfd. Nr.	gültig ab	In Örtliche Richtlinien eingearbeitet	
				am	durch
–	–	1	15.06.2003	–	Neudruck
31.07.2003	*NAME*	–	–	–	–
13.12.2004	*NAME*	2	12.12.2004	13.12.2004	*NAME*

Bei den „Örtlichen Richtlinien zur Konzernrichtlinie 408.0101 – 0911 für das Zug-personal" gelten, wie bereits erwähnt, andere Maßstäbe.

Deshalb wurde für die Erstellung der Druckstücke eine Dokumentvorlage vorbe-reitet und den Betriebsplanern, die „Örtliche Richtlinien zur Konzernrichtlinie 408.0101 – 0911 für das Zugpersonal" erstellen, online zugänglich gemacht. Be-standteil dieser Dokumentvorlage sind Autotext-Einträge, welche mit jeder Be-kanntgabe der Module 408.11 – 19 aktualisiert herausgegeben werden. Mit diesen

Autotext-Einträgen können alle Überschriften, die zu präzisierenden Regelwerke und die dazugehörenden Stichworte eingefügt werden.

Für die Herstellung dieser Örtlichen Richtlinien sind folgende Vorgaben verbindlich:
1. Format DIN A5,
2. gebundenes Heft,
3. Umschlagfarbe rot,
4. Beschriftung des Heftrückens <Ausgabedatum> „Örtliche Richtlinien zur Konzernrichtlinie 408.01 – 09 für das Zugpersonal <Niederlassung Netz>“,
5. Umrisskarte des Geltungsbereiches auf der Titelseite des Heftumschlages.
   Den Regeln sind folgende Seiten vorzuheften:
   – Streckenübersichtskarten; Gesamt- und ggf. Einzeldarstellungen,
   – Streckenverzeichnis; ggf. geteilt nach Haupt- und Nebenstrecken,
   – Hinweise zur Benutzung der Örtlichen Richtlinien.

Die Strecken sind wie in der „Zusammenstellung der vorübergehenden Langsamfahrstellen und anderen Besonderheiten (La)“ zu nummerieren. Dies ermöglicht dem Anwender ein schnelles Finden der benötigten Informationen.

Bei Regeln, welche nur für eine Fahrtrichtung gelten, werden diese durch Pfeile kenntlich gemacht. Angaben, welche nur für das Gegengleis gelten, sind in Winkel gesetzt.

Die Regeln werden in zwei Abschnitten, Regeln für die Strecke und Regeln für Betriebsstellen, gegeben.

Innerhalb der Abschnitte werden zuerst die ergänzenden Regeln zur Konzernrichtlinie 408.0101 – 0911 und dann für DS und DV 301 gegeben. Es folgen ergänzende Bestimmungen zu weiteren Regelwerken in der Reihenfolge der Nummern dieser Regelwerke; beginnend bei Modul 436.0001 und endend bei Modul 718.9005.

1.5.4 Inhalt

In Modul 408.1101 Abschnitt 2A01 sind alle Stichwörter und die dazugehörigen Textstellen des betrieblichen Regelwerkes aufgeführt, zu denen örtliche Regelungen gegeben werden können. Zu nicht aufgeführten Regelwerken und Textstellen ist eine Aufnahme in die Örtlichen Richtlinien zur Konzernrichtlinie 408.0101 – 0911 nicht gestattet.

1.5.4.1 Örtliche Richtlinien für Mitarbeiter auf Betriebsstellen

Für die Erarbeitung der „Örtlichen Richtlinien zur Konzernrichtlinie 408.0101 – 0911 für Mitarbeiter auf Betriebsstellen“ nimmt sich der Betriebsplaner die in Modul 408.1101 Abschnitt 2A01 aufgeführten Regelwerke und prüft, ob für die betreffende Betriebsstelle örtliche Regeln notwendig sind.

Für folgende Regelwerke sind gegenwärtig örtliche Regelungen zulässig:

- Konzernrichtlinie 408.01 – 09, Züge fahren und Rangieren,
- DS 301, Signalbuch (SB),
- DV 301, Signalbuch (SB),
- KoRiL 135.0201, Betreten oder Benutzen von Bahnanlagen und Fahrzeugen, die nicht dem allgemeinen Verkehrsgebrauch dienen,
- DS 409, Reisezugwagenvorschrift,
- Modul 435.0001, Rangierarbeiten planen, Rangieraufwand überwachen,
- Module 436, Zug- und Rangierfahrten im Zugleitbetrieb durchführen (ZLB)
  - Modul 436.0001, Grundsätze, Begriffe, betriebliche Unterlagen,
  - Modul 436.0002, Zuglaufmeldungen, Zugmeldungen,
  - Modul 436.0003, Zugfolge, Kreuzungen und Überholungen regeln,
  - Modul 436.0004, Betrieb auf Zuglaufstellen,
- Module 437, Zug- und Rangierfahrten im Signalisierten Zugleitbetrieb durchführen (SZB),
  - Modul 437.0001, Regelungen für alle Mitarbeiter,
  - Modul 437.0002, Aufgaben des Zugleiters,
  - Modul 437.0003, Aufgaben des Triebfahrzeugführers,
  - Modul 437.0005, Aufgaben des Fahrdienstleiters,
- Richtlinie 456, Regeln für Schrankenwärter,
- Modul 462.0101, Betrieb des Oberleitungsnetzes, Grundsätze,
- Module 481, Telekommunikationsanlagen im Bahnbetrieb bedienen
  - Modul 481.0201, Grundlagen für Verbindungen des analogen Zugfunks,
  - Modul 481.0202, Gespräche über analogen Zugfunk führen,
  - Modul 481.0301, Gespräche über analogen Rangierfunk führen,
- Module 482, Signalanlagen bedienen,
  - Modul 482.9001, Allgemeines,
  - Modul 482.9032, Zuggesteuerte Bahnübergangssicherungsanlagen,
  - Modul 482.9033, Signalgesteuerte Bahnüberganssicherungsanlagen,
- Modul 491.0201, Leistungsfähigkeit der Triebfahrzeuge; Zweck, Inhalt, Aufbau und Anwendung,
- Modul 717.0101, Örtliche Anweisungen aufstellen; Rangieren und Bilden von Zügen; Rangiergeräte, Verständigung im Ablaufbetrieb,
- Modul 718.0106, Regelungen für Mitarbeiter im Ablaufbetrieb,
- Modul 718.9005, Fahrzeuge mit Schraubenkupplung kuppeln.

Am Beginn jeder „Örtlichen Richtlinie zur Konzernrichtlinie 408.0101 – 0911 für Mitarbeiter auf Betriebsstellen" wird die Betriebsstelle beschrieben. Diese Beschreibung dient gewissermaßen einem neuen Mitarbeiter dazu, diese Betriebsstelle kennen zu lernen. In Modul 408.0121 Abschnitt 2 heißt es: „In den Örtlichen Richtlinien für Mitarbeiter auf Betriebsstellen sind Anlagen und Einrichtungen der Betriebsstellen genannt." [9]

Der Betriebsplaner hat nun eine detaillierte Beschreibung der Betriebsstelle zu geben. Es sind u.a. aufzuführen: die Lage der Betriebsstelle im Streckennetz, ihre Begrenzung gegenüber der freien Strecke, die vorhandenen Gleisanlagen und ihre

Nutzungsmöglichkeiten (Verwendungszweck, Nutzlänge), alle Bahnübergänge innerhalb der Betriebsstelle und der angrenzenden Streckenabschnitten bis zum nächsten besetzten Bahnhof, andere Anlagen wie z.B. Bremsprüfeinrichtungen, die vorhandenen Telekommunikationsanlagen, Wasser-, Strom- und Gasversorgung und Maßnahmen bei Störungen an diesen Versorgungseinrichtungen. Des Weiteren ist ein Lageplan beizufügen.

Ob eine Betriebsstelle mit Mitarbeitern besetzt ist oder nicht, zu dieser Textstelle sind für jede Betriebsstelle Angaben erforderlich.

Abbildung 1.6: Ein Fahrdienstleiter benötigt
„Örtliche Richtlinien für Mitarbeiter auf Betriebsstellen". Foto: DB AG/Preuß.

Bei bestimmten Stichworten sind örtliche Regelungen erforderlich, die sich auf die Organisation innerhalb des Eisenbahnunternehmens beziehen. Zum Beispiel heißt es in Modul 408.0401 Abschnitt 1: „Sie müssen den Eingang von Anordnungen über den Zugverkehr oder die Berichtigung von Fahrplanunterlagen der in den Örtlichen Richtlinien genannten Stelle bestätigen." [10] Hier kann und will der Regelwerksautor nicht in die innerbetriebliche Organisation des Eisenbahnunternehmens eingreifen und eine Stelle vorschreiben, an die solche Bestätigungen abzugeben sind. Jeder Mitarbeiter im Bahnbetrieb auf einer Betriebsstelle wird demzufolge in den Örtlichen Richtlinien für Mitarbeiter auf Betriebsstellen eine solche Stelle genannt bekommen müssen.

Andere Stichworte wiederum sind erforderlich, um den unterschiedlichen technischen Ausrüstungen der Betriebsstellen Rechnung zu tragen. In Modul 408.0331 Abschnitt 2 Arten der Zustimmung heißt es unter Buchstabe g): „Kennlicht bei Hauptsignalen, die nach AB 1 (DS 301) oder nach DV 301 § 1 Abs. 9 zeitweilig betrieblich abgeschaltet sind, soweit dies in den Örtlichen Richtlinien zugelassen ist." [11] Der Betriebsplaner prüft anhand der technischen Pläne, ob diese Möglichkeit besteht und trifft dann die erforderlichen Regelungen.

Des Weiteren können mit Hilfe der Örtlichen Richtlinien für Mitarbeiter auf Betriebsstellen auf bauliche Besonderheiten hingewiesen bzw. daraus resultierende Regelungen gegeben werden. So ist in Modul 408.0435 Abschnitt 4 festgelegt: „Wenn bei ICE-Zügen an bestimmten Bahnsteiggleisen (Örtliche Richtlinien für Mitarbeiter auf Betriebsstellen) Trittstufen nicht ausgefahren werden dürfen, müssen Sie als Fahrdienstleiter den Triebfahrzeugführer eines planmäßig oder außerplanmäßig zum Aus- oder Einsteigen haltenden Zuges durch Befehl 10 verständigen." [12] In diesem Fall ist der Betriebsplaner auf die Zuarbeit der Kollegen aus den technischen Fachbereichen angewiesen, um die Bahnsteiggleise zu nennen, bei denen das Ausfahren der Trittstufen verboten ist.

1.5.4.2 Örtliche Richtlinien für das Zugpersonal

Für die Erstellung der Örtlichen Richtlinien für das Zugpersonal nimmt sich der Betriebsplaner die in Modul 408.1101 Abschnitt 2A01 aufgeführten Regelwerke und prüft, ob für die freie Strecke und/oder die sich dort befindenden Betriebsstellen Regeln für das Zugpersonal erforderlich sind.

Dies ist momentan für folgende Regelwerke gestattet:
- Konzernrichtlinie 408.01 – 09, Züge fahren und Rangieren,
- DS 301, Signalbuch (SB),
- DV 301, Signalbuch (SB),
- Module 436, Zug- und Rangierfahrten im Zugleitbetrieb durchführen (ZLB)
  - Modul 436.0001, Grundsätze, Begriffe, betriebliche Unterlagen,
  - Modul 436.0002, Zuglaufmeldungen, Zugmeldungen,
  - Modul 436.0003, Zugfolge, Kreuzungen und Überholungen regeln,
  - Modul 436.0004, Betrieb auf Zuglaufstellen,
- Module 437, Zug- und Rangierfahrten im Signalisierten Zugleitbetrieb durchführen (SZB),
  - Modul 437.0001, Regelungen für alle Mitarbeiter,
  - Modul 437.0002, Aufgaben des Zugleiters,
  - Modul 437.0003, Aufgaben des Triebfahrzeugführers,
  - Modul 437.0005, Aufgaben des Fahrdienstleiters,
- Module 481, Telekommunikationsanlagen im Bahnbetrieb bedienen,
  - Modul 481.0201, Grundlagen für Verbindungen des analogen Zugfunks,
  - Modul 481.0202, Gespräche über analogen Zugfunk führen,
- Module 491, Verwendbarkeit und Leistungsfähigkeit der Triebfahrzeuge,
  - Modul 491.0201, Leistungsfähigkeit der Triebfahrzeuge; Zweck, Inhalt, Aufbau und Anwendung,
  - Module 491.9201 bis 9207, Übersicht der Grenzlasten,
- Modul 494.0251, Technische Einrichtungen am Zug bedienen; Technikbasiertes Abfertigungsverfahren (TAV) bedienen,
- Modul 718.9005, Fahrzeuge mit Schraubenkupplung kuppeln.

Jede Strecke wird mit ihrer Streckennummer und Bezeichnung entsprechend der „Zusammenstellung der vorübergehenden Langsamfahrstellen und anderen Besonderheiten (La)" aufgeführt. Bei eingleisigen Strecken ist hinter der Streckenbezeichnung der Zusatz „– eingleisig –" aufzunehmen. Ggf. darf die Streckenbezeichnung ergänzt werden, z.B. durch Güterzuggleis. Bei Nebenbahnen ist hinter der Streckenbezeichnung und dem ggf. vorhandenen Zusatz „– eingleisig –" der Hinweis „Nebenbahn" angegeben.

Dann folgen die örtlichen Regeln für diese Strecke, welche aus organisatorischen, technischen oder baulichen Besonderheiten resultieren.

So wird gemäß Modul 408.0311 Abschnitt 1 auf organisatorische Besonderheiten reagiert, in dem dort geregelt ist „Für Reisezüge im grenzüberschreitenden Verkehr müssen Sie die Internationale Wagenliste verwenden. Mit der Nachbarbahn können abweichende Regeln vereinbart sein (Örtliche Richtlinien)" [13]. Diese Besonderheiten ergeben sich aus den unterschiedlichen Grenzbetriebsvereinbarungen.

*Abbildung 1.7: Eine Zugführerin benötigt
„Örtliche Richtlinien für das Zugpersonal". Foto: DB AG/Schmid.*

Mit den Regelungen in Modul 408.0711 Abschnitt 4 wird auf die unterschiedlichen baulichen Gegebenheiten reagiert. Es wird vorgeschrieben, die zulässigen Längen der Reisezüge zu nennen; unterteilt nach Länge des Wagenzuges bei lokbespannten Zügen bzw. Gesamtlänge des Zuges bei Reisezügen, die nicht lokbespannt sind. Damit wird garantiert, dass planmäßig an einem Bahnsteig haltende Reisezüge nur so lang sind, dass sich auch alle Türen am Bahnsteig befinden.

In Modul 408.0301 Abschnitt 5 heißt es: „Steht ein streckenkundiger Mitarbeiter nicht zur Verfügung, dürfen Sie fahren, ohne dass ein streckenkundiger Mitarbeiter beigegeben wird, soweit es in den Örtlichen Richtlinien nicht verboten ist." [14] Mit dieser Regelung wird auf technische Besonderheiten, z.B. des Signalsystems, reagiert. So ist es nicht gestattet, einen Streckenabschnitt ohne Streckenkenntnis zu befahren, wenn dort Lichthauptsignale vorhanden sind, die zugleich Vorsignalfunktion besitzen und nicht mit Vorsignalmastschild nach DV 301 § 54 Abs. 4 gekennzeichnet sind.

Nach den Regeln für die Strecke werden die Regeln für einzelne Betriebsstellen an dieser Strecke aufgeführt. Diese Regeln müssen natürlich mit denen, die für Mitarbeiter auf Betriebsstellen gegeben wurden, übereinstimmen, wenn dort zum selben Sachverhalt Regelungen gegeben wurden.

1.5.5 Arbeitsmittel des Betriebsplaners

Die Örtlichen Richtlinien präzisieren Bestimmungen des betrieblichen Regelwerkes. Es kann nun der Eindruck entstehen, dass diese Präzisierungen im alleinigen Ermessen des Betriebsplaners liegen. Doch dem ist nicht immer so. Für einige Regelungen kommt es „nur" darauf an Tatbestände bzw. Sachverhalte zu nennen; z.B. bei der Beschreibung der Betriebsstelle oder der Bekanntgabe der Bedeutungen der Richtungsanzeiger.

Allerdings gibt es auch eine Reihe von zu präzisierenden Regeln, deren Umsetzung auf die besonderen örtlichen Verhältnisse gewisser Hinweise und Unterstützung bedarf. Hierzu werden dem Betriebsplaner Vorgaben in Form von Planungshinweisen bzw. Planungsvorschriften gemacht.

Dies sind zum einen die Modulgruppen 408.11 bis 408.19 der Konzernrichtlinie 408 und zum anderen die Konzernrichtlinie 412 „Sammlung Betrieblicher Verfügungen (SBV)" mit den Modulgruppen 412.10 bis 412.90.

In den Modulgruppen 408.11 – 19 sind die Planungsrichtlinien zu den Modulgruppen 408.01 – 09 enthalten. Ein Auszug aus dem Inhaltsverzeichnis ist in Abbildung 1.8 dargestellt.

Modul 408	Ab-schnitt	Ab-satz	Inhalt	gültig ab
1203		2 b Nr. 4	Zugschlussmeldung im Zugmeldebuch eintragen	15.06.03
1203	3 b		Fernsprechbuch für häufig gegebene Meldungen führen	12.12.04
1203	4		Unterlagen aufbewahren	12.12.04
1211	1	1	Fahrplan für Zugmeldestellen aufstellen	12.12.04
1221	1	2 a	Fernsprechverbindungen für Zugmeldungen bestimmen	15.06.03
1221	1	3	Rufzeichen beim Anbieten oder Abmelden bestimmen	15.06.03
1221	1	8 b Nr. 1	Auf eingleisigen Stichstrecken auf Zugmeldungen verzichten	15.06.03
1221	3	3 b	Mit tatsächlicher Ab- oder Durchfahrtzeit abmelden	15.06.03
1221	3	5	Wortlaut der Abmeldung	15.06.03
1231	1 b		Beginn und Ende des zu prüfenden Teils des Fahrwegs bestimmen	15.06.03
1231	2	1 a	Richtige Stellung der Weichen bei nicht überwachter Stelltischausleuchtung feststellen	15.06.03

Abbildung 1.8: Inhaltsverzeichnis KoRil 408.11 – 19 (Auszug).

Die Konzernrichtlinie 412 enthält folgende Modulgruppen:
- Verfügungen zu DS 301 und DV 301,
- Verfügungen zu DS 301,
- Verfügungen zu DV 301,
- Verfügungen zu Richtlinie 456,
- Verfügungen zu Ril 482 und
- Sonstige Verfügungen.

In diesen Modulgruppen sind, ähnlich den Modulgruppen 408.11 – 19, die Planungsvorschriften zu bestimmten Textstellen des dort aufgeführten Regelwerkes enthalten.

Bei der Erarbeitung der Örtlichen Richtlinien sind diese Planungsvorschriften zu beachten.

1.6 Örtliche Regelungen zu anderen Regelwerken

Wie bereits im Abschnitt 5 erwähnt, werden in den Örtlichen Richtlinien zur Konzernrichtlinie 408.0101 – 0911 auch noch Regelungen zu anderen Regelwerken getroffen.

Inzwischen werden örtliche Regeln jedoch auch zu anderen Regelwerken separat herausgegeben und sind nicht Bestandteil der Örtlichen Richtlinien zur Konzernrichtlinie 408.0101 – 0911.

Stellvertretend seien an dieser Stelle die fahrplanabhängigen Regelungen zum Modul 420.0102 genannt, die als Zusätze zu dem Modul herausgegeben werden.

1.7 Auftragsbuch

Änderungen der Örtlichen Richtlinien zur Konzernrichtlinie 408.0101 – 0911 erfolgen in der Regel zum Fahrplanwechsel. Zwischenzeitlich erforderliche Änderungen oder Ergänzungen müssen den Mitarbeitern zuverlässig bekannt gegeben werden. Dazu bedient man sich des Auftragsbuches. Dieses enthält daneben andere Aufträge für die Mitarbeiter einer Betriebs- bzw. Einsatzstelle.

Die dort enthaltenen Aufträge können befristete Anordnungen bzw. Regelungen, welche später in die Örtlichen Richtlinien zur Konzernrichtlinie 408.0101 – 0911 einfließen, enthalten. Des Weiteren wird das Auftragsbuch genutzt, um kurzfristig notwendige Änderungen des Regelwerks bekannt zu geben, bis Druck und Verteilung dieser Bekanntgabe erfolgt ist.

Bei der herausgebenden Stelle wird ein Stammauftragsbuch geführt. In diesem sind sämtliche Aufträge der Organisationseinheit enthalten. Die Aufträge werden fortlaufend nummeriert. Die Aufträge für die einzelnen Betriebs- bzw. Einsatzstellen werden ebenfalls nummeriert.

Halbjährlich sind von der herausgebenden Stelle die Aufträge auf Aktualität zu prüfen bzw. es ist zu prüfen, ob die Aufträge noch benötigt werden.

Abbildung 1.9: Beispiel für ein Inhaltsverzeichnis eines Stammauftragsbuchs.

lfd. Nr.	Inhalt	Betriebsstellen			
		BEHS B1	BEHS W2	BZIL	BAWS
1	Bekanntgabe Örtliche Richtlinien	1	1	1	1
2	Änderung Fahrwegprüfbezirke	2	2	–	–
3	Änderungen Zugfunk	3	–	2	2
...	...	...	...	...	...

Örtliche Richtlinien und Überwachung der Mitarbeiter im Bahnbetrieb

1.8 Ausblick

Die Gestaltung des Regelwerks der DB AG wird gegenwärtig vereinheitlicht und anwenderfreundlicher aufgebaut. Ziel ist es, eine anwenderbezogene Modularisierung des Regelwerkes durchzuführen. So ergibt sich die Möglichkeit anwenderspezifische Handbücher, z.B. für das Stellwerkspersonal, aufzulegen. In diese Handbücher können dann auch die jeweils erforderlichen örtlichen Regelungen zu den einzelnen Modulen eingefügt werden. Die bis 1998 übliche Praxis alle zusätzlichen Regeln im Bahnhofsbuch zu verankern greift auf Grund des durch die Bahnreform bedingten Strukturwandels nicht mehr. Der Bahnhof als Organisationseinheit existiert nicht mehr und somit hat sich auch das Bahnhofsbuch erübrigt. Für eine Übergangszeit war und ist es jedoch notwendig zusätzliche Regeln anderer Regelwerke in den Örtlichen Richtlinien zur Konzernrichtlinie 408.0101 – 0911 zu geben. Und zwar so lange, bis diese Regelwerke dem neuen Aufbau des Regelwerkes angepasst sind.

1.9 Überwachung der Mitarbeiter

1.9.1 Grundsatz

Die Verpflichtung aus § 4 Abs. 1 AEG, den Eisenbahnbetrieb sicher zu führen, beinhaltet auch, dass das Eisenbahnunternehmen die Einhaltung gesetzlicher und unternehmensinterner Regelungen innerhalb des eigenen Unternehmens überprüft. Diesem Ziel dient die Überwachung der Mitarbeiter im Bahnbetrieb. Des Weiteren werden mit der regelmäßigen Überwachung die Handlungssicherheit der Mitarbeiter erhöht und Schwachstellen bzw. Mängel aufgedeckt, die geeignet sind die Betriebssicherheit zu gefährden.

Für die DB AG ist das Prozedere der Überwachung der Mitarbeiter in der Konzernrichtlinie 408 geregelt. Dort wurde das Modul 408.1111 Abschnitt 1 „Mitarbeiter überwachen" eingestellt. Erarbeitet wurde dies federführend durch die DB Netz AG. Die DB Netz AG und der Personenverkehr der DB AG haben zu diesem Regelwerk ergänzende Regeln als Anhang zu Modul 408.1111 Abschnitt 1 erlassen.

Durch die DB Station&Service AG wurde eine unternehmensinterne Weisung zu diesem Thema erarbeitet, welche sich an den Bestimmungen dieses Moduls orientiert. Dass bei dieser Thematik, im Rahmen der gesetzlichen Bestimmungen, die Betriebsräte beteiligt werden ist selbstverständlich und an dieser Stelle nur der Vollständigkeit wegen erwähnt.

1.9.2 Verantwortlichkeit

Die Verantwortlichkeiten für die Überwachung der Mitarbeiter sind in jedem Eisenbahnunternehmen unterschiedlich geregelt. Dies ist abhängig von der Organisationsstruktur des jeweiligen Unternehmens.

Für die DB AG gilt, dass nachweislich festzulegen ist, wer für die Planung bzw. Organisation und die Durchführung der Überwachung zuständig ist.

1.9.3 Planung der Überwachung

Um überhaupt eine Überwachung durchführen zu können, ist der Mitarbeiterkreis zu bestimmen, welcher als überwachungsbedürftig eingeschätzt wird.
Dafür kommen in erster Linie die Betriebsbeamten nach § 47 EBO, also
„1. Leitende oder Aufsichtführende in der Erhaltung der Bahnanlagen und im Betrieb der Bahn,
2. Betriebskontrolleure und technische Bahnkontrolleure,
3. Leiter von Bahnhöfen, Fahrdienstleiter, Zugleiter, Aufsichtsbeamte und Zugmelder,
4. Leiter von technischen Dienststellen des äußeren Eisenbahndienstes sowie andere Aufsichtführende im Außendienst dieser Stellen,
5. Weichensteller und Rangierleiter,
6. Wagenuntersuchungs- und Bremsbeamte,
7. Strecken- und Schrankenwärter,
8. Zugbegleiter,
9. Triebfahrzeugführer, Heizer, Triebfahrzeugbegleiter, Bediener von Kleinlokomotiven und Führer von Nebenfahrzeugen." [15]
in Frage.

In Modul 408.0111 werden für die DB AG die Mitarbeiter im Bahnbetrieb definiert. Dies sind Fahrdienstleiter, Weichenwärter, Triebfahrzeugführer und Zugführer. Weiterhin alle Mitarbeiter, denen Aufgaben im Bahnbetrieb ständig oder zeitweilig übertragen wurden. Ständig werden Aufgaben im Bahnbetrieb wahrgenommen von Schrankenwärtern, Zugmeldern, Rangierbegleitern, Rangierern, Triebfahrzeugbegleitern, Zugschaffnern, Zugvorbereitern und den örtlichen Aufsichten.

In Modul 408.1111 Abschnitt 1 wurden weitere Mitarbeiter bestimmt, die zu überwachen sind. Dies sind die Fahrdienstleiterhelfer und Wagenmeister. Jedem Eisenbahnunternehmen ist es jedoch freigestellt zusätzlich Mitarbeitergruppen in diesen Prozess zu integrieren.

Für jede Mitarbeitergruppe ist bei der Planung die Anzahl der Überwachungen zu ermitteln. Dabei sind folgende Kriterien zu berücksichtigen:

- die Anzahl der sicherheitsrelevanten Handlungen je Arbeitsschicht,
- die Ereigniswahrscheinlichkeit je operativer Handlung und
- das Ausmaß eines zu erwartenden Schadens im Ereignisfall.

Des Weiteren ist bei der Planung zu berücksichtigen, dass mindestens 25 % der Überwachungen außerhalb der allgemeinen Geschäftszeiten vorzunehmen sind. Besteht das Erfordernis, so können Schwerpunktthemen für die Überwachung festgelegt werden. Gravierende Änderungen des betrieblichen Regelwerkes können z.b. in Lehrgesprächen behandelt werden oder bei Bauarbeiten können gezielte Überwachungen der Arbeitsausführung geplant werden.

1.9.4 Durchführung der Überwachung

Die Überwachung der Mitarbeiter kann direkt oder indirekt erfolgen.
Zur direkten Überwachung gehören:

- Beobachten der Mitarbeiter bei der Ausübung ihrer Tätigkeit am Arbeitsplatz.
- Stichprobenartige Prüfung der zu führenden Unterlagen sowie Einsichtnahme in die Aufzeichnungen von Registriergeräten (z.b. Störungsdrucker, Fahrtverlaufsaufzeichnungen).
- Stichprobenartige Prüfung der Fahrplanunterlagen, betrieblichen Anweisungen, Prüfeinrichtungen und Hilfsmittel auf Vollständigkeit, Aktualität und Funktionalität.
- Feststellen der betrieblichen Verfügbarkeit von Sicherungsanlagen einschließlich der Prüf- und Überwachungseinrichtungen.
- Prüfen der betrieblichen Ausrüstung von Triebfahrzeugen und anderen führenden Fahrzeugen.
- Prüfen, ob die Betriebsprozesse entsprechend der Planung ablaufen.
- Kurze Lehrgespräche.

Lehrgespräche sind nur zu führen, wenn es das Arbeitsaufkommen des zu überwachenden Mitarbeiters zulässt.

Der zeitliche Umfang ist abhängig vom zu überwachenden Arbeitsplatz, den örtlichen Verhältnissen und der aktuellen Betriebslage; er soll jedoch mindestens 15 Minuten betragen.

Bei besonderen Betriebssituationen, Bauzuständen mit umfassenden betrieblichen Sonderregelungen, Einsatz neuer Mitarbeiter oder wesentlich geänderten Betriebsprogrammen, Einsatz neuer umfangreicher Techniken oder einer beobachteten Häufung von Mängeln bei durchgeführten Betriebskontrollen ist der Prüfungsumfang entsprechend zu erweitern.

Abbildung 1.10: Moderne Methoden zur Durchführung der Überwachung von Triebfahrzeugführern. Foto: DB AG/Michalke.

Als indirekte Überwachungen werden gewertet:

- Die nachweisliche Nutzung von interaktiven PC-Schulungsprogrammen für Selbstunterricht und Stresstraining einschließlich Lernerfolgskontrolle (CBT).
- Die personenbezogene Auswertung von Fahrtverlaufsaufzeichnungen für Zugfahrten über mindestens 3 Stunden.
- Das Abhalten von Lehrgesprächen durch Führungskräfte nach den Vorgaben dieser Richtlinie, allerdings nicht unmittelbar am Arbeitsplatz des zu überwachenden Mitarbeiters.
- Die Teilnahme am regelmäßigen Fortbildungsunterricht mit dokumentierter Lernerfolgskontrolle.

1.9.5 Dokumentation der Überwachung

Der gesamte Prozess der Überwachung, von der Planung über die Durchführung bis zur Ergebnisauswertung, muss klar dokumentiert werden. Die Dokumentation muss die übergeordnete Führungsebene, die bahninternen Kontrollgremien sowie das Eisenbahn-Bundesamt in die Lage versetzen, den gesamten Prozess nachzuvollziehen.

Sowohl bei der planenden als auch bei der durchführenden Stelle muss diese Dokumentation erfolgen. Aus dieser Dokumentation müssen die Zuständigkeiten für die Überwachung erkennbar sein.

Festgestellte Mängel und Abweichungen von den Soll-Prozessen, die ggf. eingeleiteten Maßnahmen bzw. die weitere Bearbeitung müssen aus der Dokumentation
ersichtlich sein.

Dazu dient das Prüfprotokoll; Abbildung 1.11.

Die Dokumentationen sind fünf Kalenderjahre aufzubewahren.

OE ....
....

| Prüfprotokoll Nr. .... |

Betriebsstelle/Bahnanlage/Strecke,

Fahrzeugnummer/Bauart   ....

Zeitpunkt der Prüfung   ....
Tag/Dauer   ....
Überwachender   ....

	Überwachte(r) Mitarbeiter		
	Name(n)	Vorname(n)	Funktion(en)
	....	....	....
	....	....	....
	....	....	....

Prüfinhalte (Stichpunkte)
Indirekte Prüfung   ....
                            ....
                            ....
                            ....

Lehrgespräch (Stichworte)   ....
                            ....
                            ....
                            ....

Ergebnis/Mängel/
Sofortmaßnahmen   ....
                            ....
                            ....
                            ....

Erledigungsvermerk/-kontrolle ....
                            ....
                            ....
                            ....

....
Ort, Datum   Unterschrift

Abbildung 1.11: Prüfprotokoll.

Örtliche Richtlinien und Überwachung der Mitarbeiter im Bahnbetrieb

2 Fahren und Bauen

(Die Baubetriebsplanung an der Schnittstelle zwischen Eisenbahnbetrieb und Baudurchführung)

2.1 Notwendigkeit von Bauarbeiten „unter dem rollenden Rad"

Es liegt in der Natur der Sache, dass Bauwerke, Maschinen, Fahrzeuge, elektrische Anlagen und dergleichen aufgrund ihres zweckgerichteten Einsatzes physikalischen Belastungen ausgesetzt sind. Hinzu kommen Witterungseinflüsse und altersbedingte Materialermüdung. Die Folgen sind Verschleiß, steigende Störanfälligkeit und Defekte. Diesen Gesetzmäßigkeiten kann sich auch die Eisenbahn bei der Nutzung ihrer Anlagen nicht entziehen. Entgegenwirken bedeutet inspizieren, warten, instand setzen, erneuern.

Können notwendige Baumaßnahmen abseits betrieblich genutzter Anlagen noch unter ähnlichen Entscheidungskriterien umgesetzt werden, wie sie auch für viele andere Unternehmen gelten, so ist bei baulichen Eingriffen in betrieblich genutzte Bahnanlagen zu beachten, dass die sichere und qualitätsgerechte Betriebsdurchführung erheblichen Einfluss auf das „Wann" und „Wie" einer Baumaßnahme haben muss.

Da der Eisenbahnverkehr auf vielen Strecken der DB Netz AG ohne oder mit nur geringen Unterbrechungen rollt, stehen häufig die benötigten betriebsfreien Zeiträume für die Durchführung erforderlicher Baumaßnahmen nicht oder nicht in dem erforderlichen Maß zur Verfügung. Die Infrastruktur muss jedoch trotzdem in gewissen Abständen instand gehalten bzw. erneuert werden. Die Bezeichnung „unter dem rollenden Rad" soll hierbei die Notwendigkeit der Arbeitsdurchführung auch während der Aufrechterhaltung der Betriebsführung verdeutlichen.

Welche Arten von Baumaßnahmen werden unterschieden?
Je nach Umfang einer Baumaßnahme unterscheidet man zwischen
- **Instandhaltung,**
- **Erneuerung,**
- **Ausbau oder Rationalisierung und**
- **Neubau.**

Instandhaltung
Zur Erhaltung eines betriebssicheren Zustands sowie einer den Qualitätsanforderungen entsprechenden Verfügbarkeit ist unter Maßgabe geltender Gesetze und interner Regelwerke eine regelmäßige Instandhaltung der Anlagen zwingend erforderlich.

Zur Instandhaltung zählen die

- **Inspektion**, die im Wesentlichen die Begutachtung von Bahnanlagen hinsichtlich deren ordnungsgemäßer Funktionsweise umfasst, die
- **Wartung**, d.h. die Durchführung notwendiger „Wartungsarbeiten" zur Erhaltung der Funktionsfähigkeit einer Bahnanlage sowie die
- **Instandsetzung**, die erforderlich wird, um die nicht mehr gewährleistete ordnungsgemäße Verfügbarkeit wieder herzustellen.

Erneuerung

Selbst bei regelmäßig durchgeführter Instandhaltung ist nicht zu verhindern, dass eine Bahnanlage bedingt durch und in Abhängigkeit von der permanenten Beanspruchung einem gewissen Verschleiß unterliegt. In der Folge sind die betroffenen Anlagen je nach Abnutzung teilweise (Teilerneuerung) oder insgesamt (Vollerneuerung) durch gleichartige, neuwertige Komponenten zu ersetzen.

Aus betrieblicher Sicht, d.h. unter Berücksichtigung der mit der Maßnahme verbundenen betrieblichen Einschränkungen, ist eine Vollerneuerung oft effizienter. Durch Anwendung von Spezialmaschinen bzw. -verfahren kann in einer bestimmten Zeit eine wesentlich höhere Leistung erbracht werden. Teilerneuerungen dagegen beeinträchtigen den Betrieb häufig durch eine Vielzahl von Sperrpausen insgesamt stärker. Aufgrund unterschiedlicher Nutzungszeiten einzelner Anlagenkomponenten sind jedoch zwischen zwei Vollerneuerungen (z.B. Gleis- und Bettungserneuerung) mehrere Teilerneuerungen erforderlich (z.B. Schienenwechsel wegen des schnelleren Verschleißes der Schienen).

Ausbau und Rationalisierung

Geänderte Marktanforderungen und damit einhergehende Planungen zur Optimierung der Kostenstruktur erfordern eine permanente Prüfung und Anpassung der vorzuhaltenden Bahnanlagen. Das Ergebnis spiegelt sich in Ausbauprogrammen nach Bundesverkehrswegeplan (Umbau bestehender Strecken und Bahnhöfe für höhere Geschwindigkeiten und/oder Leistungsfähigkeit) oder Rationalisierungsmaßnahmen (Um- oder Rückbau von Strecken und Anlagen) zur effizienteren Betriebsdurchführung (z.B. Ersatz abgängiger Stellwerke durch eine Betriebszentrale mit wesentlich weniger Personalbedarf oder Rückbau nicht mehr benutzter Anlagen) wieder.

Neubau

Aufgrund geänderter Marktanforderungen kann jedoch auch die Erweiterung der DB Netz-Infrastruktur erforderlich werden. Sofern in diesem Zusammenhang keine oder keine ausbaufähigen Gleise oder Strecken vorhanden sind, werden diese außerhalb der bestehenden Bahnanlagen neu errichtet. Betriebsbeeinflussungen treten bei Neubauten in der Regel nur bei der Anbindung an bestehende Gleisanlagen oder bei parallel verlaufenden Strecken auf.

Welche Einflüsse können hieraus auf die Betriebsdurchführung erwachsen?

Es erscheint einleuchtend, dass bezogen auf eine Gleisanlage entweder hierauf Züge fahren oder diese instand gehalten oder umgebaut werden kann. Folgende

Beeinträchtigungen des Bahnbetriebs lassen sich im Einzelnen unterscheiden:
1. Unbefahrbarkeit eines Gleises oder Nichtnutzbarkeit der Oberleitung durch baubedingt demontierte Anlagenteile,
2. durch Maschinen oder Arbeitstrupps besetzte Gleise,
3. geringere Belastbarkeit eines Gleises oder der Oberleitung durch zwischenzeitliche Bauprovisorien,
4. Beeinträchtigung der Funktionssicherheit von Signalanlagen während der Durchführung von Baumaßnahmen,
5. Umsetzung von Bestimmungen zum Unfallschutz an Baustellen in oder neben Gleisen.

In direkter Folge dieser Betriebsbeeinträchtigungen können sich folgende grundlegenden Arten der Betriebsbeeinflussung ergeben:
1. Sperrung von Gleisen,
2. Reduzierung der Höchstgeschwindigkeit während der Durchführung einer Baumaßnahme (Langsamfahrstelle),
3. Ersatzmaßnahmen für nicht voll funktionsfähige signaltechnische Anlagen,
4. Ausschaltung der Oberleitung.

2.2 Die Baubetriebsplanung (Aufbau, Ziele und Aufgaben)

Da sich die in 2.1 geschilderten Zusammenhänge und deren Folgen in vielen Fällen negativ auf die Qualität der Betriebsdurchführung und damit den veröffentlichten Fahrplan auswirken, sind besondere Maßnahmen zu treffen, um die Folgen für alle Beteiligten weitgehend zu minimieren. An der Schnittstelle dieses Spannungsfeldes ist die Baubetriebsplanung angesiedelt, deren Aufgabe grob umrissen genau diese Minimierung der Folgen für alle Betroffenen beinhaltet.

Nachfolgendes Schaubild (Abbildung 2.1) verdeutlicht, welche Einflussfaktoren auf die Arbeitsergebnisse der Baubetriebsplanung wirken und welche Wechselbeziehungen bei der baubetrieblichen Arbeit tagtäglich zu berücksichtigen sind. Außerdem ist zu beachten, dass sich die Einflussfaktoren auch noch untereinander beeinflussen, was durch die gestrichelten Pfeildarstellungen unterstrichen werden soll.

Einige Beispiele für den direkten Einfluss der aufgezählten Faktoren auf die Baubetriebsplanung:
- Durch eine Verringerung des Finanzierungsbudgets sind teure aber die Betriebsqualität steigernde Ausführungsvarianten nicht mehr finanzierbar und scheiden damit für eine weitergehende Betrachtung aus.
- Im Rahmen der Ausschreibung einer Baumaßnahme wird von einer Firma ein Angebot abgegeben, das zwar das günstigste ist, jedoch andere als die baubetrieblich abgestimmten Parameter enthält (z.B. längere Gleissperrungen).

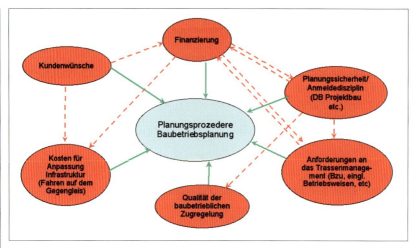

Abbildung 2.1:
Einflussfaktoren auf das Planungsprozedere der baubetrieblichen Planung.

- Eine geforderte Infrastrukturanpassung kann nicht realisiert werden, weil hierfür erforderliche Stellwerksanpassungen aufgrund Umbauverbotes (alte Stellwerksanlagen) nicht durchgeführt werden dürfen.

Einige Beispiele für die Wechselwirkung der Einflussgrößen untereinander:
- Geforderte zusätzliche vorübergehende Weichenverbindungen (Bauweichen) sind nicht finanzierbar. Dadurch verlängern sich der geplante eingleisige Abschnitt und die Anforderungen an den Vertrieb zur Anpassung der Fahrplankonstruktion.
- Kurzfristig erforderliche Planungsanpassungen für die Baudurchführung erfordern Nachbesserungen durch die Baubetriebliche Zugregelung, welche die Auswirkungen auf den Fahrplan basierend auf den bisher angesetzten Infrastruktureinschränkungen ermittelt hat (siehe auch Kapitel 2.3.2)
- Ein von einem Kunden eingekauftes neues Schienenfahrzeug erfordert vor dessen Einsatz Infrastrukturanpassungen (z.B. Bahnsteigerhöhungen).

Wo sind die Regeln für die Baubetriebsplanung hinterlegt?
Sämtliche im Zusammenhang mit baubetrieblicher Arbeit verbundenen Regeln sind in der DB Netz-Richtlinie (Ril) 406 „Fahren und Bauen" niedergeschrieben.

Als Zielgruppen nach Ril 406 gelten:
- Mitarbeiter mit Leitungs- und Überwachungsfunktionen
  - in den Geschäftsfeldern (der DB AG),
  - in deren Niederlassungen bzw. Regionalbereichen,
  - in Eisenbahninfrastrukturunternehmen des DB Konzerns,
  - in Eisenbahnverkehrsunternehmen,

- Baubetriebsplaner,
- Betra- und La-Bearbeiter,
- Mitarbeiter Marketing/Vertrieb,
- Mitarbeiter Trassenmanagement,
- Anmelder von Baumaßnahmen,
- Betra-Antragsteller,
- Mitarbeiter mit Aus- und Fortbildungsaufgaben,
- Eisenbahn-Bundesamt (EBA),
- Eisenbahn-Unfallkasse (EUK).

Wenn Sie zu einer dieser Zielgruppen gehören, sollten Sie sich eingehender mit den Regelungen der Ril 406 befassen, da diese aus Gründen der Übersichtlichkeit nicht im Detail in diesem Fachbuch dargestellt werden können. Beachten Sie hierbei bitte auch, dass die OE Koordination Betrieb/Bau in der Niederlassung Netz *regionale Zusatzbestimmungen* zur Ril 406 herausgeben kann, die neben den allgemein gültigen Regelungen im jeweiligen Niederlassungsbereich gleichsam beachtet werden müssen. Sofern Zusatzbestimmungen getroffen werden dürfen/müssen, ist darauf im Richtlinientext hingewiesen.

Die baubetrieblichen Belange werden in den Modulen
- 406.1101 „Grundlagen",
- 406.1102 „Rahmenbedingungen" und
- 406.1103 „Prozessbeschreibung"
geregelt und können dort in der jeweils aktuellen Form nachgelesen werden.

Anmerkung des Autors:
Soweit im Kapitel 2 dieses Buches hierauf Bezug genommen wird, so ist in den Abschnitten 2.1 bis 2.4 die Neuherausgabe der Ril 406 mit Stand 15.06.2003 und im Abschnitt 2.5 die Bekanntgabe 1 mit Stand 01.08.2005 berücksichtigt.

Aufgrund der Komplexität der Thematik wurden neben dem geltenden Regelwerk die relevanten Prozesse sowie die zu beachtenden Schnittstellen in dem Prozesshandbuch „Fahren und Bauen" zusammengefasst, das über die gleiche Stelle wie das geltende Regelwerk bezogen werden kann.

Worin liegen die Ziele der Baubetriebsplanung?
Wie in Kapitel 2.1 verdeutlicht wurde, lassen sich viele der für industrielle Produktionsprozesse geltenden Rahmenbedingungen nicht auf die für den Bahnbetrieb genutzten Eisenbahninfrastrukturanlagen übertragen.

Sind auf der einen Seite **Kundenwünsche**, wie z.B.

- kurze Reise- und Beförderungszeiten,
- hohe Pünktlichkeit oder
- Netzverknüpfung durch adäquate Anschlussbindungen

---

für ein erfolgreiches Agieren auf dem Verkehrsmarkt zu beachten, so müssen auf anderer Seite bei der **Planung und Durchführung von Baumaßnahmen** andere Ziele, wie z.B.

- wirtschaftliches Bauen,
- arbeitsschutzrechtlich sichere Baustellen oder
- produktionstechnische Zwänge (Logistik, verfügbare Baukapazitäten usw.)

gleichfalls berücksichtigt werden.

Um sowohl der kundenseitig geforderten Qualität im täglichen Wettbewerb mit anderen Verkehrsträgern („Fahren") als auch der qualitäts- und zeitgerechten Durchführung hierfür erforderlicher Arbeiten („Bauen") gerecht zu werden, bedarf es eines umfangreichen Abstimmungsprozesses, in dem die Forderungen und Zielstellungen aller Beteiligten angemessen berücksichtigt werden.

Da dieser Abstimmungsprozess bezogen auf das Gesamtunternehmen objektiv erfolgen muss, kann er weder den am Vertrieb noch den an der Planung und Durchführung von Baumaßnahmen beteiligten Stellen zugeschieden werden. Daher wurde die Baubetriebsplanung als „Koordinator" zwischen den beiden Prozessen „Fahren" und „Bauen" eingesetzt. Sie ist in der DB Netz AG sowohl in der Zentrale als auch jeweils in den Netz-Niederlassungen in den Organisationseinheiten „Koordination Betrieb/Bau" hinterlegt.

Wie ist die Baubetriebsplanung organisiert?
Die Baubetriebsplanung bei der DB Netz AG hat einen zweistufigen Organisationsaufbau analog der Gesamtstruktur des Unternehmens. Sie wird repräsentiert durch:
- die „**Regionale Baubetriebsplanung**" in den Niederlassungen der DB Netz AG.
- die „**Zentrale Baubetriebsplanung**" in der Zentrale der DB Netz AG.

Die baubetrieblichen Aufgaben werden grundsätzlich bei den „Regionalen Baubetriebsplanungen" wahrgenommen. Die Aufgaben der „Zentralen Baubetriebsplanung" haben hierbei übergeordneten und überregionalen Charakter. Im Einzelnen sind die Funktionszuscheidungen dem Modul 406.1102 zu entnehmen.

Welche Aufgaben hat die Baubetriebsplanung zu erfüllen?
Zum Aufgabenbereich der Baubetriebsplanung gehört es, dass Baumaßnahmen mit möglichst wenig Einschränkungen geplant und im Gesamtnetz zeitlich und örtlich so verteilt werden, dass Qualitätseinbußen in Form von Verspätungen u.a. durch hierfür eingeplante Bauzuschläge (vergleiche Kapitel 2.3.1) kompensiert werden und sich nicht kumulieren.

Außerdem hat sie dabei auch die Gesamtkosten einer Baumaßnahme zu berücksichtigen. Da sich die Baukosten bei Aufrechterhaltung des Bahnbetriebes je nach Wahl des Bauverfahrens, der verfügbaren Ausführungszeiträume usw. erheblich verteuern können und damit direkt auf den wirtschaftlichen Erfolg der Deutsche Bahn AG wirken, muss die Baubetriebsplanung außerdem prüfen, ob ein bautechnischer Zusatzaufwand im Hinblick auf die vermeidbaren Betriebserschwernisse und Erlösminderungen (infolge von Verspätungen und Ausfällen) gerechtfertigt ist.

Aufgaben der Baubetriebsplanung:
- Festlegen der **Betriebsweise** (siehe nachfolgende Erläuterung) bei Bauarbeiten,
- Einflussnahme auf die **Geschwindigkeiten** im Bauabschnitt,
- Einflussnahme auf die **Auswahl der** (möglichen) **Bauverfahren**,
- Anforderung **befristeter Infrastrukturergänzungen** bei Bauarbeiten (z.b. Hilfsbetriebsstellen, Bauweichen),
- Festlegungen der **zeitlichen Lage und Dauer** der Sperrungen,
- **Koordinierung der Betriebsbeeinflussungen** durch Baumaßnahmen im Netz der DB AG in Baubetriebsplänen und Abstimmung mit Nachbarbahnen,
- Durchführen von **Kostenvergleichen** verschiedener Ausführungsvarianten,
- Erstellen von **Handlungsanweisungen und Unterlagen** zur sicheren und behinderungsminimierten Durchführung der Bauarbeiten (vergleiche hierzu Kapitel 2.5).

Die Baubetriebsplanung hat die ihr gestellten Aufgaben so zu erfüllen, dass in Abhängigkeit des Betriebsprogramms und der möglichen Bauverfahren sowohl den Kundeninteressen (Vermeidung von Einnahmeausfälle und Betriebserschwernissen) als auch den Interessen der Baumaßnahmenplaner (z.B. Baukostenvolumen) angemessen Rechnung getragen wird.

Was ist unter einer Betriebsweise zu verstehen?
Die Definition hierzu liefert die Ril 406 „Fahren und Bauen" im Abschnitt 3 des Moduls 406.1101:

Betriebsweisen

im Sinne dieser Richtlinie sind betriebliche Verfahren nach den Regeln der KoRil 408, die für die Durchführung von Baumaßnahmen zur Anwendung kommen, wenn von der Fahrordnung auf der freien Strecke oder im Bahnhof abgewichen werden soll.

Auf dem Schienennetz der DB Netz AG wird in der Regel auf dem rechten Streckengleis zweigleisiger Strecken gefahren. In Bahnhöfen werden die regelmäßigen Fahrwege für die verkehrenden Züge in „Fahrplänen für Zugmeldestellen" dargestellt. Die Regeln hierzu enthält die KoRil 408 „Züge fahren und Rangieren".

Steht die regelmäßige Infrastruktur aufgrund der Durchführung von Baumaßnahmen vorübergehend nicht zur Verfügung, so muss – ebenfalls entsprechend der Regeln der KoRil 408 – von diesen regelmäßigen Fahrwegen abgewichen werden.

Zu unterscheiden ist für die *freie Strecke* zwischen den „eingleisigen Betriebsweisen"

- Fahren auf dem Gegengleis **mit Befehl**,
- Fahren auf dem Gegengleis **mit Signal Zs 8**,
- Fahren auf dem Gegengleis **mit Hauptsignal und Signal Zs 6 (DS 301) oder Zs 7 (DV 301) vorübergehend angeordnet**[*)] und
- Fahren auf dem Gegengleis **mit Hauptsignal und Signal Zs 6 (DS 301) oder Zs 7 (DV 301) ständig eingerichtet**.

[*)]Diese Betriebsweise ist mit einer vorübergehenden Anpassung von Stellwerks- und Signalanlagen verbunden und daher auch bei der Kostenbetrachtung und dem zeitlichen Planungsvorlauf von Relevanz.

Hier wird auf zweigleisigen Strecken bei jeweiliger Sperrung des einen Gleises der Zugbetrieb über das verbleibende andere Streckengleis geführt, wobei sich entsprechend der vorhandenen Signal- und Stellwerkstechnik unterschiedliche betriebliche Handlungen mit unterschiedlich hohen zu erwartenden Fahrzeitverlusten für die betroffenen Züge aus den Regeln der KoRil 408 ableiten lassen.

Innerhalb von *Bahnhöfen* kommt bei baubedingt gesperrten Infrastrukturanlagen das „Abweichen vom Fahrplan für Zugmeldestellen" als Betriebsweise im Sinne der Ril 406 mit folgenden Varianten in Betracht:

- Abweichen vom Fahrplan für Zugmeldestellen **mit** Kreuzung des Fahrweges der Gegenrichtung oder
- Abweichen vom Fahrplan für Zugmeldestellen **ohne** Kreuzung des Fahrweges der Gegenrichtung.

Hier wird es aufgrund der Nichtverfügbarkeit von Infrastrukturanlagen erforderlich, den Zugbetrieb über andere als die gemäß Fahrplan für Zugmeldestellen regelmäßig vorgesehenen Bahnhofsgleise durchzuführen. Dabei ist es je nach der weiterhin verfügbaren Infrastruktur denkbar, dass Fahrwege, die Zügen der Gegenrichtung zur Verfügung stehen, gekreuzt werden, wodurch sich aufgrund von Fahrstraßenausschlüssen neben abweichenden (reduzierten) Geschwindigkeiten weitere zu berücksichtigende Fahrzeitverluste ergeben können.

2.3 Methoden und Instrumente der Baubetriebsplanung

2.3.1 Bauzuschläge – Berechnungsschema und -kriterien

Was sind Bauzuschläge und wofür werden diese benötigt?
Eine direkte Folge des Bauens bei gleichzeitiger, aber restriktiver Fortführung des Betriebs sind Fahrzeitverluste (Fahrzeitverlängerungen). Diese entstehen aufgrund

Fahren und Bauen

baubedingter Einschränkungen der Eisenbahninfrastruktur in der Umgebung einer Baustelle gegenüber der auf Basis einer uneingeschränkten Infrastruktur berechneten und geplanten Fahrzeit eines Zuges. Ursachen hierfür können sein:

- Verringerte Überleitgeschwindigkeiten bei eingleisigen Betriebsweisen bzw. bei vom Fahrplan für Zugmeldestellen abweichenden Fahrten,
- baubedingte oder arbeitsschutzbedingte Langsamfahrstellen,
- zusätzliche Halte zur Befehlsaufnahme,
- Warten wegen Zugfolge bei eingleisigen Betriebszuständen oder
- verminderte Geschwindigkeit beim Befahren des Gegengleises (z.B. beim Fahren auf dem Gegengleis mit Befehl).

Als ein Instrumentarium der Baubetriebsplanung wird bereits im Rahmen der Trassenkonstruktion (vergleiche auch Kapitel 2.4.1 – Die Mehrjahresbaubetriebsplanung) zur Kompensation dieser Fahrzeitverluste ein Bauzuschlag in die Fahrzeiten der Züge eingearbeitet. Höhe und Verteilung des Bauzuschlags werden grundsätzlich in Abhängigkeit von örtlich relevanten Infrastrukturdaten ermittelt (Berechneter Bauzuschlag). Der berechnete Bauzuschlag fließt als im Wesentlichen konstante Größe in die Fahrplangestaltung ein.

Für länger dauernde Baumaßnahmen oder für wiederholt in kurzen Zeiträumen auftretende Bauarbeiten einschließlich baubedingter Langsamfahrstellen kann es jedoch erforderlich werden, zeitlich und örtlich begrenzt, einen höheren als den berechneten Bauzuschlagswert anzusetzen. Dieses ist dann der Fall, wenn der errechnete Bauzuschlag nicht ausreicht und auch durch eine Verschiebung aus anderen Strecken oder Streckenabschnitten keine qualitativ akzeptable Kompensation der zu erwartenden Fahrzeitverluste möglich ist. Dieser wird als „Bauzuschlag für konzentrierte Bautätigkeit" bezeichnet.

Warum wird ein Bauzuschlag als „Basiswert" berechnet?
Lange Zeit wurde der Bauzuschlag jährlich entsprechend der geplanten Bautätigkeit angepasst. Im Wesentlichen führten zwei Gründe dazu, die bisherige Bauzuschlagsphilosophie zugunsten eines modifizierten Systems zu überdenken:

1. Die jährliche Veränderung der Fahrzeiten zwischen den Knoten aufgrund wechselnder Bauzuschläge wirkte sich negativ auf eine stabile Fahrplangestaltung insbesondere der vertakteten und auf kurze Anschlüsse ausgerichteten Konzeptionen des Reiseverkehrs als auch auf die steigenden Qualitätsansprüche im Güterverkehr aus.

2. Der lange Vorlauf zur Ermittlung der Bauzuschläge als Planungsparameter zur Trassenkonstruktion ließ viele kurzfristiger zu planende Baumaßnahmen (z.B. aus dem Bereich der Instandhaltung) unberücksichtigt, obwohl bei deren Planung und Realisierung auf das vorhandene Bauzuschlagspotenzial zurückgegriffen werden muss.

Im Ergebnis dieser Überlegungen entstand ein Berechnungssystem, das wesentliche Kriterien der Infrastruktur bewertet. Ziel war die Etablierung eines Systems, das sowohl die Fahrplanstrukturen festigen als auch die Pünktlichkeitsverluste aufgrund von Baumaßnahmen weiter reduzieren sollte. Diese Bewertung spiegelt sich in der Höhe des berechneten Bauzuschlags einer Strecke wider.

Die Bauzuschläge werden zur Stabilisierung der Fahrplankonstruktion der Höhe nach zwischen definierten Großknoten im Wesentlichen stabil gehalten. Bei der Festlegung relevanter Großknoten im Schienennetz der DB Netz AG sind wichtige Anschlussbindungen in großen Reisezugbahnhöfen ebenso zu berücksichtigen wie Güterverkehrsknoten. Als Beispiel seien hier die Großknoten Hannover und Frankfurt am Main genannt, die sowohl im Reise- als auch im Güterverkehr eine herausragende Bedeutung besitzen.

Zwischen den Großknoten ist eine Verschiebung der berechneten Bauzuschläge entsprechend des aktuellen Bauvolumens möglich und zur entstehungsorientierten Kompensation baubedingter Fahrzeitverluste auch gewollt, ohne hierdurch die wichtigen Netzbindungen, die in den Großknoten bestehen, zu gefährden.

Wie wird der Bauzuschlag berechnet?

Bauzuschläge sind im Grundsatz so zu dimensionieren, dass auf eine Laufwegsbetrachtung von 200 km der Fahrzeitverlust einer eingleisigen Betriebsweise mit Überleitung auf bzw. Rückleitung vom Gegengleis sowie einer Langsamfahrstelle ausgeglichen werden kann. Um einen netzweit einheitlichen Berechnungsstandard zu entwickeln, wurde ein Punktesystem erarbeitet und im Modul 406.1101 im Abschnitt 7 sowie im zugehörigen Anhang 1 hinterlegt. Dieses Punktesystem berücksichtigt die vorhandene Infrastruktur der betrachteten Strecke anhand diverser Ausrüstungsparameter sowie den zu erwartenden Instandhaltungsaufwand entsprechend des eingeschätzten Streckenzustandes (Abbildung 2.2).

Abbildung 2.2: Einflussparameter zur Berechnung des Bauzuschlags.

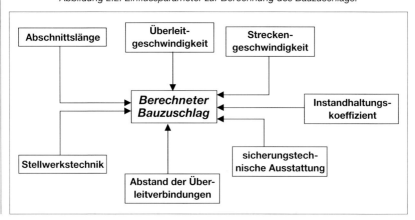

Fahren und Bauen

Die für die einzelnen Streckenabschnitte unter Berücksichtigung vorstehend ab-gebildeter Parameter ermittelten Werte werden in eine Tabelle (Abbildung 2.3) übertragen und entsprechend der festgelegten Gewichtungen in einen Bauzu-schlagswert für die betrachtete Strecke umgerechnet.

Ermittlung der Infrastrukturdaten

Strecke :   (Name lt. Bauzuschlagkatalog)

Abschnitt	Abschnitts-länge [km]	Instand-haltungs-koeffizient	Betriebs-stelle	sicherungs-technische Ausstattung	Abstand Überltg. [km]	Stw.-Technik	V max [km/h]	V Überltg. [km/h]	Summe Spalten E - I	Bzu Abschnitt [min]
A	B	C	D	E	F	G	H	I	J	K
				Vorgabe | [Pkt]	Vorgabe | [Pkt]	[Pkt]	Vorgabe | [Pkt]	Vorgabe | [Pkt]		

Abbildung 2.3:
Berechnungstabelle zur Ermittlung von Bauzuschlägen.

Die Bauzuschläge für unterschiedliche Zuggattungen werden entsprechend der differierenden Zuggeschwindigkeiten durch Abschläge angepasst. Die Berech-nungsmethode ist auf den schnell fahrenden Reisezugverkehr ausgerichtet.

Was ist zu tun, wenn der Bauzuschlagswert absehbar nicht ausreicht?
Auf Streckenabschnitten mit besonders hohem Bauvolumen (z.B. Ausbaustre-cken) kann es bereits bei der Ermittlung der Bauzuschläge im Rahmen der Mehr-jahresbaubetriebsplanung (vgl. Kapitel 2.4.1) ersichtlich werden, dass der berech-nete Wert auch nach Verschiebung innerhalb der Großknoten nicht ausreicht, um die absehbaren Fahrzeitverluste aufgrund des geplanten Bauvolumens wirksam zu kompensieren.

In diesen Fällen besteht die Möglichkeit, zusätzlich zum errechneten Bauzuschlag **vorübergehend**, d.h. für die Dauer des erhöhten Bauvolumens, einen Bauzu-schlag für konzentrierte Bautätigkeit entsprechend den zu erwartenden Fahrzeit-verlusten in die Fahrzeiten der betroffenen Züge einzuarbeiten. Die erforderlichen Werte sind zwingend aus den Anmeldungen zur Mehrjahresbaubetriebsplanung zu begründen.

Wo liegen die Grenzen der Bauzuschlagssystematik?
Zwar werden durch in den Fahrplan eingearbeitete Bauzuschläge netzweit Fahr-zeitreserven geschaffen, die den Pünktlichkeitsverlusten aus baubedingt einge-schränkter Infrastruktur entgegenwirken, jedoch sind dieser Wirkungsweise auch Grenzen auferlegt. Dies wird besonders dann deutlich, wenn man sich vor Augen führt, dass eine Fahrzeit zwischen A und B nicht unendlich erweiterbar ist (siehe hierzu das unter Kapitel 2.2 aufgeführte Kundenziel „Kurze Reise- und Beförde-rungszeiten"). Im Umkehrschluss wird jedoch auch klar, dass mit steigender Ab-weichung zwischen erforderlichem und realisierbarem Bauzuschlag das Kunden-ziel „Hohe Pünktlichkeit" gefährdet wird.

Aus diesem Konflikt ergibt sich zum einen, dass der Bauzuschlag Fahrzeitverluste aus einzelnen kritischen Bauspitzen nicht immer voll ausgleichen kann, zum anderen aber in Zeiten, in denen nicht gebaut wird, ungenutzt bleibt und somit zu einer „Vor-Plan-Ankunft" führen kann. Ein Vorteil im letztgenannten Fall ist allerdings auch, dass sonstige Verspätungen verursachende Störungen indirekt durch den nicht zweckgebunden genutzten Bauzuschlag kompensiert werden, was seine grundsätzliche pünktlichkeitssteigernde Wirkung nochmals unterstreicht.

2.3.2 Bildliche Übersichten/Fahrplanstudien – in den einzelnen Planungsphasen

Neben den vorgenannten grundsätzlichen Grenzen des Bauzuschlagsverfahrens in Bezug auf die geschilderten Kundenwünsche, treten häufig auch zugbezogene Fahrzeitverluste beispielsweise aufgrund von Zugkreuzungs- oder Zugfolgesituationen in eingleisigen Streckenabschnitten auf, die aufgrund deren Höhe ebenfalls mit den in die Fahrzeit eingearbeiteten Bauzuschlägen nicht zu kompensieren sind. Um hier andere Instrumentarien der Baubetriebsplanung zur Anwendung zu bringen, ist es erforderlich, zunächst die Höhe und die Ursachen der Fahrzeitverluste zu konkretisieren.

In den unterschiedlichen baubetrieblichen Planungsphasen (vergleiche Kapitel 2.4) werden der Baubetriebsplanung daher durch den Vertrieb Unterlagen entsprechend der zum jeweiligen Zeitpunkt möglichen Planungsgenauigkeit zugearbeitet. Diese ermöglichen Aussagen über Art und Umfang der Realisierbarkeit einer Baumaßnahme bei Aufrechterhaltung des Zugbetriebes sowie den daraus resultierenden zug- bzw. linien- oder korridorbezogenen Fahrzeitverlusten.

Fahrplansimulation oder Fahrplanstudie?
Da die Arbeitsergebnisse der Mehrjahresbaubetriebsplanung (Kapitel 2.4.1) komplett als Planungsparameter in die Trassenkonstruktion einfließen, muss das Ergebnis dieser Planungsphase vor Beginn des in der Eisenbahninfrastrukturbenutzungsverordnung (EIBV) geregelten Trassenkonstruktionsverfahrens vorliegen.

Aufgrund des Fehlens verwertbarer Fahrplandaten für die zu betrachtende Fahrplanperiode muss im Rahmen des gültigen Fahrplans und unter Berücksichtigung erkennbarer Entwicklungen (neue Produkte, neue/geänderte Linienführungen oder Korridorverkehre) seitens des Vertriebs eine Aussage getroffen werden, inwieweit vorgenannte Aspekte unter Berücksichtigung der angemeldeten längerfristigen Infrastruktureinschränkungen umgesetzt werden können. Dies kann durch die Erstellung von Fahrplanstudien oder die Durchführung von Fahrplansimulationen erfolgen.

Während Fahrplansimulationen auch basierend auf Hypothesen oder beispielsweise erwarteten Marktentwicklungen die Realisierbarkeit eines neuen Fahrplankonzeptes belegen oder Schwächen aufzeigen, basieren Fahrplanstudien auf bereits bekannten oder bestehenden Fahrplankonzepten. Für die baubetriebliche Planung besitzt die Erstellung von Fahrplanstudien größere Relevanz, da in der Regel basierend auf bereits umgesetzten Betriebsprogrammen die baubedingten Infrastruktureinschränkungen bewertet werden müssen.

Mit einer Fahrplanstudie im Sinne dieser Richtlinie wird untersucht, wie der Zugverkehr bei vorübergehend eingeschränkter Infrastruktur infolge von Bauarbeiten durchgeführt werden kann. Wenn noch keine genauen Fahrplandaten vorliegen, ist eine Studie auf Grundlage der jeweils gültigen Fahrplanunterlagen zu erarbeiten. Dabei sind bekannte Änderungen im Betriebsprogramm zu berücksichtigen.

Die Fahrplanstudie dient dem Arbeitsgebiet Baubetriebsplanung als Entscheidungshilfe für

- die Durchführbarkeit einer eingleisigen Betriebsweise,
- die Festlegung der Betriebsweise,
- die Festlegung der Länge des eingleisigen Abschnittes (z.B. zur Begründung von Bauweichen und Hilfsbetriebsstellen),
- die Ermittlung von Freiräumen für die Baustellenlogistik,
- die Ermittlung des Mengengerüstes für die betriebswirtschaftliche Bewertung.

Dabei können mehrere Varianten als Entscheidungshilfe erforderlich werden.

Abbildung 2.4:
Begriffsdefinition „Fahrplanstudien" gemäß Modul 406.1101.

Sie können erkennen, dass verschiedene Begriffe, die bereits im Rahmen der Aufgabenbeschreibung der Baubetriebsplanung auftauchten, auch hier wiederum eine Rolle spielen. Dies verdeutlicht, dass die Baubetriebsplanung die ihr gestellten Aufgaben nur in enger Zusammenarbeit mit dem Vertrieb erfüllen kann. Diese Erkenntnis lässt sich über alle baubetrieblichen Phasen hinweg belegen.

Betriebliche Einschätzungen
Im Gegensatz zur Mehrjahresbaubetriebsplanung (Kapitel 2.4.1), deren Ergebnisse (in Form der erarbeiteten baubetrieblichen Planungsparameter) die Möglichkeiten der Trassenkonstruktion aktiv mitgestalten, bauen die späteren baubetrieblichen Planungsphasen auf den Ergebnissen dieser Trassenkonstruktion auf.

Für den Zeitraum der Jahresbaubetriebsplanung (Kapitel 2.4.2) ergibt sich ein besonderes Bild. Zum einen basieren die baubetrieblichen Planungen auf dem für den betrachteten Zeitraum gültigen Fahrplankonzept, zum anderen aber befindet sich dieses Konzept während der baubetrieblich relevanten Zeiträume erst in der Konstruktionsphase gemäß EIBV, so dass noch keine vollständigen und verbindlichen Informationen hinsichtlich der baubedingten Fahrzeitverluste seitens des Vertriebes auf Basis des neuen Fahrplankonzepts erarbeitet werden können.

Um trotzdem eine gegenüber der Mehrjahresbaubetriebsplanung detaillierte vertriebliche Aussage zu den Folgen einer baubedingten Infrastruktureinschränkung zu erarbeiten, werden „Betriebliche Einschätzungen" erstellt.

Hierbei handelt es sich um eine verbale Beschreibung der linien- und korridorbezogenen Folgen, die auf Basis des bisherigen Betriebsprogramms sowie der Einbeziehung bekannter Programmänderungen zu erwarten und zu berücksichtigen sind. Selbstverständlich können komplexe Baumaßnahmen auch in dieser Phase noch die Erstellung von Fahrplanstudien nach sich ziehen.

Da der Phase der Jahresbaubetriebsplanung sowohl im Zusammenhang mit finanziellen und wettbewerbsrechtlichen Planungsvorläufen als auch im Hinblick auf die Wahrung der Pünktlichkeitsziele mehr und mehr Bedeutung zukommt, ist in absehbarer Zeit eine Umstrukturierung dieser Phase mit dem Ziel noch detaillierterer Informationen zu den Produktauswirkungen geplant.

Diese kommen zurzeit nur in den Phasen der unterjährigen Baubetriebsplanung (Kapitel 2.4.3) zum Tragen, weil zu den dort relevanten Zeitpunkten die gültigen und veröffentlichten Fahrplandaten vorliegen und entsprechend genutzt werden können.

Die für die Baubetriebsplanung nutzbaren Ergebnisse werden
Bildliche Übersichten
genannt. Bildliche Übersichten sind grafische Fahrplandarstellungen, die in Form von Zeit-Wege-Linien die Durchführbarkeit der betroffenen Züge in einem beispielsweise durch Bauarbeiten vorübergehend eingleisigen Streckenabschnitt darstellen. Dies kann der direkte Bauabschnitt mit den ihn begrenzenden Zugmeldestellen sein. Es ist jedoch auch denkbar, den Darstellungsbereich der Bildlichen Übersicht z.B. bis zum nächsten relevanten Knoten zu erweitern, um hieraus weitere Entscheidungskriterien für die Betriebsdurchführung während des Bauzeitraums zu gewinnen. Erstellt werden „Bildliche Übersichten" bei der „Baubetrieblichen Zugregelung", die wie eingangs des Kapitels schon kurz erwähnt beim Vertrieb der DB Netz AG angesiedelt ist.

Zur Erstellung einer Bildlichen Übersicht sind folgende Parameter vorab zu ermitteln:
- (verminderte) Überleitgeschwindigkeiten,
- Langsamfahrstellen im Betriebsgleis und
- Zuschläge bei einem außerplanmäßigen Halt (beispielsweise zur Befehlserteilung).

Diese Parameter müssen bei der Neuermittlung der erreichbaren Fahrzeiten in einem baubedingt eingleisigen Streckenabschnitt berücksichtigt werden, damit eine repräsentative und verwertbare Bildliche Übersicht entsteht.

Fahren und Bauen

Während der Erarbeitung ergibt sich dann schnell,

a. welche **Zugkreuzungen** vom nun baubedingt eingleisigen auf angrenzende, zweigleisige Abschnitte verschoben werden müssen,

b. für welche Züge aus der neuen Betriebssituation **erhebliche Verspätungen** entstehen und

c. welche Züge aufgrund der neuen Zugfolgesituation auf der betroffenen Strecke für die Dauer einer Baumaßnahme **nicht mehr verkehren** können.

Bei der Erarbeitung ist vom Ersteller immer zu prüfen, welcher Zug ggf. „hinten angestellt" wird und damit möglicherweise einen erhöhten Fahrzeitverlust erleidet. Bauzuschläge und sonstige Fahrzeitreserven sind bei der Entscheidungsfindung zu berücksichtigen. Das Ergebnis ist mit den betroffenen Kunden abzustimmen, wenn trotz vorhandener Fahrzeitreserven Verspätungen von mehr als 5 Minuten (Reisezüge) oder 15 Minuten (Güterzüge) ermittelt wurden. Die ermittelten Verspätungen sind je Zug in der Bildlichen Übersicht an dessen Zeit-Weg-Linie anzugeben.

Aus Kapazitätsgründen nicht mehr durchführbare Trassen können ggf. großräumig – vorzugsweise im Güterverkehrsbereich – umgeleitet werden oder müssen ausfallen. Ausfälle können entweder mittels Schienenersatzverkehr durch Straßenbusse oder durch zeitnah verkehrende andere Züge derselben oder einer vergleichbaren Relation kompensiert werden. Entsprechendes ist unter Nennung der Zugnummer am Rand der Bildlichen Übersicht zu vermerken.

Bildliche Übersichten dienen

- der Baubetriebsplanung als Entscheidungshilfe bei der Genehmigung und ggf. zeitgleichen Einordnung von Baumaßnahmen auch auf vorgesehenen Umleitungsstrecken sowie zur zeitlichen Festlegung möglicher Gleissperrungen,

- dem Vertrieb als Grundlage für die erforderliche Abstimmung mit den betroffenen Kunden sowie zur Erarbeitung der aus ihr resultierenden erforderlichen Fahrplanmaßnahmen sowie

- den betriebsführenden Stellen als Dispositionshilfe für die Regelung der Durchführung des reduzierten Betriebsprogramms sowie als Information zur Berücksichtigung der geplanten Einschränkungen bei Eintritt diese tangierender Störungen.

In einfachen Fällen – betriebsschwache Zeiten, keine Zugkreuzungen – kann zur Ermittlung des günstigsten Bauzeitraums aus Aufwandsgründen auf die Erstellung einer Bildlichen Übersicht verzichtet werden.

Zur Information der und zur Abstimmung mit den betroffenen Kunden werden außerdem „Zusammenstellungen der betrieblichen Folgen" erstellt, welche die betroffenen Züge, sowie die für diese jeweils vorgesehenen Verspätungen ab einer bestimmten Verspätungshöhe bzw. die hierfür vorgesehenen Maßnahmen (Umleitung, Ausfall, Schienenersatzverkehr mit Bussen) darstellen.

2.3.3 Betriebswirtschaftliche Bewertung – Variantenbetrachtung, Serienbaustellen

Wenn Baumaßnahmen unter „laufendem Betrieb" durchgeführt werden müssen, so ist zu beachten, dass neben den direkten Kosten für die Baumaßnahme (**Planungs-, Bau- und Logistikkosten**) zusätzliche Kosten für die Betriebsführung entstehen (**Betriebserschwerniskosten**). Außerdem müssen die Pünktlichkeits- und Qualitätseinbußen in ein Verhältnis zu der zu erwartenden verringerten Nachfrage (**Erlösminderungen**) gesetzt werden. Auch hier können bereits aus vertraglichen Verpflichtungen heraus Zahlungen (**Pönale**) an die Kunden der DB Netz AG fällig werden, die ungeachtet der tatsächlich auf Kundenseite auftretenden Erlösminderungen direkten Einfluss auf die Kosten-Nutzen-Situation haben.

Der direkte Zusammenhang zwischen Planungs-, Bau- und Logistikkosten auf der einen sowie zusätzlichen Betriebskosten und Einnahmeverlusten auf der anderen Seite lässt sich wie folgt umschreiben:

> **Unter gleichen Bedingungen sind betriebsschonende Maßnahmen mit dem Ziel der Minimierung von Betriebserschwerniskosten und Einnahmeverlusten in der Regel nur mit dem Einsatz moderner und schneller Bauverfahren und damit der Erhöhung von Bau- und Logistikkosten erreichbar.**
>
> **Im umgekehrten Fall kann eine Minimierung der Baukosten dazu führen, dass Betriebserschwerniskosten und Einnahmeverluste ein auch kundenseitig nicht mehr akzeptables Maß überschreiten.**

Die Kostenblöcke stehen folglich häufig in einem umgekehrten Verhältnis zueinander. Aufgabe der Baubetriebsplanung (siehe auch Kapitel 2.2) ist es, die baubetrieblichen Rahmenbedingungen so zu wählen, dass unter Abwägung der möglichen Ausführungsvarianten ein gesamtwirtschaftliches Optimum erreicht wird.

Aufgrund der Komplexität der Thematik soll in diesem Kapitel lediglich die Systematik anhand einiger schematischer Anwendungsbeispiele erläutert werden.

Welche Variantenbetrachtungen sind baubetrieblich denkbar?
Um die baubetrieblich günstigste Variante herauszufinden, ist es unabdingbar, unterschiedlichste Betrachtungsweisen anzustellen. Dies kann sowohl nur einzelne Baumaßnahmen als auch die zeitliche wie logistische Verzahnung mehrerer Baumaßnahmen betreffen. Die nachfolgend dargestellten schematischen Beispiele sollen dazu dienen, die Systematik, die hinter der Variantenbetrachtung steckt, anhand mehrerer Vorgehensweisen zu beleuchten.

Fahren und Bauen

Variantenbetrachtung bei nur einer zu bewertenden Baumaßnahme

Sofern lediglich eine Baumaßnahme zu bewerten ist, kommt hierfür je Kostenblock auch nur ein Wert zum Tragen. Im nachfolgenden Beispiel (Abbildung 2.5) ist schematisch dargestellt, dass ein teureres Bauverfahren in Variante 2 durch Einsparungen auf der Seite der Betriebserschwerniskosten sowie der Einnahmeverluste überkompensiert wird, sodass sich die Mehrausgaben für dieses Bauverfahren durchaus rechnen können.

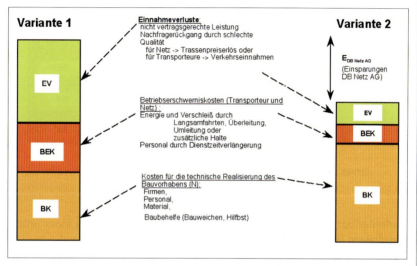

Abbildung 2.5:
Variantenbetrachtung einer Baumaßnahme bei Betrachtung unterschiedlicher Bauverfahren.

Variantenbetrachtung bei zeitgleicher Durchführung von zwei Baumaßnahmen

Im folgenden Beispiel (Abbildung 2.6) wurden verschiedene Varianten dargestellt, die im Zusammenhang mit einer zeitgleichen Durchführung von Baumaßnahmen möglich sind.

Während Variante 1 von einer getrennten Durchführung in unterschiedlichen Zeiträumen ausgeht (Baukosten, Betriebserschwerniskosten und Einnahmeverluste sind je Verfahren getrennt anzusetzen und damit zu addieren), ermöglicht die Variante 2 die Verzahnung und damit zeitgleiche Durchführung der Baumaßnahmen. In der Folge sind Betriebserschwerniskosten und Einnahmeverluste nur einmal in Ansatz zu bringen, was wiederum die Gesamtkosten deutlich reduziert.

Variante 3 berücksichtigt nochmals ein geändertes Bauverfahren, wodurch sich die Baukosten senken lassen. Da die Varianten 2 und 3 im Ergebnis die gleichen Gesamtkosten ausweisen, ist entsprechend der finanziellen Situation sowie der verfügbaren Ressourcen in Abstimmung mit allen Beteiligten zu entscheiden, welche Variante letztlich umgesetzt werden soll.

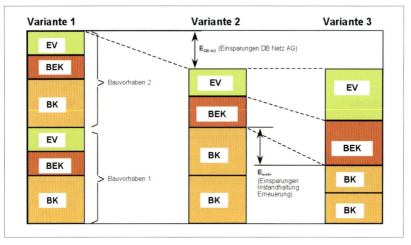

Abbildung 2.6: Variantenbetrachtung bei zeitgleicher Durchführung von zwei Baumaßnahmen.

Variantenbetrachtung im Vergleich einer durchgehenden zu einer unterbrochenen Baudurchführung

Auch ein solcher Fall (Abbildung 2.7) ist denkbar. Hier ist aufgrund der betrieblichen Auswirkungen zu entscheiden, ob durchgehend gearbeitet werden soll oder beispielsweise nur während der betriebsschwachen Zeiträume. In letzterem Fall wäre die Baumaßnahme in Teilabschnitten abzuarbeiten, wobei zwischen den einzelnen Bauphasen die betroffenen Gleise immer wieder befahrbar gemacht werden müssten, was wiederum die erheblichen Baumehrkosten begründet.

Die Planung von Serienbaustellen im Hinblick auf effizienten Ressourceneinsatz

In den vorhergehenden Abschnitten wurde verdeutlicht, dass es im Rahmen baubetrieblicher Abstimmungen diverse Möglichkeiten gibt, Baumaßnahmen zu planen und auszuführen.

Eine weitere Möglichkeit besteht in der Planung von Serienbaustellen. Voraussetzung hierfür ist die Erkenntnis, auf einer bestimmten Strecke in absehbarer Zeit ein hohes Bauvolumen abwickeln zu müssen, das sich durchaus auch auf mehrere Fachbereiche (z.B. Oberbau, Oberleitung) erstrecken kann.

Hierbei ist zu beachten, dass nicht nur unterschiedliche Baumaßnahmen mit unterschiedlichen betrieblichen Restriktionen verbunden sind. Auch Baumaßnahmen gleicher Art und gleichen Umfangs können unterschiedlichste betriebliche

Fahren und Bauen

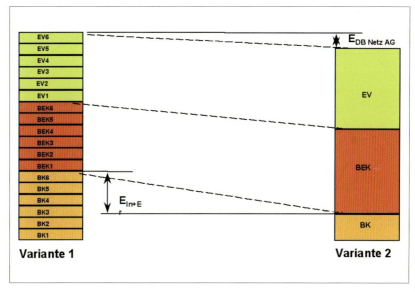

Abbildung 2.7: Variantenbetrachtung einer Baumaßnahme (Vergleich: durchgehende zu Durchführung in Schichten).

Auswirkungen haben, je nachdem **wo** auf einer Strecke sie umzusetzen sind. Lassen sich innerhalb von Bahnhöfen die betrieblichen Auswirkungen häufig noch durch Umfahrungsmöglichkeiten über andere Gleise des betroffenen Bahnhofes reduzieren, so gestaltet sich die betriebliche Planung beispielsweise eines Gleisumbaus auf der freien Strecke wesentlich umfangreicher. Auf eingleisigen Strecken kann während des Bauzeitraums überhaupt nicht mehr und auf zweigleisigen Strecken nur mit einem erheblich reduzierten Betriebsprogramm gefahren werden.

Ziel einer Serienbaustelle ist es, das ermittelte hohe Bauvolumen aller involvierten Fachbereiche durch zeitliche wie logistische Verzahnung möglichst vieler Baumaßnahmen auf einer Strecke konzentriert innerhalb einer Fahrplanperiode durchzuführen.

Zur Umsetzung dieses ehrgeizigen Zieles ist es erforderlich, dass alle an der Planung und Realisierung von Baumaßnahmen Beteiligten (vertrieblich wie bautechnisch) zusammenarbeiten. In Abbildung 2.8 ist die Systematik einer Serienbaustelle dargestellt. Viele Einzelbaumaßnahmen einer Strecke werden logistisch wie zeitlich aufeinander so abgestimmt, dass bauseitig Maschinen- und Personaleinsatz, Vorhaltung von Materialien und Lagerplätzen usw. für alle durchzuführenden Maßnahmen gesamthaft optimiert werden können. Den vertrieblichen Erfordernissen (Pünktlichkeit, hohe Fahrplanqualität usw.) wird in der Weise Rechnung getragen, dass für die Dauer aller Baumaßnahmen (innerhalb einer Fahrplanperiode) eine „Grundentlastung" in den Fahrplan eingearbeitet und veröffentlicht wird.

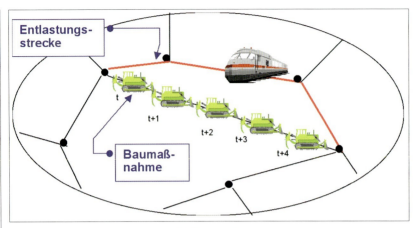

Abbildung 2.8:
Schematische Darstellung einer Serienbaustelle.

Was ist eine „Grundentlastung"?

Als „Grundentlastung" bezeichnet der Baubetriebsplaner eine regelfahrplanwirksame Einschränkung des Betriebsprogramms einer Strecke. Bereits bei der Fahrplankonstruktion werden weniger Züge auf der betroffenen Strecke konstruiert als entsprechend der Streckenkapazität möglich wäre.

Die erforderliche „Grundentlastung" wird bereits im Rahmen der Mehrjahresbaubetriebsplanung (Kapitel 2.4.1) auf der Grundlage eines „maßgeblichen Abschnitts" ermittelt. Daher muss frühzeitig mit der Planung von Serienbaustellen begonnen werden. Die weiteren erforderlichen Entlastungsmaßnahmen werden auf die jeweiligen Umbauabschnitte direkt bezogen im Rahmen der Jahres- und unterjährigen Baubetriebsplanung (Kapitel 2.4.2 und 2.4.3) fallweise ermittelt und umgesetzt.

Wie wird der „maßgebliche Abschnitt" ermittelt?

Auf Basis des ermittelten Bauvolumens, das im Rahmen der Serienbaustelle abgewickelt werden soll, wird ein „maßgeblicher Abschnitt" (in der Regel ein umzubauender Abschnitt der freien Strecke) ermittelt, für den eine Kapazitätsbetrachtung für den eingleisigen Betrieb durchgeführt wird.

Die dadurch ermittelte verringerte Zugzahl auf der betroffenen Strecke kann unter den herkömmlichen Konstruktionskriterien zweigleisig über die gesamte Strecke konstruiert werden. Aufgrund der geringeren Streckenbelegung ergeben sich automatisch bei jeder späteren baubedingten Infrastruktureinschränkung **weniger Zugkreuzungen oder Zugfolgesituationen**, die im Rahmen der Jahres- oder unterjährigen Baubetriebsplanung auszuregeln sind.

Fahren und Bauen

Vorteile für Planer und Durchführer von Baumaßnahmen

- Einsparung von Baukosten im Ausschreibungsverfahren (z.b. Erzielung günstigerer Angebote durch Ausschreibung von Maßnahmenpaketen größeren Umfangs).
- Kostenreduzierung aufgrund einfacherer Baustelleneinrichtung (z.b. mehrfach nutzbare Lagerplätze).
- Effizientere Maschinenauslastung (z.b. geringere Standzeiten durch Verzahnung des Maschineneinsatzes, weniger Maschinentransporte zwischen den einzelnen Baustellen durch Bindung von Maschinen für mehrere Baumaßnahmen der Serienbaustelle).
- Reduzierung des Aufwandes für Einweisungen eingesetzter Personen und Firmen.

Vorteile für Betriebsführung, Vertrieb und Kunden

- Fahrplanmäßig bereits berücksichtigte Entlastungsmaßnahmen der betroffenen Strecke (z.b. statt kurzfristiger Umleitung von Zügen fahren diese planmäßig über andere Strecken).
- Bessere und frühzeitigere Information von Reisenden aufgrund des angepassten veröffentlichten Fahrplans.
- Höhere Pünktlichkeit der verkehrenden Züge aufgrund geringerer Streckenbelastung.

Näheres über die praktische Anwendung enthält das Kapitel 2.4.

2.3.4 Die Datenverarbeitung

Ende der 80er Jahre begannen erste Ideen, die sich entwickelnde Datenverarbeitung auf Personalcomputern auch bei den Deutschen Bahnen zu nutzen. Mit der zunehmenden Verfügbarkeit von Personalcomputern als Arbeitsplatzcomputer boten sich erstmals ernsthafte Möglichkeiten des Einsatzes der Datenverarbeitung an den einzelnen Arbeitsplätzen. Es wurde zunehmend möglich, die bis zu diesem Zeitpunkt personell und manuell sehr aufwendigen Arbeitsprozesse effizienter zu gestalten. Ein Umstand, der bislang nur in kostenaufwendigen Rechenzentren möglich war.

Schaut man auf die Situation bei den Deutschen Bahnen der damaligen Zeit zurück, so waren vielfältige Einsatzmöglichkeiten zu finden. Wie auch im heute bezeichneten Prozess „Fahren und Bauen", seinen Teilprozessen der Baubetriebsplanung sowie auch bei der Erarbeitung wichtiger betrieblicher Unterlagen, zum Beispiel der Unterlage „La" (vgl. Kapitel 2.5.2).

Die damalige Situation bei der Deutschen Bundesbahn
Der Teilprozess der Baubetriebsplanung wurde mit sehr hohem Aufwand durch rein manuell erstellte Baubetriebsplanunterlagen geleistet. Die hierzu verwendeten halbgrafischen Unterlagen waren als Formblätter streckenweise vorbereitet und

enthielten als besonderes Feature das jeweils stilisierte Streckenband. Die Ergebnisse der fachlichen Arbeit (der eigentlichen Abstimmung zwischen den beteiligten Stellen) wurden handschriftlich in diese Formblätter als Sperrmarkierungen mit allen relevanten Angaben übertragen. Die so entstandenen Manuskripte wurden an Zeichenbüros gegeben, die daraus kopierfähige Vorlagen erstellten. Nach erfolgter Vervielfältigung konnten die Unterlagen dann verteilt werden. Die Vorzüge dieser Unterlagen hinsichtlich des Informationsgehaltes wurden im Vergleich zum hohen Aufwand schnell relativiert. Unschwer auch zu erkennen, dass auf Grund des Zeitaufwandes bis zur Verteilung der Unterlagen diese inhaltlich teilweise überholt waren und bereits berichtigt werden mussten.

Beim Teilprozess der Erarbeitung der Unterlage „La" ergibt sich ein ähnliches Bild: Auch hier war ein erheblicher Teil rein manueller Arbeit zu leisten. Die entsprechenden Angaben der La wurden als Manuskript zusammengestellt und an Schreibbüros gegeben, die bereits über Schreibautomaten mit Datenspeicherung verfügten. Bei diesen Schreibbüros wurden die Änderungen bzw. Einbesserungen gegenüber der Vorwoche vorgenommen und ein Probeausdruck erstellt, der wiederum vor Druckherstellung der La als Probedruck auf Vollständigkeit und Richtigkeit zu prüfen war. Auch wenn dieser Prozess als teilautomatisiert angesehen werden konnte, so war auch hier der benötigte Zeitaufwand zu hoch.

Die damalige Situation bei der Deutschen Reichsbahn
Hier wurde ein anderer Weg gegangen. Für den Teilprozess der Baubetriebsplanung konnte bereits ein kleines, selbst entwickeltes DV-Programm genutzt werden, mit dem der Aufwand rein manueller Arbeit reduziert wurde. Die Ansprüche an dieses Programm waren allerdings dem damaligen Entwicklungsstand der Arbeitsplatzcomputer und deren Software entsprechend. Es erlaubte aber die zeitnahe Erarbeitung von Baubetriebsplanunterlagen in Form von ebenfalls halbgrafischen Listen. Auf die Darstellung von stilisierten Streckenbändern musste jedoch verzichtet werden. Die eingegebenen Daten konnten durch die Sachbearbeiter selbst gespeichert, sortiert und nach bestimmten Kriterien selektiert ausgedruckt werden. Änderungen konnten ebenfalls durch die Sachbearbeiter selbst vorgenommen werden.

Der wesentliche Vorteil lag bei der erheblichen Reduzierung der Erarbeitungszeit der Baubetriebsplanunterlagen sowie deren Vervielfältigung und Verteilung.

Bei der Erarbeitung der Unterlage „La" konnte ebenfalls ein kleines, selbst entwickeltes DV-Programm eingesetzt werden, mit dem bereits der rein manuelle Arbeitsaufwand auf das absolute Mindestmaß reduziert werden konnte. Die Daten wurden durch die jeweiligen Sachbearbeiter selbst eingegeben bzw. eingepflegt. Die Prüfung auf Vollständigkeit und Richtigkeit erfolgte direkt am Bildschirm. Das Programm war letztlich in der Lage, die „La" „auf Knopfdruck" in Form einer druckfähigen Datei zu erzeugen. Das Programmdesign entsprach anfangs dem damaligen Stand der verfügbaren Software, die Umstellung auf den Standard von Windows kam später.

Fahren und Bauen

Die heutige Situation bei der DB Netz AG

Mit fortschreitender Zeit wurden die Deutschen Bahnen immer mehr mit Fragen der Harmonisierung im Rahmen ihrer Zusammenführung konfrontiert. Strategien galt es zunehmend gemeinsam abzustimmen und zu bündeln. Nach Gründung der Deutschen Bahn AG 1994 kamen dann noch Fragen der Aufwandsreduzierung und Effizienzsteigerung hinzu, dem sich der Prozess „Fahren und Bauen" auch nicht verschließen konnte.

Auf Grund der ständig zunehmenden Menge auszuwertender Daten im gesamten Prozess „Fahren und Bauen" hat die Datenverarbeitung eine bedeutende und ständig wachsende Stellung eingenommen. Die anfänglich manuellen Verfahren und Arbeitsabläufe waren den wachsenden Anforderungen nicht mehr gewachsen. Sie wurden und werden durch eigens dafür erstellte DV-Verfahren ersetzt bzw. unterstützt. Ebenso werden die DV-Verfahren in Folge der sich ständig verändernden Rahmenbedingungen aktualisiert oder fortgeschrieben.

Getragen von diesen Gedanken wurden die heute bundeseinheitlich verwendeten DV-Verfahren durch die Herren Joachim Wittmann (DV-Verfahren BBP4) und Gunter Stößel (DV-Verfahren LA), Mitarbeiter der DB Netz AG, Zentrale, Organisationseinheit Koordination Betrieb – Bau, entwickelt bzw. betreut.

Im Weiteren werden die jeweils aktuellsten Softwareversionen der DV-Verfahren
- „Baubetriebsplanung (BBP)" und
- „La-Erarbeitung (LA)"

beschrieben.

Abbildung 2.9: Startbildschirm vom DV-Verfahren BBP, Version 4.

Das DV-Verfahren „BBP" zur Unterstützung der Baubetriebsplanung

Die Idee für den Einsatz eines DV-Verfahrens für die Baubetriebsplanung wurde 1996 aufgegriffen, in dem Jahr, in dem die Entwicklung des heutigen Programms begann. Es sollte ein bundesweit anwendbares Verfahren mit einheitlichen Verfahrensgrundsätzen und einheitlichen Unterlagen entstehen. Diese Idee wurde von den Anfängen bis zur Gegenwart über die einzelnen Entwicklungsetappen konsequent verfolgt. Auf Grundlage der fachlichen Erfahrungen der Mitarbeiterinnen und Mitarbeiter in der Baubetriebsplanung entstand eine Systemlösung, deren Funktionsumfang inzwischen weit über die einstigen Ansätze hinausgeht.

Im DV-Verfahren „BBP" werden alle baubetriebsplanrelevanten Daten erfasst und gespeichert. Die Baubetriebsplanung geschieht auf Basis der Bewertung der betrieblichen Auswirkungen jeder einzelnen Baumaßnahme sowie in der Gesamtheit aller sich beeinflussenden Baumaßnahmen, auch über die Grenzen der Niederlassungen der DB Netz AG hinaus. Mit der neuesten Version (BBP 4) hat der Baubetriebsplaner ein weiter qualifiziertes und unterstützendes Instrument zur Disposition von geplanten Baubetriebszuständen und deren Bewertung zur Verfügung. Notwendige Informationen für die Entscheidungsfindung der kostengünstigsten Baudurchführung bei minimaler Beeinflussung des Eisenbahnbetriebes können schnell und präzise aufbereitet werden.

In „BBP" sind folgende Hauptfunktionen integriert:
- Eingabe und Bearbeitung von Baumaßnahmen sowie baubedingten Langsamfahrstellen,
- Ansicht und Druck strecken- bzw. linienbezogener halbgrafischer Baubetriebspläne,
- Ansicht und Druck von definierbaren Bauschwerpunkten,
- Verwaltung, Ansicht und Druck von Strecken- und Betriebsstellendaten,
- Integrierte Fahrzeitverlustberechnung,
- Integrierte Berechnung von Betriebserschwerniskosten,
- Vielfältige statistische Auswertungen und
- Bereitstellung von Zusatzinformationen (in Vorbereitung).

„BBP" ist eine Systemlösung, die auf den unterschiedlichen Ebenen der Baubetriebsplanung gleichermaßen eingesetzt werden kann. Die Daten stehen in Echtzeit zur Verfügung, sämtliche Ergänzungen und Änderungen stehen permanent in der aktuellsten Form zur Verfügung. Die Nutzungsrechte werden über eine eigenständige User-Administration geregelt, die Rechte werden von der BBP-Betriebsführung bei der DB Netz, Zentrale, vergeben. Abbildung 2.10 zeigt die grundlegende Aufgabenteilung der einzelnen Baubetriebsplanungsebenen mit „BBP".

Fahren und Bauen

„BBP" unterstützt den Baubetriebsplaner bei

- der Festlegung der zeitlichen Lage und Dauer der Baubetriebszustände,
- der Einflussnahme auf die Wahl der Bauverfahren und der Betriebsabwicklung,
- der Veranlassung der erforderlichen signal- und fernmeldetechnischen Anpassungen,
- der Koordinierung verschiedener Baumaßnahmen mit Betriebsbeeinflussung,
- der Einleitung von Entlastungen des Betriebsablaufes,
- der Einflussnahme auf Festlegungen der Geschwindigkeiten,
- der Ermittlung von Fahrzeitverlusten und
- der Festlegung von Bauzuschlägen.

Ebene Örtliche Betriebs- durchführung	Ebene Regionale Baubetriebs- planung	Ebene Zentrale Baubetriebs- planung
Datenerfassung entsprechend der vorgelegten Anmeldungen zur Aufnahme in die entsprechende Baubetriebsplanperiode.	Datenerfassung entsprechend der vorgelegten Anmeldungen zur Aufnahme in die entsprechende Baubetriebsplanperiode. Bewertung des Datenbestandes innerhalb der jeweiligen Niederlassung Netz und Durchführung aller notwendigen regionalen Abstimmungen innerhalb der jeweiligen Niederlassung Netz, im Bedarfsfall auch mit den benachbarten Niederlassungen, für B- und C-Maßnahmen.	Bewertung des Datenbestandes innerhalb definierter niederlassungsübergreifender Baubetriebsplankorridore und Durchführung aller notwendigen zentralen Abstimmungen, im Bedarfsfall auch mit den benachbarten Korridoren, für alle A- und ausgewählte B-Maßnahmen.

Abbildung 2.10: Aufgabenteilung DV-Verfahren BBP.

Ein besonderes Zugriffsrecht im DV-Verfahren sichert internen Kunden mit „BBP-Info" informellen Zugang zu den Daten der Baubetriebsplanung.

Das DV-Verfahren „BBP" hat zwei Ausgangs-Datenschnittstellen für BBP-Daten zum Management-Informationssystem „SQF" (Steuerungssystem Qualität Fahrbetrieb) sowie zum DV-Verfahren „VERONA" (Verwaltung der Baubetrieblichen Zugregelungen, Erzeugung der Betrieblichen Folgemaßnahmen, Realisierung der Schnittstelle zum Programm BBP, Organisation der Erfassung von Baumaßnahmen ohne fahrplantechnologische Regelungen, Nutzung der erfassten Daten zur statistischen Aufbereitung und Anzeige der Sperrpausen und Dienstruhen im Elektronischen Belegblatt) beim Vertrieb.

Diese Verfahren liegen außerhalb der Baubetriebsplanung und werden deshalb an dieser Stelle erwähnt aber nicht näher beschrieben.

Das DV-Verfahren „LA" zur Erarbeitung der betrieblichen Unterlage La (Zusammenstellung der vorübergehenden Langsamfahrstellen und anderen Besonderheiten) (siehe Kapitel 2.5.2)

Abbildung 2.11: Startbildschirm vom DV-Verfahren LA (neu).

1995 konnte das bei der Deutschen Reichsbahn bereits genutzte DV-Verfahren zur Erarbeitung der La bundesweit eingeführt werden. Seither wurde es ständig aktualisiert und weiterentwickelt.

„LA" ist eine modulare Systemlösung als Instrument zur Erarbeitung der wöchentlich herauszugebenden La-Hefte, angefangen von der Datenerfassung bei den La-Erfassungsstellen bis zur Aufbereitung für die Druckherstellung bei den La-Druckbereichen (Ost, Nord, Mitte, Südost und Süd). Die Daten stehen in Echtzeit in einer durch DB Systems betriebsgeführten Datenbank zur Verfügung, alle Ergänzungen und Änderungen stehen permanent in der aktuellsten Form zur Verfügung. Die Nutzungsrechte der einzelnen Anwender werden über eine eigenständige Nutzerverwaltung durch die LA-Betriebsführung bei der DB Netz, Zentrale, vergeben.

Abbildung 2.12 zeigt die grundlegende Aufgabenverteilung bei der Erarbeitung der La.

„LA" unterstützt den Sachbearbeiter der La-Erfassungsstelle bei
- der Erfassung und Aktualisierung der La-Daten,
- der Prüfung auf Richtigkeit und Vollständigkeit der La-Daten am Bildschirm,

- der fehlerfreien Zusammenstellung der La-Daten für den La-Druckbereich,
- der schnellen Datenübergabe der La-Daten an den La-Druckbereich und
- der Erarbeitung von erforderlichen La-Berichtigungen.

„LA" unterstützt den Sachbearbeiter des La-Druckbereiches bei

- der Datenübernahme der La-Daten von den La-Erfassungsstellen,
- der Prüfung der Vollständigkeit der diese La-Daten liefernden La-Erfassungsstellen,
- der Layout-Kontrolle der übernommenen La-Daten auf Plausibilität und
- der Zusammenstellung aller La-Daten zum La-Heft.

Ebene La-Erfassungsstelle	Ebene La-Druckbereich	Ebene La-Zentrale
Datenerfassung entsprechend der durch die Antragsteller vorgelegten Anmeldungen zur Aufnahme in die entsprechende Wochen-La.	Zusammenstellung aller Daten aus den zuliefernden La-Erfassungsstellen und Layoutkontrolle der fertig gestellten Druckdatei vor Übergabe zur Drucklegung an die entsprechende La-Druckerei.	Durchführung der fachlichen Betriebsführung. Aktualisierung und Bereitstellung aller erforderlichen Systemdateien.
Erarbeitung und Verteilung der erforderlich werdenden La-Berichtigungen an die entsprechenden La-Empfangsstellen.	Verteilung der La an die entsprechenden Empfangsstellen.	Auswertung von Systemreports zur Fehlerverhütung bzw. Fehlerbeseitigung.

Abbildung 2.12: Aufgabenverteilung DV-Verfahren LA.

Das DV-Verfahren „LA" hat eine Eingangs-Datenschnittstelle für GFD-I-Infrastrukturdaten (Gemeinsame Fahrplandatenhaltung Infrastruktur) vom Projekt „EBuLa" (Elektronischer Buchfahrplan und La) sowie zwei Ausgangs-Datenschnittstellen für La-Daten zum Projekt „EBuLa" und zum Management-Informationssystem „SQF" (Steuerungssystem Qualität Fahrbetrieb).

Diese Verfahren liegen außerhalb der Baubetriebsplanung und werden deshalb an dieser Stelle erwähnt aber nicht näher beschrieben.

2.3.5 Pünktlichkeitsprognosen

Wie in jedem Arbeitsgebiet, so ist es auch für die Baubetriebsplanung erforderlich, den Erfolg ihrer Arbeit zu kontrollieren, um ggf. nachsteuern zu können. Sowohl die Qualitätsanforderungen an den baubetrieblichen Prozess als auch die verfügbaren – im wesentlichen DV-technischen – Arbeitsmittel (vgl. Kapitel 2.3.4) sind diesbezüglich in den letzten Jahren stetig gestiegen. In 2004 wurde auf Basis der damals geltenden Pünktlichkeitsziele eine Systematik erarbeitet und seitdem stetig weiterentwickelt, die aufbauend auf den baubetrieblichen Planungsdaten eine Prognose der zu erwartenden Pünktlichkeitsverluste auf dem Schienennetz der DB Netz AG ermöglicht.

Warum ist die Erarbeitung von Pünktlichkeitsprognosen erforderlich?
Ein Fahrgast, der mit der „Eisenbahn" verreist, erwartet neben einem ansprechendem Service und der Sauberkeit der Fahrzeuge in erster Linie
- die pünktliche Abfahrt,
- das Erreichen der vorgesehenen Anschlüsse und
- die pünktliche Ankunft

der von ihm genutzten Züge. Kurz gesagt, die Qualität des Bahnbetriebes wird an der Pünktlichkeit als eine primäre Kenngröße (vgl. Kapitel 2.2) gemessen. Eine hohe Pünktlichkeit ermöglicht gleichfalls eine hohe Anschlusssicherung. Das heißt, die dem Kunden angebotene Verbindung kann auch bei erforderlicher Nutzung mehrerer Züge bis zum Ziel vollends umgesetzt werden.

Während die durch Störungen und sonstige Unregelmäßigkeiten verursachten Abweichungen vom geplanten Betriebsablauf nicht planbar sind, lassen sich baubedingte Einflüsse auf die Betriebsführung bei einem ausreichenden zeitlichen Vorlauf planen. Unter dem Ansatz der Planbarkeit muss es folglich auch Lösungswege für ein Eisenbahninfrastrukturunternehmen geben, auf Grundlage der verfügbaren Planungsdaten Aussagen (Prognosen) über den Einfluss von Baumaßnahmen auf die maximal erreichbare Pünktlichkeit treffen zu können.

Es ist beispielsweise möglich, dass ein Baubetriebsplankonzept linien- und korridorbezogen eine ausgewogene Verteilung der Baumaßnahmen im Netz ausweist, aus der Summe der betrieblichen Auswirkungen jedoch trotzdem Pünktlichkeitsverluste erwachsen, die den Qualitätszielen entgegen stehen.

Die Baubetriebsplanung hat es sich daher zur Aufgabe gemacht, neben der Sicherstellung der baubetrieblichen Verträglichkeit aller Baumaßnahmen auch die Entwicklung der Gesamtpünktlichkeit im Netz in ihren Fokus zu stellen.

Wie erfolgt die Erarbeitung von Pünktlichkeitsprognosen?
Bezogen auf einen Betriebstag werden alle Baumaßnahmen **mit gravierenden betrieblichen Auswirkungen** zusammengestellt und mit Prognosen zu den zu erwartenden Pünktlichkeitsverlusten durch Bauarbeiten unterlegt. Grundlage dieser Berechnungen sind die Bildlichen Übersichten beziehungsweise die Zusammenstellungen der betrieblichen Folgen (siehe hierzu Kapitel 2.3.2).

Auf Basis dieser Daten kann für jeden Zug eine **Fahrzeitbilanz** erstellt werden. Die Fahrzeitbilanz stellt zusätzlich zum Laufweg des betrachteten Zuges die auf diesem Laufweg geplanten baubedingten Fahrzeitverluste sowie deren kontinuierlichen Abbau unter Abrechnung der im Fahrplan vorhanden Fahrzeitreserven (im Wesentlichen der Bauzuschlag, siehe Kapitel 2.3.1) grafisch dar. Überschreitet die Ankunftsverspätung einen durch die „Zentrale Baubetriebsplanung" festgelegten

Wert, wird dieser Halt für die weitere Berechnung als unpünktlicher Halt des Zuges gewertet.

Im nachfolgenden Schaubild (Abbildung 2.13) ist beispielhaft eine Fahrzeitbilanz für die Fernverkehrslinie 60 dargestellt. Rote Balken (baubedingte Fahrzeitverluste = Verspätungen) werden durch grüne Balken (Fahrzeitreserven = Bauzuschläge) nur teilweise kompensiert (vgl. hierzu auch die Wirkungsweise der Bauzuschläge in Kapitel 2.3.1). Je mehr unpünktliche Halte sich aus der Fahrzeitbilanz ergeben, desto größer sind die Einflüsse auf die zu prognostizierende Gesamtpünktlichkeit.

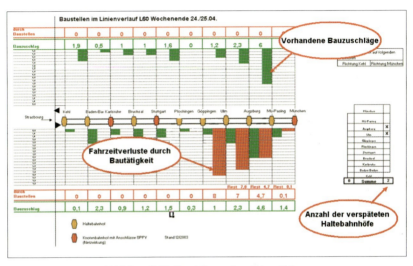

Abbildung 2.13: Darstellung einer Fahrzeitbilanz.

Auf diese Art und Weise können alle aus Bauarbeiten resultierenden unpünktlichen Halte ermittelt werden. Durch die Division der Anzahl der unpünktlichen Halte durch die Gesamtzahl aller Halte kann der baubedingte Pünktlichkeitsverlust bezogen auf jede untersuchte Baumaßnahme prognostiziert werden.

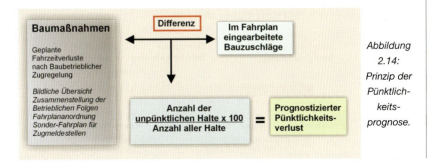

Abbildung 2.14: Prinzip der Pünktlichkeitsprognose.

Wird im Ergebnis aller ermittelten Prognosewerte festgestellt, dass die Summe der Baumaßnahmen die vorgegebenen Pünktlichkeitszielwerte der DB Netz AG gefährdet, werden keine weiteren pünktlichkeitsrelevanten Baumaßnahmen zugelassen.

2.4 Baubetriebliche Planungsphasen

Während Sie dieses Buch in den Händen halten, finden bundesweit auf dem ca. 36.500 km umfassenden Schienennetz etwa 400 bis 500 Baumaßnahmen zeitgleich statt, wobei zu Spitzenzeiten diese Zahl auf bis zu 700 Baumaßnahmen anwachsen kann.

Im Abschnitt 2.1 „Notwendigkeit von Bauarbeiten unter dem rollenden Rad" wurde bereits darauf hingewiesen, dass die Instandhaltung des Fahrweges in vielen Fällen während des laufenden Zugbetriebes erfolgen muss. Dies hat in aller Regel Angebotseinschränkungen zur Folge, die je nach Art der Bauarbeiten, eine kürzere oder längere Zeit in Anspruch nehmen können.

Angebotseinschränkungen mit einer Dauer von mehreren Monaten sind daher bereits bei der Konstruktion des betroffenen Jahresfahrplanes zu berücksichtigen, um diese Einschränkungen bereits bei der Vermarktung der Trassen vertraglich zu fixieren. Im Hinblick auf den Arbeitsprozess der Fahrplankonstruktion unter Berücksichtigung der Terminketten nach der Eisenbahninfrastrukturbenutzungsverordnung (EIBV) sowie der Angebots- und Fahrlagenplanung der Eisenbahnverkehrsunternehmen sind entsprechende Vorlaufzeiten erforderlich, die sich in den einzelnen Planungsphasen der Baubetriebsplanung widerspiegeln müssen.

Um zeitgerechte und hinreichende Aussagen über die betrieblichen Auswirkungen einer Baumaßnahme treffen zu können, werden betriebliche und technische Daten zu festgelegten Anmeldeterminen unter Anwendung eines einheitlichen Anmeldevordruckes abgefordert. Die Anmeldung einer Baumaßnahme ist daher aufgrund der erforderlichen Fachkenntnisse auf die in der Ril 406 genannte Personengruppe wie beispielsweise technische Planer der DB AG und besonders zertifizierte Planungsbüros begrenzt.

Im Verlauf der einzelnen baubetrieblichen Planungsphasen bis hin zum Ausführungszeitpunkt nimmt die Planungstiefe stetig zu.

Abbildung 2.15: Baubetriebliche Planungsphasen.

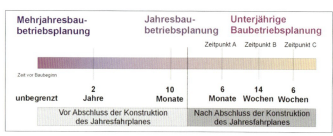

2.4.1 Die Mehrjahresbaubetriebsplanung – Geko/VzG, Vorgaben Trassenkonstruktion, Bauzuschlagsanforderung

Baumaßnahmen können zur Mehrjahresbaubetriebsplanung theoretisch mit einem beliebig langen Vorlauf angemeldet werden, müssen aber spätestens 2 Jahre vor Beginn des Fahrplanjahres, in dem die Baumaßnahme stattfinden soll, die für eine Anmeldung im Rahmen der Mehrjahresbaubetriebsplanung erforderliche Planungstiefe erreicht haben. Der zweijährige Vorlauf gewährleistet einerseits die Berücksichtigung der baubedingten Einschränkungen der Infrastruktur bei der Fahrplankonstruktion und andererseits die technischen Planungsvorläufe, um die vorhandene Infrastruktur den erforderlichen Bauzuständen anpassen zu können.

Wann genau eine Baumaßnahme zur Mehrjahresbaubetriebsplanung angemeldet werden muss, regelt die Ril 406 „Fahren und Bauen" im Modul 406.1103. Anmeldepflichtig sind Baumaßnahmen mit Einfluss auf die Bauzuschläge und/oder die Gestaltung des Jahresfahrplanes. Ein Bauvorhaben ist grundsätzlich dann als fahrplanwirksam einzustufen, wenn die Dauer der Einschränkungen mehr als drei Monate beträgt und mehr als 30 % der Züge pro Tag zwischen zwei großen Verkehrsknoten betroffen sind.

Die Einflüsse von Baumaßnahmen auf die Fahrplankonstruktion können vielfältig sein. Einige Beispiele enthält nachfolgende Abbildung 2.16.

Einflüsse von Baumaßnahmen auf die Fahrplankonstruktion
- Veränderung der Fahrzeiten durch Anpassung der Bauzuschläge
- Berücksichtigung von länger andauernden Langsamfahrstellen
- Grundentlastung (Verlagerung von Verkehren auf Umleitungsstrecken)
- Eingleisige Fahrplankonstruktion eines mehrgleisigen Streckenabschnittes
- Ausfall von Verkehrshalten
- Konstruktion von Fahrplanfenster

Abbildung 2. 16:
Einflüsse von Baumaßnahmen.

Als typische Beispiele für mehrjahresbaubetriebsplanpflichtige Baumaßnahmen können folgende Arten von Baumaßnahmen benannt werden:
- Marktgerechter Ausbau des Bestandsnetzes (Ausbaustrecken = ABS),
- Inbetriebnahme neuer Strecken/-abschnitte,
- Serienbaustellen (vgl. Kapitel 2.3.3),
- Sanierung eingleisiger Strecken über mehrere Monate.

Planungsparameter „Baubedingte Einschränkungen der Infrastruktur"
Der technische Planer erarbeitet im Vorfeld der Mehrjahresbaubetriebsplanung in Zusammenarbeit mit der Baubetriebsplanung sowie dem Baubetriebskoordinator (siehe hierzu auch Kapitel 2.5.4) ein Durchführungskonzept, in dem die baubetrieblichen Rahmenbedingungen der Baumaßnahme festgelegt werden. Auf Basis dieser Rahmenbedingungen erstellt der Vertrieb unter Zugrundelegung der aktuellen Fahrplandaten „Fahrplanstudien". Diese dienen der Baubetriebsplanung als Entscheidungsgrundlage für den Umfang erforderlicher:

- Entlastungsmaßnahmen,
- Anpassungen der Bauzuschläge und
- Ergänzungen der Infrastruktur durch:
  - Bauweichenverbindungen,
  - Hilfsbetriebsstellen,
  - Anpassung der elektrotechnischen Anlagen oder/und
  - signaltechnische Anpassungen zur Beschleunigung des Betriebsablaufes.

Im Anschluss an diese Vorabstimmungen werden Kapazitätseinschränkungen, Fahrzeitverlängerungen sowie der Wegfall von Verkehrshalten den Kunden bereits vor der konzeptionellen Planungsphase kommuniziert, um – soweit möglich – die Bedürfnisse der Kunden in ein letztendlich optimiertes Durchführungskonzept einfließen zu lassen.

Als Ergebnis dieser Abstimmungen werden die Bauvorhaben der Mehrjahresbaubetriebsplanung – in „Baubedingten Einschränkungen der Infrastruktur" zusammengestellt – dem Vertrieb zur Berücksichtigung bei der Fahrplankonstruktion übergeben. Hierbei handelt es sich um eine streckenbezogene Darstellung aller Bauvorhaben der Mehrjahresbaubetriebsplanung mit Hinweisen zur Konstruktion des Jahresfahrplanes.

Planungsparameter „Fahrplanfenster"
Sofern Bau- und Instandhaltungsarbeiten zu bestimmten Zeiten wiederkehrend stattfinden sollen, kann der Anlagenverantwortliche im Rahmen der Mehrjahresbaubetriebsplanung Fahrplanfenster bei der „Regionalen Baubetriebsplanung" bestellen.

Fahrplanfenster sind im Fahrplan eingearbeitete betriebsfreie Zeiträume zwischen mindestens zwei Zugmeldestellen, wobei auf zweigleisigen Strecken lediglich auf einem Gleis und auf eingleisigen Strecken keine Züge verkehren. Die „Regionale Baubetriebsplanung" stimmt mit dem Vertrieb gegebenenfalls unter Koordination der „Zentralen Baubetriebsplanung" die Dauer und zeitliche Lage der Fahrplanfenster ab. Fahrplanfenster werden ebenfalls in die „Baubedingten Einschränkungen der Infrastruktur" aufgenommen.

Planungsparameter „Bauzuschlag"
Ist zu erwarten, dass die berechneten Fahrzeitverluste aufgrund einer Baumaßnahme nicht durch den errechneten Bauzuschlag bis zum nächsten Knoten ausgegli-

Fahren und Bauen

chen werden können, prüft die Regionale Baubetriebsplanung zunächst, ob eine Verlagerung des errechneten Bauzuschlages aus einem benachbarten Streckenabschnitt zum Ausgleich der zu erwartenden Fahrzeitverluste ausreicht. Sollte dies nicht der Fall sein, wird ein zusätzlicher Bauzuschlag erforderlich, der entsprechend im Entwurf des Bauzuschlagkataloges aufgenommen wird. Näheres hierzu enthält Kapitel 2.3.1.

Übergabe und weitere Abstimmung vorgenannter Planungsparameter
Die „Regionale Baubetriebsplanung" übergibt anschließend die „Baubedingten Einschränkungen der Infrastruktur" und die Vorschläge für die Bemessung der Bauzuschläge an die „Zentrale Baubetriebsplanung".

Dort werden alle Baumaßnahmen sowie die damit verbundenen betrieblichen Auswirkungen auf deren Netzwirkung und gegenseitige Verträglichkeit hin netzweit vorabgestimmt. Bei dieser Vorabstimmung wird beispielsweise die Verfügbarkeit der für Entlastungsverkehre vorgesehenen Umleitungswege geprüft. Darüber hinaus ist eine verstärkte Einschränkung von Hauptverkehrsrelationen durch eine ausgewogene Verteilung der Baumaßnahmen zu vermeiden.

Die „Zentrale Baubetriebsplanung" erarbeitet auf Basis der von der „Regionalen Baubetriebsplanung" übergebenen Vorschläge einen Bauzuschlagskatalog und stimmt diesen zusammen mit den „Baubedingten Einschränkungen der Infrastruktur" zentral mit dem Vertrieb ab. Die abgestimmten Endstücke dieser Unterlagen werden dem Vertrieb als Planungsparameter für die Konstruktion des Jahresfahrplanes zu dem in Ril 406 Anhang 406.1103A01 genannten Termin übergeben.

Planungsparameter „Geschwindigkeitskonzeption"
Als weiterer Bestandteil der Mehrjahresbaubetriebsplanung erfolgt unter Mitwirkung der Baubetriebsplanung die Abstimmung der Geschwindigkeitskonzeption (Geko). Sie stellt geplante Geschwindigkeitserhöhungen und mängelbedingte Geschwindigkeitsreduzierungen bezogen auf ein Fahrplanjahr dar.

Auf den ersten Blick mag der Zusammenhang zwischen der Geschwindigkeitskonzeption und der Baubetriebsplanung nicht erkennbar sein. Lassen Sie uns daher zunächst nach Gründen suchen, die zu einer Geschwindigkeitserhöhung bzw. zu einer mängelbedingten Geschwindigkeitsreduzierung führen können:

- Inbetriebnahme neuer Signaltechniken,
- Inbetriebnahme einer Linienverbesserung,
- Beseitigung von Mängeln an der Infrastruktur,
- Beseitigung von Bahnübergängen,
- Mängel, die in den nächsten Jahren nicht beseitigt werden können.

Wenn Sie nun bedenken, dass zur Beseitigung von Mängeln bzw. zur Inbetriebnahme neuer Anlagenteile in aller Regel Bauarbeiten erforderlich sind, werden die unmittelbaren Zusammenhänge zwischen Geschwindigkeitsplanung und Baubetriebsplanung deutlich. Die Baubetriebsplanung achtet darauf, dass für Geschwindigkeitsverbesserungen die baubetrieblichen Voraussetzungen vorliegen. So müssen Baumaßnahmen mit Einfluss auf die Geko in den jeweiligen Baubetriebsplänen enthalten sein.

Die Geko (Abbildung 2.17) bildet die Grundlage für die Fahrzeitenrechnung bei der Fahrplankonstruktion, der Fahrlagenplanung der EVU und für das Verzeichnis der örtlich zulässigen Geschwindigkeit (VzG). Sie ist somit neben „Bauzuschlagskatalog" und „Baubedingten Einschränkungen der Infrastruktur" ein weiteres baubetriebliches Planungsparameter mit Relevanz für die Fahrplankonstruktion.

Geko 2004

von km bis km	Stelle oder Streckenabschnitt	Länge	v alt	v neu	Grund	Fahrzeitveränderung (Fzv)	Abw. v. Leit-V	Bemerkungen	lfd. Nr.
[-]	[-]	[m]	[km/h]	[km/h]	[-]	[min]	[km/h]	[-]	[-]
1	2	3	4	5	6	7	8	9	10

(Spaltenüberschriftsgruppe: Geschwindigkeitsveränderung umfasst Spalten von km bis km, Stelle oder Streckenabschnitt, Länge, v alt, v neu, Grund)

3010   Koblenz Hbf - Perl (DB-Grenze)

zweigleisig Koblenz Hbf (0.000) Bft Karth . Mitte (119.656)

eingleisig Bft Karth . Mitte (119.656) Bft Karth . West (120.300) / Konz Mitte Hp

zweigleisig Bft Karth . West (120.300) / Konz Mitte Hp Perl-Grenze (159.512)

Hauptbahn

Streckengeschwindigkeit v = 60 km/h Koblenz Hbf (0.000) Km 0,4 (0.400)   Richtung b abweichend 75 km/h

Streckengeschwindigkeit v = 75 km/h Km 0,4 (0.400) Km 2,7 (2.700)

Bremsweg 1000 m

Richtung a

von km bis km	Stelle oder Streckenabschnitt	Länge	v alt	v neu	Grund	Fzv	Abw. v. Leit-V	Bemerkungen	lfd. Nr.
0.000	0.400	Koblenz Hbf	400	60	60				FD	1
0.400	2.700	Ko Mosel Gbf	2300	70	70				FD	2
				(70)	(70)			70	LF.	
2.700	3.200	Ko-Moselweiß Hp	500	70	50	BM	0,2			3
				(70)	(70)			70	LF.	
3.200	3.500		300	70	70			70	LF. u.Üh 365	4
				(70)	(70)			70	LF. u.Üh 398	
3.500	3.800		300	70	70				FD	5

Abbildung 2.17:
Geschwindigkeitskonzeption.

Anforderungen an die Planungssicherheit

Sie können sich sicher vorstellen, dass Baumaßnahmen mit erheblichen Angebotseinschränkungen zu Einnahmeverlusten des Vertriebes führen (Kapitel 2.3.3). Aus diesem Grund dürfen zur Mehrjahresbaubetriebsplanung angemeldete Baumaßnahmen nur dann in die Planungsparameter eingestellt werden, wenn zum Zeitpunkt der Übergabe an den Vertrieb folgende Voraussetzungen vorliegen:

- Das Planfeststellungsverfahren muss bis zur Äußerung der Betroffenen fortgeschritten sein und es dürfen danach keine Risiken für einen erfolgreichen Abschluss bestehen und
- die Finanzierung muss gewährleistet sein.

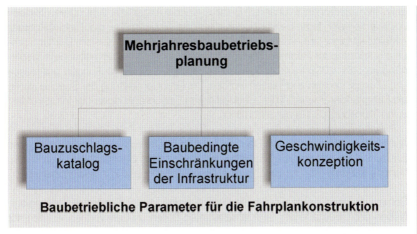

Abbildung 2.18:
Baubetriebliche Parameter.

Praxisbeispiel in der Mehrjahresbaubetriebsplanung anhand einer Serienbaustelle
Nachdem Sie nun die Grundsätze der Mehrjahresbaubetriebsplanung kennen gelernt haben, soll das theoretische Wissen anhand eines Praxisbeispieles mit Leben erfüllt werden.

Im Jahr 2001 trat der Anlagenverantwortliche mit dem Wunsch, umfangreiche Sanierungsmaßnahmen auf der Strecke Koblenz – Trier (Moselstrecke) durchführen zu wollen, an die Baubetriebsplanung heran. Das Bauvolumen zur Sanierung der Strecke war derart groß, dass zu dessen Bewältigung über ein gesamtes Jahr an nahezu jedem Wochenende Baumaßnahmen einzuplanen waren. Von Seiten der Baubetriebsplanung wurde daher die Planung einer Serienbaustelle angestoßen.

Zunächst wurden alle erforderlichen Baumaßnahmen mit dem jeweils benötigten Zeitbedarf aufgelistet und anschließend Durchführungskonzepte erarbeitet. Beispielsweise war es denkbar, eine Weichenerneuerung im Ausfahrbereich eines Bahnhofes, die zur Unbefahrbarkeit eines Streckengleises führt, zeitgleich mit der Erneuerung dieses Gleises auszuführen, um betriebliche Einschränkungen zu minimieren. Auf Basis dieser Durchführungskonzepte konnte die entsprechende Anmeldung zur Mehrjahresbaubetriebsplanung erfolgen. Für die Serienbaustelle der Moselstrecke bedeutete dies die Anmeldung zur Mehrjahresbaubetriebsplanung des Jahres 2002, woraus sich aufgrund des zweijährigen Vorlaufes ein frühester Baubeginn für das Jahr 2004 ergab.

Auf Basis der Anmeldungen wurden durch den Vertrieb Fahrplanstudien erstellt, um die Anzahl der durchführbaren Trassen während der baubedingt eingeschränkten Infrastruktur ermitteln und die fahrplantechnischen Entlastungsmaßnahmen definieren zu können. In unserem Beispiel war die Anzahl der verfügbaren Trassen im Güterverkehr derart begrenzt, dass Umtrassierungen über die Strecke Koblenz – Mainz – Mannheim – Saarbrücken vorgesehen werden mussten. Dementsprechend konnten im Rahmen der Vorabstimmung zur Mehrjahresbaubetriebsplanung im Jahr 2002 keine größeren baubedingten Einschränkungen auf diesen Umleitungsstrecken zugelassen werden. Die Grundentlastung der Strecke wurde als Fahrplanparameter in die „Baubedingten Einschränkungen der Infrastruktur" 2004 (Abbildung 2.19) aufgenommen.

Aufgrund der konzentrierten Bautätigkeit war darüber hinaus die Erhöhung des Bauzuschlags erforderlich. Die Höhe des zusätzlichen Bauzuschlags wurde dem Vertrieb in Form des Bauzuschlagskatalogs (Abbildung 2.20) bekannt gegeben.

Somit war der Grundstein für die Durchführung dieser Serienbaustelle gelegt. Neben der Übergabe der fahrplanrelevanten Daten an den Vertrieb wurden mit dem Anmelder und den technischen Planern die Durchführungskonzepte weiter präzisiert und entsprechende Auflagen zur Änderung der Planungen besprochen, sofern diese aufgrund der Kundenwünsche sowie aus fahrplantechnischen Gründen erforderlich waren. So war es teilweise erforderlich, die signaltechnischen Anlagen zur Durchführung von Zugfahrten auf dem Gegengleis mit Hauptsignal zu ändern.

NI Mitte — ***Baubedingte Einschränkungen der Infrastruktur: Fahrplanjahr 2004***

Hinweise: **Darstellung**
Änderungen — fett — Fahrzeitverluste ohne Klammer — Fzv > BZu
Abbestellung — fett und durchgestrichen (blau) — mit Klammer — Fzv <= BZu
Nachträge — fett und kursiv (rot)

STRECKE	STRECKENABSCHNITT	ART DER ARBEITEN	ZEITRAUM	HINWEISE ZUR FAHRPLANKONSTRUKTION / ZUM BAUVORHABEN	Fzv nach FZV [min]	BEMERKUNGEN Regionale Baubetriebsplanung	REALISIERUNG Trassenmanagement: Zeitraum	Fzv nach 'RUT'	Sperrzeiten Tsp
1	2	3	4	5	6	7	8a	8b	8c
Koblenz - Trier - Saarbrücken	wechselnde Abschnitte eingleisig an Wochenenden	Serienbaustelle	15.01.2004-20.12.2004	Grundentlastung im SGV Konzept 4+1 (4 SPV + 1 SGV)	(7)				

Abbildung 2.19: Baubedingte Einschränkungen der Infrastruktur.

Abbildung 2.20: Bauzuschlagskatalog.

NL Mitte — ***Bauzuschlagskatalog Jahresfahrplan 2004***

Richtung: Bemerkungen	Bauzuschlag angefordert für SPFV	SPNV	Cargo	eingearbeitet für SPFV	SPNV	Cargo	Angaben zur Strecke: Berechn. Bzu		Strecken-länge	Gegenrichtung: Bauzuschlag angefordert für SPFV	SPNV	Cargo	eingearbeitet SPFV	SPNV	Cargo	Bemerkungen
	min	min	min	min	min	min	min		km	min	min	min	min	min	min	
1	2	3	4	5	6	7	8	9	10	11	12	13	14	15	16	17
Strecke: Koblenz Hbf - Trier Hbf - NL-Grenze - Saarbrücken Hbf																
Serienbaustelle 1,6' zus. Bzu	**6,4**	5,7	3,6				4,8	Koblenz Hbf - Trier Hbf	112	**6,4**	5,7	3,6				Serienbaustelle 1,6' zus. Bzu
siehe NL Südwest							2,5	Trier Hbf - NL-Gr. - Saarbrücken Hbf	88	2,5	2,2	1,4				
	6,4			0,0			7,3	Summe	200	8,9			0,0			

Abbildung 2.21:
Die Mehrjahresbaubetriebsplanung im Überblick.

2.4.2 Die Jahresbaubetriebsplanung – Speziell vorzubereitende Baumaßnahmen und Kapazitätsplanung

Warum gibt es die Jahresbaubetriebsplanung?

Im Hinblick auf eine zeitgerechte Kundeninformation und dem erforderlichen Zeitbedarf technischer Planungsvorläufe sind Baumaßnahmen mit vorübergehenden Einschränkungen der Verfügbarkeit des Fahrweges etwa zehn Monate vor Beginn des jeweiligen Fahrplanjahres zum Jahresbaubetriebsplan anzumelden.

Der zeitliche Vorlauf ermöglicht die Berücksichtigung von baubedingten Angebotseinschränkungen in den öffentlichen Fahrplanunterlagen. Darüber hinaus können durch die frühzeitige Ermittlung des Bedarfs an Großmaschinen- und Wagenkapazitäten Engpässe erkannt und durch entsprechende Disposition vermieden werden.

Welche Baumaßnahmen sind jahresbaubetriebsplanpflichtig?

Eine genaue Definition der Baumaßnahmen, die zum Jahresbaubetriebsplan anzumelden sind, gibt die Ril 406 im Modul 406.1103 Abschnitt 2.

Baumaßnahmen sind bei Vorliegen folgender Kriterien jahresbaubetriebsplanpflichtig:

- Ersatzloser Ausfall von veröffentlichten Zügen oder Verkehrshalten.
- Schienenersatzverkehr von mehr als 10 Zügen pro Tag.
- Fahrzeitverlängerungen im Schienenpersonenverkehr von mehr als 15 Minuten pro Zug.
- Abweichung von den im Fahrplan veröffentlichten Abfahrtszeiten.
- Erhebliche Kapazitätseinschränkungen im Schienengüterverkehr.
- Baumaßnahmen, die zur Durchsetzung der Geschwindigkeitskonzeption erforderlich sind.
- Finanzierung von Baumaßnahmen, die einer Vorstandsvorlage bedürfen.

- In- und Außerbetriebnahme von Stellwerken und Steuerbezirken (ESTW).
- Baumaßnahmen deren Änderungsumfang durch das EBA genehmigungspflichtig sind.
- Baumaßnahmen unter Einsatz von Großmaschinenkapazitäten.
- Oberleitungsinstandhaltungsarbeiten mit der höchsten Fristenstufe.

Auch die im Vorjahr bereits zur Mehrjahresbaubetriebsplanung der entsprechenden Jahresscheibe angemeldeten Baumaßnahmen sind erneut anzumelden (zu bestätigen!), wobei die Angaben zur Jahresbaubetriebsplanung nun weitaus präziser sind.

Abstimmungsprozedere und betriebsverträgliche Einordnung angemeldeter Baumaßnahmen (Besonderheit „Lisba")
Die „Regionale Baubetriebsplanung" erarbeitet nach Anmeldeschluss einen ersten Entwurf des Jahresbaubetriebsplans und stimmt diesen auf regionaler Ebene mit dem Vertrieb ab, um zunächst regionale Konflikte lösen zu können. Für alle zur Jahresbaubetriebsplanung angemeldeten Baumaßnahmen werden durch den Vertrieb „Betriebliche Einschätzungen" auf Basis der ersten Entwürfe des Jahresfahrplanes erstellt. „Betriebliche Einschätzungen" stellen die betrieblichen Auswirkungen einer Baumaßnahme dar, auf deren Grundlage die Verträglichkeit der eingeordneten Baumaßnahmen untereinander geprüft wird.

Als Auszug aus dem Jahresbaubetriebsplanentwurf wird die „Liste speziell vorzubereitender Baumaßnahmen" (Lisba) erstellt. Sie beinhaltet – sortiert nach Strecken – Baumaßnahmen sowie deren betriebliche Auswirkungen, die aufgrund der kurzen zeitlichen Dauer von beispielsweise einem Wochenende keine Relevanz für die Mehrjahresbaubetriebsplanung hatten. Die Lisba dient primär im Hinblick auf Baumaßnahmen mit gravierenden vertrieblichen Auswirkungen zur frühzeitigen Information der Kunden, um die betrieblichen Auswirkungen bei der Durchführung der Baumaßnahmen und somit die vorübergehenden Angebotseinschränkungen im folgenden Jahresfahrplan zeitgerecht aufzuzeigen. Das Endstück dieser Lisba wird dem Kunden nach Abschluss der Jahresbaubetriebsplanabstimmung durch den Vertrieb übergeben.

Die Ergebnisse der Abstimmungen führen in aller Regel auch zu dem Erfordernis, eine Abstimmung mit den Anmeldern durchzuführen. So können bautechnische, vertriebliche und baubetriebliche Konflikte auftreten, die eine Kürzung der angemeldeten Sperrzeit oder eine gänzliche Neuterminierung erforderlich machen. Unter Berücksichtigung bautechnischer Zwänge, der Maschinenverfügbarkeit und möglicher Verzögerungen in der Materialbereitstellung werden unter Beteiligung der zuständigen Baubetriebskoordinatoren Lösungsmöglichkeit mit den Anmeldern erarbeitet.

Die Entwürfe der Jahresbaubetriebspläne mit den jeweiligen „Betrieblichen Einschätzungen" werden der Zentralen Baubetriebsplanung übergeben. Unter Einbindung der „Regionalen Baubetriebsplanung", des Vertriebes und der Anlagen-

Fahren und Bauen

verantwortlichen werden die Baumaßnahmen geprüft, koordiniert und netzweit abgestimmt. Zu berücksichtigende Parameter bei der Abstimmung der Baumaßnahmen sind:

- Schonzeiten im Schienenpersonen- und -güterverkehr (wie z.B. Weihnachtszeit, Ferienzeit),
- saisonal wiederkehrende Großveranstaltungen (wie z.B. Oktoberfest),
- Verfügbarkeit der Umleitungsstrecken,
- Baumaßnahmen im weiteren Verlauf der Hauptverkehrsstrecken,
- Verfügbarkeit von Großmaschinenkapazitäten,
- Verträglichkeit der zu erwartenden Pünktlichkeitsverluste im Zusammenhang mit anderen Bauschwerpunkten im Netz.

Nach Abschluss der Abstimmungsphase wird der Jahresbaubetriebsplan von der „Zentralen Baubetriebsplanung" zur Durchführung genehmigt. Baumaßnahmen, deren Auswirkungen in den öffentlichen Fahrplanmedien bekannt gegeben werden, dürfen grundsätzlich nicht mehr verändert werden.

Terminverschiebung oder Ausfall drohen? Was nun?
Sobald sich eine Gefährdung des im Jahresbaubetriebsplan bestätigten Ausführungstermins einer Baumaßnahme abzeichnet, werden unter Federführung der Niederlassungsleitung Netz und der „Zentralen Baubetriebsplanung" Gegenmaßnahmen eingeleitet. Zeichnet sich weiterhin ein Ausfall der Maßnahmen ab, sind die Kunden schnellstmöglich zu unterrichten. Die „Zentrale Baubetriebsplanung" entscheidet über die Neueinordnung der Baumaßnahme zu einem anderen Termin. Die Zustimmung aller Kunden muss hierbei vorliegen.

Mitunter kann es auch möglich sein, dass zum Jahresbaubetriebsplan oder zur unterjährigen Baubetriebsplanung angemeldete Sperrpausen nicht nutzbar sind bzw. nicht mehr benötigt werden. Der Anmelder hat dies unmittelbar nach bekannt werden der „Regionalen Baubetriebsplanung" in Form einer Abmeldung anzuzeigen. Für Maßnahmen des Jahresbaubetriebsplans gilt als spätester Zeitpunkt für solch eine Abmeldung der Anmeldetermin zur unterjährigen Baubetriebsplanung. Darüber hinaus ist die Abmeldung von Jahresbaubetriebsplanmaßnahmen der „Zentralen Baubetriebsplanung" schriftlich mitzuteilen.

Anmeldung zur Jahresbaubetriebsplanung versäumt?
Werden jahresbaubetriebsplanpflichtige Baumaßnahmen angemeldet, die nicht im abgestimmten Jahresbaubetriebsplan enthalten sind, sind diese grundsätzlich bis zum nächsten Jahresbaubetriebsplan zurückzustellen. Sofern es sich dabei um Baumaßnahmen, die zur Erhaltung der Geko oder der Vermeidung von kurzfristigen Langsamfahrstellen und somit der Erhaltung der Verfügbarkeit des Fahrweges dienen, sind Ausnahmen möglich. Der Anmelder hat dies schriftlich gegenüber der „Zentralen Baubetriebsplanung" zu begründen.

Im Rahmen der Jahresbaubetriebsplanung wird bereits ein entscheidender Grundstein für die qualitätsgerechte Durchführung von Baumaßnahmen gelegt. Das

Abbildung 2.22: Jahresbaubetriebsplanung.

netzweite Gefüge der Baumaßnahmen und deren gegenseitige Verträglichkeit werden im Rahmen der Abstimmungsphase geprüft und festgeschrieben. Bereits geringfügige zeitliche, örtliche oder bautechnische Änderungen können die Stabilität dieses Gefüges beeinträchtigen. Die Folge sind meist Qualitätseinbußen, die sich in Form von höheren Fahrzeitverlusten, einer größeren Anzahl von Umleitungen und letztendlich in einer sinkenden Pünktlichkeit widerspiegeln. Der Anmelder einer Baumaßnahme wird daher stets angehalten, die Baubetriebsplanung frühzeitig über Planungsänderungen zu informieren.

Auch die Baumaßnahmen der Serienbaustelle Moselstrecke werden zur Jahresbaubetriebsplanung angemeldet. Ausgehend von dem bereits ermittelten Bauvolumen werden nun alle Baumaßnahmen mit genauer Angabe des Ausführungszeitraumes angemeldet.

Wesentlicher Unterschied zwischen Mehrjahres- und Jahresbaubetriebsplanung: Zur Mehrjahresbaubetriebsplanung sind noch keine terminlichen Zusagen für einzelne Maßnahmen erforderlich, wohingegen in der Jahresbaubetriebsplanung die genaue Dauer der Baumaßnahmen und deren Ausführungstermine fixiert werden müssen.

In dieser Phase erfolgt eine Prüfung aller Maßnahmen auf Basis der Betrieblichen Einschätzungen unter anderem auf folgende Punkte:

- Verfügbarkeit der Umleitungsstrecke Koblenz – Mainz – Mannheim – Saarbrücken,
- weitere Baumaßnahmen im Verlauf der Schienenpersonenfernverkehrslinie 35 (Norddeich Mole – Luxemburg/Trier) sowie relevanter Güterverkehrskorridore, die auf eine Unverträglichkeit schließen lassen.

Fahren und Bauen

Nach positivem Prüfungsergebnis kann dem Entwurf des Jahresbaubetriebsplans durch die Zentrale Baubetriebsplanung zugestimmt werden. Die jeweiligen Baumaßnahmen werden aufgrund ihrer gravierenden Auswirkungen Bestandteil der Lisba. So findet beispielsweise die Totalsperrung zwischen Konz und Trier Berücksichtigung in den veröffentlichten Fahrplanmedien.

Strecke	Streckenabschnitt	Art der Arbeiten	Zeitraum	Hinweise für die Fahrplankonstruktion/ zum Bauvorhaben	Betroffene Produkte	Bemerkungen Regionale Baubetriebsplanung	Abstimmungsergebnis Anmerkungen Zentrale
1	2	3	4	5	6	7	8
Koblenz - Trier - Saarbrücken	Bullay - Ürzig	6E	11.06.2004, 23:35 - 14.06.2004, 04:25	Ggl Zr 6/v FZmetX im Bf Bullay	DB Fernv. DB Regio Railion	Kreuzungsverspätung SPFV bis 6 min tlw. SEV SPNV SGV uml. über Rheinstrecken	

Jahresfahrplan 2004 — Liste speziell vorzubereitender Baumaßnahmen. Hinweise: Darstellung / Änderungen fett / Streichungen fett und durchgestrichen blau / Nachträge fett und kursiv rot

Abbildung 2.23:
Liste der speziell vorzubereitenden Baumaßnahmen.

Abbildung 2.24:
Die Jahresbaubetriebsplanung im Überblick.

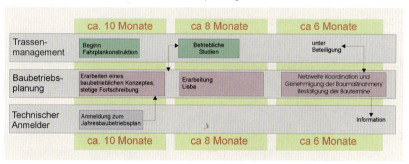

2.4.3 Die unterjährige Baubetriebsplanung – A-, B-, C-Maßnahmen

Die Jahresbaubetriebsplanung dient einer ausgewogenen Verteilung der Baumaßnahmen sowie einer frühzeitigen Information der Kunden über vorübergehende Einschränkungen der Infrastruktur zur Aufnahme in die öffentlichen Fahrplanmedien. Im Rahmen u.a. ständig wiederkehrender Inspektionen der Gleisanlagen, kann es der Anlagenzustand jedoch auch erforderlich machen, kurzfristig Bauarbeiten kleineren Umfanges planen und durchführen zu müssen. Dies kann beispielsweise der Austausch von Weichenteilen oder ein Schienenwechsel sein. In aller Regel können diese Arbeiten in betriebsschwächeren Zeiten durchgeführt werden, so dass keine umfangreichen Fahrplananpassungsmaßnahmen erarbeitet werden müssen und ein geringerer Planungsvorlauf auch aus Kundensicht akzeptiert werden kann.

Darüber hinaus kann die Freigabe von zusätzlichen Finanzmitteln zur Erweiterung festgelegter Bauprogramme führen, die unterjährig in das abgestimmte Jahresbaubetriebsplankonzept eingefügt werden müssen.

Hieraus folgt, dass neben den Baumaßnahmen aus dem Jahresbaubetriebsplan weitere Baumaßnahmen zu einem späteren Zeitpunkt (unterjährig!) baubetrieblich koordiniert werden müssen. Um einen abschließenden Überblick über Koordinations- und Abstimmungsbedarf aller zeitgleichen Baumaßnahmen im Netz gewährleisten zu können, sind neben den oben genannten unterjährig anzumeldenden Arbeiten auch die im Jahresbaubetriebsplan bereits genehmigten Baumaßnahmen zur unterjährigen Baubetriebsplanung erneut anzumelden (zu bestätigen!).

Zur Verbesserung der Kundenakzeptanz wird die unterjährige Baubetriebsplanung dreistufig organisiert. So sind Baumaßnahmen abhängig von den betrieblichen Auswirkungen mit unterschiedlichen Vorlaufzeiten (Zeitpunkt A = 28 Wochen vor Baubeginn, Zeitpunkt B = 14 Wochen vor Baubeginn oder Zeitpunkt C = vier Wochen vor Baubeginn) anzumelden.

Abbildung 2.25: Baubetriebliche Planungsphasen.

Für welche Maßnahmen gilt der Anmeldezeitpunkt A?

Begonnen wird mit den Baumaßnahmen, deren betriebliche Auswirkungen am größten sind. Zum Zeitpunkt A = 28 Wochen vor Baubeginn bei der Baubetriebsplanung anzumelden.

Im Einzelnen sind dies:

- Baumaßnahmen, welche die Kriterien der Jahresbaubetriebsplanpflicht erfüllen und weiterhin
  - zur Aufgabe von Anschlüssen im Schienpersonenfernverkehr führen,
  - auch bei Anrechnung der vorhandenen Bauzuschläge Verspätungen im Schienenpersonenfernverkehr über die NL-Grenzen hinaus von voraussichtlich mehr als 5 Minuten pro Zug zur Folge haben,
  - die Umleitung von Zügen über Strecken anderer DB Netz-Niederlassungen bedingen oder
  - Umleitungsverkehre auf Strecken mit Arbeitsruhe zu erwarten sind.
- Baumaßnahmen auf den in den Regionalen Zusatzbestimmungen festgelegten Streckenabschnitten bzw. Knoten, wenn
  - Schienenersatzverkehr bis zu 10 Zügen pro Tag oder
  - Anschlüsse aus/in dem/den Schienenpersonennahverkehr in/aus den/dem Schienenpersonenfernverkehr aufgegeben werden müssen.

Warum ausgerechnet 28 Wochen Vorlaufzeit?

Sie fragen sich sicherlich, aus welchem Grund der Anmeldezeitpunkt A mit einem Vorlauf von 28 Wochen vor Beginn einer Baumaßnahme erforderlich ist. Um diese Frage zu beantworten, lassen Sie uns zunächst die einzelnen Prozessschritte der unterjährigen Baubetriebsplanung ansehen.

Nach erfolgter Anmeldung wird die Baumaßnahme durch die „Regionale Baubetriebsplanung" vorab geprüft und regional abgestimmt. Im weiteren Verlauf erfolgt die Übergabe der baubetrieblichen Parameter an den Vertrieb zur Erstellung einer Bildlichen Übersicht bzw. der Zusammenstellung der betrieblichen Folgen. Diese Unterlagen zeigen die betrieblichen Auswirkungen auf und sind daher als Entscheidungshilfe bei der zeitlichen und räumlichen Einordnung der einzelnen Baumaßnahmen im Netz unerlässlich.

Auf Basis der vertrieblichen Unterlagen erfolgt eine weitere Vorabstimmung der Baumaßnahmen durch die „Regionale" und die „Zentrale Baubetriebsplanung". Die Information der Kunden über die geplanten Baumaßnahmen und deren betriebliche Auswirkungen erfolgt durch den Vertrieb. Nachdem die im Rahmen dieser Kundeninformation ermittelten Kundenwünsche – soweit möglich – durch die Baubetriebsplanung berücksichtigt wurden, erfolgt bis 20 Wochen vor Baubeginn die netzweite Abstimmung sowie die Genehmigung der Baumaßnahmen zur Durchführung durch die „Zentrale Baubetriebsplanung".

Die terminliche Fixierung des Bautermins 20 Wochen vor Baubeginn ist erforderlich, um

- vergaberechtliche Vorlaufzeiten zu gewährleisten und
- eine zeitgerechte Anpassung der Verkaufs- und Buchungssysteme zu ermöglichen.

Ein baubedingter Ausfall eines Verkehrshaltes sowie der Verlust eines Anschlusses muss vor Beginn des zuggebundenen Fahrausweisverkaufs oder der Platzbuchung bekannt gegeben werden, um in den Buchungs- und Reservierungssystemen der Eisenbahnverkehrsunternehmen (EVU) berücksichtigt werden zu können. Dem Reisenden kann somit in diesen Fällen bereits bei Buchung eine alternative Reiseverbindung empfohlen werden. Jede Verzögerung des Abstimmungsprozesses führt unweigerlich zu Qualitätseinbußen, die sich zum einen in der nicht zeitgerechten Information der Kunden und zum anderen aber auch bauseitig in Regresskostenforderungen bei Änderungen nach erfolgter Vergabe der Bauleistung gegenüber dem Anmelder niederschlagen können.

Aus diesem Grund sind nicht fristgemäße Anmeldungen (Nachmeldungen) zum Zeitpunkt A – sofern eine stichhaltige Begründung fehlt – grundsätzlich abzulehnen, in Abstimmung mit der „Regionalen" und „Zentralen Baubetriebsplanung" unter Berücksichtigung der Vorlauffristen zurückzustellen und zu einem späteren Zeitpunkt einzuordnen.

Der Anmeldezeitpunkt B

Baumaßnahmen, die nicht den Kriterien einer A-Maßnahme entsprechen, sind zum Zeitpunkt B spätestens 14 Wochen vor Baubeginn anzumelden. Der Regelprozess sieht die Abstimmung und Genehmigung dieser Baumaßnahmen durch die „Regionale Baubetriebsplanung" grundsätzlich bis sechs Wochen vor Baubeginn vor. Sind jedoch im Einzelfall überregionale Auswirkungen zu erwarten oder kann kein positives Abstimmungsergebnis mit dem Kunden erzielt werden, sind die Baubetrieblichen Zugregelungen dieser Baumaßnahmen rechtzeitig der „Zentralen Baubetriebsplanung" und dem Zentralen Vertrieb zur weiteren Abstimmung und Genehmigung zu übergeben.

Eine entsprechende Genehmigungsanforderung an die Zentrale Baubetriebsplanung erfolgt über das DV-Programm „BBP" (vgl. Kapitel 2.3.4).

Der Anmeldezeitpunkt C

Werden aus Inspektionen heraus Baumaßnahmen aufgrund des Anlagenzustandes erforderlich, um die Verfügbarkeit des Fahrweges gewährleisten zu können, darf der Anlagenverantwortliche diese bis vier Wochen vor dem geplanten Ausführungstermin mittels Betra-Antrag durch den Instandsetzer anmelden lassen. Anmeldungen zum Zeitpunkt C sind ausschließlich dem Anlagenverantwortlichen vorbehalten. Des Weiteren darf die Baumaßnahme zum Zeitpunkt B noch nicht bekannt gewesen sein.

Um die bereits abgestimmten und genehmigten unterjährigen Baubetriebspläne nicht zu gefährden, dürfen C-Maßnahmen andere Baumaßnahmen nicht beeinträchtigen. Zusätzlich darf

- kein La-Eintrag,
- keine Bildliche Übersicht,
- kein zusätzlicher Personaleinsatz und
- keine Abstimmung mit dem Kunden

erforderlich werden. Wird auch nur eine der genannten Vorbedingungen nicht erfüllt, ist die Baumaßnahme – auch wenn sie aus einer Inspektion heraus erforderlich wird – zur Realisierung entsprechend der Zeitpunkte A oder B – je nach ermittelten Kriterien – zu planen. Die Dauer und die zeitliche Lage der Gleissperrungen für diese Arbeiten legt die „Regionale Baubetriebsplanung" fest.

Wie erfolgt die unterjährige baubetriebliche Abstimmung?

Sowohl für den Kunden als auch den Anmelder und letztendlich die bauausführende Firma sind die genehmigten Daten des Baubetriebsplans Grundlage für die weitere Planung. Werden Änderungen der genehmigten Rahmenbedingungen aufgrund von Unregelmäßigkeiten erforderlich, erlischt die Genehmigung für die gesamte Maßnahme. Die Neubeantragung einer zentralen Genehmigung hat in diesen Fällen umgehend durch die „Regionale Baubetriebsplanung" zu erfolgen und ist entsprechend zu begründen. Die Wahrung dieses Grundsatzes ist wichtig, weil bis zur Genehmigung einer Baumaßnahme mitunter umfangreiche Abstimmungsprozesse erforderlich sind, deren Arbeits- und Zeitaufwand je nach betrieblichen Auswirkungen der Maßnahme variieren.

Für Bewertung und Koordination der Baumaßnahmen stehen der Baubetriebsplanung folgende Unterlagen und Werkzeuge zur Verfügung:

- DV-Programm „BBP" (siehe Kapitel 2.3.4),
- Streckenkarten der DB Netz-Niederlassungen,
- Bekanntgabe der Kundenwünsche zu Schonzeiten im Schienenpersonenverkehr,
- Fahrplanunterlagen (wie z.B. Rothefte),
- Linienkarten des SPFV und
- maßnahmebezogene Unterlagen der Baubetrieblichen Zugregelung.

Arbeiten mit Bildlichen Übersichten/Zusammenstellungen betrieblicher Folgen

Wichtigste Unterlage zur Abstimmung der Baumaßnahmen sind – bezogen auf jene durch die Baubetriebliche Zugregelung erstellten Unterlagen – die jeweiligen Bildlichen Übersichten bzw. die Zusammenstellungen der betrieblichen Folgen (vgl. Kapitel 2.3.2). Sie geben zuggenau Auskunft über die Höhe und den Entstehungsgrund der Fahrzeitabweichungen.

Fahrzeitverluste können aufgrund von Langsamfahrstellen, durch gegenüber der Fahrplangeschwindigkeit geringere Überleitgeschwindigkeiten in das Gegengleis oder durch Kreuzung mit einem Zug der Gegenrichtung entstehen.

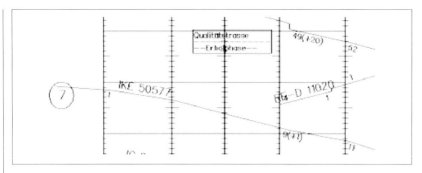

Abbildung 2.26: Fahrzeitverlust aufgrund einer Langsamfahrstelle.

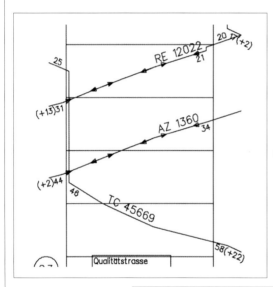

Abbildung 2.27:
Fahrzeitverlust aufgrund
einer Kreuzung mit einem Zug
der Gegenrichtung.

Abbildung 2.28:
Fahrzeitverlust aufgrund
eines vorausfahrenden
Zuges (Zugfolge).

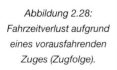

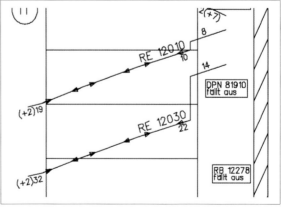

Fahren und Bauen

Unter Abrechnung der vorhandenen Fahrzeitreserven lässt sich feststellen, wann ein Zug die baubedingten Verspätungen kompensiert hat. Dies ist wichtig, um zum einen die Auswirkungen weiterer Baumaßnahmen auf dem Laufweg des jeweiligen Zuges beurteilen zu können sowie zum anderen Aussagen über mögliche Anschlussgefährdungen ableiten zu können. Grundsätzlich sollten baubedingte Fahrzeitverluste eines Zuges vor Erreichen einer weiteren Baumaßnahme vollständig abgebaut sein, um den geplanten betrieblichen Ablauf der folgenden Baumaßnahme nicht zu gefährden und unkalkulierbare Pünktlichkeitsrisiken zu vermeiden.

Unter Umständen ist jedoch der „geplant" verspätete Zulauf eines Zuges auf eine Baustelle unproblematisch. Dies ist der Fall, wenn dieser Zug ohnehin eine Kreuzung mit einem Zug der Gegenrichtung abwarten muss oder der verspätete Zulauf eine kritische Kreuzungssituation entschärfen kann. Das Erkennen einer solchen Baustellenkonstellation zählt zu den Fertigkeiten eines erfahrenen Baubetriebsplaners.

Umleitung von Zügen gefällig?

Die Zusammenstellung der betrieblichen Folgen trifft neben den Fahrzeitverlusten auch Aussagen über erforderliche Umleitungen. Im Rahmen der Abstimmung werden die vorgeschlagenen Umleitungsstrecken auf deren Streckenverfügbarkeit geprüft. Sofern Baumaßnahmen auf den Umleitungsstrecken eingeordnet wurden, ist die Machbarkeit der parallelen Ausführung der Baumaßnahmen zu prüfen.

Bei der Abstimmung von Baumaßnahmen wird zunächst der weitere Laufweg der betroffenen Züge geprüft und darüber hinaus die Verfügbarkeit von Umleitungsstrecken sichergestellt. Unter Berücksichtigung der Vielzahl von Baumaßnahmen und der starken Netzverknüpfung des Schienenpersonenverkehrs sowie der Vielfalt von Verkehrsrelationen im Schienengüterverkehr gestaltet sich dieser Prozess mitunter recht schwierig.

Pünktlichkeitsprognosen unterstützen die Entscheidungsfindung zusätzlich

Die Qualität der Deutschen Bahn wird primär an der Pünktlichkeit gemessen. Aus diesem Grund werden für Baumaßnahmen mit gravierenden betrieblichen Auswirkungen, wie Sie in Abschnitt 2.3.5 lesen können, Pünktlichkeitsverluste prognostiziert. Übersteigt die Summe der Pünktlichkeitsverluste aller Baumaßnahmen einen festgelegten Grenzwert, leitet die Zentrale Baubetriebsplanung Gegenmaßnahmen ein, um die durch den Vorstand festgelegten Pünktlichkeitszielwerte nicht zu gefährden.

Sofern eine Baumaßnahme all diese „Hürden" genommen hat, kann eine Genehmigung durch die „Regionale" bzw. „Zentrale Baubetriebsplanung" erfolgen.

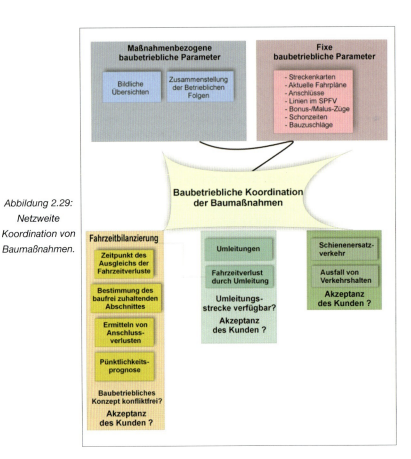

Abbildung 2.29:
Netzweite
Koordination von
Baumaßnahmen.

Von der Theorie zur praktischen Anwendung

Lassen Sie uns nun die Prinzipien der Unterjährigen Baubetriebsplanung wiederum am Beispiel der Serienbaustelle „Moselstrecke" übertragen.

Beispielhaft werden wir nun die Gleiserneuerung des Streckenabschnittes „Bullay – Ürzig" betrachten. Die Baumaßnahme ist im genehmigten Jahresbaubetriebsplan und darüber hinaus in der Lisba enthalten. Da es sich um eine Baumaßnahme des Jahresbaubetriebsplans mit weiterem umfangreichem Regelungsbedarf handelt, ist diese Maßnahme zur Unterjährigen Baubetriebsplanung zum Zeitpunkt A anzumelden. Demnach muss die Anmeldung 28 Wochen vor Baubeginn erfolgen. Nach Eingang der Anmeldung bei der Regionalen Baubetriebsplanung erfolgt die Eingabe der Maßnahme in das DV-Programm „BBP".

Sofern die Vorabstimmung keine Konflikte erkennen lässt, fordert die Regionale Baubetriebsplanung die Bildliche Übersicht bzw. die Zusammenstellung der betrieblichen Folgen beim Vertrieb an.

90

Zeile	MA Log Gen ZR				Hinweise	Kennung	La/Lü MasArt	Vorhaben	techn. Anmelder	Arbeiten
	Strecke Großmaschine		11	13				Bau-Ort	Bau-Zeit	
B F Ü	Strecke betroffen Wrk R		12	14				Regelung-Ort	Regelung-Zeit	Regelungen/Fzv
1 J		GZ	×			GP	TB03134681	?		GE	
	44005/0010		8				Bullay DB - Ürzig DB		11.06.2004,23:00-14.06.2004,04:00		
o o o	44005/0010		❑ 8				Bullay DB - Ürzig DB		11.06.2004,23:00-14.06.2004,04:00	gl Zs 6, ZEB 3 , BfoX SBY , SEV, Fzv: 4,0 min	
2 A		GZ	✓			GP	TB03134681	Invest		GE	
	44005/0010		8				Bullay DB - Ürzig DB		11.06.2004,23:35-14.06.2004,04:20		
o o o	44005/0010		❑ 8				Bullay DB - Ürzig DB		11.06.2004,23:35-14.06.2004,04:20	gl Zs 6, ZEB 3 , BfoX SBY , SEV, Fzv: 4,0 min	

Abbildung 2.30: Baumaßnahme Bullay – Ürzig.

In der oberen Zeile (Nr. 1) ist die Baumaßnahme Bullay – Ürzig im Jahresbaubetriebsplan (Kennzeichnung mit dem Buchstaben J) EDV-technisch hinterlegt. Nach erfolgter Anmeldung zur unterjährigen Baubetriebsplanung erscheint die Baumaßnahme mit dem Buchstaben A (Zeitpunkt A) erneut in der Datenbank (Zeile Nr. 2).

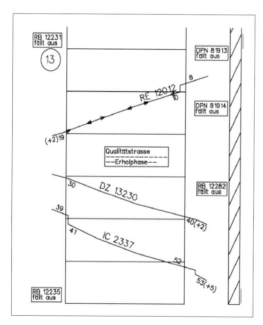

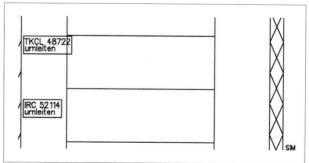

Abbildung 2.31:
Ausschnitte aus der Bildlichen Übersicht zur Baumaßnahme Bullay – Ürzig.

Nach deren Eingang kann die Abstimmung der Baumaßnahmen für den jeweiligen Anmeldezeitraum erfolgen.

Die Ausschnitte aus der Bildlichen Übersicht zeigen, dass
- der SPNV in beiden Richtungen um 2 Min. verspätet wird,
- teilweise SPNV in beiden Richtungen im SEV gefahren werden muss,
- Züge der SPFV-Linie 35 in Richtung Koblenz um 2 Min. verspätet werden,
- Züge der SPFV-Linie 35 in Richtung Trier um 5 Min. verspätet werden sowie
- aufgrund einer Totalsperrung trotz der über den Fahrplan geregelten Grundentlastung zwei Güterzüge umgeleitet werden müssen.

Zunächst werden die weiteren Laufwege der betroffenen Produkte hinsichtlich anderer zeitgleicher Baumaßnahmen untersucht. Unter Anwendung des DV-Programms „BBP“ können alle Baumaßnahmen der SPNV-Relation Koblenz – Saarbrücken und der SPFV-Relation Norddeich Mole – Luxemburg (Linie 35) angezeigt werden. Sie sehen, dass im SPNV keine weiteren Baumaßnahmen, im SPFV eine weitere Baumaßnahme in Köln Hbf eingeordnet wurde.

Zunächst erfolgt die Fahrzeitbilanzierung der Linie 35 für die Baumaßnahme Bullay – Ürzig.

Unter Abrechnung der Bauzuschläge sind die Züge des SPFV Linie 35
- in Richtung Köln bereits in Koblenz planmäßig und
- in Richtung Trier ist eine verspätete Übergabe an die Luxemburgische Staatsbahn zu erwarten.

Dies bedeutet, dass ein verspäteter Zulauf auf die Baumaßnahme in Köln Hbf nicht zu erwarten ist. Um sich ein abschließendes Urteil bilden zu können, ist die Baubetriebliche Zugregelung der Baumaßnahme in Köln zu untersuchen.

Abbildung 2.32: Neben der Baumaßnahme „Bullay – Ürzig“ findet zeitgleich eine Baumaßnahme in Köln Hbf statt.

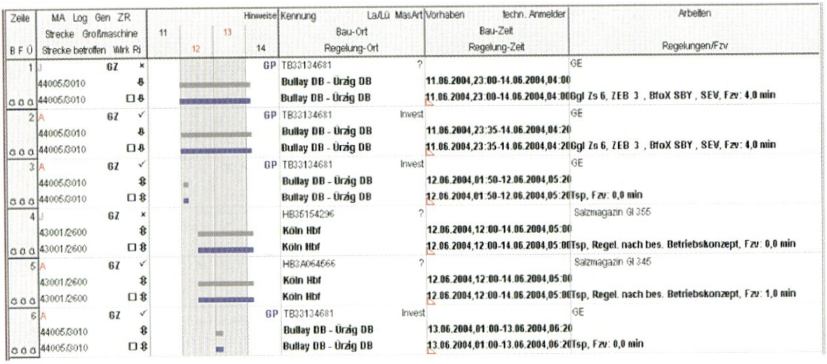

Zeile B F Ü	MA Log Gen ZR Strecke Großmaschine Strecke betroffen Wirk Ri	11 12 13 14	Hinweise	Kennung Bau-Ort Regelung-Ort	La/Lü MasArt	Vorhaben techn. Anmelder Bau-Zeit Regelung-Zeit	Arbeiten Regelungen/Fzv
1	J GZ × 44005/3010 44005/3010		GP	TB33134681 Bullay DB - Ürzig DB Bullay DB - Ürzig DB	?	 11.06.2004,23:00-14.06.2004,04:00 11.06.2004,23:00-14.06.2004,04:00	GE Ggl Zs 6, ZEB 3 , BfoX SBY , SEV, Fzv: 4,0 min
2	A GZ ✓ 44005/3010 44005/3010		GP	TB33134681 Bullay DB - Ürzig DB Bullay DB - Ürzig DB	Invest	 11.06.2004,23:35-14.06.2004,04:20 11.06.2004,23:35-14.06.2004,04:20	GE Ggl Zs 6, ZEB 3 , BfoX SBY , SEV, Fzv: 4,0 min
3	A GZ ✓ 44005/3010 44005/3010		GP	TB33134681 Bullay DB - Ürzig DB Bullay DB - Ürzig DB	Invest	 12.06.2004,01:50-12.06.2004,05:20 12.06.2004,01:50-12.06.2004,05:20	GE Tsp, Fzv: 0,0 min
4	J GZ × 43001/2600 43001/2600			HB35154296 Köln Hbf Köln Hbf	?	 12.06.2004,12:00-14.06.2004,05:00 12.06.2004,12:00-14.06.2004,05:00	Salzmagazin Gl 355 Tsp, Regel. nach bes. Betriebskonzept, Fzv: 0,0 min
5	A GZ ✓ 43001/2600 43001/2600			HB3A064566 Köln Hbf Köln Hbf	?	 12.06.2004,12:00-14.06.2004,05:00 12.06.2004,12:00-14.06.2004,05:00	Salzmagazin Gl 345 Tsp, Regel. nach bes. Betriebskonzept, Fzv: 1,0 min
6	A GZ ✓ 44005/3010 44005/3010		GP	TB33134681 Bullay DB - Ürzig DB Bullay DB - Ürzig DB	Invest	 13.06.2004,01:00-13.06.2004,06:20 13.06.2004,01:00-13.06.2004,06:20	GE Tsp, Fzv: 0,0 min

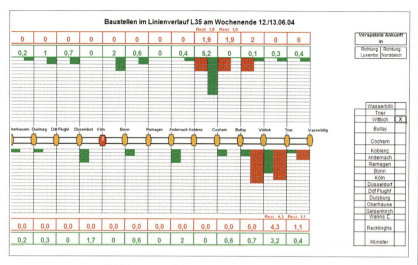

Abbildung 2.33: Fahrzeitbilanz der SPFV-Linie 35.

Es zeigt sich, dass ausschließlich Fahrzeitverluste in Richtung Norddeich Mole auftreten. Somit sind keine negativen Beeinflussungen der beiden Baumaßnahmen untereinander zu erwarten.

Sofern auf den Umleitungsstrecken keine Baumaßnahmen eingeordnet wurden, die das Verkehren der umzuleitenden Güterzüge behindern, kann eine Genehmigung der Baumaßnahme durch die „Zentrale Baubetriebsplanung" erfolgen.

Nach der Genehmigung der Baumaßnahmen – 20 Wochen vor Baubeginn – schließen sich weitere Arbeitsschritte an. So müssen die Mitarbeiter auf den Stellwerken und das Zugpersonal über die Besonderheiten bei der Durchführung der Baumaßnahmen während des Zugbetriebes unterrichtet werden. Welche Unterlagen hierfür zu erarbeiten sind, ist im Abschnitt 2.5 dargelegt.

Abbildung 2.34: Die unterjährige Baubetriebsplanung im Überblick.

2.5 Von der Planung zur Durchführung (Betra, La, Fplo)

Nach der technischen und der baubetrieblichen Planung sind, bevor mit der Maßnahme begonnen werden kann, noch einige wichtige Unterlagen zu erstellen, die zur betrieblich wie auch baulich sicheren und qualitativ hochwertigen Abwicklung unabdingbar sind.

Auf die rein bautechnischen Aspekte wird im weiteren nicht eingegangen, da diese ungeachtet deren Relevanz für die Bauabwicklung bei der in diesem Buch behandelten Thematik vernachlässigbar sind und detailliert in anderen fachspezifischen Büchern (z.B. Arbeitsverfahren für die Instandhaltung des Oberbaus, erschienen im Eisenbahn-Fachverlag, ISBN 3-9801093-7-2) nachgelesen werden können. An der Schnittstelle zwischen Bahnbetrieb und Baudurchführung sind drei Unterlagen zu nennen, von denen zwei nachfolgend eingehender behandelt werden.

2.5.1 Die Betriebs- und Bauanweisung (Betra)

Bereits bei Analyse des Namens ist zu erkennen, dass es sich um eine Unterlage handelt, die Belange sowohl des Betriebes als auch des Baus berücksichtigt. Sie beinhaltet jedoch, wie der Name fälschlicherweise vermuten lassen kann, weder technische Baudurchführungsanweisungen noch werden betriebliche Anweisungen wiederholt, welche bereits in anderen Richtlinien detailliert beschrieben sind. Vielmehr ist die Betra eine Unterlage, welche

- Örtlichkeit und auszuführende Maßnahme beschreibt,
- allgemein gültige Regelungen auf die Örtlichkeit und die auszuführenden Arbeiten bezogen zuordnet und ergänzt sowie
- Zuständigkeiten und Verantwortlichkeiten verbindlich regelt.

Wo finde ich Regelungen, die beim Erarbeiten einer Betra beachtet werden müssen?
Wie zur Erstellung jeder betrieblichen Unterlage gibt es auch für die Erarbeitung einer Betra Regelungen, die für alle bindend sind. Diese sind wie auch die baubetrieblichen Regeln in der modularisierten Richtlinie der DB Netz AG (Ril) 406 – Fahren und Bauen (hier: Modul 406.1201 – Betra erarbeiten) beschrieben.

Ob und welche Regelungen in einer Betra aufgenommen werden müssen, richtet sich neben den Bestimmungen der Ril 406 auch nach den Bestimmungen anderer betrieblicher, bautechnischer und arbeitsschutzspezifischer Richtlinien, in denen dann auf die schriftliche Unterlage (Betra) verwiesen wird. So ist beispielsweise in der KoRil 408 (Züge fahren und rangieren) geregelt,

- dass ein Gleis der freien Strecke gemäß Modul 408.0471, Abschnitt 1 Grund b) gesperrt wird, wenn „aufgrund einer schriftlichen Anweisung … gearbeitet wird",
- dass bei Sperrung von Bahnhofsgleisen gemäß Modul 408.0472, Abschnitt 2 Absatz (1) c) „… in einer Betra … das Abriegeln durch Verschließen der Zugangsweichen oder der Gleissperren angeordnet sein." kann.

Fahren und Bauen

Wie ist das Modul 406.1201 gegliedert?

Das Modul 406.1201 – Betra erarbeiten – gliedert sich in sechs Abschnitte:

- Grundlagen,
- Form,
- Beantragen,
- Erarbeiten,
- Verantwortlichkeiten, Zustimmung zur Herausgabe, Verteilung, Aufgaben der Empfangsstellen,
- Betra für Bauarbeiten/Arbeiten in Fahrplanfenstern.

Soweit für den Gesamtüberblick erforderlich wird nachfolgend näher auf die Inhalte der Abschnitte eingegangen. Die Erläuterungen basieren auf dem Stand der Bekanntgabe 1 zur Ril 406 (August 2005).

Was ist eine Betra und in welchen Fällen ist sie zu erstellen?

Definition gemäß Ril 406, Modul 406.1201, Abschnitt 1 (1):

„Eine Betriebs- und Bauanweisung (Betra) ist eine schriftliche Anweisung für Bauarbeiten und Arbeiten, die betriebliche, fernmelde-, leit- und sicherungstechnische, oberleitungstechnische und bautechnologische Regelungen enthält.

Die Betra beinhaltet auch Zuständigkeiten und Festlegungen für die Bauleitung, die Bauüberwachung sowie für den Arbeitsschutz, die Unfallverhütung und das Notfallmanagement."

Die Erarbeitung einer Betra ist gemäß Modul 406.1201, Abschnitt 1 (2) zwingend erforderlich

- bei planbaren Bauarbeiten/Arbeiten **mit** Betriebsbeeinflussung, d.h. Erfordernis der Abweichung von der Fahrordnung oder von den planmäßigen Fahrzeiten der Züge einschließlich geänderter Ankunfts- und Abfahrtzeiten,
- bei planbaren Bauarbeiten/Arbeiten **ohne** Betriebsbeeinflussung, wenn in Hauptgleisen
  - während der Ausführung der Bauarbeiten der Fahrweg unterbrochen wird,
  - die Oberleitung ausgeschaltet werden muss,
  - verschiedene Arbeiten unterschiedlicher Arbeitsgebiete koordiniert werden müssen,
  - während der Ausführung von Bauarbeiten Stellwerke planmäßig nicht besetzt sind und betriebliche Regelungen erforderlich werden,
  - durch Bauarbeiten mehrere Eisenbahninfrastrukturunternehmen (EIU) betroffen sind.

Warum unterscheidet die Ril 406 zwischen Bauarbeiten und Arbeiten?

An der Schnittstelle zwischen Bau und Betrieb ist es insbesondere bei der Erstellung einer Betra von besonderer Relevanz, die Auswirkungen baubedingt eingeschränkter Infrastruktur auf die Betriebsdurchführung zu bewerten. Aus diesem Grund wurde bereits in den unter Modul 406.1101 Abschnitt 3 zusammengefassten Definitionen zwischen Bauarbeiten und Arbeiten unterschieden.

Unter **Bauarbeiten** sind gemäß Ril 406 Tätigkeiten im gesperrten Gleis an bautechnischen, leit- und sicherungstechnischen, telekommunikations- und elektrotechnischen Anlagen sowie jene, bei denen der Regellichtraum oder die technische Verfügbarkeit betriebsrelevanter Anlagen eingeschränkt wird, zu verstehen.

Arbeiten dagegen umfassen alle Tätigkeiten, die ohne Gleissperrung durchgeführt werden können oder für die eine Gleissperrung ausschließlich aus Gründen der Unfallverhütung erforderlich ist.

Letztere beschreiben somit die Tätigkeiten, die ihren Regelungsschwerpunkt nicht im Betriebsführungs- sondern im Arbeitsschutzbereich haben. Diese Unterscheidung spielt ebenso eine Rolle bei der erforderlichen Verantwortungsabgrenzung zwischen Technischem Berechtigten und Uv-Berechtigtem, worauf später nochmals einzugehen ist.

Was gilt für Baumaßnahmen, bei denen keine Betra erforderlich ist?
Nicht alle Tätigkeiten, die zur Erhaltung der Verfügbarkeit der DB Netz-Infrastruktur erforderlich werden, erfüllen die Bedingungen für die Erarbeitung einer Betra. So sind für
- Bauarbeiten in Nebengleisen ohne Betriebsbeeinflussung, wenn keine anderen Betra-Gründe vorliegen und
- Arbeiten ohne Betriebsbeeinflussung aus Gründen der Unfallverhütung
„Betriebliche Anordnungen" gemäß Anhang 406.1201A03 zu erstellen. Da der Regelungsbedarf in diesen Fällen eher als gering einzustufen ist, wird auf eine Vielzahl von für die Betra geforderten Angaben verzichtet bzw. werden diese vereinfacht dargestellt. Näheres kann dem Modul 406.1201 entnommen werden.

Sofern auch die hier genannten Gründe nicht greifen, darf auf die Erarbeitung einer Betra oder „Betrieblichen Anordnung" verzichtet werden. Die erforderlichen Regeln sind entsprechend der fachtechnischen Regelwerke (z.B. im Arbeits- und Störungsbuch) zu dokumentieren.

Als Besonderheit ist allerdings zu werten, dass für
unvorhersehbare Bauarbeiten
durchaus eine Betra-Pflicht ableitbar ist, die allerdings aufgrund der Unvorhersehbarkeit nicht realisiert werden konnte. In diesen Fällen ist entsprechend der Dauer und des Umfangs der erforderlichen Tätigkeiten vom Baubetriebskoordinator zu entscheiden, ob die nachträgliche Erarbeitung einer Betra oder „Betrieblichen Anordnung" erforderlich und vor Beendigung der Arbeiten umsetzbar ist.

Wie wird die Erstellung einer Betra beantragt?

Um einheitliche Vorgaben für die Erstellung der Betra zu schaffen, ist die Verwendung eines Vordruckes (Betra-Antrag) zwingend vorgeschrieben. Dieser Betra-Antrag ist als Anhang 1 des Moduls 406.1201 in der Ril 406 abgedruckt. Inhalt und Gliederung sind weitgehend mit den Gliederungsmerkmalen der hiernach zu erstellenden Betra identisch.

Damit sind bereits mit der Erarbeitung des Antrags umfangreiche Hilfestellungen hinsichtlich Vollständigkeit und Richtigkeit der erforderlichen Angaben verknüpft.

Der Ersteller der Betra (Betra-Bearbeiter) muss sich in wesentlichen Punkten, die dieser nicht aus eigenem Kenntnisstand heraus beurteilen kann und darf, auf die Angaben im Betra-Antrag stützen. Daher hat der Antragsteller die Vollständigkeit und Richtigkeit seiner Angaben durch Unterschrift zu bestätigen. Jeder Verantwortliche für zu beteiligende Arbeitsgebiete (z.B. bei Anpassung der Leit- und Sicherungstechnik oder begleitenden Oberleitungsarbeiten) ist gleichfalls verpflichtet, im Rahmen seiner Mitwirkung für die von ihm geleisteten fachlichen Ergänzungen den Antrag gegenzuzeichnen.

Welche Unterlagen müssen dem Betra-Antrag beigefügt werden?

Modul 406.1201 sagt hierzu im Abschnitt 3:

■ Lageplanskizzen, die entsprechend der zwischenzeitlichen Baubetriebszustände aufbereitet wurden (vgl. hierzu Abbildung im nachfolgenden Praxisbeispiel),
■ LST-Pläne (signaltechnische Pläne),
■ Standorte der Lf- und/oder El-Signale gemäß Signalbuch (DS/DV 301),
■ Formblätter für PZB-Sicherung, LZB- und ETCS-Eingaben,
■ Bauablaufpläne,
■ Verfahrensanweisungen für „Standardisierte Verfahren" gemäß Ril 892.0101,
■ Dokumentationsblätter „RIMINI" gemäß KoRil 132.0118.

Regional können für den Bedarfsfall weitere Anlagen gefordert sein.

Wer darf einen Betra-Antrag stellen?

Aus den vorangegangenen Sätzen können Sie bereits erkennen, dass ein vollständig und richtig ausgefüllter Betra-Antrag für eine zügige, fristgerechte und korrekte Betra-Erarbeitung unabdingbar ist. Daher ist der Kreis derer, die Betra-Anträge stellen dürfen, begrenzt und an entsprechende fachtechnische Kenntnisse geknüpft.

Im Einzelnen dürfen nach Modul 406.1201 Betra-Anträge stellen:

■ Technische Planer bzw. für die Durchführung der Bauarbeiten Verantwortliche der DB AG,
■ durch die DB Netz AG zugelassene zertifizierte Dritte, sofern diese dem Betra-Bearbeiter ein gültiges Zertifikat vorlegen können,
■ Projektleiter der Deutsche Bahn AG.

Welche Fristen habe ich bei der Antragstellung zu beachten?

Mit der Erarbeitung des Betra-Antrags ist so rechtzeitig zu beginnen, dass dieser vollständig ausgefüllt und mit allen nach Ril 406 erforderlichen Anlagen im Regelfall **spätestens sechs Wochen** vor Beginn der Bauarbeiten/Arbeiten beim Betra-Bearbeiter vorliegt.

Sofern keine besonderen betrieblichen, vertrieblichen oder personellen Regelungen zur Durchführung der Arbeiten getroffen werden müssen, kann die Vorlagefrist auf **vier Wochen** reduziert werden. Dies ist der Fall, wenn die Baumaßnahme baubetrieblich als C-Maßnahme (vgl. hierzu Kapitel 2.4.3) eingeordnet werden kann. Ist lediglich die Erarbeitung einer „Betrieblichen Anordnung" erforderlich, so kann die Vorlagefrist auf **zwei Wochen** verkürzt werden.

Wie ist eine Betra aufgebaut?

Eine Betra ist nach einer exakt vorgegebenen Gliederung zu erstellen, die aus Anhang 2 des Moduls 406.1201 (Betra-Checkliste) ersichtlich ist.

Neben allgemeinen Informationen am Beginn und am Ende kann jede Betra in folgende Themenbereiche unterteilt werden:

- Beschreibung der Baumaßnahme, des Ausführungszeitraums, der Örtlichkeit und infrastruktureller Einschränkungen,
- Gesamtverantwortliche für bauliche und betriebliche Abwicklung,
- betriebliche Regelungen,
- Sicherung der auf der Baustelle Beschäftigten,
- fachlich Verantwortliche.

Welche Hilfsmittel stehen dem Betra-Bearbeiter zur Verfügung?

Grundlage für die zu erstellende Betra ist – wie bereits ausgeführt – der Betra-Antrag. Er enthält wichtige Informationen.

Ergänzend hierzu steht dem Betra-Bearbeiter (ebenso wie dem Betra-Antragsteller) die Betra-Checkliste zur Verfügung, welche abschnittsbezogen (meist stichwortartig) Hinweise auf Regelungen enthält, die für die jeweiligen Betra-Abschnitte in Betracht kommen können. Ob und welche Regelungen tatsächlich fallbezogen in die Betra aufgenommen werden müssen, entscheidet der Betra-Bearbeiter.

Er hat hierbei neben den Angaben im Betra-Antrag alle geltenden Regeln sowie die örtlichen Besonderheiten, die er für seinen Bearbeitungsbezirk kennen muss, zu berücksichtigen. Eine Checkliste kann jedoch niemals eine abschließende Aufstellung aller möglichen Regelungen ersetzen.

Um alle Details, die in der Betra geregelt werden müssen, zu erfassen und umzusetzen, ist es für den Betra-Bearbeiter unbedingt erforderlich, in engem Kontakt mit dem technischen Planer und dem betrieblichen Durchführer (Bezirksleiter Betrieb) zu stehen und sich nötige Informationen auch in Baubesprechungen zu holen bzw. eigene Kenntnisse/Erfahrungen dort einzubringen.

Fahren und Bauen

Außerdem stehen dem Betra-Bearbeiter Textbausteine zur Erstellung einer Betra am PC zur Verfügung, die ihm die Formulierung von Standardtexten abnehmen sollen und von diesem gleichfalls fallbezogen aufgenommen und wenn erforderlich ergänzt werden können.

Betra-Antrag, Betra-Checkliste und Betra-Textbausteine werden sukzessive neuen bzw. geänderten Regeln und Erkenntnissen angepasst.

Wer zeichnet für die Betra und deren Inhalte verantwortlich?

Grundsätzlich ist der Betra-Bearbeiter für die Inhalte der von ihm erstellten Betra sowie für die Erstellung hieraus resultierender Einträge in die „La" (Details hierzu vgl. Punkt 2.5.2) verantwortlich. Sie konnten jedoch bereits lesen, dass er sich auf die Angaben im Betra-Antrag stützen kann und muss.

Um seiner wichtigen Aufgabe gerecht zu werden, hat er daher bei Eingang eines Betra-Antrags dessen Vollständigkeit und Plausibilität, einschließlich erforderlicher Anlagen, zu prüfen. Sind nicht alle Voraussetzungen erfüllt, kann er den Antrag zur Überarbeitung an den Antragsteller zurückreichen.

Außerdem hat er zu prüfen, ob die Arbeiten im Rahmen der Baubetriebsplanung mit den Auswirkungen anderer Maßnahmen abgestimmt wurden (vgl. hierzu Kapitel 2.4 Baubetriebliche Planungsphasen) und ob dieser abgestimmte Rahmen eingehalten wird. Bei Abweichungen muss er sich mit dem zuständigen Baubetriebsplaner ins Benehmen setzen.

Abschließend ist die Zustimmung zur Herausgabe der Betra durch den Leiter der OE Örtliche Betriebsdurchführung/Regionalnetz erforderlich, der dies mit seiner Unterschrift unter die Betra bestätigt. Näheres zu den Verantwortlichkeiten können Sie dem Abschnitt 5 des Moduls 406.1201 entnehmen.

Wer erhält die Betra und wann muss diese beim Empfänger sein?

Im Kopf einer Betra ist festzulegen, wer über die in ihr getroffenen Regelungen zu informieren ist und mit welcher Stückzahl er die Betra bekommen muss. Nur wenn alle an der Durchführung der Baumaßnahme Beteiligten die Betra rechtzeitig vor Arbeitsbeginn bekommen, kann die betrieblich wie baulich qualifizierte und sichere Abwicklung einer Baumaßnahme gewährleistet werden.

Außerdem enthält die Betra auf der Titelseite Angaben zum Ersteller und dessen Erreichbarkeit.

Damit den Empfängern ausreichend Zeit eingeräumt wird, sich mit den für sie wichtigen Inhalten der Betra zu befassen, muss diese „**spätestens** fünf Tage vor dem Inkrafttreten bei den Empfangsstellen" eingehen (Modul 406.1201, Abschnitt 5 (3)). Wurde eine Betra nicht oder nicht rechtzeitig den Beteiligten zugeleitet, kann dies die kurzfristige Absage einer Maßnahme zur Folge haben, weil die sichere Durchführung nicht gewährleistet ist.

Wie ist eine Betra im Detail aufgebaut?

Auf den folgenden Seiten werden Sie unter Zuhilfenahme eines Praxisbeispiels detailliert Aufbau und Inhalte einer Betra kennen lernen.

Betra können entsprechend der Komplexität der zu regelnden Sachverhalte sowohl hinsichtlich der Erstellung als auch hinsichtlich der Anwendung sehr anspruchsvoll sein. Um Ihnen als Leser dieses Fachbuches die allgemeine Systematik in verständlicher Form darzustellen, haben wir bei Auswahl der praxisorientierten Beispiel-Betra der Örtlichen Betriebsdurchführung Kassel auf komplexe Regelungen verzichtet.

Neben den bereits genannten Angaben zu Ersteller und Verteilung einer Betra sind weitere allgemeine Angaben den maßnahmespezifischen Regelungen vorangestellt: *Nummerierung und Geltungszeitraum einer Betra* (Abbildung 2.35).

Betra 7259		
In Kraft ab	18.12.2004	um 21.00 Uhr
Außer Kraft ab	20.12.2004	um 07.00 Uhr

Abbildung 2.35: Betra-Nummer, Inkraftsetzungszeitraum.

Jede Betra enthält eine Betra-Nummer, anhand derer diese eindeutig (!) einer Baumaßnahme zugeordnet werden kann. Zur Verhinderung kommunikativer Missverständnisse mit Sicherheitsrelevanz, darf die Betra-Nummer einer gültigen (in Kraft gesetzten) Betra im jeweiligen Bezirk nur einmal (!) vorhanden sein. Zu diesem Zweck führt jeder Betra-Bearbeiter einen schriftlichen Nachweis der von ihm erstellten Betra mit zugehöriger Nummer. Die verfügbaren Nummernreihen selbst sind in den jeweiligen Zusatzbestimmungen zur Ril 406 festgelegt.

Weiterhin ist der Geltungszeitraum der Betra grundsätzlich terminkonkret anzugeben. Unter bestimmten Bedingungen können Betra wiederholt in Kraft gesetzt werden:

- Gleiche Bauarbeiten/Arbeiten im selben Streckenabschnitt unter gleichen Bedingungen absehbar (wenn die Betra mit dem Vermerk *„Aufbewahren"* versehen wurde).
- Betra für Bauarbeiten/Arbeiten in Fahrplanfenstern. Als Fahrplanfenster bezeichnet man betriebsfreie Zeiträume, „in denen auf zweigleisigen Strecken mindestens auf einem Gleis und auf eingleisigen Strecken gemäß Jahresfahrplan keine Züge verkehren" (Ril 406, Modul 406.1103, Abschnitt 1 (8)). Alle konstanten Daten von Relevanz werden in der entsprechenden Betra aufgenommen und diese „ohne feste Gültigkeit" verteilt. Variable Daten wie zum Beispiel Gültigkeit und Festlegung der Verantwortlichen sind fernschriftlich fallweise nachzureichen, sodass sich aus beiden Komponenten wiederum für den definierten Zeitraum eine vollständige Betra ergibt.

Fahren und Bauen

Das Verfahren „Fahrplanfenster-Betra" darf durch den Baubetriebskoordinator auch zugelassen werden, wenn

- keine Betriebsbeeinflussungen entstehen oder
- nur einzelne Züge in freier Lage (keine Zugkreuzungs-, keine Zugfolgeverspätungen) betroffen sind und diese bei Erreichen des nächsten Knotens wieder planmäßig verkehren.

Betra-Titel, Abrechnungsdaten und Anzahl der Anlagen

Diese Angaben sollen dem Nutzer der Betra einen raschen Überblick verschaffen, um welche Arbeiten es sich handelt und auf welches Projekt diese gegebenenfalls abzurechnen sind. Dabei ist in den „Betra-Titel" in kurzer und prägnanter Form aufzunehmen, was und wo gearbeitet wird.

Beispiel:

Betriebs- und Bauanweisung für Erneuerung der Weiche 7 und Rückbau der Weiche 6 im Bf Guntershausen

Abbildung 2.36: Betra-Titel.

Im Betra-Antrag sind zur Maßnahme sowie zu den Abrechnungsdaten (siehe nachfolgenden Auszug aus dem Vordruck „Betra-Antrag" Abbildung 2.37) diverse Angaben vorzugeben, die in die Betra übernommen werden.

Instandhaltungsmaßnahme	☐
Leistungen für Dritte ☐ **investive Maßnahmen**	☐
Maßnahme nach Eisenbahnkreuzungsgesetz	☐
Maßnahme nach Gemeindeverkehrsfinanzierungsgesetz	☐
Projektnummer (Erstellung/Planung):	
AAR-Auftragsnummer (Erstellung/Planung):	
Kundenauftragsnummer:	
Zahlungspflichtiger:	

Abbildung 2.37: Abrechnungsdaten gemäß Betra-Antrag.

Gliederungsabschnitte der Betra

Die Gliederungsabschnitte sind weitgehend aus einer tatsächlich erstellten Betra übernommen worden, um diese möglichst praxisnah veranschaulichen zu können. Soweit sinnig und erforderlich wurden ergänzende und erläuternde Textpassagen angefügt. Bitte beachten Sie jedoch, dass Betra-Inhalte in Abhängigkeit der Entwicklung von Organisations- und Prozessstrukturen von Zeit zu Zeit anzupassen sind. Zu diesem Zweck werden die zur Erarbeitung einer Betra zentral vorgegebenen Betra-Textbausteine in regelmäßigen Abständen (ca. 2 bis 3 mal jährlich) überarbeitet. Vor diesem Hintergrund sind die nachfolgenden Beispielangaben lediglich zum allgemeinen Verständnis des Aufbaus einer Betra gedacht und können inhaltlich von dem jeweils aktuellen Stand abweichen.

Abschnitt 1
Lage der Baustelle, Lageplanskizze

Im Abschnitt 1 einer Betra wird die Lage der Baustelle beschrieben. Er enthält detaillierte Angaben:
- zur Strecke sowie
- zu den betroffenen Strecken- und/oder Bahnhofsgleisen und Weichen.

Beispiel:

1	Lage der Baustelle, Lageplanskizze	
1.1	**Strecke Kassel – Frankfurt (M)**	VzG-Strecken-Nr.: 3900 und
	Strecke Halle – Guntershausen	VzG-Strecken-Nr.: 6340
	Bahnhof Guntershausen Gleise 2o, 3o und 1w/Weichen 6 und 7 von km 13,588 bis km 13,468	
1.2	**Lageplanskizze:** siehe Anlage 1	

Abbildung 2.38: Betra – Abschnitt 1.

Ergänzend hierzu können je nach Erfordernis und Örtlichkeit Angaben aufgenommen werden
- zu Arbeiten im Bereich der Einschaltstrecken von Bahnübergängen und
- zu „wandernden" Baustellen (d.h. die Baustelle ist nicht auf einen fest definierbaren Ort begrenzt; sie „bewegt" sich entsprechend des Arbeitsfortschritts innerhalb eines bestimmten Streckenabschnitts), wobei in diesen Fällen zusätzlich die größte Ausdehnung der Baustelle anzugeben ist.

Aus einer Lageplanskizze, die auch in unserem Beispiel erforderlich war, sind alle relevanten Angaben zur Örtlichkeit, zur Signalisierung (auch zusätzliche), zu Fahrmöglichkeiten, gesperrten Gleisen/Gleisabschnitten usw. in anschaulicher Form ersichtlich. Sie wird in der Regel der Betra als Anlage beigefügt. Sind mehrere voneinander abweichende Bauzustände in der Betra zu regeln, so ist jeder Bauzustand entsprechend seiner Besonderheiten auf einer separaten Lageplanskizze darzustellen und eindeutig zu gliedern. Die Lageplanskizze ist als Anlage mit dem Betra-Antrag einzureichen.

Auf der folgenden Seite wurde das Beispiel einer Lageplanskizze mit für die Dauer der Arbeiten erforderlicher Langsamfahrsignalisierung einschl. Kilometerangaben für aufzustellende Signale abgedruckt.

Anlage 1a zu Betra 7259
während der Sperrung gemäß Abschnitt 2.2.1

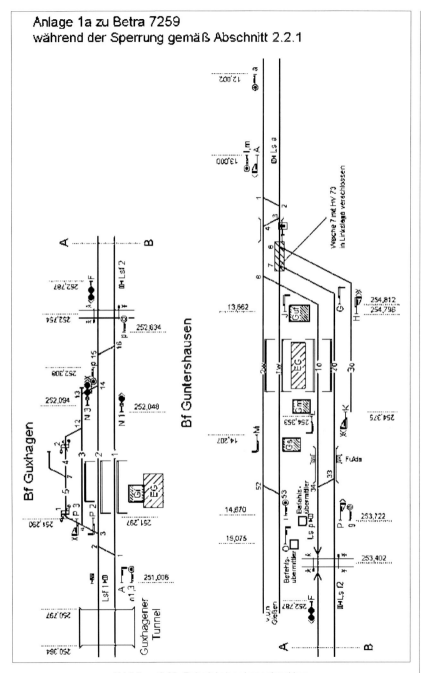

Abbildung 2.39: Beispiel einer Lageplanskizze.

Abschnitt 2
Arbeitszeit, Gleissperrung, Ausschalten der Oberleitung, Sperrung sonstiger Bahnanlagen.

In diesem Abschnitt werden Ausführungs- und Sperrzeiten sowie Einschränkungen der Bahninfrastruktur im Zuge der Arbeiten detailliert beschrieben.

Beispiel:

---

2   Arbeitszeit, Gleissperrung, Ausschalten der Oberleitung, Sperrung sonstiger Bahnanlagen

2.1   Arbeitszeit

vom 18.12. um 22.00 Uhr bis zum 20.12.2004 um 5.30 Uhr

2.2   Sperrungen von Gleisen/Weichen im Bf Guntershausen

2.2.1   Gleise 2o, 3o und Weichen 6 und 7
für die Erneuerung der Weiche 7 und den Rückbau der Weiche 6
vom   18.12.2004 um 22.18 Uhr nach IC 2274
bis zum   20.12.2004 um   5.00 Uhr vor RB 33640;

**2.2.2   Gleise 1o und 2w (Totalsperrungen) am 19.12.2004
für Verladearbeiten**
von   2.05 Uhr nach IKE 50428   bis   2.28 Uhr vor Lr-D 74112,
von   3.09 Uhr nach IRC 51039   bis   3.47 Uhr vor TEC 40195.

Bei Bedarf sind die o.g. Gleise/Weichen in weiteren geeigneten Zug- und Rangierpausen zu sperren. Die Sperrzeiten sind zwischen dem zuständigen Technischen Berechtigten gemäß Abschnitt 4.2 und dem Fdl Guntershausen zu vereinbaren.

2.3   Dauer der Ausschaltung der Oberleitung in zeitlicher Folge mit Angaben der Schaltgruppen/Genehmigungs-Nr. Netzleitstelle DB Energie

Während der Gleissperrung gemäß Abschnitt 2.2.1 werden im Bf Guntershausen die Schaltgruppe 11 durchgehend sowie die Schaltgruppe 3 bei Bedarf in geeigneten Zug- und Rangierpausen ausgeschaltet und geerdet.

Genehmigungs-Nr. der ZEBIS Borken: 552 639   Bild-Nr. 293 *)

**Achtung! Die Arbeiten finden im Bereich der Weichen 6 und 7
überwiegend unter eingeschalteter Oberleitung statt.**

Abbildung 2.40: Betra – Abschnitt 2.

Während in Abschnitt 2.1 die gesamt Arbeitszeit (Aktivitäten an der Baustelle) festzulegen ist, können die zur Durchführung erforderlichen Zeiten für Gleissperrungen gemäß Abschnitt 2.2 innerhalb der Arbeitszeit nach Abschnitt 2.1 hiervon abweichen, d.h. es müssen nicht während der Gesamtdauer der Arbeiten Gleissperrungen erforderlich werden (z.B. während der Einrichtung einer Baustelle abseits des Gefahrenbereichs der Gleise). Gleiches gilt auch für erforderliche Ausschaltungen der Oberleitung gemäß Abschnitt 2.3. Ist keine Oberleitung vorhanden bzw. ist die Ausschaltung der Oberleitung nicht erforderlich, werden im Abschnitt 2.3 keine Regelungen aufgenommen. Die entsprechenden Angaben sowie die Genehmigungs-Nr. zur Ausschaltung der Oberleitung übernimmt der Betra-Bearbeiter jeweils aus dem Betra-Antrag.

Ergänzend werden bei entsprechendem Erfordernis in diesem Abschnitt der Betra unter 2.4 auch Angaben zur Dauer der Sperrung anderer Bahnanlagen (z.B. Bahnübergänge, Bahnsteigzugänge) aufgenommen, die gleichfalls aus dem Betra-Antrag ersichtlich sein müssen.

Abschnitt 3
Geschwindigkeiten

Der Abschnitt 3 einer Betra befasst sich mit Darstellung der vom Regelfahrplan abweichenden Geschwindigkeiten, deren Signalisierung vor Ort sowie den damit verbundenen Fahrzeitverlusten.

Beispiel:

---

3   Geschwindigkeiten

3.1   Einschränkungen örtlich zulässiger Geschwindigkeiten

3.1.1   für Züge der Richtung Bebra – Kassel

Während der Gleissperrung gemäß Abschnitt 2.2.1 fahren alle Züge auf dem Gegengleis zwischen Guxhagen und Guntershausen mit Signal Zs 8.
Bf GuxhagenAsig   N 3   – Zs 8 – 40 km/h
Bf Guntershausen   Ls p   – Befehl 2, 3 – Halt
und im Bf Guntershausen abweichend vom Fahrplan für Zugmeldestellen durch Gleis 1o.

3.1.2   für Züge der Richtung Gießen – Kassel

Während der Gleissperrung gemäß Abschnitt 2.2.1 fahren alle Züge im Bf Guntershausen abweichend vom Fahrplan für Zugmeldestellen durch Gleis 2w:
Bf Guntershausen   Esig O – Befehl 1, 3 – Halt

3.1.3   Fahrzeitverlust

8 Minuten

Abbildung 2.41: Betra – Abschnitt 3.1.

Die Angabe des Fahrzeitverlustes berücksichtigt jeden Betriebszustand, den ein Zug während der Dauer der Arbeiten und ggf. im Anschluss durch technisch bedingte Folgelangsamfahrstellen vorfindet.

Im Fahrzeitverlust von 8,0 Minuten ist berücksichtigt, dass die betroffenen Züge sowohl durch das Fahren auf dem Gegengleis als auch durch die Reduzierung der Geschwindigkeit bei der Fahrt abweichend vom Fahrplan für Zugmeldestellen Fahrzeitverluste erleiden. Für weitere Fahrwege und andere Streckengleise sind ggf. weitere Angaben aufzunehmen.

Je nach maximal zulässiger Geschwindigkeit (z.B. auf Schnellfahrstrecken) können in der Folge von Baumaßnahmen spürbare Fahrzeitverluste auftreten. Beispielsweise bewirkt eine Langsamfahrstelle von 70 km/h auf 200 Meter bei einer maximalen Geschwindigkeit (V_{max}) von 120 km/h einen Fahrzeitverlust von ca. 0,7 Minuten; bei V_{max} = 250 km/h sind dies bereits ca. 3 Minuten, also ein um über 400 % größerer Fahrzeitverlust!

Detaillierte betriebliche Regelungen finden sich im Abschnitt 5 einer Betra.

Für unser Beispiel zwar nicht erforderlich wären im Abschnitt 3 ggf. Informationen zur Langsamfahrsignalisierung und zu deren Absicherung mit PZB aufzunehmen. Im Formular des Betra-Antrags stellt sich dies wie folgt dar (Abbildung 2.42).

3.2   Standorte der Langsamfahrsignale/El-Signale, PZB-Sicherung

Gleis .... - ....

Lf 1 (Kz ...)	km ....
Lf 2	km ....
Lf 3	km ....

El-Sig ...	km ....
El-Sig ...	km ....
El-Sig ...	km ....

Bei mehreren zu betrachtenden Gleisen sind die Angaben je Gleis gesondert einzutragen.

Aufstellung der Lf/El-Sig durch:
Spätablenkung (gemäß Modul 406.1102):   ja ☐   nein ☐
PZB-Sicherung erforderlich: ja ☐   nein ☐
Wenn ja: Formblatt „PZB-Sicherung vorübergehender Langsamfahrstellen" beifügen!
Ein-/Ausbau durch:
Ein-/Ausschaltung durch:
Aus-/Einbau von Linienleiterkabeln   ja ☐   nein ☐
Ort/Dauer:
durch:
Hinweis: Bei Langsamfahrstellen auf LZB- bzw. ETCS-Strecken sind erforderliche Vordrucke gemäß Ril 482 zu erstellen und dem Betra Antrag beizufügen!

Abbildung 2.42: Betra – Abschnitt 3.2.

Fahren und Bauen

In Abschnitt 3.2 sind sowohl die Standorte von Langsamfahrsignalen als auch von El-Signalen (Signalbuch DS/DV 301) aufzunehmen. Entsprechende Angaben können bei Erfordernis aus dem Betra-Antrag entnommen werden und sind gleichfalls in der Lageplanskizze festzuhalten.

3.3	Angaben für die La							
	Strecke 77a (La – Bereich Mitte)							
1	2	3	4	5	6	7	8
Lfd. Nr.	In Betriebsstelle oder zwischen den Betriebsstellen	Ortsangabe	Geschwin-digkeit Besonder-heiten	Uhrzeit oder betroffene Züge	In Kraft ab	Außer Kraft ab	Gründe und sonstige Angaben
	Guxhagen - B-Guntershausen	Guxhagen Asig N 3 **252,09**	▶▶ ◀◀		18.12. 04 22:18	20.12. 04 05:00	
		B-Guntershausen Ls p **253,72**	**Halt**				Befehl

Abbildung 2.43: Betra – Abschnitt 3.3.

Abschnitt 3.3 der Betra stellt die vom Regelfahrplan abweichenden Daten in der Form dar, wie sie letztlich auch über die La-Hefte (vgl. Kapitel 2.5.2) insbesondere den Triebfahrzeugführern zur Kenntnis gebracht werden.

Abschnitt 4
Zuständige Berechtigte

Abschnitt 4 der Betra legt die maßgeblich Verantwortlichen an der Schnittstelle zwischen Betriebsdurchführung und Bauabwicklung fest:
- Fahrdienstleiter,
- Technischer Berechtigter/Uv-Berechtigter/Gesamtverantwortlicher,
- Schaltantragsteller.

Beispiel:

4.	**Zuständige Berechtigte**
4.1	**Fahrdienstleiter**
	Fdl Guntershausen (☎ Arcor 95356/33; Telekom 05665/6124) für alle betrieblichen Anordnungen.

Abbildung 2.44: Betra – Abschnitt 4.1 (ein Fdl).

In Abschnitt 4.1 ist der Fahrdienstleiter zu nennen, der „für alle betrieblichen Anordnungen zuständig ist." (Ril 406 Anhang 406.1201A02 – Betra-Checkliste). Aus der Örtlichkeit heraus kann es vorkommen, dass mehrere Fahrdienstleiter in eine Betra aufgenommen werden müssen (z.B. wenn mehrere örtlich besetzte Bahnhöfe betroffen sind). In diesem Fall sind die Zuständigkeiten der genannten Fahrdienstleiter genau voneinander abzugrenzen.

Beispiel aus einer anderen Betra:

4.1   Fahrdienstleiter

Für alle betrieblichen Anordnungen:

4.1.1   Fdl Neukirchen (☎ 95395/4711)
für die Sperrung des Gleises Neukirchen – Burghaun und des Gleises 2 (Ausfahrabschnitt) im Bf Neukirchen;

4.1.2   Fdl 1 Fulda (☎ 952/4712)
für die Sperrung des Gleisabschnittes 968 im Bf Burghaun.

Abbildung 2.45: Betra – Abschnitt 4.1 (mehrere Fdl).

Hier ist der Fdl 1 Fulda nur zuständig, wenn es sich um betriebliche Anordnungen handelt, die den Bf Burghaun betreffen.

Damit ist auch in einem solchen Fall gewährleistet, dass für jede zu treffende Regelung der verantwortliche Fahrdienstleiter eindeutig benannt ist.

4.2   Technischer Berechtigter

Herr Müller (☎ 0160/99911112), N.DI-HNU-L 3 Ast Bebra, für alle betrieblichen Vereinbarungen und Meldungen an den Fdl Guntershausen.

Vertreter sind die Herren Maier (☎ 0160/99922221), Schulze (☎ 0160/9765432), Bäcker (☎ 0171/22334451), Schreiber (☎ 0160/12312312), Glaser (☎ 0160/98798765), Förster (☎ 0171/96385274), Jäger (☎ 0160/75375353), Fischer (☎ 0160/95195151), Flieger (☎ 0175/95462132), Traber (☎ 0160/85196252) jeweils N.DI-HNU-L 3 Ast Bebra.

Vor Beginn der Arbeiten und bei jedem Wechsel meldet sich der zuständige Technische Berechtigte beim Fdl Guntershausen, der die Meldung im Fernsprechbuch nachweist. Der Technische Berechtigte muss allen Beteiligten jederzeit namentlich bekannt und für den zuständigen Fdl erreichbar sein.

Störungen im Bauablauf

Bei erkennbaren bzw. auftretenden Unregelmäßigkeiten und Verzögerungen im Bauablauf verständigt der Technische Berechtigte rechtzeitig den zuständigen Fdl und die Dispostelle für Arbeitsvorbereitung Instandhaltung (AVI) (Rufnummer 9530/4711). Die Gründe und der Verursacher sind der AVI (Fax-Nr. 9530/9876) schriftlich mitzuteilen.

Abbildung 2.46: Betra – Abschnitt 4.2.

Fahren und Bauen

Im Abschnitt 4.2 einer Betra ist der „Technische Berechtigte" namentlich zu nennen, „der für betriebliche Vereinbarungen und für Meldungen an den Fahrdienstleiter allein zuständig ist" (Ril 406 Anhang 406.1201A02 – Betra-Checkliste). Sämtliche Vertreter (insgesamt bis zu 10 Personen), die im Verlauf einer Baumaßnahme diese Funktion ausfüllen können, sind ebenfalls namentlich in der Betra zu benennen. Mündliche Absprachen zur kurzfristigen Aufnahme weiterer Personen sind nicht zulässig. Es kann immer nur einer der in der Betra aufgeführten Personen als „Technischer Berechtigter" fungieren. In Betrieblichen Anordnungen können auch „Uv-Berechtigte" benannt werden.

Worin besteht der Unterschied zwischen „Technischem Berechtigten" und „Uv-Berechtigtem"?
Modul 406.1201, Abschnitt 4 (12) sagt hierzu:
- „Technische Berechtigte" im Sinne dieses Moduls sind Beschäftigte, denen gemäß einer Betra/Betrieblichen Anordnung die Beautsichtigung oder eigenverantwortliche Durchführung von Baumaßnahmen übertragen ist und die sich als solche beim Fahrdienstleiter melden. Dieses schließt die Aufgaben des Uv-Berechtigten mit ein.

- „Uv-Berechtigte" im Sinne dieses Moduls sind Beschäftigte, welche die Sperrung eines Gleises nur aus Gründen der Unfallverhütung beantragen und die Beendigung der Arbeiten mitteilen dürfen und sich als solche beim Fahrdienstleiter melden. Unfallverhütung bedeutet hier lediglich Schutz der Arbeiter vor den Gefahren des Eisenbahnbetriebs. Sind auch Regelungen zur Sicherung des Betriebes/der Zugfahrten (beispielsweise durch Gefahr des Hereinragens/Schwenkens neben dem Gleis eingesetzter Maschinen/Fahrzeuge) zu erwarten, ist auf jeden Fall ein „Technischer Berechtigter" mit entsprechender Qualifikation einzusetzen.

Der „Technische Berechtigte/Uv-Berechtigte" stellt zum einen die kommunikative Schnittstelle zwischen den Bauausführenden und dem Betrieb (Fahrdienstleiter) dar, zum anderen nimmt er überwachende Funktionen bei der Abwicklung der Arbeiten wahr.

4.3   Schaltantragsteller

Schaltantragsteller ist Fdl Guntershausen.

Abbildung 2.47: Betra – Abschnitt 4.3.

Die Nennung eines Schaltantragstellers in Abschnitt 4.3 der Betra ist nur erforderlich, wenn Schaltarbeiten im Zuge der stattfindenden Arbeiten durchgeführt werden und damit geregelt werden muss, wer für die Stellung der erforderlichen Schaltanträge zuständig ist.

Abschnitt 5
Betriebliche Regelungen

Die in Abschnitt 5 aufzunehmenden betrieblichen Regelungen untergliedern sich in drei Bereiche:
- Regelung für die Sicherung des Bahnbetriebes,
- Regelung für die Durchführung des Bahnbetriebes,
- Regelungen für das gesperrte Gleis/Baugleis.

Die Betra-Checkliste (Anhang 406.1201A02) enthält für diesen Abschnitt ein ausführliches Stichwortverzeichnis zu den gegebenenfalls aufzunehmenden Regelungen.

Beispiel:

---

5 Betriebliche Regelungen

5.1 Regelungen für die Sicherung des Eisenbahnbetriebes

5.1.1 Sperren von Gleisen/Weichen

Auf Antrag des Technischen Berechtigten gemäß Abschnitt 4.2 sperrt der Fdl Guntershausen die in Abschnitt 2.2 genannten Gleise/Weichen im Einvernehmen mit der BZ. Sicherung gesperrter Gleise/Weichen gemäß Modul 408.0472.

5.1.2 Beginn der Bauarbeiten

Die Bauarbeiten im Gleisbereich dürfen erst beginnen, wenn der Fdl Guntershausen dem Technischen Berechtigten gemäß Abschnitt 4.2 die Zustimmung erteilt hat und die erforderlichen Sicherungsmaßnahmen durchgeführt sind.

5.1.3 Weisungen anderer technischer Mitarbeiter

Die Meldungen des Technischen Berechtigten entbinden den Fdl nicht davon, die Einträge anderer technischer Mitarbeiter in den betrieblichen Unterlagen (z.B. Arbeits- und Störungsbuch) zu beachten.

5.1.4 Sicherungstechnische Maßnahmen; Handverschluss, Flankenschutz

Die Weiche 7 ist vor dem Ausbau durch N.BB-MI-L 31 KSL (L)/N.DI-HNU-L 5 mit HV 73 in Linkslage zu verschließen. Die neue Weiche 7 ist in verschlossenem Zustand (Linkslage) einzubauen. Die Schlüssel sind Fdl Guntershausen zu übergeben.

Solange die Weiche 7 (z.B. für Stopfarbeiten) in Rechtslage umgestellt ist, dürfen keine Fahrten durch Gleis 1o durchgeführt werden.

Maßnahmen zum Schutz der Zugfahrten vor gefährdenden Rangierbewegungen in Abschnitt 5.3 beachten!

Einträge im Arbeits- und Störungsbuch beachten!

Abbildung 2.48: Betra – Abschnitt 5.1.

Fahren und Bauen

Im Abschnitt 5.1 (Regelungen für die Sicherung des Bahnbetriebes) sind alle Bestimmungen aufzunehmen, die für eine reibungslose und sichere Betriebsabwicklung während der Bauarbeiten erforderlich sind.

Es gibt eine Vielzahl möglicher Regelungen in Abhängigkeit von Baumaßnahme, Infrastruktureinschränkungen, Örtlichkeit, Betriebsverfahren usw. So können Regelungen zu sicherungs- bzw. signaltechnischen Arbeiten, zu geänderten Fahrwegprüfbezirken, zur Einrichtung oder Aufhebung von Hilfsbetriebsstellen – um nur einige weitere zu nennen – erforderlich werden.

5.2 Regelungen für die Durchführung des Bahnbetriebes

5.2.1 Abweichungen von der Fahrordnung auf der freien Strecke,

Fahren auf dem Gegengleis mit Signal Zs 8

Während der Sperrung gemäß Abschnitt 2.2.1 fahren alle Züge der Richtung Bebra – Kassel von Guxhagen bis Guntershausen auf dem Gegengleis mit Signal Zs 8 gemäß Modul 408.0462/0463 und im Bf Guntershausen auf Befehl 2, 3 ein und aus
(über die Weichenverbindung 4/3 ins Regelgleis).

Der Fdl Guntershausen regelt die Reihenfolge der Züge. Bei Abweichungen und unregelmäßigem Zuglauf sind die Weisungen der BZ zu beachten.

5.2.2 Abweichungen vom Fahrplan für Zugmeldestellen

Während der Sperrung gemäß Abschnitt 2.2.1 fahren alle Züge der Richtung Gießen – Kassel im Bf Guntershausen gemäß Modul 408.0461 abweichend vom Fahrplan für Zugmeldestellen auf Befehl 2, 3 nach Gleis 2w ein und aus über die Weichenverbindung 4/3 ins Regelgleis.

5.2.3 Reihenfolge der Züge, Verkehren von Sonderzügen

Die Reihenfolge der Züge während der Sperrung gemäß Abschnitt 2.2.1 ist in der Bildlichen Übersicht (Anlage 2) dargestellt.
Bei nicht planmäßigem Zuglauf oder beim Verkehren von Sonderzügen legt der jeweils zuständige Fdl in Absprache mit der BZ die Reihenfolge der Züge fest und verständigt alle Beteiligten.

Sonderzüge dürfen nur verkehren, wenn
a) ihre Durchführung ohne Beeinträchtigung des Regelzugverkehrs möglich ist,
b) die Reihenfolge der Züge durch den zuständigen Fdl in Absprache mit der BZ festgelegt ist,
c) alle Beteiligten verständigt sind.

Abbildung 2.49: Betra – Abschnitt 5.2.

5.2.4 Einsatz von Boten zur Aushändigung von Befehlen

Während der Gleissperrung gemäß Abschnitt 2.2.1 (am 18.12.2004 von 22.30 Uhr bis 24.00 Uhr und am 19.12.2004 von 6.30 Uhr bis 24.00 Uhr) wird zur Beschleunigung des Betriebsablaufes zusätzlich am Ls p Bf Guntershausen durch Fa. Pond ein zusätzlicher Mitarbeiter (Bote) zur Aushändigung von Befehlen eingesetzt.

Während der Gleissperrung gemäß Abschnitt 2.2.1 wird zur Beschleunigung des Betriebsablaufes zusätzlich am Esig O Bf Guntershausen durch Fa. Pond ein zusätzlicher Mitarbeiter (Bote) zur Aushändigung von Befehlen eingesetzt.

Die örtliche Einweisung der Boten erfolgt durch N.BB-MI-L 31 KSL (BezL Kassel).

5.2.5 Außergewöhnliche Sendungen

Züge, die Sendungen mit Lü befördern, dürfen abweichend von der Fahrordnung auf der freien Strecke bzw. vom Fahrplan für Zugmeldestellen nur durchgeführt werden, wenn die Bestimmungen der Dauer-Lü-Anordnung-G/M/E und der Örtlichen Richtlinien erfüllt sind. Modul 408.0435 beachten!

Lü-Sendungen „Anton" dürfen während der Sperrung gemäß Abschnitt 2.2.1 durch Gleise 2w und 1o uneingeschränkt durchgeführt werden. Die Durchführung von Lü-Sendungen „Berta", „Cäsar" und „Dora" ist während der Gleissperrung nicht möglich.

5.2.6 Verständigung der Reisenden

Während der Sperrung gemäß Abschnitt 2.2.1 halten Reisezüge der Richtung Bebra – Kassel im Bf Guxhagen am Gleis 3 und im Bf Guntershausen am Gleis 1o; während der Sperrung gemäß Abschnitt 2.2.1 halten Reisezüge der Richtung Gießen - Kassel im Bf Guntershausen am Gleis 2w.

Die abweichende Gleisbenutzung ist den Reisenden durch Fdl Guntershausen rechtzeitig bekannt zu geben. Bahnhofsmanagement – Verkehrsstation Kassel erstellt die notwendigen Aushänge zur Unterrichtung der Reisenden.

5.2.7 Änderung von Besetzungszeiten

Vom 18.12. um 22.00 Uhr bis zum 20.12.2004 um 5.30 Uhr wird im Bf Guntershausen im Stw Guf ein zusätzlicher Mitarbeiter als Fahrdienstleiter-Helfer eingesetzt.

Den Personaleinsatz regelt N.BB-MI-L 31 KSL (Diensteinteiler Kassel) in Absprache mit N.BB-MI-L 31 (BezL Kassel).

5.2.8 Fahrplanmaßnahmen

Nach Fplo der NL Mitte werden die in der Bildlichen Übersicht (Anlage 2) ausgewiesenen Bedarfspläne bzw. Züge gesperrt/umgeleitet.

Fahrplanmaßnahmen werden mit Fplo bekannt gegeben.

Noch Abbildung 2.49: Betra – Abschnitt 5.2.

Fahren und Bauen

Abschnitt 5.2 (Regelungen für die Durchführung des Bahnbetriebes) enthält alle Bestimmungen, die abweichend vom Regelbetrieb für die Durchführung von Zugfahrten erforderlich sind.

Neben den im Beispiel genannten Regelungen können im Zusammenhang mit anderen Arbeiten Regelungen beispielsweise zum Umsetzen von Reisezügen, Fahrten mit gesenktem Stromabnehmer usw. in der Betra aufgenommen werden.

5.3 Regelungen für das gesperrte Gleis

5.3.1 Infrastrukturparameter

Stärkste Neigung	2,00 ‰
Geringster Gleisabstand	3,75 m
Niedrigste Fahrdrahthöhe	5,50 m

5.3.2 Abgrenzen der Baustelle

Gleisstellen, die vorübergehend nicht befahren werden dürfen, sind auf Veranlassung des Technischen Berechtigten gemäß Abschnitt 4.2 durch Wärterhaltscheiben von allen Zugangsseiten abzuriegeln. Im gesperrten Gleisbereich sind haltende Fahrzeuge bei Dunkelheit oder unsichtigem Wetter beidseitig mit einem roten Licht zu kennzeichnen.

5.3.3 Ausbau von Gleisschaltmitteln, Zugbeeinflussungsanlagen

Gleisschaltmittel und/oder Zugbeeinflussungsanlagen sind für die Dauer der Gleissperrungen gemäß Abschnitt 2.2.1 durch N.DI-HNU-L 5 aus- und wieder einzubauen. Einträge im Arbeits- und Störungsbuch beachten!

5.3.4 Rangieren im gesperrten Gleis

Zwischen den Weichen 3 und 6 ist in einer Entfernung von 10 m vor dem Grenzzeichen der Weiche 3 eine Wärterhaltscheibe in Richtung auf die Weiche 3 aufzustellen.

Während einer Zugfahrt über die Weichenverbindung 3/4 darf zwischen der Wärterhaltscheibe und Weiche 7 nicht rangiert werden. Vor Zulassen einer Zugfahrt hat der Technische Berechtigte gemäß Abschnitt 4.2/der dafür von der Firma Pond eingesetzte Mitarbeiter dem Fdl Guntershausen nach dessen Aufforderung zu bestätigen, dass sich dort befindliche Fahrzeuge nicht bewegen. Abgestellte Fahrzeuge sind festzulegen.

Das Rangieren zwischen Asig G/I bis zur Weiche 7 ist entgegen der „Übersicht der während einer Zugfahrt geltenden Rangierverbote" für die Dauer der Gleissperrung gemäß Abschnitt 2.2.1 zugelassen.

Abbildung 2.50: Betra – Abschnitt 5.3.

5.3.5   Arbeitszugverkehr

Fahrzeuge verkehren innerhalb des Bf Guntershausen als Rangierfahrten nach Modul 408.0811/0821/0822/0823 und Modul 408.0831/0841/0851.

5.3.6   Meldung über die Befahrbarkeit der Gleise/Weichen

Der Technische Berechtigte gemäß Abschnitt 4.2 meldet dem Fdl Guntershausen die Beendigung der Arbeiten sowie die Befahrbarkeit der Gleise/Weichen (einschl. Regellichtraum) (Modul 408.0471/0472). Diese Meldung darf erst abgegeben werden, wenn alle notwendigen Bedingungen erfüllt sind.

5.3.7   Aufheben der Sperrungen

Der Fdl Guntershausen hebt nach Eingang der Meldung über die Befahrbarkeit der Gleise/Weichen durch den Technischen Berechtigten (Abschnitt 4.2) die Sperrung der Gleise/Weichen (Abschnitt 2.2) auf.

Noch Abbildung 2.50: Betra – Abschnitt 5.3.

Abschnitt 5.3 (Regelungen für das gesperrte Gleis/Baugleis) enthält Bestimmungen, die während der durchzuführenden Arbeiten in logistischer wie sicherheitlicher Hinsicht von Belang sind.

Neben den im Beispiel genannten kommen u.a. auch umfangreiche Regelungen zum Einrichten eines Baugleises und zum Rangieren im Baugleis, zum Abstellen und Sichern von Fahrzeugen oder für die Durchführung von Baumaßnahmen während unterbrochener Arbeitszeit in Betracht.

Nochmals der Hinweis: Eine Auflistung – auch wie sie die Betra-Checkliste darstellt – kann nicht vollständig sein!

5.4   Einsatz von Geräten, Maschinen und Fahrzeugen und deren besondere Einsatzbedingungen

5.4.1   Einsatz von Fahrzeugen/Maschinen/Geräten

Während der Arbeiten werden Zweiwegebagger, Radlader, Stopfmaschine, Kran, Schotterpflug, TVT und Az eingesetzt.

Der Einsatz im sowie das Bewegen von Lasten über dem Regellichtraum eines Gleises ist nur bei gesperrtem Gleis zulässig.

Abbildung 2.51: Betra – Abschnitt 5.4.

Seitliches Ausschwenken in oder über den Regellichtraum benachbarter Gleise oder nicht profilfreies Abstützen ist erst gestattet, nachdem der Fdl Guntershausen dem Technischen Berechtigten gemäß Abschnitt 4.2 bestätigt hat, dass die betroffenen Gleise gesperrt sind. Für die Dauer des Ausschwenkens dürfen in den betroffenen Gleisen keine Fahrten stattfinden.

Vor dem Einsatz ist sicherzustellen, dass die Oberleitung ausgeschaltet und geerdet ist bzw. dass der vorgeschriebene Abstand zu spannungsführenden Teilen eingehalten wird. Arbeiten unter eingeschalteter Oberleitung dürfen nur mit wirksamer Hubbegrenzung und Erdung durchgeführt werden!

5.4.2   Einsatz von Zweiwegefahrzeugen

Zweiwegefahrzeuge sind im Bahnhof Guntershausen als Rangierfahrt gemäß Modul 408.0821 durchzuführen. Örtliche Richtlinien zur KoRil 408 beachten! Das Ein- und Aussetzen erfolgt im Bf Guntershausen (Gleis 3o).

Vor dem Einsetzen von Zweiwegefahrzeugen sowie zum Überqueren von Gleisen ist durch den Technischen Berechtigten gemäß Abschnitt 4.2 die Zustimmung des zuständigen Fdl einzuholen. Zu überquerende Gleise sowie Gleise, deren Regellichtraum eingeschränkt werden könnte, sind ebenfalls zu sperren.

Der Fdl Guntershausen darf die Sperrung erst aufheben, wenn ihm der Technische Berechtigte gemäß Abschnitt 4.2 gemeldet hat, dass
■ der zuvor eingeschränkte Regellichtraum wieder frei ist,
■ das Gleis, in welches das Fahrzeug eingesetzt wurde, geräumt ist,
■ die Sperrfahrt mit allen Fahrzeugen das Gleis der freien Strecke geräumt hat oder
■ die Zweiwegefahrzeuge wieder ausgesetzt wurden.

Es ist sicherzustellen, dass Gleisschaltmittel (z.B. durch den Antrieb über Straßenräder) nicht beschädigt werden.

Noch Abbildung 2.51: Betra – Abschnitt 5.4.

In diesem Abschnitt sind betriebliche Regeln aufzunehmen, die im Zusammenhang mit eingesetzten Maschinen, Geräten und Fahrzeugen zu beachten sind. Eine wesentliche Problematik stellt hier der Einsatz von Zweiwegefahrzeugen dar, der zwischenzeitlich allerdings auch verstärkt Aufnahme in die grundsätzlichen Regeln der KoRil 408 gefunden hat.

Abschnitt 6
Sicherung der Beschäftigten gegen Gefahren aus dem Bahnbetrieb

Nachdem die betrieblichen Regelungen fixiert wurden, beschäftigt sich der Abschnitt 6 der Betra mit Regelungen, die erforderlich sind, um die Beschäftigten an der Baustelle vor den Risiken des unter Einschränkungen der Infrastruktur weiterzuführenden Bahnbetriebes zu schützen.

Beispiel:

---

6   Sicherung der Beschäftigten gegen Gefahren aus dem Bahnbetrieb

6.1   Grundsatz

Es gilt das Unfallverhütungsregelwerk, bestehend aus Vorschriften, Regeln und Informationen für Sicherheit und Gesundheitsschutz (RSG) der Eisenbahn-Unfallkasse (EUK), die hierzu erlassenen KoRil sowie Ril der DB Netz AG. Im Wesentlichen sind dies:
- GUV-V D33: Arbeiten im Bereich von Gleisen,
- GUV-R 2150: Sicherungsmaßnahmen bei Arbeiten im Gleisbereich von Eisenbahnen,
- GUV-V A2: Elektrische Anlagen und Betriebsmittel,
- GUV-V D32: Arbeiten an Masten, Freileitungen und Oberleitungen,
- GUV-I 8603: Arbeiten an Bahnanlagen im Gleisbereich von Eisenbahnen,
- KoRil 132.0118: Arbeiten im Gleisbereich und
- KoRil 132.0123: Arbeiten an und in der Nähe elektrischer Anlagen und Betriebsmittel.

Der Geltungsbereich von Unfallverhütungsvorschriften und sonstigen Regeln der für die ausführenden Unternehmen zuständigen Unfallversicherungsträger bleibt davon unberührt.

Abbildung 2.52: Betra – Abschnitt 6.1.

Anmerkung: Der in voranstehendem Betra-Auszug genannte Grundsatz ist gemäß Modul 406.1201, Abschnitt 4 (14) genereller Bestandteil jeder Betra und soll sicherstellen, dass alle Beteiligten immer daran erinnert werden, alle Unfallverhütungsregeln zu beachten, auch wenn sie im Betra-Text nicht mehr besonders erwähnt werden (vgl. auch Kapitel 2.5.1 – 1. Absatz).

6.2   Arbeitsschutz

Die für den Bahnbetrieb zuständige Stelle ist für die Festlegung von Sicherungsmaßnahmen zum Schutz gegen Gefahren aus dem Bahnbetrieb verantwortlich. Die Sicherung der Beschäftigten erfolgt nach dem für die Baumaßnahme gültigen Sicherungsplan.

Mit den Arbeiten darf erst nach erfolgter Einweisung/Unterweisung begonnen werden. Die Einweisung ist von den Eingewiesenen schriftlich zu bestätigen.

Auf die Einhaltung der Regelwerke und einschlägigen Unfallverhütungsvorschriften der EUK (GUV) sowie insbesondere die Richtlinien 462, 132.0118, 132.0123 der DB AG ist hinzuweisen.

6.3   Unterweisung der Beschäftigten (Gefahren elektrischer Strom)

Bei Arbeiten an oder in der Nähe von Oberleitungsanlagen ist der Arbeitsverantwortliche für die aufgabenbezogenen Unterweisungen der Beschäftigten zum Schutz gegen die Gefahren aus dem elektrischen Strom verantwortlich.

Abbildung 2.53: Betra – Abschnitt 6.2 ff.

Fahren und Bauen

6.4   Sicherung (Gefahren aus dem elektrischen Strom)

Bei Arbeiten an oder in der Nähe von Oberleitungsanlagen ist der Arbeitsverantwortliche für die Sicherungsmaßnahmen gegen die Gefahren aus dem elektrischen Strom zuständig.

6.5   Verzicht auf Warnung vor Schienenfahrzeugen im gesperrten Gleis

Auf die Besonderheiten durch den Verzicht der Warnung vor Schienenfahrzeugen im gesperrten Gleis während der Sperrungen gemäß Abschnitt 2.2 und die diesbezüglichen sicherheitlichen Bestimmungen ist im Rahmen der Unterweisung hinzuweisen.

6.6   Einsatz von automatischen Warnsystemen

Während der Sperrung gemäß Abschnitt 2.2.1 wird ein „Automatisches Warnsystem (AWS)" gemäß Modul 479.0001 eingesetzt.

6.7   Einsatz von Sicherungsposten/Absperrposten

Während der Arbeitszeit gemäß Abschnitt 2.1/der Sperrung gemäß Abschnitt 2.2.1 werden Sicherungsposten/Absperrposten gemäß Sicherungsplan eingesetzt.

6.8   Bahnerden

Die ausgeschaltete Oberleitung gemäß Abschnitt 2.3 ist vom Technischen Berechtigten gemäß Abschnitt 4.2/von einem elektrotechnisch unterwiesenen Mitarbeiter von Bahnbau Südost zu erden.

Modul 462.0101 – 0104 (VES), GUV-V A2 und Modul 132.0123 Anhang 1 beachten!

6.9   Sprechverbindung

Für eine ausreichende Sprechverbindung zwischen der Baustelle und dem zuständigen Fdl ist der Technische Berechtigte gemäß Abschnitt 4.2 verantwortlich; schriftliche Nachweisführung der Gespräche gemäß KoRil 408.

Noch Abbildung 2.53: Betra – Abschnitt 6.2 ff.

Je nach Komplexität der Maßnahme in baulicher wie betrieblicher Hinsicht kommen weitere Regelungen in Betracht. Auch zur vollständigen Erfassung dieser Regeln ist der direkte Kontakt mit den an der Bauausführung Beteiligten bzw. die Teilnahme des Betra-Bearbeiters an Baubesprechungen unabdingbar.

Abschnitt 7
Verantwortlichkeiten

In diesem Abschnitt werden die funktionalen Verantwortlichkeiten detailliert aufgeführt, damit eine eindeutige Zuscheidung bei der praktischen Umsetzung gewährleistet ist.

Der Betra-Antrag macht hier die Vorgabe, wobei neben den in den Betra-Abschnitten 4.2 (Technischer Berechtigter, Uv-Berechtigter) und 4.3 (Schaltantragsteller) genannten Personen auch die Namen der Verantwortlichen im Abschnitt 7 vom Betra-Antragsteller nachgereicht werden können. Dabei darf jedoch die fristgemäße Herausgabe der Betra (5 Tage vor Inkraftsetzung beim Empfänger) nicht gefährdet werden.

Angaben zum Abschnitt 7 gemäß Betra-Antrag (Anhang 406.1201A01):

7   Verantwortlichkeiten

	Name	Erreichbarkeit
Ausführender *)		
Bauleiter		
Leitender Bauüberwacher Bahn		
für die Bauüberwachung		
Beauftragtes Sicherungsunternehmen		
Sicherungsaufsicht		
Sicherungsüberwachung		
Sicherungskoordination		
für die Durchführung der LST-Arbeiten		
für die Abnahme der LST-Arbeiten		
für die Durchführung der TK-Arbeiten		
für die Abnahme der TK-Arbeiten		
Arbeitsverantwortlicher bei Arbeiten an und in der Nähe von Oberleitungsanlagen		
für die Durchführung der Bahnerdung		
Anlagenverantwortlicher oder mit Aufgaben des Anlagenverantwortlichen für Oberleitungsanlagen Beauftragter		

*)   Mehrere bauausführende Firmen und zugehörige Bauleiter möglich

Abbildung 2.54: Verantwortlichkeiten.

Fahren und Bauen

Weitere Abschnitte der Betra

Ergänzend zu den vorgenannten (Haupt-)Abschnitten, die generell in jeder zu erarbeitenden Betra auf die örtlichen Gegebenheiten bezogen enthalten sein müssen, können weitere Abschnitte erforderlich werden.

Am Schluss der Betra ist die Zustimmung zur Herausgabe des Leiters Örtliche Betriebsdurchführung/Regionalnetz mittels Unterschrift (vergleiche auch den Abschnitt „Wer zeichnet für die Betra und deren Inhalte verantwortlich?") nachzuweisen.

Anlagen einer Betra

Die für die Baumaßnahme erforderlichen Anlagen sind der Betra beizufügen. Diese ergeben sich in der Regel aus den Anlagen, die bereits dem Betra-Antrag beizugeben waren.

Aus Gründen der Übersichtlichkeit kann es sinnvoll sein, Bestandteile der Betra (z.B. umfangreiche La-Angaben, Musterbefehle) aus dem „Fließtext" herauszulösen und ebenfalls als Anlage beizufügen. In solchen Fällen ist im Betra-Text auf die „zusätzlichen" Anlagen zu verweisen.

Kann man herausgegebene und ggf. bereits in Kraft gesetzte Betra berichtigen?

Es kann in Ausnahmefällen vorkommen, dass bereits verteilte Betra vor oder während deren Gültigkeit berichtigt werden müssen. Beispielsweise können Änderungen der Verantwortlichkeiten aufgrund kurzfristiger Erkrankung von in der Betra genannten Personen eine Berichtigung erforderlich machen, um die Durchführung der Arbeiten trotzdem zu gewährleisten.

Wenn eine Betra zwingend berichtigt werden muss, sind die gleichen Regeln wie bei der Erstellung der Betra zu beachten. Die vorhandenen Textbausteine sind zu verwenden. Eine mündliche oder fernmündliche Berichtigung ist nicht zulässig. Es ist sicherzustellen, dass jeder Beteiligte die Berichtigung erhält.

2.5.2 Die „Zusammenstellung der vorübergehenden Langsamfahrstellen und anderen Besonderheiten" (La)

Eine weitere betriebswichtige Unterlage, die nicht nur im Zusammenhang mit der Durchführung von Baumaßnahmen im Gleisbereich von Relevanz ist, stellt die „La" dar. Bereits im Kapitel 2.5.1 wurde darauf hingewiesen, dass auch aus den Regelungen einer Betra Angaben in die La zu übernehmen sind. Diese werden im Abschnitt 3 der Betra aufgeführt. Die Regelungen für das Erarbeiten der La enthält das Modul 406.1202 der Ril 406.

Wie ist das Modul 406.1202 gegliedert?

Das Modul 406.1202 – La erarbeiten – gliedert sich inhaltlich in sieben Abschnitte:

- Erfordernis,
- Form der La,
- Anmelden der La-Einträge,
- Erarbeiten der La,
- Wiederheraufsetzen der zulässigen Geschwindigkeit durch La-Eintrag,
- Aufgaben des La-Druckbereiches,
- Aufgaben der Empfangsstellen.

Soweit für den Gesamtüberblick erforderlich wird nachfolgend näher auf die Inhalte der Abschnitte eingegangen.

Was ist die „La"?

Definition gemäß Modul 406.1202:

„Vorübergehend eingerichtete Langsamfahrstellen und andere Besonderheiten (Angaben zur Betriebsweise, veränderte Signalstandorte, Hinweise zur Unfallver- hütung, Fahren mit gesenktem Stromabnehmer usw.) sind in der La bekannt zu geben. Die La wird mit einem festgelegten Gültigkeitszeitraum und in vorgeschrie- bener Form herausgegeben." (Abbildung 2.55)

Die „La" wird seit vielen Jahren in Form eines DIN-A 5-Heftes gedruckt. Der Gül- tigkeitszeitraum beträgt im Regelfall sieben Tage, beginnend freitags, 00.00 Uhr und endend donnerstags, 24.00 Uhr. In Ausnahmefällen, d.h. wenn erfahrungs- gemäß davon ausgegangen werden kann, dass sich der Inhalt des betreffenden La-Heftes zum Ausgabewechsel nicht wesentlich ändert, kann die Gültigkeit (in der Regel auf 14 Tage) ausgedehnt werden. Wesentliches Kriterium für die Festlegung mehrwöchiger Gültigkeitszeiträume stellen Zeiten geringer Bautätigkeit dar, da intensives Baugeschehen auch mit einer Häufung unterschiedlichster La-Einträge verbunden ist, die den Umfang des jeweiligen La-Heftes in erheblichem Maß be- einflussen.

Zurzeit gibt es für die Strecken der DB Netz AG fünf La-Hefte, die nach geografi- schen Gesichtspunkten aufgeteilt sind:

- La – Bereich Nord,
- La – Bereich Ost,
- La – Bereich Mitte,
- La – Bereich Südost,
- La – Bereich Süd.

Im Zusammenhang mit der bundesweiten Einführung des Systems „EBuLa" (Elek- tronischer Buchfahrplan und La) ist geplant, die La-Druckstücke ebenso wie die anderen gedruckten Fahrplanunterlagen durch ein elektronisches Medium soweit wie möglich zu ersetzen. In Papierform vorliegende Fahrplanunterlagen werden dann im Regelfall durch die Darstellung auf einem Monitor im Führerstand der Triebfahrzeuge ersetzt.

Fahren und Bauen

Die Bahn DB

La

Zusammenstellung der vorübergehenden Langsamfahrstellen und anderen Besonderheiten

La-Bereich Nordost

15. Ausgabe 2005

Gültig vom 15. April 2005, 0.00 Uhr
bis 21. April 2005, 24.00 Uhr

Abbildung 2.55:
La-Titelblatt
(fiktives Muster).

Abbildung 2.56 verdeutlicht in anschaulicher Form das grundsätzliche System-konzept. Aufgrund der Komplexität des Themas soll hier nicht näher auf das System „EBuLa" eingegangen werden.

Warum gibt es die „La"?
Fahrpläne und daraus resultierend die erforderlichen Fahrplanunterlagen werden im Prinzip für die gesamte Fahrplanperiode aufgestellt. Trotzdem muss das Zugpersonal auch unterjährig über wichtige Änderungen/Einschränkungen der veröffentlichten Unterlagen informiert werden. Dies geschieht mit der „La", die vorrangig das Zugpersonal über vorübergehend eingerichtete Langsamfahrstellen und andere Besonderheiten unterrichtet. Die Bestimmungen sind auch für Führer von Nebenfahrzeugen bindend.

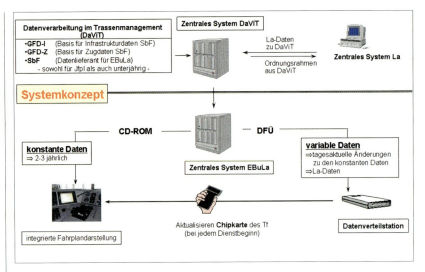

Abbildung 2.56:
EBuLa-Grundkonzept.

Für besonders umfangreiche und längerfristige La-Einträge (z.B. Stellwerksinbetriebnahmen) kann eine „Sonder-La" als separates Exemplar herausgegeben werden. Sie gilt nur für die Durchführung einer bestimmten Maßnahme und begrenzt auf den hierfür erforderlichen Zeitraum. Damit wird erreicht, dass zum einen das „allgemeine" Druckstück entlastet wird, zum anderen alle Änderungen/Neuerungen, die mit der Maßnahme selbst in Zusammenhang stehen, übersichtlich zusammengefasst dargestellt werden können.

Woraus besteht die „La"?

Vorbemerkungen:
Jedes La-Heft beinhaltet neben den für den Gültigkeitszeitraum zu beachtenden Einträgen Vorbemerkungen, die Weisungen zum Umgang mit der „La" sowie Erläuterungen und Symbole zu den Einträgen enthalten.

La-Streckenkarten:
Jedes La-Heft enthält eine ggf. auch mehrere Streckenkarten, die den La-Bereich als Gesamtheit darstellen (vgl. auch Angaben zur geographischen Aufteilung in diesem Kapitel), sowie verkehrsknotenbezogene Detailkarten für eine übersichtliche Darstellung der Streckenführungen in diesen Knoten. In den Karten sind die den einzelnen Strecken zugeordneten La-Streckennummern eingezeichnet. Jede Streckennummer darf pro La-Heft nur einmal für eine exakt definierte La-Strecke (Eindeutigkeit!) vergeben werden.

Fahren und Bauen

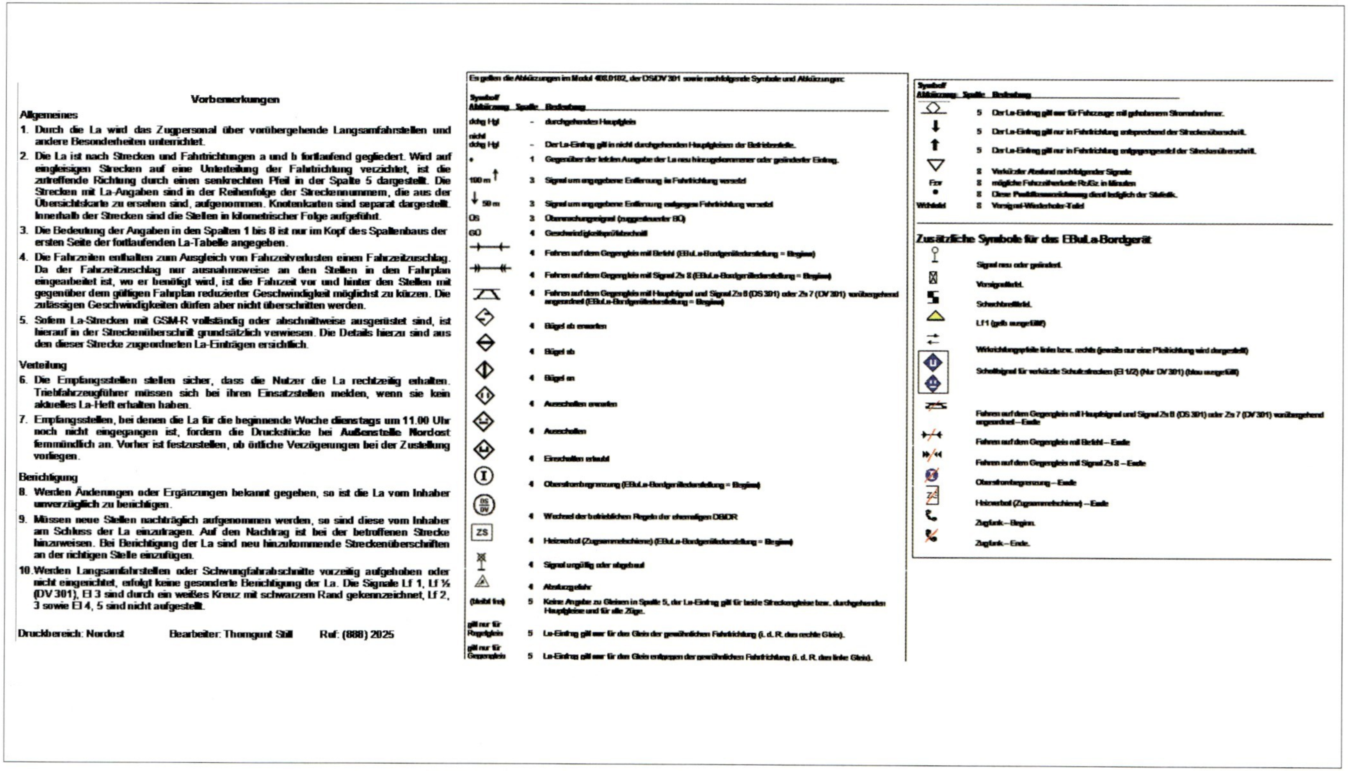

Vorbemerkungen

Allgemeines

1. Durch die La wird das Zugpersonal über vorübergehende Langsamfahrstellen und andere Besonderheiten unterrichtet.
2. Die La ist nach Strecken und Fahrtrichtungen a und b fortlaufend gegliedert. Wird auf eingleisigen Strecken auf eine Unterteilung der Fahrtrichtung verzichtet, ist die zutreffende Richtung durch einen senkrechten Pfeil in der Spalte 5 dargestellt. Die Strecken mit La-Angaben sind in der Reihenfolge der Streckennummern, die aus der Übersichtskarte zu ersehen sind, aufgenommen. Knotenkarten sind separat dargestellt. Innerhalb der Strecken sind die Stellen in kilometrischer Folge aufgeführt.
3. Die Bedeutung der Angaben in den Spalten 1 bis 8 ist nur im Kopf des Spaltenbaus der ersten Seite der fortlaufenden La-Tabelle angegeben.
4. Die Fahrzeiten enthalten zum Ausgleich von Fahrzeitverlusten einen Fahrzeitzuschlag. Da der Fahrzeitzuschlag nur ausnahmsweise an den Stellen in den Fahrplan eingearbeitet ist, wo er benötigt wird, ist die Fahrzeit vor und hinter den Stellen mit gegenüber dem gültigen Fahrplan reduzierter Geschwindigkeit möglichst zu kürzen. Die zulässigen Geschwindigkeiten dürfen aber nicht überschritten werden.
5. Sofern La-Strecken mit GSM-R vollständig oder abschnittweise ausgerüstet sind, ist hierauf in der Streckenüberschrift grundsätzlich verwiesen. Die Details hierzu sind aus den dieser Strecke zugeordneten La-Einträgen ersichtlich.

Verteilung

6. Die Empfangsstellen stellen sicher, dass die Nutzer die La rechtzeitig erhalten. Triebfahrzeugführer müssen sich bei ihren Einsatzstellen melden, wenn sie kein aktuelles La-Heft erhalten haben.
7. Empfangsstellen, bei denen die La für die beginnende Woche dienstags um 11.00 Uhr noch nicht eingegangen ist, fordern die Druckstücke bei **Außenstelle Nordost** fernmündlich an. Vorher ist festzustellen, ob örtliche Verzögerungen bei der Zustellung vorliegen.

Berichtigung

8. Werden Änderungen oder Ergänzungen bekannt gegeben, so ist die La vom Inhaber unverzüglich zu berichtigen.
9. Müssen neue Stellen nachträglich aufgenommen werden, so sind diese vom Inhaber am Schluss der La einzutragen. Auf den Nachtrag ist bei der betroffenen Strecke hinzuweisen. Bei Berichtigung der La sind neu hinzukommende Streckenüberschriften an der richtigen Stelle einzufügen.
10. Werden Langsamfahrstellen oder Schwungfahrabschnitte vorzeitig aufgehoben oder nicht eingerichtet, erfolgt keine gesonderte Berichtigung der La. Die Signale Lf 1, Lf ½ (DV 301), El 3 sind durch ein weißes Kreuz mit schwarzem Rand gekennzeichnet, Lf 2, 3 sowie El 4, 5 sind nicht aufgestellt.

Druckbereich: Nordost   Bearbeiter: Thorngunt Still   Ruf: (888) 2025

Es gelten die Abkürzungen im Modul 408.0102, der DS/DV 301 sowie nachfolgende Symbole und Abkürzungen:

Symbol/ Abkürzung	Spalte	Bedeutung
dchg Hgl	-	durchgehendes Hauptgleis
nicht dchg Hgl	-	Der La-Eintrag gilt in nicht durchgehenden Hauptgleisen der Betriebsstelle.
•	1	Gegenüber der letzten Ausgabe der La neu hinzugekommener oder geänderter Eintrag.
100 m ↑	3	Signal um angegebene Entfernung in Fahrtrichtung versetzt
↓ 50 m	3	Signal um angegebene Entfernung entgegen Fahrtrichtung versetzt
ÜS	3	Überwachungssignal (zuggesteuerter BÜ)
GÜ	4	Geschwindigkeitsprüfabschnitt
	4	Fahren auf dem Gegengleis mit Befehl (EBuLa-Bordgerätedarstellung = Beginn)
	4	Fahren auf dem Gegengleis mit Signal Zs 8 (EBuLa-Bordgerätedarstellung = Beginn)
	4	Fahren auf dem Gegengleis mit Hauptsignal und Signal Zs 8 (DS 301) oder Zs 7 (DV 301) vorübergehend angeordnet (EBuLa-Bordgerätedarstellung = Beginn)
	4	Bügel ab erwarten
	4	Bügel ab
	4	Bügel an
	4	Ausschalten erwarten
	4	Ausschalten
	4	Einschalten erlaubt
	4	Oberstrombegrenzung (EBuLa-Bordgerätedarstellung = Beginn)
DS/DV	4	Wechsel der betrieblichen Regeln der ehemaligen DB/DR
ZS	4	Heizverbot (Zugsammelschiene) (EBuLa-Bordgerätedarstellung = Beginn)
	4	Signal ungültig oder abgebaut
	4	Absturzgefahr
(bleibt frei)	5	Keine Angabe zu Gleisen in Spalte 5, der La-Eintrag gilt für beide Streckengleise bzw. durchgehenden Hauptgleise und für alle Züge.
gilt nur für Regelgleis	5	La-Eintrag gilt nur für das Gleis der gewöhnlichen Fahrtrichtung (i. d. R. das rechte Gleis).
gilt nur für Gegengleis	5	La-Eintrag gilt nur für das Gleis entgegen der gewöhnlichen Fahrtrichtung (i. d. R. das linke Gleis).
	5	Der La-Eintrag gilt nur für Fahrzeuge mit gehobenem Stromabnehmer.
↓	5	Der La-Eintrag gilt nur in Fahrtrichtung entsprechend der Streckenüberschrift.
↑	5	Der La-Eintrag gilt nur in Fahrtrichtung entgegengesetzt der Streckenüberschrift.
▽	8	Verkürzter Abstand nachfolgender Signale
Fzr	8	mögliche Fahrzeitreserve Rz/Gz in Minuten
•	8	Diese Punktkennzeichnung dient lediglich der Statistik.
Wdhtafel	8	Vorsignal-Wiederholer-Tafel

Zusätzliche Symbole für das EBuLa-Bordgerät

Symbol	Bedeutung
	Signal neu oder geändert.
	Vorsignaltafel.
	Schachbrettafel.
	Lf 1 (gelb ausgefüllt)
	Wirkrichtungspfeile links bzw. rechts (jeweils nur eine Pfeilrichtung wird dargestellt)
	Schaltsignal für verkürzte Schutzstrecken (El 1/2) (Nur DV 301) (blau ausgefüllt)
	Fahren auf dem Gegengleis mit Hauptsignal und Signal Zs 8 (DS 301) oder Zs 7 (DV 301) vorübergehend angeordnet – Ende
	Fahren auf dem Gegengleis mit Befehl – Ende
	Fahren auf dem Gegengleis mit Signal Zs 8 – Ende
	Oberstrombegrenzung – Ende
	Heizverbot (Zugsammelschiene) – Ende
	Zugfunk – Beginn.
	Zugfunk – Ende.

Abbildung 2.57: Vorbemerkungen und Symbolik zur La (Anhang 406.1202A02).

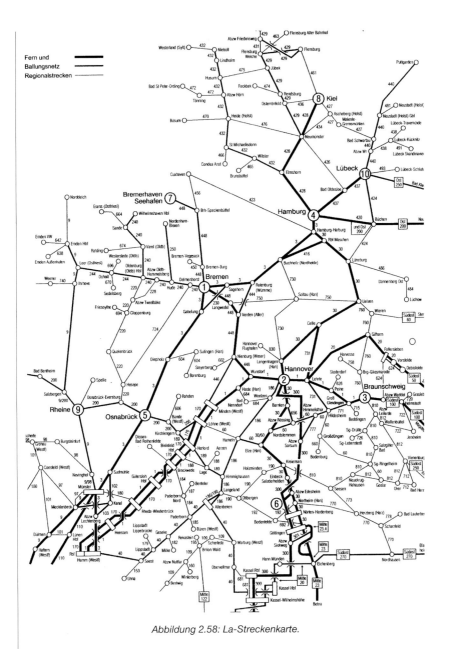

Abbildung 2.58: La-Streckenkarte.

Randnotiz: Teil A der Übersichtskarte zur La – Bereich Nord – (Aufgrund Größe und struktureller Beschaffenheit des La-Bereichs wurde die Gesamtübersichtskarte in zwei Teilkarten unterteilt).

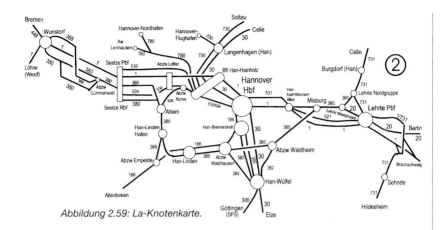

Abbildung 2.59: La-Knotenkarte.

Die in der Karte aufgeführten eingekreisten Zahlen (im Beispiel: 1 bis 10) zeigen die Knoten, für die Detailkarten vorhanden sind. Der Knoten 2 „Hannover" ist nachfolgend als Beispiel abgedruckt (Abbildung 2.59).

In besonderen Fällen, wenn Verkehre regelmäßig unterschiedliche Strecken auf kurzen Abschnitten befahren (z.B. für S-Bahn-Systeme), können linienbezogen besondere La-Strecken zusätzlich definiert werden, welche die für den Linienverlauf maßgeblichen La-Einträge auf einer (je Linie zusätzlichen) Strecke fortlaufend darstellen. Hiermit soll das Erfordernis permanenten Blätterns bei häufigen Streckenwechseln an Bahnhöfen/Abzweigstellen vermieden werden.

1	2	3	4	5	6	7	8
Lfd. Nr.	In Betriebsstelle oder zwischen den Betriebsstellen	Ortsangabe	Geschwindigkeit oder Besonderheiten	Uhrzeit oder betroffene Züge	In Kraft ab	Außer Kraft ab	Gründe und sonstige Angaben

Abbildung 2.60: Spaltenaufbau der La.

Die La-Streckennummern dienen in Verbindung mit den Karten zum schnelleren Auffinden der zugehörigen La-Einträge, da die Strecken eines La-Heftes, zu denen Einträge während des Gültigkeitszeitraumes erforderlich werden, numerisch aufsteigend sortiert werden (Abbildung 2.60).

Modul 406.1202 enthält im Anhang 1 eine Checkliste zur Erarbeitung der „La", in der u.a. auch detaillierte Angaben zu den Inhalten der einzelnen Spalten (1 – 8) des La-Heftes zu finden sind. So erhalten neue oder gegenüber dem vorhergehenden La-Heft geänderte La-Einträge in Spalte 1 zusätzlich zur (fort-)laufenden Nummer ein Kreuz.

Der Anhang 406.1202A02 enthält neben den Vorbemerkungen und Karten auch La-Beispieleinträge für verschiedene Betriebssituationen, die dem Erarbeiter von La-Einträgen als Hilfe dienen sollen.

Beispiel für vorübergehend eingerichtete Langsamfahrstellen:

Cberg - Dgrün	11,3 - 12,5 1200 m	**60**	1.3. 01	
Cberg - Dgrün	12,8 - 13,2 400 m	**70**	1.3. 01	- Lf 1 wdh in km 12,5

Abbildung 2.61:
Vorübergehend eingerichtete Langsamfahrstellen.

Wiederheraufsetzen der zulässigen Geschwindigkeit durch La-Eintrag

Es kommt vor, dass mängelbedingt Geschwindigkeiten über einen längeren Zeitraum (> 1 Fahrplanjahr) zu reduzieren sind und absehbar nicht beseitigt werden. In diesen Fällen darf die Geschwindigkeitsreduzierung nicht als „vorübergehend" über die La geregelt werden, sondern ist in die Fahrplankonstruktion zu übernehmen (vgl. auch Ausführung zur Mehrjahresbaubetriebsplanung/Geko – Kapitel 2.4.1).

Trotzdem kann zu einem späteren Zeitpunkt entschieden werden, dass der bestehende Mangel doch beseitigt werden soll. Nach Durchführung der entsprechenden Maßnahme kann in der laufenden Fahrplanperiode die Geschwindigkeit über die „La" wieder bis auf die ursprüngliche örtlich zulässige Geschwindigkeit angehoben werden, wenn
- der Mangel tatsächlich behoben wurde,
- die Standorte weiterhin erforderlicher Lf-Signale nicht verändert werden und
- die verkehrenden Züge den im La-Eintrag vorgegebenen Mindestbremshundertstelwert erreichen.

Sofern Züge nicht über ein entsprechendes Bremsvermögen verfügen, dürfen die Tf den La-Eintrag nicht beachten und müssen ihre fahrplanmäßig vorgeschriebene niedrigere Geschwindigkeit weiterhin einhalten.

La-Beispieleintrag

Nach Mängelbeseitigung am Fahrweg (z.B. an Brücken, am Oberbau) kann eine im Fahrplan des Zuges vorgeschriebene Geschwindigkeitsreduzierung durch La-Eintrag auf die ursprünglich zulässige Geschwindigkeit wieder heraufgesetzt werden.

Fahren und Bauen

Eburg - Fgrün	33,6 - 35,1 1500 m	**120**	Gilt nur für Z mit mind. .... Brh R/P	22.4. 02		- Lf 6, Lf 7 Geschwindigkeitshe- raufsetzung nach Mängelbeseitigung

Abbildung 2.62:
La-Beispieleintrag: Zulässige Geschwindigkeit heraufsetzen.

Die exakten Regelungen hierzu können Sie dem Abschnitt 6 des Moduls 406.1202 entnehmen.

Andere Besonderheiten
Neben Informationen zu geänderten Geschwindigkeiten enthält die La auch Hinweise zu Besonderheiten, die ebenso wie Geschwindigkeitsabweichungen beachtet werden müssen. Insbesondere im Zusammenhang mit durchzuführenden Baumaßnahmen spielen hier beispielsweise auch eine wichtige Rolle:

- Abweichungen von der Fahrordnung auf der freien Strecke (Befahren des Gleises der Gegenrichtung mit Befehl, auf Zs 8 oder auf Hauptsignal mit Zs 6 (DS 301) oder Zs 7 (DV 301) ständig eingerichtet oder vorübergehend angeordnet,
- Hinweise für die elektrische Traktion (Schwungfahrten usw.),
- Änderung von Signalstandorten, Halteplätzen usw.

La-Beispieleintrag
Fahren auf dem Gegengleis mit Signal Zs 8:

Dgrün - Estedt	Dgrün Asig 16.14		15.2.04 06:00	

Abbildung 2.63:
La-Beispieleintrag: Fahren auf dem Gegengleis.

Signalstandort geändert, verkürzter Vorsignalabstand:

Kdingen	Haltetafel Versetzt nach 31,15 ⇨80 m	Halte- tafel verändert	Gilt nur für dchg Hgl	2.4.04 06:00		
Dgrün	Haltetafel Versetzt nach 15,68 ⇨60 m	Halte- tafel verändert	Gilt nur für dchg Hgl	2.4.04 06:00		

Abbildung 2.64:
La-Beispieleintrag: Verkürzter Vorsignalabstand.

Fahren und Bauen 127

Grundsatz

Das Zugpersonal ist mittels der La über alle geänderten Sachverhalte zu unterrichten, die für eine ordnungsgemäße und sichere Durchführung der Zugfahrten von Relevanz sind, dem Zugpersonal jedoch über Buchfahrplan/Fahrzeitenheft nicht bzw. für den Betrachtungszeitraum nicht (mehr) zutreffend bekannt gegeben wurden.

Woraus erwächst das Erfordernis von La-Einträgen?

Grundsätzlich sind zwei Szenarien denkbar, aus denen La-Einträge erwachsen können:

- Der La-Eintrag wird erforderlich im Zusammenhang mit oder in der Folge von Bauarbeiten im Rahmen einer Betra.
- Der La-Eintrag wird ohne direkten Zusammenhang mit einer Bautätigkeit erforderlich (z.B. mängelbedingte Reduzierung der zulässigen Geschwindigkeit).

Wer darf La-Einträge anmelden?

Während im Rahmen der Beantragung einer Betra auch der damit verbundene La-Eintrag vom Betra-Antragsteller angemeldet werden darf, müssen alle übrigen Anmeldungen gemäß Modul 406.1202, Abschnitt 3 grundsätzlich vom Anlagenverantwortlichen veranlasst und durch den Baubetriebskoordinator geprüft werden.

Die Anmeldungen müssen **21 Tage** vor dem ersten Geltungstag des La-Heftes in der La-Erfassungsstelle, die aus den Angaben der Anmeldung den La-Eintrag erstellt, vorliegen, damit ein zeitlich ausreichender Vorlauf der Bearbeitung bis hin zu Druck und Verteilung gewährleistet werden kann. Die Anmeldung muss spaltenkonform zur „La" unter Mitwirkung aller beteiligten technischen Arbeitsgebiete erfolgen.

Kann man auf La-Einträge verzichten?

In Ausnahmefällen kann auf La-Einträge verzichtet werden, wenn

- die Unterrichtung des Zugpersonals mittels schriftlicher Befehle möglich und sinnvoll ist,
- der betreffende La-Eintrag Langsamfahrstellen auf Schnellfahrstrecken im Geschwindigkeitsbereich von 160 km/h und mehr betrifft, da bei Überschreiten dieser Geschwindigkeitsgrenze der Bremsweg für eine Durchführung der Zugfahrten mittels Vor- und Hauptsignalen nicht mehr ausreicht und auf elektronische Systeme (z.B. Linienzugbeeinflussung) zurückgegriffen werden muss, die eine „virtuelle" Verlängerung der Bremswegabstände vor Gefahrenpunkten auf das erforderliche Maß erlauben.

Wie entsteht aus der Vielzahl von La-Anmeldungen das fertige Druckstück?

Sicher können Sie sich vorstellen, dass – bezogen auf das gesamte Streckennetz – für jedes La-Druckstück eine erhebliche Anzahl von La-Einträgen zusammengestellt werden muss. Der hierfür erforderliche Arbeitsprozess ist nachfolgend in chronologischer Form dargestellt:

Fahren und Bauen

1. Zunächst sammelt in der La-Erfassungsstelle der La-Bearbeiter, der zurzeit in der OE Örtliche Betriebsdurchführung/Regionalnetz angesiedelt ist, die Anmeldungen zur La und erarbeitet hieraus die jeweiligen La-Einträge. Im Zusammenhang mit Betra-Anträgen wird diese Aufgabe im Regelfall der zuständige Betra-Bearbeiter übernehmen. Sind mehrere benachbarte Verantwortungsbereiche betroffen, erfolgt die Erarbeitung des La-Eintrages in gegenseitiger Absprache. Die Erarbeitung erfolgt DV-gestützt (vgl. Kapitel 2.5.3).

2. Alle La-Einträge werden zunächst vom La-Bearbeiter der La-Erfassungsstelle für sämtliche Betra-Bearbeiter seines Bezirks strecken- und richtungsbezogen sowie in der Reihenfolge, in der sie der Triebfahrzeugführer (Tf) vorfindet, zusammengestellt und anschließend an den La-Druckbereich (Druckstück) zur weiteren Bearbeitung übergeben. Bei gleicher Kilometerangabe sind älterer Einträge (d.h. Einträge mit früherem Gültigkeitsbeginn) zuerst aufzuführen.

   Hierbei sind mehrere örtlich dicht aufeinander folgende Langsamfahrstellen unter Beachtung der Signalisierungsgrundsätze und der Projektierungsrichtlinie für die Punktförmige Zugbeeinflussung (PZB) zusammenzufassen.

3. Der zuständige Bearbeiter im La-Druckbereich übernimmt alle eingehenden La-Daten zu dem von ihm festgelegten spätesten Übergabezeitpunkt und stellt diese analog der Sortierkriterien nach 2. zur La-Druckvorlage (La-Einträge sind fortlaufend nummeriert!) zusammen, die er der beauftragten Druckerei zum Druck und zur Verteilung an die Empfangsstellen weitergibt.

Im Zusammenhang mit der flächendeckenden Einführung „EBuLa" wird sich das Verfahren wesentlich vereinfachen, da die Daten zur EBuLa-Nutzung an einer definierten Schnittstelle permanent vorgehalten werden und zeitnah abrufbar sind.

Kann man La-Einträge berichtigen?
Eine Berichtigung der La ist **nur in zwingenden Ausnahmefällen** zulässig, da jede Berichtigung Auswirkungen auf Übersichtlichkeit und Handhabbarkeit der La hat. Trotzdem kann eine Berichtigung/ein Nachtrag kurzfristig (z.B. unvorhersehbare mängelbedingte Reduzierung der Geschwindigkeit) erforderlich werden.

In diesen Fällen ist die Berichtigung analog der Erstellung eines neuen La-Eintrags mit dem DV-Programm (vgl. Kapitel 2.5.3) zu fertigen. Nach Zustimmung durch die für die örtliche Betriebsdurchführung zuständige Stelle wird die Berichtigung den Beteiligten (vorrangig den Triebfahrzeugpersonalen, welche die betroffene Strecke regelmäßig befahren) bekannt gegeben. Hierfür werden Verzeichnisse der Einsatzstellen vorgehalten, aus denen ersichtlich ist, welches Personal welche Strecken befährt und dem entsprechend zu unterrichten ist.

Das Zugpersonal muss für die Dauer von bis zu 72 Stunden mit schriftlichen Befehlen unterrichtet werden, um einen ausreichenden Zeitraum zur Verteilung der

Fahren und Bauen

Berichtigung zur Verfügung zu haben. Eine Reduzierung dieser Stundenzahl ist nur zulässig,

- bei Herausgabe einer Berichtigung vor Inkrafttreten des La-Heftes, und zwar um die Anzahl der Stunden bis zum Inkrafttreten,
- bei zwischenzeitlichem Inkrafttreten des La-Folgeheftes, wenn der Eintrag hierin ordnungsgemäß aufgenommen werden konnte oder
- wenn die La nur regional auf S-Bahn-Strecken berichtigt werden muss und dies in den Zusatzbestimmungen zur Ril 406 der betroffenen Niederlassung zuge-lassen ist.

Die vorzeitige Aufhebung von Langsamfahrstellen (z.B. bei früherer Beendigung einer Baumaßnahme) oder die Nichteinrichtung (z.B. kurzfristiger Ausfall einer Baumaßnahme) erfordern in der Regel keine Berichtigung der „La". Die Information erfolgt in geeigneter anderer Weise. Die Bedingungen sind im Modul ___ ___itt 4 (12) fixiert.

2.5.3   Die Fahrplananordnung (Fplo)

Im Kapitel 2.4 dieses Buches (Baubetriebliche Planungsphasen) konnten Sie le-sen, dass mit der Durchführung von Baumaßnahmen die vorhandene Infrastruktur häufig nur eingeschränkt zur Verfügung steht. Konkret bedeuten diese Einschrän-kungen, dass insbesondere in Hauptverkehrszeiten die geplanten Trassen bei der eingeschränkt zur Verfügung stehenden Infrastruktur nicht mehr alle durchführbar sind. Die Planung von Entlastungsmaßnahmen (z.B. Umleitungen, Neutrassierun-gen zu anderen Tageslagen) war die logische Konsequenz.

Die Bekanntgabe der detaillierten geänderten Fahrpläne, Umleitungsfahrpläne usw. erfolgt durch Erstellung von Fahrplananordnungen (Fplo) und Verteilung dieser an alle Beteiligten. Einzelheiten zu Aufstellung und Inhalt einer Fplo entnehmen Sie bitte den Ausführungen im Kapitel 6.8 dieses Buches.

2.5.4   Die Baubetriebskoordination

Bei Vorbereitung und Durchführung von Baumaßnahmen kommt der Baubetriebs-koordination hinsichtlich der Qualität eine besondere Bedeutung zu.

Was beinhaltet die Baubetriebskoordination?
Modul 406.1101 besagt hierzu im Abschnitt 2:

„Die Baubetriebskoordination ist der maßnahmebezogene, arbeitsgebietsüber-greifende und optimierende Abgleich aller bei der Planung und Durchführung von Baumaßnahmen mit Betriebsbeeinflussungen erforderlichen Schritte.

Die Koordination beinhaltet auch notwendige örtliche Abstimmungen mit allen durch die Bauabwicklung betroffenen Beteiligten.

Fahren und Bauen

Bei der Durchführung dieser Koordinationsaufgaben sind folgende wesentliche Kriterien zu beachten:

- Wahrung der Betriebssicherheit,
- Einhaltung der Bestimmungen zur Unfallverhütung und zum Arbeitsschutz,
- Erhaltung der Verfügbarkeit des Fahrweges,
- Einhaltung der Betriebsqualität,
- Ergebnisorientierter, wirtschaftlicher Einsatz von Mitteln und Personal unter Abwägung der Beeinträchtigung von Bau und Betrieb."

Sie sehen an dieser Definition aus dem Regelwerk, dass zwar durch die baubetriebliche Planung Rahmenbedingungen geschaffen werden, in denen sich die bauliche wie betriebliche Abwicklung einer Maßnahme bewegen soll, dies aber nur einen vergleichsweise „groben" Rahmen hinsichtlich der letztlich zu erzielenden Bau- wie Betriebsqualität darstellt. Die beste baubetriebliche Vorplanung ist zum Scheitern verurteilt, wenn später Mängel im Bauablauf oder in der Logistik den gesetzten Rahmen sprengen.

Wer nimmt die Funktion der Baubetriebskoordination war?
Bisher (seit 01.01.2001) war die Funktion der Baubetriebskoordination den örtlichen Streckenmanagern zugeordnet. Um den qualitativen Ansprüchen im Spannungsfeld zwischen Betriebsdurchführung und Bauabwicklung in noch stärkerem Maß Rechnung zu tragen, werden seit 2002 besondere Baubetriebskoordinatoren eingesetzt. Dadurch soll eine spürbare Verringerung von Unregelmäßigkeiten und Nachträgen erreicht werden.

Welche Aufgaben hat der Baubetriebskoordinator?
Wie Sie aus der Definition der Baubetriebskoordination ersehen konnten, sind die anfallenden Koordinationsaufgaben sowohl für die bauliche wie auch für die betriebliche Qualität von Belang.

Zu seinen wichtigsten Aufgaben im Zusammenhang mit der Abwicklung von Baumaßnahmen gehören:

- Mitwirken bei der Erarbeitung baubetrieblicher Anmeldungen,
- Leitung von Einsatzbesprechungen sowie von Baustellenbegehungen und Bauanlaufberatungen im Vorfeld der Durchführung (hier ergeben sich auch wichtige Inhalte für die zu erstellende Betra),
- Kontrollieren des Bauablaufs und Abstimmen der Baustellenlogistik mit Bauüberwacher und Baubetriebsdisponent,
- Genehmigen von Betra,
- Wahrnehmung von Bauüberwachungskoordination (bei mehreren Bauausführenden) und der Sicherungskoordination,
- Entscheidung bei Abweichungen vom geplanten Betriebs- und Bauablauf über Weiterführung des Betriebes und Fortsetzung der Baumaßnahme oder qualifizierten Abbruch (d.h. Befahrbarkeit der Gleise mit adäquater Betriebsqualität muss hergestellt werden) in Zusammenarbeit mit Bauüberwacher und Betriebszentrale,

- Abstimmung der ggf. zu ergreifenden Sicherungsmaßnahmen mit Bauüberwacher und Sicherungsaufsicht.

Unterstützt wird er hierbei vom Baubetriebsdisponenten, der die netzweite Überwachung und operative Steuerung der Baustellenlogistik aus der Betriebszentrale heraus wahrnimmt, und dem Bauüberwacher, der den Bauablauf unter laufendem Betrieb managt.

Außerdem soll er bereits bei Entwurfsplanungen von Projekten, die in seinem Zuständigkeitsbereich realisiert werden, umfassend mitwirken.

Anhand des dargestellten Aufgabengebietes ist zu ersehen, dass die Baubetriebskoordination in ihrem Tätigkeitsfeld direkt an die Baubetriebsplanung anknüpft und ein wichtiger Garant dafür ist, dass eine lange, teilweise schwierige Vorplanungsphase auch für alle Bereiche erfolgreich abgeschlossen werden kann.

Fahren und Bauen

3 Betriebszentralen

3.1 Grundlagen des praktischen Eisenbahnbetriebes

3.1.1 Der Fahrplan als Bindeglied „Kunde – Vertrieb – Betriebs(durch)führung"

Die Zusammenhänge Fahrplan/Betriebsführung werden hier nur insofern dargestellt, wie es für das Verständnis der Steuerung und Disposition des Eisenbahnbetriebes notwendig ist. Auch für die Betriebs(durch)führung gilt: **Ohne Fahrplan kein Eisenbahnbetrieb!** Diese Aussage ist so alt wie die Eisenbahn. Erst Fahrpläne lassen einen geordneten Eisenbahnbetrieb zu, bilden einen wichtigen Eckpfeiler für Betriebssicherheit und garantieren dem Kunden Transparenz der Leistungsangebote. Dabei sind zu unterscheiden:

- **Regelzugfahrplan** und
- **Sonderzugfahrplan**.

Beiden gemeinsam ist die den Transportprozess durchgehende Begleitung des Kundenauftrages: „Durchführung eines Reise- oder Güterzuges mit bestimmter Zugbildung und bestimmten Eigenschaften zu bestimmten Zeit- und Qualitätskriterien an einem bestimmten Tag oder an einer bestimmten Folge von Tagen von einer definierten Quelle über einen definierten Laufweg zu einem definierten Ziel." Für diesen Auftrag hat der Kunde mit dem Vertrieb der DB Netz AG einen Trassenvertrag abgeschlossen, die Trasse(n) eingekauft und in seine geschäftsinternen Prozessabläufe direkt wirksam integriert.

Das bedeutet andererseits: Die DB Netz AG bindet sich vertraglich

- zu einer dem Trassenvertrag entsprechenden Fahrplankonstruktion durch den Vertrieb (Trassenmanagement) sowie
- netzseitig zu einer pünktlichen und zuverlässigen Durchführung der Zugleistung entsprechend dem konstruierten und – gegebenenfalls veröffentlichten – Fahrplan.

Regelzugfahrplan und Sonderzugfahrplan unterscheiden sich durch den Bezugszeitraum ihrer vertraglichen Bindung:

- ein Regelzugfahrplan gilt für einen Jahresfahrplanabschnitt,
- ein Sonderzugfahrplan gilt im Allgemeinen nur für bestimmte Zeitabschnitte eines Jahresfahrplanes, hier reicht die Palette von einmaligen Verkehrstagen bis zu Verkehrstagen, z.B. festgelegter Saisonzeiten über mehrere Monate einer Fahrplanperiode.
- Regelzugfahrpläne gelten durch Aufnahme in den Jahresfahrplan fahrdienstlich *ausnahmslos* als „betrieblich bekannt gegeben"; sie sind allen am Bahnbetrieb direkt beteiligten Mitarbeitern (Fahrdienstleitern, anderen Mitarbeitern im Stellwerksbereich und Bedienern von Schrankenanlagen) somit sozusagen ‚bahnamtlich' bekannt.

- Sonderzugfahrpläne dagegen erfordern *eine für jeden Einzelfall wirksame* betriebliche Bekanntgabe durch die dazu allein privilegierten Stellen des Vertriebes sowie – mit eingeschränkten Zuständigkeiten – Betriebszentralen oder auch Betriebsstellen (Zugmeldestellen). In derselben Weise werden auch die so genannten „Bedarfsfahrpläne", eine Variante der Sonderzugfahrpläne, behandelt, deren Fahrplandaten zwar bereits in den Unterlagen des Jahresfahrplans enthalten sind, die aber durch eine besondere Kennung „B" für Bedarf in den betrieblichen Unterlagen eben als „nicht betrieblich bekannt gegeben" gekennzeichnet sind.

Zu den **Aufgaben des Vertriebes** gehört es, den **Fahrplan aus einer Hand** zu erstellen, d.h. vom Regelzugfahrplan bis zum Sonderzugfahrplan an der unmittelbaren zeitlichen Grenze zur Disposition. Dazu gehört auch, dass der Fahrplan DV-technisch erstellt bzw. aufbereitet und in den DV-Systemen der **gemeinsamen Fahrplandatenhaltung (GFD) und der Leittechnik der Betriebszentralen** vollständig enthalten ist.

Das betrifft im Zielzustand die Fahrpläne für alle Zugfahrten, d.h. auch Lokzüge (Lz), Baumaschinen u.ä. oder auch die Wiedereinlegung von außergewöhnlichen Sendungen, zum Beispiel von Sendungen mit Lademaßüberschreitungen, die durch Zugverspätungen ihren ursprünglich geplanten Zug nicht erreicht haben oder durch andere Umstände bedingt mit diesem nicht befördert werden konnten.

Der **Abbildungskomplex 3.1 a – e** zeigt die Systemzusammenhänge zur Erstellung eines Sonderzugfahrplanes durch den Vertrieb im Haus der Betriebszentrale.

Wenn in besonderen Fällen Fahrpläne so kurzfristig erstellt werden müssen, dass dies im laufenden, dispositiven Prozess erfolgen muss (z.B. ad-hoc-Umleitung) werden durch Bereichsdisponenten in der Betriebszentrale vorbereitete Umleitungsfahrpläne aktiviert. Die Bereichsdisponenten befinden sich in unmittelbarer räumlicher Nähe der Sonderzug-Vertriebsmitarbeiter, so dass diese Arbeiten stets in engster Abstimmung erfolgen können (im Bildkomplex 3.1 a – e enthalten).

Für die Betriebs(durch)führung ist der vollständige und qualitätsgesicherte Fahrplan entscheidende Grundlage für einen qualitätsgerechten Betrieb. Auf einen wichtigen „Lebensnerv der Betriebszentralen" sei bereits hier hingewiesen:

Die Betriebszentrale ist die Datendrehscheibe im Netz! Sie erfordert einen qualitätsgesicherten Fahrplaninput – als Sollvorgabe. Anhand dieser Vorgaben und unter Berücksichtigung der aktuellen Betriebssituationen steuert die BZ den Betriebsablauf. Sie liefert im Output aktualisierte Solldaten (möglichst konfliktfreier Dispositionsfahrplan) und die Ist-Daten. Die Abnehmer sind beispielsweise das Reisendeninformationssystem (RIS) und die Betriebsprozessanalyse.

Zukünftig ist neben den Fahrplandaten auch die vollständige Abbildung der Infrastrukturdaten notwendig, um den automatisierten Zugbetrieb durchführen zu können.

Der Fahrplan ist die „Klammer" zwischen den Wünschen und Forderungen der Kunden an das Produkt „Zugleistung" und seiner betrieblichen Durchführung.

Die Qualität der Planung und die Qualität der betrieblichen Durchführung sind letztendlich gemeinsam entscheidend für die Akzeptanz des an den Kunden „abgelieferten" Produktes „Zugleistung"!

Abbildung 3.1a: Systemzusammenhänge zur Erstellung/Bekanntgabe unterjähriger Fahrpläne.

Bereitstellung unterjähriger Fahrpläne (ujF) – Grundsätze

1 Die Bereitstellung der unterjährigen Fahrpläne (Sonderzugfahrpläne) erfolgt durch den Vertrieb in engster Zusammenarbeit mit den Mitarbeitern der Betriebszentrale (BZ).
Die Gesamtverantwortung für die Betriebsdurchführung (einschl. Letztentscheid) hat der Netzkoordinator.

2 Grundsätze für die netzinterne Schnittstelle zwischen Vertrieb und Betrieb.

2.1 Die Betriebszentrale
- hat den Gesamtüberblick über die Betriebslage und die **operative Gesamtverantwortung**
- ist für die Durchführung (BZ-Strecken) und Disposition der Züge auf den Strecken/in Knoten verantwortlich
- stellt die Datenversorgung für den tagesaktuellen Fahrplan (Ergänzungsdaten) in den BZ-Leit- und Steuersystemen sicher
- führt ad-hoc Umleitungen im Reise- u. Güterzugbetrieb durch und belegt dabei Umleitungspläne (U-Pläne)
- informiert die Kunden zur operativen Durchführung ihrer Produkte

2.2 Der Vertrieb (Servicecenter Fahrplan)
- ist Auftragnehmer der Trassenanmeldung des Kunden
- stimmt mit dem Bereichsdisponenten die operativen Fahrmöglichkeiten ab
- konstruiert Fahrpläne, gibt sie bekannt, ist für die Fahrplandateneingabe in GFD-Z verantwortlich und stellt Daten für das Trassenpreissystem (TPS) bereit
- erstellt Fahrpläne für umzuleitende Züge für die keine U-Pläne vorhanden sind
- ist verantwortlich für die Aktualität, Qualität und Vollständigkeit der Fahrplandaten in der Bereitstellung für die Leitsysteme.

Bereitstellung unterjähriger Fahrpläne (Sonderzüge)

EVU : Trassenanmeldung (incl. Ressourcen)

- Kundennummer
- Abgangsbahnhof, Zielbahnhof, Laufweg
- Zuggattung, Zugnummer
- Inhalt (GGVSE, außergewöhnliche Sendungen)
- Abfahrts- und Ankunftszeit,
- zul. Geschwindigkeit
- Bespannung
- Zuglast u. -länge
- Bremsstellung, Bremshundertstel
- Tfz-Wechsel, Personal-Wechsel
- besondere Durchführungsbedingungen
- außergewöhnliche Fahrzeuge

Vertrieb : Eingang der Trassenanmeldung
- *Bedingungen:*
  → 3 Std. vor Abfahrtszeit
  → davon eine Stunde für Verfügbarkeit GFD-Z

Trassenkonstruktion
- Vertrieb (Stafette)
- Eingabe in DV-Systeme
- Bekannt geben an:
  → BZ über GFD-Z, bzw. besonders vereinbarter Mitteilung
  → EVU per Fax/Mail
  → Betriebsstellen per Fax/LeiBIT

Ziel:
 Fahrplan in Leitsystemen spätestens 1 Std. vor Abfahrtszeit verfügbar.

Abbildung 3.1b:
Systemzusammenhänge zur Erstellung/Bekanntgabe unterjähriger Fahrpläne.

Bereitstellung unterjähriger Fahrpläne (Sonderzugfahrpläne)

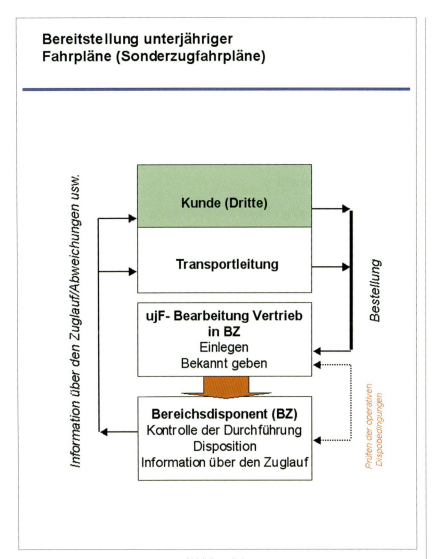

Abbildung 3.1c:
Systemzusammenhänge zur Erstellung/Bekanntgabe unterjähriger Fahrpläne.

Bearbeitung operativer (ad-hoc) Umleitungen

Festlegungen gelten nur, wenn U-Pläne vorhanden!

Bereichsdisponent:

- Belegung vorhandener Fpl-Trassen (U-Pläne)

- Auslegung auf ursprünglichem Laufweg

- Fahrplan bekannt geben an:

       - EVU
       - Betriebsstellen
       - Nachbar-BZ
       - **Vertrieb:**
         durch diesen

         Fahrplaneingabe in GFD

         Übergangsweise direkte Eingabe in
         Leitsysteme durch Servicecenter Fahrplan

 Diese Festlegungen dienen der unverzüglichen Reaktion und der Flüssigkeit des Betriebes bei kurzfristigen betrieblichen Unregelmäßigkeiten

Abbildung 3.1d:
Systemzusammenhänge zur Erstellung/Bekanntgabe unterjähriger Fahrpläne.

Bearbeitung operativer (ad-hoc) Umleitungen

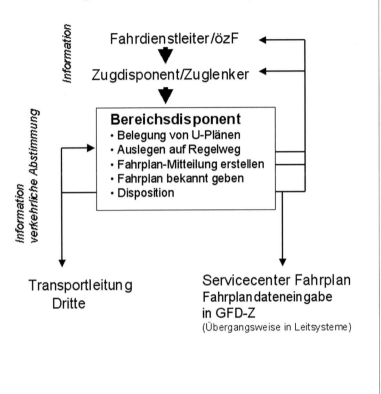

Abbildung 3.1e:
Systemzusammenhänge zur Erstellung/Bekanntgabe unterjähriger Fahrpläne.

3.1.2 Aufgaben in der Steuerung und Disposition des Betriebes

3.1.2.1 Handlungen mit fahrdienstlicher Sicherheitsverantwortung

Zwei wichtige Grundsätze, die den Betrieb der Eisenbahn prägen, sind:
1. Handlungen zur Gewährleistung der Betriebssicherheit haben immer höchste Priorität!
2. Die Verantwortung für das Zulassen einer Zugfahrt ist nicht teilbar.

Damit sind auch die Grundlagen des Eisenbahnbetriebes auf einen Nenner gebracht: **Nur der Fahrdienstleiter allein regelt den Zugbetrieb in seinem Zuständigkeitsbezirk.** Er allein gibt Zügen die Zustimmung zur Fahrt durch seinen Bezirk. Das trifft sowohl für den technischen Regelzustand der Stell- und Sicherungseinrichtungen als auch für den Fall von technischen Störungen an diesen Anlagen zu. Bei Ausfall der Stell- und Sicherungseinrichtungen hat der Fahrdienstleiter ebenfalls für alle betrieblichen Ersatzhandlungen die volle betriebssicherheitliche Verantwortung.

Oder anders ausgedrückt: Weisungen und Aufträge, die gegen sicherheitliche Bestimmungen verstoßen, darf der Fahrdienstleiter nicht ausführen. Und weiter gilt: Nur der Fahrdienstleiter darf sicherheitliche Ersatzhandlungen im Rahmen der für ihn geltenden fahrdienstlichen Regelungen durchführen bzw. zur Durchführung durch abhängige Stellwerke anordnen.

Als Konsequenz daraus müssen alle Dispositions- und Arbeitsverfahren anderer Stellen, die an der Durchführung des Zugbetriebes unmittelbar mitwirken, absolut frei von sicherheitlichen Aufgaben sein. Es gibt nur eine Ausnahme: Der Zugfunkbediener bei einer Betriebszentrale (nur bei analogem Zugfunk Betriebsart A) oder ein anderer mit diesen Aufgaben betrauter Mitarbeiter darf im Falle einer unmittelbar drohenden Gefahr einen Nothaltauftrag an Züge selbständig absetzen.

Die beschriebenen betriebssicherheitlichen Grundsätze gelten für mechanische Stellwerke ebenso wie für die von der DB Netz AG im Aufbau befindliche Steuerung des Zugbetriebes aus sieben Betriebszentralen heraus.

3.1.2.2 Handlungen ohne fahrdienstliche Sicherheitsverantwortung

a) Knotendisposition
Die Reihenfolge der Züge sowie die Benutzung der Gleise im Bahnhof („Knoten") richten sich nach dem Fahrplan, der dem Fahrdienstleiter als „Fahrplan für Zugmeldestellen" (bis zum Jahr 2000 als „Bahnhofsfahrordnung" bezeichnet) zur Verfügung steht.

Er enthält in zeitlicher Reihung die Ankunfts-/Abfahrts- und Durchfahrtszeiten, die Zugnummern der den Bahnhof berührenden Züge sowie die planmäßig zu benutzenden Gleise mit weiteren für die betriebliche Durchführung wichtigen Angaben. Bei unpünktlichem Betriebsablauf muss der Fahrdienstleiter dispositiv eingreifen; das heißt, er bestimmt Abweichungen vom Fahrplan für Zugmeldestellen hinsichtlich der Reihenfolge der Züge als auch der Gleisbenutzung.

Welche Verantwortung mit der Knotendisposition verbunden ist, zeigen die Auswirkungen zum Beispiel auf Reisende, die zum Erreichen eines Anschlusszuges kurzfristig den Bahnsteig wechseln müssen.

In sehr großen Bahnhöfen können Aufgaben der Knotendisposition aus Gründen der Übersicht oder zur Arbeitsentlastung des Fahrdienstleiters besonderen Dispositionsstellen, z.B. Bahnhofsbetriebsüberwachungen, übertragen sein. Der Fahrdienstleiter ist in diesen Fällen „nur noch" für die betriebssichere Durchführung der Zugfahrten verantwortlich.

b) Streckendisposition
Der Zuständigkeitsbereich eines Fahrdienstleiters umfasst den Bereich der so genannten „örtlich zuständigen Zugmeldestelle". Dieser Bereich ist definiert. Er erstreckt sich grundsätzlich über die an den Bahnhofsbereich angrenzenden Streckengleise bis zum Bereich der nächsten Zugmeldestelle. In diesem Bereich ist der Fahrdienstleiter auch zuständig für die Regelung der Reihenfolge der Züge sowie für andere betriebliche Aufgaben ohne Sicherheitsverantwortung. Für ferngesteuerte Betriebsstellen gilt diese Regelung entsprechend den örtlichen Verhältnissen.

Aufgaben der Strecken- und Knotendisposition können statt dem Fahrdienstleiter auch einem übergeordneten „Zugdisponenten", der bei der zuständigen **Betriebszentrale** angesiedelt ist, übertragen werden. Der Zugdisponent übernimmt damit die Verantwortung für die Regelung der Reihenfolge der Züge in seinem Streckendispositionsbereich.

3.1.3   Die Netzdisposition in der Hand der Betriebszentrale (BZ) als Betriebsleitstelle

3.1.3.1 Allgemeines

Warum Betriebsleitstellen?
Solange der Betrieb fahrplanmäßig abläuft, erledigt der Fahrdienstleiter die sicherheitlichen Aufgaben und das dispositive Ausregeln von weniger bedeutenden Störungen im Zugbetrieb. Treten Störungen mit der Folge von Verspätungen auf, die sich über seinen Einflussbereich hinaus erstrecken, hat er rasch keinen ausreichenden Überblick mehr und – vor allem – nicht mehr die örtliche Zuständigkeit zur Durchführung dispositiver betrieblicher Maßnahmen. Unter anderem für solche „überörtlichen" Dispositionen sind die Betriebszentralen zuständig.

Zum Gesamtverständnis der Zusammenhänge zwischen Strecken-/Knotendisposition und Netzdisposition blicken wir ein Stück zurück in die Geschichte der Betriebsführung der ehemaligen Deutschen Reichsbahn so etwa ab dem 2. Jahrzehnt des 20. Jahrhunderts.

Schon früh erkannte man die Notwendigkeit des Nachregelns gestörter Eisenbahnbetriebsabläufe. Bereits 1913 wurden die ersten Betriebsleitstellen im Ruhrgebiet eingerichtet. Sie hatten allerdings mehr kurzfristige Regelungen zur kapazitiven Bewältigung kriegsbedingt dramatisch ansteigender Transportleistungen zum Ziel als das Ausregeln von Zuglaufstörungen.

Dennoch begann zu diesem Zeitpunkt mit der Einrichtung von Zugleitungen das Zeitalter der systematischen, auf definierte Ziele ausgerichteten Zugdisposition.

Auch andere Länder, z.B. die USA, legten auf ein flexibles, prozessorientiertes „dispatching" außerordentlichen Wert.

Die Entwicklung über die Jahrzehnte bis in die Zeit nach dem 2. Weltkrieg sei hier einmal übersprungen. Nur so viel sei gesagt: Solange die Eisenbahn über das uneingeschränkte Beförderungsmonopol verfügte, hatten die Begriffe „Qualität im Leistungsangebot" und „Zuverlässigkeit der Betriebsprozesse" nicht annähernd die Bedeutung wie heute.

Nach Gründung der Bundesrepublik Deutschland und dem einsetzenden Wiederaufbau der westdeutschen Wirtschaft verlor die ehemalige Deutsche Bundesbahn (DB) Jahr für Jahr Marktanteile an den überproportional wachsenden Straßenverkehr. Spätestens ab Mitte der 60er Jahre setzte – zunächst für den Güterverkehr mit Einführung der ersten Ansätze des späteren kombinierten Ladungsverkehrs – eine deutliche Umorientierung in Richtung „Qualität" ein: Die „Containerzüge" erhielten eine den damaligen D-Zügen entsprechende Rangordnung.

Sie fuhren unter besonderer Überwachung durch Betriebsleitstellen und ihr Pünktlichkeitsergebnis wurde täglich dokumentiert und analysiert.

Die Dispositionen durch die damaligen „Oberzugleitungen", die sich über die Betriebsleitungen zu den Betriebszentralen weiterentwickelt haben, waren situationsbedingt mehr knoten- und streckenbezogen auf die ungehinderte Durchführung solcher Züge ausgerichtet und ausgelegt. Die dispositive Hauptarbeit geschah in den weiter unten noch erwähnten „Zugüberwachungen (Zü)", die, wie dort beschrieben, die zeitliche Reihenfolge der Züge (Streckendisposition) zu regeln hatten.

„Netzbindungen" durch die Flächenwirkung geschlossener Produktsysteme dagegen gab es noch nicht. Das änderte sich erst mit der Ausweitung des kombinierten Ladungsverkehrs und mit der Einführung der Transportkettensystematik im Frachtenzugbereich Anfang der 70er Jahre.

Einen grundlegenden Wandel in der Charakteristik praktizierter Dispositionsmechanismen gab es mit Einführung des vertakteten IC-Verkehrs zum Winterfahrplan 1971 mit zweistündlichen Systembindungen in den Hauptbahnhöfen Dortmund, Köln, Hannover, Würzburg und Mannheim. Unter dem Slogan „Deutschland im Zwei-Stundentakt" war erstmals ein vollvernetztes Zugsystem realisiert worden.

‚Systemsicherheit' konnte nur durch eine zentralisierte Disposition gewährleistet werden. Das war die Geburtsstunde der sogenannten „Betriebsüberwachung für den IC-Verkehr (IC-Bü)" am Sitz der ehemaligen „Zentralen Transportleitung" in Mainz und gleichzeitig die Geburtsstunde des Prinzips der aus diesen Anfängen weiterentwickelten „Netzdisposition".

Auch bei der ehemaligen Deutschen Reichsbahn in der DDR hatte die Flexibilität in der operativen Betriebsführung eine besondere Bedeutung, die jedoch gänzlich andere Grundlagen und Aufgaben als bei der DB hatte.

Hier galt es vor allem die Masse (quantitativer Aspekt oftmals vor qualitativem Aspekt!) der zu transportierenden Güter, die durch die Planwirtschaft restriktiv auf der Schiene zu befördern waren, unter allen operativen Bedingungen, möglichst zeitgerecht zu fahren. Der dispositive Eingriff, beispielsweise zu Vorrangstellungen einzelner Züge zur Abwendung von Produktionsengpässen, war an der Tagesordnung. Beispielsweise war der überwiegende Teil der Energieversorgung auf Braunkohlebasis auf Transporte über das Schienennetz angewiesen. Dies erforderte eine konzentrierte logistische Steuerung dieser Transporte, einschließlich der Leerwagenbewegungen.

3.1.3.2 Streckendisposition

Auf Strecken mit starkem Zugbetrieb können – wie zuvor erwähnt – die Aufgaben der Streckendisposition einer bei Betriebsleitstellen angesiedelten „Zugüberwachung" übertragen sein. Der Disponent einer klassischen Zugüberwachung erhielt nach festgelegten Meldeplänen von den seinem Dispositionsbezirk zugeordneten Fahrdienstleitern unmittelbar nach Ankunft, Abfahrt oder Durchfahrt fernmündliche zeit- und ortsbezogene Standortmeldungen (sog. Zuglaufmeldungen) über jeden Zug, der sich im Dispositionsbezirk befindet. Diese Meldungen trug er in ein dem Bildfahrplan ähnliches Arbeitsblatt ein. Indem er die Meldepunkte einer Zugfahrt zeichnerisch miteinander verband, erhielt er ein Zeit-Weg-Diagramm. Weil die fahrplanmäßige Lage der Züge in das Arbeitsblatt eingedruckt war, konnte der Disponent aus dem Vergleich Soll gegen Ist Planabweichungen in Form von Verspätungen oder Verfrühungen erkennen. Aus dem so visualisierten Fahrtverlauf der Züge erkannte er mögliche Zugfolgekonflikte, z.B. ein langsamer Zug droht einen schneller fahrenden Zug zu behindern, denen er dann mit geeigneten Zugfolgeregelungen begegnen konnte.

3.1.3.3 Netzdisposition

Strecken- und Knotendispositionen im Zugbetrieb wirken nur in räumlich begrenzten Bereichen. Das ist hinreichend, solange Auswirkungen dieser Dispositionen nicht „in das Netz" hineingetragen werden. Zahlreiche Planabweichungen sowie betriebliche oder technische Unregelmäßigkeiten können auch an entfernten Orten Probleme auslösen; sie sind „netzwirksam". Ihnen muss mit Maßnahmen der Netzdisposition begegnet werden.

Fahrplantechnische Netzbindungen in Verbindung mit einer umfassenden Vertaktung kennzeichnen heute praktisch alle Zugsysteme des Schienenpersonenverkehrs. Aber auch im Schienengüterverkehr nehmen systemrelevante Bindungen zu. Hier müssen vor allem zeitliche Bindungen im Kundenbereich berücksichtigt werden.

Das bedeutet: Netzdispositionen sind von grundlegender Bedeutung für die „Durchführungsqualität" im Zugbetrieb. Sie sind die Grundlage zur Sicherstellung
- der fahrplanmäßigen Abwicklung/Durchführung von Produkt- bzw. Zugsystemen und zur Gewährleistung geplanter Netzbindungen und Anschlusssystematiken,
- der Aufrechterhaltung der Netzwirkung komplexer Bedienungssysteme bei gestörten Betriebsabläufen oder in Fällen „hereingetragener", systemunverträglicher Verspätungen/Planabweichungen.

Die Netzdisposition der Betriebsleitstellen schließt auch eine permanente Beobachtung des Betriebsgeschehens auf mögliche Kapazitätseinschränkungen des Fahrweges bzw. auf mögliche Überlastungen im Netz ein.

Die Netzdisposition wird unmittelbar in für dauernd oder befristet zugewiesenen geografischen oder Produktbereichen durchgeführt. Unabhängig davon erstreckt sich die Netzdisposition auch auf die Prüfung bzw. auf die Zustimmung zu aus Kundensicht notwendigen Einflussnahmen durch Leitstellen der Eisenbahnverkehrsunternehmen.

3.1.4 Die Netzdisposition und Koordination in der Hand der Netzleitzentrale (NLZ)

Betriebszentralen (BZ) steuern – nach Einrichtung der Leitstellen in den Gebäuden der Niederlassungen Netz sind es sieben BZ – den Betriebsablauf innerhalb ihres Dispositionsbereiches grundsätzlich selbständig. Vertaktung und Vernetzung der Zugsysteme verlangen jedoch eine BZ-übergreifende Koordination sowohl bestimmter produktbezogener Dispositionen als auch überregional wirksamer Maßnahmen zur Steuerung der Betriebsabwicklung im Gesamtnetz sowie mit anderen, auch ausländischen Bahnen. Dieser Aufgabenbereich ist Schwerpunkt der Netzleitzentrale (NLZ) mit Sitz in Frankfurt am Main.

Die NLZ ist organisatorisch dem Betrieb des Fern- und Ballungsnetzes (FuB) der Zentrale der DB Netz AG zugeordnet. Sie unterhält auf ihrer Ebene enge Arbeitsbeziehungen zu den ebenfalls zentral angesiedelten Leitstellen der Eisenbahnverkehrsunternehmen der DB AG.

Die inzwischen fortgeschrittene DV-technische Ausstattung mit Leitsystemen der Betriebsführung ermöglicht es ihr, prozessnahe Informationen über die Zugbewegungen auf dem überwiegenden Teil der Hauptmagistralen des gesamten Netzes verfügbar zu haben und entsprechend zu verarbeiten.

Die wesentlichen Aufgaben der Netzleitzentrale (NLZ) sind:
- Koordinieren dispositiver und operativer Maßnahmen bei Ereignissen mit netz- oder teilnetzübergreifenden Auswirkungen sowie mit Auswirkungen auf den internationalen Zugbetrieb.
- Anordnen und Koordinieren zulauf- und leistungsfähigkeitsbezogener Maßnahmen bei erheblichen Kapazitätseinschränkungen im Netz.
- Disponieren und Koordinieren von Zügen des vertakteten Personenfernverkehrs und von „Qualitätsgüterzügen" in Abstimmung mit den zuständigen Leitstellen.
- Aufnehmen von periodischen Meldungen und von Sofortmeldungen zur Betriebsdurchführung sowie über außergewöhnliche bzw. gefährliche Ereignisse im Bahnbetrieb.
- Informieren und Unterrichten des Managements, des Vorstands der DB Netz AG und der Konzernleitung nach festgelegten Meldekriterien.
- Zusammenstellen und Herausgeben von strukturierten Berichten zur Betriebsabwicklung über definierte Zeitabschnitte.

Vgl. Abbildung 3.2.

Abbildung 3.2: Aufgaben der Netzleitzentrale.

3.2 Organisation und Aufbau der Betriebszentralen

3.2.1 Automatisierung und Konzentration der Betriebsprozesse

Betriebszentralen werden bei vielen Bahnen schon seit Jahrzehnten betrieben. Der Kerngedanke, den Betrieb so weit wie möglich effektiv zu konzentrieren, stand dabei schon immer im Mittelpunkt. Beispielsweise betrieben die schwedischen Bahnen schon seit den fünfziger Jahren Betriebszentralen, wenn auch zunächst noch auf der Basis von Relaistechnik. Heute betreiben sie ebenfalls sieben elektronisch gesteuerte BZ.

In Folge des sehr dichten Netzes in Deutschland, verbunden auch mit zahlreichen spezifischen örtlichen Aufgaben, ist man hier schrittweise, zunächst über große Fernsteuerbereiche vorgegangen, bis mit fortschreitender Technik, insbesondere auf elektronischer Basis, auch eine weitergehende Konzentration möglich war. Der grundsätzliche Beschluss des Vorstandes der DB AG, zukünftig aus sieben Betriebszentralen im Wesentlichen den Betrieb im Fern- und Ballungsnetz zu disponieren und zu steuern, wurde im November 1995 – nach mehreren Variantenuntersuchungen – gefasst.

Der Grundgedanke der Betriebszentrale bei der DB Netz AG ist die **Zusammenführung von „Netzbetrieb und Fahrwegtechnik"** und damit die für eine durchgehende Prozesssteuerung notwendige betriebliche Steuerung des Zug- und Rangierbetriebes sowie die Sicherung der dazugehörigen fahrwegtechnischen Funktionen „aus einer Hand" (operativer Bereich).

Das schließt aber auch den oben behandelten **strecken- und netzdispositiven Bereich** ein und geht noch wesentlich weiter: Der betrieblichen Netzdisposition soll die – weitgehend DV-unterstützt arbeitende – „Technische Fahrwegüberwachung (TFÜ)" zur Seite gestellt werden. Sie ermöglicht ein permanentes, stets aktuelles Prozessabbild der so überwachten fahrwegtechnischen Einrichtungen. Das wird jedoch erst in weiteren Aufbauphasen der BZ, den sog. „Ergänzungsstufen", realisiert.

Aus diesen einleitenden Bemerkungen ist bereits zu erkennen, dass die Betriebszentralen nicht mit „einem Schlag" – netzweit – mit allen Funktionalitäten wirksam werden können, sondern dass dies nur schrittweise erfolgen kann.

In der **derzeitigen Grundstufe sind** die strecken-, knoten- und netzdispositiven Komponenten in den sieben BZ konzentriert. In den Räumen der BZ-Gebäude sind auch die operativen Leitwarten der Transporteure der DB AG untergebracht.

Die Grundstufe bereitet die **weiteren Stufen mit dem steuernden Durchgriff**, d.h. der Verschmelzung von fahrdienstlicher Steuerung und Streckendisposition, sowie weiter **folgend auch der fahrwegtechnischen Komponenten** vor.

Somit ergeben sich schrittweise die entscheidenden Synergieeffekte durch Zusammenführen von Funktionen:

- die Durchführung der Netzdisposition sowie der betrieblichen Koordinierung bei fahrwegtechnischen Problemen in Zusammenarbeit mit der Dispostelle für Arbeitsvorbereitung Instandhaltung (AVI) und bei Betriebsführungskonflikten mit Transportleitenden Stellen der Eisenbahnverkehrsunternehmen des Konzerns DB AG,
- die Durchführung des Betriebes (Fahrdienst) aus der Betriebszentrale einschließlich Durchführung der Strecken- und Knotendisposition bei Sicherstellung der Verfügbarkeit der zugewiesenen technischen Anlagen in der Betriebszentrale.

Mit dieser BZ-Konzeption können aus betrieblicher Sicht erreicht werden:

- die Konzentration von Betriebssteuerung und Disposition zur effektiveren Abwicklung des Betriebes,
- die Zusammenführung von Fahrweg-Betrieb und Fahrweg-Technik,
- die Erhöhung der Verfügbarkeit der Anlagen bei gleichzeitiger Verminderung der betrieblichen Auswirkungen von gestörten Fahrwegelementen durch den Einsatz moderner Sicherungstechnik,
- die Erhöhung der Betriebsqualität (Pünktlichkeit, Zuverlässigkeit),
- die zeitnahe Bereitstellung umfassender Informationen zum Zuglauf für den eigenen Bereich, für andere Konzernunternehmen und Geschäftsfelder sowie Eisenbahnverkehrsunternehmen (EVU),
- wirtschaftlicherer Personaleinsatz im Stellwerksdienst und in anderen Bereichen
- sowie insgesamt eine deutliche Senkung der Kosten für die Betriebsführung, Abbildung 3.3a und b.

Abbildung 3.3a: Kern des BZ-Konzeptes.

Betriebszentralen – Kern des BZ-Konzeptes

Stufenweise Konzentration und Automatisierung von Betriebssteuerung, Disposition und technischer Fahrwegüberwachung zur effektiven Abwicklung des Betriebes

⇨ **Zusammenfassung der Bedienung (des Betriebspersonals) für große Steuerbezirke (özF) und Lenk- bzw. Dispositionsbereiche sowie der Netzdisposition (einschließlich räumlicher Nähe der Transportleitungen/ Kundeninformation DB Station und Service) unter Einsatz moderner Leit- und Sicherungstechnik**

⇨ **Zusammenführung von Fahrweg Betrieb und Fahrweg Technik**

⇨ **Erhöhung der Betriebsqualität (Pünktlichkeit, Zuverlässigkeit)**

⇨ **Zeitnahe Bereitstellung umfassender Informationen zum Zuglauf für die Kunden und DB Netz selbst**

 Ziel: deutliche Verringerung der Betriebsführungskosten + Qualitätserhöhung

---

Betriebszentralen – das betriebliche Leistungszentrum

Die Betriebszentrale ist das DB Netz-Leistungszentrum der Niederlassung, aus dem der Betrieb auf dem ihr zugeordneten Streckennetz

   1 koordiniert   **(Konzentration des ad-hoc-Geschäftes – auch mit Transportleitungen, anderen Bahnen, Dritten)**

   2 disponiert   **(Züge, Strecken, Knoten)**

   3 gesteuert   **(Konzentration der fahrdienstlichen Steuerung)**

   4 überwacht   **(fahrwegtechnische Komponenten)**

wird.

   5   **Die Planung/Realisierung der** DV- und Fachdienstbetriebsführung und der Instandhaltung **erfolgt unmittelbar im Haus BZ.**

Abbildung 3.3b: Kern des BZ-Konzeptes.

3.2.2 Organisation der Betriebszentrale

Mit der Inbetriebnahme der Grundstufe der Betriebszentralen machte sich auch organisatorisch eine Weiterentwicklung der Betriebsführung der DB Netz AG erforderlich.

Im Organisationskonzept „PROZENO" (01.01.1997) waren hierfür 4 Schritte konzipiert.

Nunmehr waren die Schritte 3 und 4 konkret auszuformen und anwendergerecht in Betrieb zu nehmen. Dies wurde in einem speziellen Projekt „OrgBZ99" vorgenommen.

Nach dem Pilotbetrieb der Betriebszentralen Frankfurt am Main und Berlin wurde am 01.09.1999 die Organisationsanweisung
„NL Netz – OE Betriebszentrale NNB 5 /Regionale Betriebsleitung NNB 5 R – Realisierungsschritt 3: Schrittweise Inbetriebnahme der Betriebszentralen ab 1999"
in Kraft gesetzt.

Damit wurde die Komplexität der Betriebszentrale mit ihren oben beschriebenen Grundaufgaben organisatorisch bundesweit untersetzt.

Um den Anwendern/Bedienern/Nutzern der Betriebszentralen ein ständiges aktuelles „Handwerkszeug" in die Hand zu geben, wurde das Handbuch 420.01 – Betriebszentralen DB Netz AG – zum 01.01.2000 [1] für die Mitarbeiter fachlich und organisatorisch zur Arbeitsgrundlage.

Eine Übersicht der Funktionen im „Haus BZ" enthält Abbildung 3.4.

Abbildung 3.4: Haus BZ.

3.2.3 Aufbau und Aufgaben der Betriebszentrale

Die Organisationseinheit (OE) Betriebszentrale gliedert sich in vier Arbeitsgebiete (Ag), die fachlich von je einem Leiter geführt werden:

- Betriebsplanung/Analyse BZ   (Leiter Betriebsplanung/Analyse BZ)
- Netzdisposition   (Leiter Netzdisposition)
- Fahrdienst BZ   (Bezirksleiter Betrieb BZ)
- Leit- und Sicherungstechnik BZ   (Bezirksleiter Leit- und Sicherungstechnik (LST) BZ)

Abbildung 3.5 zeigt den organisatorischen Aufbau der OE Betriebszentrale.

Mit Inkrafttreten der oben beschriebenen Organisationsanweisung ab 01.09.1999 übernahm die Betriebszentrale folgende Aufgaben zusätzlich:

- Durchführen des Betriebes (Zug- und Rangierbetrieb aus der BZ) und
- Sicherstellen der Anlagenverfügbarkeit für die zugewiesenen Anlagen der Leit- und Sicherungstechnik der BZ („Haus BZ").

Betriebszentralen – Organisation

Innere Arbeitsorganisation der OE Betriebszentrale

Arbeitsgebiete:

Betriebsplanung/ Analyse (PA)	Netzdisposition (ND)	Fahrdienst BZ (FD)	Leit- und Sicherungstechnik BZ (LS)
Aufbau/Inbetriebnahme BZ-Stufen Arbeitsvorbereitung Netzdisposition/ Durchführung Prozessservice BZ Betrieb und Analyse ——— Ag-Leiter Betriebsplanung/Analyse ——— Bearbeiter	Disposition/Koordination der Betriebsprozesse im Netz der NL ——— Ag- Leiter Netzdisposition ——— · Netzkoordinator · Notfallleitstelle · Infoleitstelle · Bereichsdisponenten · Betriebsprozessdatenmanager · (Zugdisponenten)	Durchführung (Fahrdienst aus BZ) ——— Bezirksleiter Betrieb BZ (Bezirksleiter Betrieb 2,3...) · Fahrdienstleiter · Zuglenker · Assistenten im Steuerbezirk	LST/BZ- Anlagenverfügbarkeit ——— Bezirksleiter LST BZ ——— (Bezirksleiter LST) Instandhalter

Abbildung 3.5: Der organisatorische Aufbau der BZ.

3.2.3.1 Arbeitsgebiet Betriebsplanung/Analyse BZ

Das Arbeitsgebiet (Ag) Betriebsplanung/Analyse nimmt alle BZ-netzspezifischen Vor- und Nachbereitungsarbeiten zur Gewährleistung einer sicheren, pünktlichen und wirtschaftlichen Betriebsführung und Betriebsdurchführung wahr. Das sind im Wesentlichen

- die betrieblich-koordinierenden Maßnahmen zum Aufbau und zu den einzelnen Inbetriebnahmestufen der BZ,
- BZ-betriebliche, spezifische Planungsaufgaben, z.b.
  - Arbeitsorganisation in den Ag,
  - Räumlich-technisch organisatorische Grundlagen der durch die BZ wahrzunehmenden Arbeitsbeziehungen zu den BZ-Projekten Leit- und Steuersysteme, DB Netz-Zentrale, anderen BZ, Eisenbahnverkehrsunternehmen sowie Eisenbahninfrastrukturunternehmen,
  - Erarbeiten regionaler Besonderheiten als „örtliche Zusätze" zum geltenden Regelwerk der Modulfamilie 420 „Betriebszentralen DB Netz AG",
  - Sicherstellen einer stets aktuellen Stammdatenhaltung (z.B. Infrastrukturdaten),
  - Sicherstellen aktueller Fahrplan- und Lenkplandaten,
- den BZ-Prozess vorbereitende Arbeiten, z.B.
  - für Arbeitsunterlagen, Handlungs- und Bedienhilfen, Meldepläne,
  - durch Teilnahme an Fahrplanbesprechungen,
  - zur Arbeitsorganisation Störungsmanagement BZ und zu BZ-relevanten Havarie-Konzepten und Rückfallvarianten,
  - die örtliche BZ-Systembetriebsführung der Leit- und Steuersysteme,

- dem BZ-Prozess nachlaufende, analytische Arbeiten, z.B.
  - Analysieren und Dokumentieren der BZ-Betriebsprozesse,
  - Verfolgen von Unregelmäßigkeiten,
  - Aufbereiten und Pflegen der Betriebsprozessdaten,
  - Dokumentieren der Trassennutzung,
  - Fortschreiben von Verfahren zur Betriebsprozessanalyse, zur Managementberichterstattung, zum Melde- und Berichtswesen.

3.2.3.2 Arbeitsgebiet Netzdisposition

In den letzten Jahren setzte ein aus mehreren Entwicklungslinien ausgelöster, grundsätzlicher Wandel vor allem in der netzdispositiven Arbeit der Betriebsleitstellen ein. Es erscheint höchst informativ, zum Verständnis der Zusammenhänge auch auf diese Entwicklungen einzugehen.

So veränderten ausgeprägte organisatorische und technische Innovationen bei den deutschen Bahnen in den 90er Jahren die „Bahnlandschaft". Meilensteine waren die Gründung der DB AG zum 1.1.1994 sowie die den öffentlichen Bahnen durch EU-Recht auferlegte Pflicht, „Dritten" den Zugang zum Netz und damit die Nutzung des Fahrwegs der DB AG „diskriminierungsfrei" zu ermöglichen.

Parallel dazu begannen der konzentrierte Einsatz von elektronischer Stellwerkstechnik und die Entwicklung des BZ-Konzeptes, insbesondere nahm der Gedanke der Konzentration von Disposition und Steuerung aus einer Hand Gestalt an.

Diese Veränderungen bisher nicht bekannten Ausmaßes haben Betriebsleitstellen der DB Netz AG (die Betriebszentralen in den NL Netz und die Netzleitzentrale (NLZ) der DB Netz Zentrale) tiefgreifend beeinflusst:

- 1995/96 wurden die dispositiven Aufgaben mit direkter Kundenrelevanz sowohl im Personen- als auch im Güterverkehr einschließlich der bei Betriebsleitstellen bisher angesiedelten Aufgabenfelder der Fahrzeugdisposition auf die seinerzeit neu eingerichteten Transport leitenden Stellen der damaligen Geschäftsbereiche Fernverkehr und Nahverkehr sowie Ladungsverkehr verlagert. Damit begann eine völlige Neuorientierung im Rollenverständnis zwischen diesen und den Betriebsleitstellen. Der in dieser Zeit weiterentwickelte Begriff „Netzdisposition" charakterisiert das sich ändernde Aufgabenfeld für Betriebsleitstellen in zweierlei Hinsicht:
  „Netzdisposition" beschreibt zum einen die eindeutige Kompetenzzuweisung für dispositive Aufgaben im Fahrbetrieb der DB Netz AG und zum anderen das Einsteuern von netzbetrieblichen Sofortmaßnahmen in den Zugbetrieb nach Planabweichungen und während fahrweginfrastruktureller Verfügbarkeitseinschränkungen mit überörtlichen Auswirkungen. Hierbei muss jeder „nachteilige Eingriff" in den Zugbetrieb mit den Transport leitenden Stellen Prozess vorauseilend abgestimmt werden.

- Ebenfalls 1995/96 wurde mit Einführung der 1. Stufe der DV-Anwendung „Rechnerunterstützung in der Zentralen Betriebsleitung (R ZBL)" der Beginn einer erstmals DB AG-weiten DV-technischen Online-Erfassung von Zuglaufdaten zur Disposition und Steuerung des gesamten vertakteten Schienenpersonenfernverkehrs (SPFV) und ausgewählter Güterzugprodukte (Qualitätsgüterzüge) ausgelöst.

Aus diesen Anfängen entwickelte sich die DV-Familie „Leitsystem der Betriebsführung", die sich – im Zusammenhang mit dem Aufbau der Betriebszentralen – seit 1999 in ihrer arbeitsorganisatorischen und technischen Realisierung befindet.

- Im Mai 1999 wurden die ehemaligen Betriebsleitungen Berlin und Frankfurt am Main in die Betriebszentralen Ost (Berlin) und Mitte (Frankfurt am Main) unter Verlagerung der bislang bei den Betriebsleitungen angesiedelten Streckendispositionen (rechnerunterstützte Zugüberwachungen – RZü) in eine neue Arbeitsorganisation mit veränderten und erweiterten DV-Anwendungen und unter Ablösung der RZü überführt. Im Oktober und November 1999 folgten die Betriebsleitungen Hamburg und Hannover (= BZ Nord in Hannover), Essen und Köln (= BZ West in Duisburg), Karlsruhe, Saarbrücken und Stuttgart (= BZ Südwest in Karlsruhe) sowie Dresden, Erfurt und Halle (= BZ Südost in Leipzig). Im Juli 2001 wurde die BZ München unter Integration der ehemaligen Betriebsleitungen München und Nürnberg in Betrieb genommen. In Weiterführung der Entwicklung zur Ergänzungsstufe 1 und folgende werden auch die übrigen Komponenten der Leitsysteme voll in Betrieb gehen.

Ziel dieser Konzeption ist es, die Zuglaufdaten aller Züge permanent und online zu erfassen und sie sowohl dispositiv als auch informativ/dokumentativ verarbeiten zu lassen.

Datenmenge und Informationstiefe eröffnen danach völlig neue Perspektiven der Prozessabbildung. Betriebsleitstellen in den Betriebszentralen werden zu „Drehscheiben" für alle netzkoordinativ und netzdispositiv anfallenden Betriebsprozessdaten sowie für andere prozessnahe Informationen.

Die Neustrukturierung der „Betriebsleitstellen" – das Ag Netzdisposition der BZ:

Als zwangsläufige Folge der geschilderten Entwicklungen mussten die Aufgabenfelder von Betriebsleitstellen (BLST) neu strukturiert werden:

- BLST beobachten und steuern alle Betriebsprozessabläufe netzübergreifend mit dem Ziel, die vom Kunden eingekauften Leistungsprodukte „mit Systemgarantie" qualitätsgerecht zu produzieren (z.B. im vertakteten Schienen-Personenverkehr (SPV) oder die Bedienungssysteme des Schienengüterverkehr (SGV). Das Schwergewicht ihrer Aktivitäten liegt hierbei in der vorbeugenden Arbeit. Mit beteiligten Transport leitenden Stellen stehen sie Prozess vorauseilend und

-begleitend in ständigem Kontakt. BLST verhandeln unmittelbar prozessrelevante Steuerungswünsche der internen und externen Eisenbahnverkehrsunternehmen (EVU). Sie prüfen deren Wünsche auf Gesamtverträglichkeit im Netz und hinsichtlich möglicher Auswirkungen auf Züge anderer Kunden. Sie entscheiden über kurzfristig geforderte zusätzliche betriebliche Leistungen oder über prozessnahe Abweichungen von fahrplanmäßigen Leistungen. **In allem Handeln müssen Betriebsleitstellen Diskriminierungsfreiheit gegenüber ihren Kunden sicherstellen.**

Bei Auffassungsunterschieden zwischen problembeteiligten Kunden bzw. zwischen diesen und der DB Netz AG treffen Betriebsleitstellen im Rahmen ihrer Zuständigkeit den betrieblichen Letztentscheid.

- Bei umfangreichen Störungen im Betriebsablauf stellen Betriebsleitstellen fahrbetriebliche Randbedingungen fest und stimmen notwendige Maßnahmen mit den Transport leitenden Stellen der beteiligten Konzernunternehmen und EVU ab. Bei fahrwegtechnischen Störungen vereinbaren sie mit der jeweils zuständigen Dispostelle für Arbeitsvorbereitung Instandhaltung (AVI) gegebenenfalls Prioritäten für die Entstörung. Zur Weiterführung des Betriebes während dieser Zeit treffen sie betriebliche Entscheidungen.

- Betriebsleitstellen unterstützen die fahrwegtechnischen Instandhaltungsdienste aktiv bei der raschen Wiederherstellung der Verfügbarkeit gestörter Fahrwegeinrichtungen. Hierzu disponieren sie geeignete betriebliche Maßnahmen zum Beispiel zur Verlängerung von Sperrpausen oder zum schnellstmöglichen Heranführen von Hilfsstoffen in Sonderzügen, stimmen die Maßnahmen mit den Beteiligten ab und veranlassen sie.

- Betriebsleitstellen haben Zugriff auf alle netzrelevanten Betriebsprozessdaten und Informationen. Datenumfang, Datentiefe und Datenaktualität vermitteln den Disponenten anderer Stellen nicht zugängliche Gesamtkenntnisse über alle aktuellen Prozesszustände, Abweichungen, Einsteuerungen und Zugfahrtprognosen.

Auf dieser Grundlage informieren sie eigeninitiativ – fall- oder problemorientiert und kommunikationstechnisch unterstützt – am Prozessgeschehen direkt beteiligte oder interessierte Stellen. Ihre Informationskenntnisse setzen sie kundenwirksam und serviceorientiert ein.

Zur Erledigung der die Betriebsprozesse unmittelbar begleitenden dispositiven und informationsverarbeitenden Aufgaben der Betriebsleitstellen sind ihnen folgende Funktionen zugeordnet:

- der **Netzkoordinator** mit folgenden Aufgaben:
  - Koordination der Disposition und Steuerung des Betriebsablaufs im gesamten BLST-Bezirk,

- Vertreten der Betriebsführung gegenüber den internen und externen Eisenbahnverkehrsunternehmen in allen Angelegenheiten der kurzfristigen Einflussnahme auf den laufenden Betriebsprozess.
- Treffen der sogenannten „Betrieblichen Letztentscheidung" bei dispositiven Konflikten, wenn unter den Beteiligten keine gemeinsam getragene Entscheidung herbeigeführt werden konnte; dies gilt auch für dispositive Entscheidungen über den Einsatz von Produktionsmitteln der Eisenbahnverkehrsunternehmen, dies jedoch nur zur unmittelbaren Weiterführung des Betriebes im Zusammenhang mit der Folge von Störungen im Betriebsablauf.
- Einleiten bzw. Veranlassen von betrieblichen Ersatzverfahren bei größeren Störungen im Betriebsablauf.
- Wahrnehmen bestimmter Personalentscheidungen im Schichtbetrieb der Betriebsleitstellen außerhalb der üblichen Bürozeiten.

- die **Informationsleitstelle** mit folgenden Aufgaben:
  - Wahrnehmen der Aufgaben einer Anlaufstelle für solche Informationen zum aktuellen Zugbetrieb, die über DV-gestützte Informationssysteme nicht oder nicht vollständig erfasst werden können.
  - Prüfen solcher „Informationseingänge" auf Vollständigkeit, Aktualität und Plausibilität.
  - Sicherstellen der Einbindung wichtiger Empfangsstellen für solche Informationen; Sicherstellen auch der Übermittlung an „Dritte" oder an andere definierte Stellen.
  - Erteilen von Auskünften in wichtigen, definierten Fällen, z.B. an die Leitung der Niederlassung Netz, an die Zentrale der DB Netz AG, an die Presse/Öffentlichkeit oder an Dritte.
  - Dokumentieren wichtiger Informationen.

- der **Bereichsdisponent Netzdisposition** mit folgenden Aufgaben:
  - Durchführen der produkt-, zug- oder gebietsbezogenen Netzdisposition; er steuert den Netzbetrieb entsprechend den tagesaktuell geltenden Betriebsprogrammen fachkompetent und entscheidungsbefugt.
  - Sicherstellen der Weiterführung des Betriebes bei Störungen im Betriebsablauf.
  - Unterstützen der fahrwegtechnischen Entstörungsdienste bei der Wiederherstellung der Verfügbarkeit gestörter Fahrweganlagen.

- der **Betriebsprozessdatenmanager** mit folgenden Aufgaben:
  - DV-technisch unterstütztes Überprüfen der Funktionstüchtigkeit der Systeme zur Erfassung/Dokumentation von Betriebsprozessdaten.
  - Annehmen, Verarbeiten, Weiterleiten von Störmeldungen zu Komponenten der Leitsysteme der Betriebsführung; Überwachen der Störungsbeseitigung.
  - Anstoßen von betrieblichen und/oder datentechnischen Ersatzmaßnahmen beim Netzkoordinator nach Eintritt von Funktionsstörungen oder Verfügbarkeitseinschränkungen bei Leitsystemen der Betriebsführung.

- Erfassen, Vorbearbeiten und Dokumentieren von systemtechnisch nicht erfassbaren Daten zum Berichtswesen und zur Zuverlässigkeitskontrolle.
- Ergänzende Arbeiten zur Fahrplan-/Lenkplanvorbereitung.

Infolge der fortschreitenden Konzentration fahrdienstlicher und bestimmter örtlicher Aufgaben in Elektronischen Stellwerken (ESTW) bzw. in den BZ mit der Folge eines weitgehenden personellen Rückzuges des Betriebspersonals aus der Fläche wurden wesentliche Elemente des Notfallmanagements in die neu in den BZ eingerichteten Notfallleitstellen verlagert. Damit wurde ein weiterer, mit umfassenden Handlungs- und Informationsvollmachten ausgestatteter Aufgabenbereich in die Betriebszentralen integriert.

Betriebszentralen werden zu kompetenten netzdispositiven und Netz koordinierend steuernden Betriebsleitstellen der DB Netz AG. Die Arbeitsgebiete Fahrdienst BZ – für die Betriebsdurchführung und für so genannte Teilnetzdispositionen in zugewiesenen Steuerbezirken – und Netzdisposition ergänzen sich und stellen eine von der Betriebsdurchführung bis zur netzbezogenen Steuerungsebene durchgängige Einheit dar.

3.2.3.3 Arbeitsgebiet Fahrdienst BZ

Zur Durchführung des Betriebes (Zug- und Rangierbetrieb) aus der BZ werden für die Örtlichkeit der BZ (d.h. für die Summe aller Steuerbezirke oder anders ausgedrückt für die aus der BZ bedienten Fahrdienstleiterbereiche) „Bezirke Betrieb" eingerichtet. Die Bezirke werden durch „Bezirksleiter Betrieb BZ" geführt. Ein Bezirksleiter Betrieb BZ ist gleichzeitig Leiter des Ag Fahrdienst BZ.

Das Ag Fahrdienst BZ erledigt folgende wesentliche Aufgaben:
- Durchführen des Zug- und Rangierbetriebes (der Stellwerksbedienhandlungen zur Abwicklung von Zug- und Rangierfahrten) in den aus der BZ bedienten Stellwerken im Regel- und im Störungsfall.
- Durchführen der örtlichen Einweisung der Bediener und Abnehmen der örtlichen Prüfung.
- Überwachen der Mitarbeiter und Wahrnehmen der allgemeinen Überwachungsaufgaben nach KoRil 408, Ril 481 und anderen Bestimmungen.
- Beraten und Betreuen der örtlich zuständigen Fahrdienstleiter in fachlichen Fragen sowie vor und während schwieriger Betriebssituationen wie Bauarbeiten und Sonderverkehren, Trainieren der Mitarbeiter an Schulungsanlagen.

3.2.3.4 Arbeitsgebiet Leit- und Sicherungstechnik BZ

Die Stell- und Sicherungseinrichtungen (z.B. Weichen, Gleisschaltmittel, Signale, zugehörige rechentechnische Einrichtungen) für die aus der BZ gesteuerten Betriebsstellen werden aus der BZ heraus bedient. Fachlich korrekt heißt das: Die Bedienoberfläche (BO) für diese Einrichtungen befindet sich in der BZ. „Draußen" vor Ort gibt es für den Regelfall keine Bedienmöglichkeiten mehr.

Für die der BZ zur Erfüllung dieser Aufgabe zugewiesenen Anlagen der Leit- und Sicherungstechnik (LST) im Gebäude der Betriebszentralen („Haus BZ") muss deren Verfügbarkeit direkt – also aus der BZ selbst – sichergestellt werden. Dafür sind Bezirke Leit- und Sicherungstechnik BZ eingerichtet. Der Bezirksleiter Leit- und Sicherungstechnik BZ führt zugleich das Ag LST BZ.

Das Ag Leit- und Sicherungstechnik BZ
- führt die Instandhaltung der zugewiesenen Leit- und Sicherungstechnik im „Haus BZ" durch oder veranlasst sie,
- nimmt die Anlagenverantwortung für die ihm zugewiesenen Anlagen
  - Telekommunikationseinrichtungen,
  - Leit- und Steuersysteme im „Haus BZ",
  - für externe Systeme,
  entsprechend den definierten Schnittstellen wahr,
- übt die fachliche Leitung nach dem geltenden Regelwerk aus,
- führt die örtlichen Einweisungen und Prüfungen des Betriebspersonals der BZ zusammen mit den Bezirksleitern Betrieb BZ durch,
- führt die fachlichen Prüfungen des Instandhaltungspersonals der BZ zusammen mit den Bezirksleitern Betrieb durch und
- vertritt alle fachbezogenen Belange gegenüber dem Eisenbahnbundesamt (EBA).

Diese Aufzählung umfasst nur die zum Gesamtverständnis erforderlichen wichtigen Hauptfunktionen.

Die Systemkonfiguration der BZ gewährleistet über technische Schnittstellen folgende wesentliche Verknüpfungen:
- Schnittstellenkonzeption zwischen Betriebszentrale Ag LST und Dispostelle für Arbeitsvorbereitung Instandhaltung (AVI),
- datentechnische Einbindung der Telekommunikationseinrichtungen,
- datentechnische Einbindung der externen Systeme, z.B. „Datenverarbeitung im Trassenmanagement (DaViT)", „Elektronischer Buchfahrplan und La (EBuLa)" und BKU.

Der OE Betriebszentrale ist organisatorisch die Bestimmungsfunktion für bestimmte technische Hausanlagen (Energie, Klima, Zugangskontrolle) der NL-Gebäude zugewiesen worden.

3.2.4   Funktionsstruktur und Arbeitsweise der BZ

In diesem Zusammenhang muss auf eine Besonderheit zum Begriff Betriebszentrale hingewiesen werden. Er wird doppelt belegt verwendet:
- als *Organisationsbegriff* für die OE Betriebszentrale,
- als *Funktionsbegriff* für alle aus der BZ wahrgenommenen Aufgaben, deren Kern die unmittelbare Bedienung der dezentral angesiedelten Steuerungs- und Sicherungsfunktionen aus der Betriebszentrale heraus bildet.

In Abbildung 3.6 sind die im Haus BZ angesiedelten Funktionalitäten gut zu erkennen.

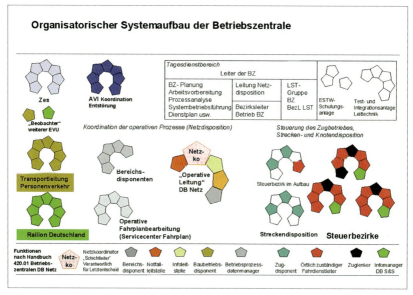

Abbildung 3.6: Systemzusammenhänge/Arbeit von Teams in der BZ.

Die nachfolgenden Ausführungen behandeln die Betriebszentrale ausschließlich als Funktionsbegriff.

Ein wesentlicher Gesichtspunkt für die Verbesserung der Effizienz in der Betriebsdurchführung aus BZ ist die Teambildung im Steuerbezirk, die aber auch erst mit der Wirksamkeit der BZ-Funktionalitäten voll greifen kann.

Im Steuerbezirksteam arbeiten zusammen:

- Ein oder mehrere **örtlich zuständige Fahrdienstleiter** (özF) mit Zugriff auf die Stell- und Sicherungseinrichtungen vor Ort. Sie schaffen und gewährleisten die Voraussetzungen für den Betrieb der Zuglenkung mit Lenkplan und den steuernden Durchgriff aus den Leitsystemen der BZ für den

- **Zuglenker**. Er ist zuständig für die Disposition und Steuerung des Zugbetriebes ohne signaltechnische Sicherheitsverantwortung im Rahmen der Strecken- und Knotendisposition. Die Zuglenkung mit Lenkplan fordert automatisch für die Züge entsprechend den aus dem Fahrplan abgeleiteten Zuglenkdaten über die ihnen nach dem Fahrplan für Zugmeldestellen zugeordneten Fahrwege die richtigen Zugstraßen an. Dazu stößt die Zuglenkung die zeitgerechte Einstellung des geplanten Fahrweges bei der Sicherungstechnik (Stellwerksebene) an.

Bei aus dispositiven Gründen notwendigen Abweichungen vom geplanten Betriebsablauf greift der Zuglenker durch Änderung der entsprechenden Zuglenkdaten regelnd ein. Er plant kurzfristig z.b. andere Fahrwege für die Zugfahrten.

Die Sicherheitsverantwortung für die Fahrstraßeneinstellung und -sicherung liegt hierbei **ausschließlich** beim Fahrdienstleiter. Die stets wiederkehrenden Bedienhandlungen werden automatisch durch die Sicherungstechnik ausgeführt. Ist diese gestört oder muss der Fahrdienstleiter deswegen oder aus anderen Gründen fahrdienstliche Ersatzhandlungen vornehmen, dürfen Züge nicht auf die beschriebene Weise gelenkt werden.

■ **„Infomanager"** für die Reisendeninformation mittels weitgehend automatisierter Fahrgastinformationsanlagen und Lautsprechersysteme. Diese Mitarbeiter gehören zur DB Station&Service AG und sollen im Team für einen reibungslosen Informationsfluss von der Betriebsdurchführung bis zum Fahrgast sorgen.

Einen Überblick über die Aufgabenteilung zwischen dem Zuglenker und dem örtlich zuständigen Fahrdienstleiter vermitteln die Abbildungen 3.7a, b und 3.8.

Es besteht die Möglichkeit, die Zuständigkeitsbezirke benachbarter örtlicher Fahrdienstleiter innerhalb eines Steuerbezirkes variabel zu gestalten. Das bedeutet: Hat ein Fahrdienstleiter zum Beispiel nach Eintritt einer fahrwegtechnischen Störung durch zahlreiche sicherheitsrelevante betriebliche Ersatzhandlungen einen außergewöhnlich hohen Arbeitsanfall, kann er vorübergehend Teile seines ihm normalerweise zugeteilten Bereiches an einen benachbarten Fahrdienstleiter „abgeben", um sich bis zur Wiederherstellung des Regelzustandes zu entlasten.

Abbildung 3.7a: Aufgaben des özF in der E1.

Betriebszentralen – Ergänzungsstufe 1 (E 1)
Steuerung des Zugbetriebes aus der Betriebszentrale

Mit der Ergänzungsstufe 1 wird erstmals die Voraussetzung für den steuernden Durchgriff aus der Leittechnik der BZ realisiert, d.h. im Zuglauf erkannte Konflikte können durch dispositive Änderungen des Lenkplanes direkt über automatisierte Anstöße (Zuglenkung) an das ESTW gelöst werden.

 Die fahrdienstliche Verantwortung liegt beim Fahrdienstleiter in der Betriebszentrale (özF).

Betriebszentralen – Ergänzungsstufe 1
Steuerung des Zugbetriebes aus der Betriebszentrale

Der Fahrdienstleiter in der Betriebszentrale (özF)

• steuert definierte Bereiche, wobei die Steuerung mit seiner Zustimmung automatisiert erfolgen kann;

• ist jederzeit in der Lage Handlungen für einen sicheren und pünktlichen Zugbetrieb durchzuführen.

Abbildung 3.7b: Aufgaben des özF in der E1.

Abbildung 3.8: Aufgaben des Zuglenkers in der E1.

Betriebszentralen – Ergänzungsstufe 1
Steuerung des Zugbetriebes aus der Betriebszentrale

Der Zuglenker führt

• die Strecken- und Knotendisposition mit Konfliktlösungen im Zuglauf,

• die kurzfristige Planung (dispositive Änderung) des Fahrplans für Zugmeldestellen (FfZ) sowie die

• Änderung von Lenkplandaten als (kurzfristig) planender Mitarbeiter

durch.

Die Möglichkeit der variablen Bereichsgrenzen kann auch dienstplanmäßig genutzt werden, zum Beispiel zur Übernahme eines (oder von Teilen eines) benachbarten özF- oder Zuglenkerbereiches in Zeiten mit schwachem Zugbetrieb, Abbildungen 3.9 a und b.

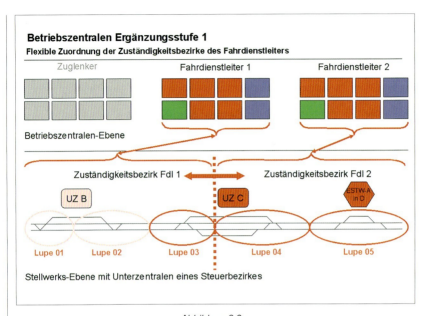

Abbildung 3.9a:
Möglichkeiten der variablen Zuordnung von Bereichen für özF.

Abbildung 3.9b:
Möglichkeiten der variablen Zuordnung von Bereichen für Zuglenker.

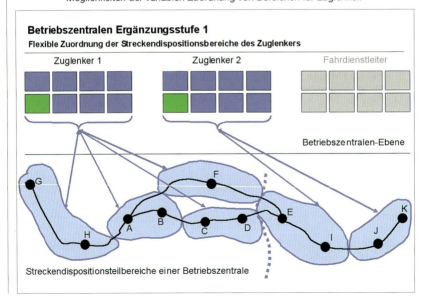

Betriebszentralen

Zu den zusätzlichen Funktionen in der BZ gehört zukünftig auch die Funktion der Technischen Fahrwegüberwachung.

Der topographische Zuschnitt der Streckendispositionsbereiche richtet sich sowohl nach verkehrsgeographischen als auch nach betrieblichen Gesichtspunkten. Einerseits sollen Steuerbezirke und Streckendispositionsbereiche so zugeschnitten sein, dass sie möglichst zusammenhängende Strecken und Knoten umfassen, andererseits jedoch muss das Arbeitsvolumen beherrschbar bleiben.

Betriebsstellen mit überwiegend örtlichen Aufgaben vor allem im Rangierbetrieb sollten von der Steuerung durch BZ ausgenommen werden. Hierzu gehören insbesondere Rangierbahnhöfe, Betriebsbahnhöfe oder Werksbahnhöfe von Kunden, in denen die DB Netz AG den Betrieb führt.

Nicht immer lassen sich Betriebsstellen jedoch so eindeutig einstufen. In manchen Fällen fallen örtliche Aufgaben schwerpunktmäßig nur in bestimmten Bahnhofsteilen oder nur zu bestimmten Tageszeiten an. Betriebsstellen mit derartigen Betriebsverhältnissen werden steuerungstechnisch in Teilbereiche untergliedert, auf die die BZ unterschiedlich einwirkt. Hier reicht die Palette von Fahrwegelementen, die ausschließlich von der BZ überwacht und gesteuert werden, über Fahrwegelemente, die wahlweise entweder von der BZ oder vor Ort bedient werden, bis zu Fahrwegelementen, die ausschließlich ortsbezogen bedient werden.

Die Bedienung von Stellwerken aus der BZ kann technisch unabhängig von der Funktionsfähigkeit der Leitsysteme vorgenommen werden. Um die vollständige BZ-Wirksamkeit mit steuerndem Durchgriff aus den Leit- auf die Steuersysteme zu erreichen, müssen sowohl in der Stellwerksebene als auch in der Leittechnik die notwendigen Funktionen realisiert sein. Dabei wird der Anschluss an die Leitsysteme schrittweise für die einzelnen Stellwerksbereiche vorgenommen.

Werden Stellwerke aus der BZ bedient, so sind auch die entsprechenden Personale dem Ag Fahrdienst zugeordnet.

Zeitlich vorgezogen wird jedoch der Aufbau der DV-technischen Einrichtungen zur Streckendisposition „LeiDis-S/K". Hierbei handelt es sich um eine Weiterentwicklung der früheren „Rechnerunterstützten Zugüberwachung – RZü". Die Streckendisposition wird zum Kristallisationskern für die spätere Zuglenkerfunktion in der Betriebszentrale. Solange noch keine Kopplung zu vorhandenen Zuglenkungen eingerichtet ist, werden Streckendispositionen mit dem System LeiDis-S/K durch „Zugdisponenten" aus der BZ heraus wahrgenommen, die dann Fahrdienstleiter mit der operativen Umsetzung beauftragen.

Systemübersichten „ESTW und BZ-Infrastruktur"
Stellwerkstechnische Systemgrundlage einer BZ ist vor allem das Elektronische Stellwerk (ESTW). Die DB AG hat seit mehreren Jahren bereits zahlreiche mittlere und große ESTW-Einheiten in Betrieb genommen.

In näherer Zukunft sollen auch vorhandene Relaisstellwerke älterer Generationen mit Funktionalitäten hochgerüstet werden, die eine Bedienung aus der BZ – genauso wie für ESTW – ermöglichen.

Abbildung 3.10 erläutert den grundsätzlichen Systemaufbau Bedienung/Disposition unter den Verhältnissen *„vor der Inbetriebnahme der eigentlichen BZ-Funktionalitäten (Grundstufe)"*. Die Außenanlagen (Weichen, Signal- und andere Sicherungseinrichtungen) werden durch örtlich angesiedelte Stellwerkstechnik überwacht und gesteuert.

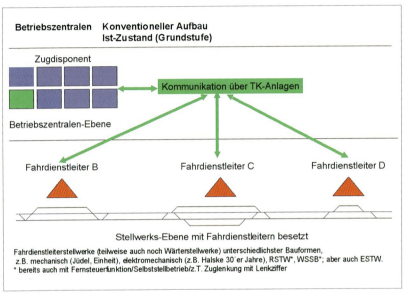

Abbildung 3.10: Konventioneller Systemaufbau der BZ.

Die Bedienoberflächen der Stellwerke, also die Arbeitsplätze für Fahrdienstleiter und „Instandhaltungsberechtigte (IB)", sind immer in den Stellwerksgebäuden untergebracht.

An Abbildung 3.11 wird der grundsätzliche Unterschied zwischen dem konventionellen Zusammenwirken von Dispositionssystemen und dezentral angeordneter Sicherungstechnik (Stellwerke) und dem Systemaufbau der Betriebszentralen deutlich. Die Bedienoberfläche des Fahrdienstleiters ist – nunmehr funktional auf den özF ausgerichtet – einem Bediensystem Steuerbezirk einer BZ zugeordnet. Der özF arbeitet dort an einem Arbeitsplatz, der nach den Grundsätzen des „Einheitlichen Bedienplatzsystems (BPS)" aufgebaut ist. Von diesem Arbeitsplatz überwacht und steuert der özF die örtlichen Weichen-, Signal- und anderen Sicherungseinrichtungen zentral aus der BZ heraus. Die Einrichtungen der Stellwerks-Zentrale und damit die „signaltechnisch sicheren" Funktionen der Stellwerksebene

– sowie der Arbeitsplatz des IB – verbleiben „am Ort"; sie werden zu „Unterzentra-len (UZ)" der BZ. Über Fernübertragungseinrichtungen stehen sie mit ihrer BZ in „signaltechnisch sicherer" Verbindung.

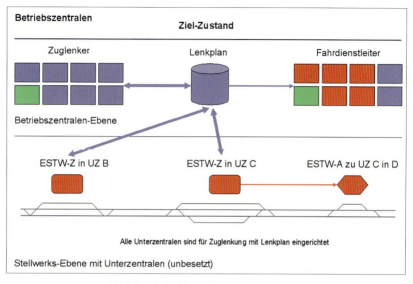

Abbildung 3.11: Neuer Systemaufbau der BZ.

Systemarchitektur „BZ mit Unterzentralen (UZ)", Sicherheitsarchitektur

Die funktionale Aufbaustruktur der BZ sieht vor,

- in der BZ zentral alle Bedienungsfunktionen im Steuerbezirk sowie die für Stre-cken- und Teilnetzdispositionen notwendigen Systeme der Leittechnik anzusie-deln; hierbei müssen übertragungstechnisch jedoch unterschiedliche Siche-rungsanforderungen berücksichtigt werden. Beispielhaft sei hier auf die nur für die Bedienungsfunktionen im Steuerbezirk zwingend geforderte signaltechni-sche Sicherheit hingewiesen,
- in der UZ modulare Stell-, Sicherungs- und Steuerungsfunktionen zu konzen-trieren. Ihr Kern ist vor allem das Stellwerk mit seinen signaltechnisch sicheren Funktionen, ergänzt um zusätzliche Systeme mit nicht signaltechnisch sicheren Steuerungsfunktionen. Die dezentrale Einheit UZ ist weitgehend autark und kann, zum Beispiel bei unterbrochener Verbindung zur BZ, den Betrieb auf unverändert hohem Sicherheitsniveau weiterführen (vgl. auch „Betriebliche und technische Rückfallsysteme").

Abbildung 3.12 zeigt – vereinfacht – auch die komplette Systemübersicht einer BZ mit Unterzentrale. Ergänzt werden muss, dass auch Stellwerke älterer Technik (z.B. Relaisstellwerke – RSTW) durch entsprechende technische Anpassungsmaßnah-men bedienungsmäßig in die BZ integriert werden können.

Abbildung 3.12: Künftiger Systemaufbau Leit- und Sicherungstechnik BZ.

Abbildung 3.13 zeigt, dass die voll ausgeprägten BZ-Funktionalitäten zur Ergänzungsstufe 1 nur aus der Integration der Bedienoberflächen neuer bzw. hochzurüstender (BZ-Fähigkeit!) Stellwerke in Steuerbezirke möglich sind.

Abbildung 3.13: Zusammenführung von ESTW.

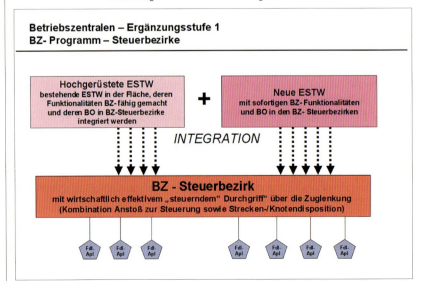

Betriebszentralen

Weil – wie eingangs erwähnt – ohne Fahrplan (auch) kein (automatisierter) Eisen-bahnbetrieb möglich ist, müssen vor allem jederzeit aktuelle Fahrplandaten an die betrieblichen Dispositions- und Steuersysteme automatisch übergeben werden. Aus Jahresfahrplandaten und unterjährigen Änderungen zum Jahresfahrplan werden sie mit dem LeiDa-F aufbereitet und durch LeiDa-S systemintern zur Verfügung gestellt. Ebenso müssen die benötigten Infrastrukturdaten auf aktuellem Stand gehalten und ebenfalls systemintern zur Anwendung gebracht werden.

Beim Dispositionsprozess entsteht auf der vorstehend beschriebenen Datenbasis durch die Tätigkeit des Zuglenkers ein möglichst weitgehend konfliktfreier Dispo-sitionsfahrplan, der wiederum als Grundlage der aktuellen Lenkpläne für die Zug-lenkung der angeschlossenen Unterzentralen dient.

3.2.5 Betriebliche und technische Rückfallsysteme

Die Konzentration auf nur noch wenige Betriebszentralen lässt die Anzahl der noch örtlich besetzten Stellwerke – und damit die örtliche Präsenz von Mitarbeitern, die im Notfall „am Ort des Geschehens" bestimmte fahrdienstliche Hilfshandlungen vornehmen könnten, sinken. Diese Entwicklung tritt jedoch nicht erst mit Aufbau der BZ ein. Große Zentralstellwerke mit ausgedehnten Fernsteuerbereichen gibt es schon seit den 70er Jahren (vgl. auch Abbildung 3.10). Hier besteht allerdings ein deutlicher Unterschied zu den künftigen Verhältnissen mit BZ: „Klassische" Fern-steuerbereiche verfügten – und verfügen – im Allgemeinen noch über – eben ferngesteuerte – Stellwerke mit eigenen Bedieneinrichtungen.

Diese im Regelfall nicht mehr besetzten Stellwerke konnten und können bei Bedarf innerhalb recht kurzer Zeit mit örtlichen Bedienern besetzt werden. Auch war es relativ leicht, betriebskundige Mitarbeiter zum Beispiel als Zugschlussmeldeposten oder als Befehlsausträger an die Strecke zu schicken. Diese Störungshelfer gibt es in der Welt der Betriebszentralen nicht mehr; sie müssen durch betriebliche und technische Rückfallsysteme ersetzt werden.

Neben entsprechenden infrastrukturellen und sicherungstechnischen Stellwerks- und Streckeneinrichtungen (unter anderem Überleitverbindungen zwischen den Streckengleisen oder zwischen den durchgehenden Hauptgleisen in den Bahn-hofsköpfen in Verbindung mit dem Betriebsverfahren „Fahren auf dem Gegengleis" (Fahrstraßen vollständig gesichert mit Signalbedienung), selbstkorrigierende Achs-zähleinrichtungen, das selbsttätige Unwirksamschalten gestörter (LZB-)Block-abschnitte oder der Einzelaufhängung von Oberleitungen) werden moderne und leistungsfähige DV-Systeme gestörte Stell- und Sicherungseinrichtungen selbst-tätig erkennen und diagnostizieren können. Funktionen der „Technischen Fahr-wegüberwachung" bilden zukünftig die Systemzustände aller einbezogenen Fahr-wegelemente permanent ab, lassen Sollabweichungen rechtzeitig erkennen und gestatten es dem Bediener, über Fernwirksysteme direkt in die gestörten Außen-einrichtungen einzugreifen. Selbstverständlich hat diese Methode ihre Grenze dort, wo Außenanlagen nur durch örtliche Maßnahmen am Objekt entstört werden können.

Auf eine grundlegende Änderung gegenüber bisherigen fahrdienstlichen Grundsätzen sei hingewiesen. Fällt die Verbindung zwischen der BZ (Bedienoberfläche mit özF) und einer Unterzentrale (UZ) aus, kann der Zugbetrieb durch die in der UZ vorhandene Zuglenkung eine bestimmte Zeit (30 Minuten) auch ohne stellwerkstechnischen Zugriff des Fahrdienstleiters signaltechnisch sicher weitergeführt werden, solange ein betriebliches oder sicherungstechnisches Ereignis (Störung) das automatische Einstellen von Fahrwegen und die Steuerung der Signalanlagen nicht unterbindet.

Weitere Konzepte sind erarbeitet und in der Realisierung, die auch umfangreiche und länger anhaltende Störungen beherrschen helfen. So wird – zur Beherrschung eines längeren Ausfalls der Verbindung zwischen einer BZ und einer oder mehrerer ihrer Unterzentralen – der Arbeitsplatz des Instandhaltungsberechtigten in der UZ technisch schon so ausgerüstet, dass der Instandhaltungsberechtigte an diesem „Notbedienplatz" fernmündliche Stellaufträge des örtlich zuständigen Fahrdienstleiters der BZ sozusagen als „Weichenwärter" ersatzweise aus der UZ heraus umsetzen kann. Die UZ ist außerdem technisch so vorbereitet, dass unter bestimmten Umständen auch fahrdienstliche Handlungen in eingeschränkter Form aus der UZ heraus möglich sind.

Weil alle Ersatzmaßnahmen selbstverständlich nicht den planmäßigen und pünktlichen Zugbetrieb sicherstellen können, werden unter der Annahme zu erwartender Störungsszenarien betriebliche Notprogramme aufgestellt und vorgehalten. Sie regeln beispielsweise das Zurückhalten, Umleiten oder das vorzeitige Enden und Wenden von Zügen und werden in Kraft gesetzt, wenn die Art der Störung die Leistungsfähigkeit von Strecken und Bahnhöfen für längere Zeit stark einschränkt. Hier befinden wir uns allerdings bereits im Grenzbereich zur Netzdisposition, die, wie zuvor beschrieben, zum Aufgabengebiet des Ag Netzdisposition gehört.

3.3 Zusammenarbeit mit den Leitstellen der Eisenbahnverkehrsunternehmen

3.3.1 Allgemeines

Störungen im Betriebsablauf verursachen im Allgemeinen Verspätungen und damit Planabweichungen. Die vom Kunden erwartete Zuverlässigkeit der Beförderungsleistung kann in solchen Fällen nicht mehr ohne weiteres gewährleistet werden.

Auch kurzfristige Schwankungen in der Verkehrsnachfrage können Änderungen oder Ausfälle geplanter Zugleistungen bzw. außerplanmäßige Sonderzugleistungen auslösen. Diese Ereignisse können sich nachteilig auf den Produktionsprozess und damit negativ bis in den Kundenbereich auswirken, wenn sie nicht konfliktmindernd ausgeregelt werden können.

Dispositionen zur Vermeidung bzw. zur Minimierung der negativen Auswirkungen von Planabweichungen aus solchen Situationen verfolgen durchaus – je nachdem, ob sie prozess- oder kundenrelevant konzipiert sind – unterschiedliche Teilziele:

- Die Betriebsführung der DB Netz AG strebt eine möglichst rasche Rückkehr zum Regelzustand insgesamt an. Um dieses Ziel zu erreichen, disponiert sie den Betriebsprozess im Rahmen der vorgegebenen Regeln „ganzheitlich". Das bedeutet, dass sie grundsätzlich einzelne Produkte weder bevorteilen noch benachteiligen soll. Im Einzelfall wird jedoch stets diese *oder* jene Vorrangregelung getroffen werden müssen.

- Die Eisenbahnverkehrsunternehmen (EVU) verlangen dagegen die möglichst rasche Rückkehr zum Regelzustand für die von ihnen jeweils betreuten Züge. Dies führt zu Zielkonflikten zwischen der Betriebsführung DB Netz und den EVU.

Innerhalb des DB-Konzerns vertreten Transportleitungen für den Personenverkehr (TP) und das Transportmanagement Railion (TMR) für den Güterverkehr die Interessen „ihrer" Kunden gegenüber den Betriebsleitstellen der DB Netz AG. Externe EVU tun dies in gleichem Maße.

Leitstellen der EVU haben in ihren Aufgabenbereichen Initiativ- und Entscheidungsrecht. Entsprechend den fallweise erforderlichen Einzelmaßnahmen bringen sie ihre Anforderungen und Entscheidungen über die BZ – Ag Netzdisposition – und auf zentraler Ebene über die Netzleitzentrale (NLZ) in den Betriebsprozess ein. BZ und NLZ prüfen ausschließlich auf Verträglichkeit mit dem laufenden Betriebsprozess. Bei Unverträglichkeit stimmen sie alternative Maßnahmen mit den Leitstellen der EVU ab. Können gemeinsam getragene Alternativen ausnahmsweise nicht gefunden werden, treffen die BZ (Ag Netzdisposition) bzw. die NLZ den sogenannten **Letztentscheid**.

Das kann im Grenzfall bis zur Ablehnung des Maßnahmenentscheids der Leitstellen gehen.

Gemeinsame Konfliktlösungsstrategie ist jedoch das ständige Bemühen und Suchen nach Lösungsvarianten, die sowohl kunden- als auch betriebsorientiert akzeptiert werden können. Von allen beteiligten Seiten werden hier Kompromisse verlangt.

Weil dabei ständig in laufende Betriebsprozesse eingegriffen werden muss, sind Abstimmungen zwischen den beteiligten Stellen rund um die Uhr notwendig. Zur Sicherstellung dieser Abstimmungsprozesse wurden sowohl bestimmte arbeitsorganisatorische als auch arbeitstechnische Maßnahmen realisiert.

- TP (DB Fernverkehr) und TMR haben *ihre territorialen* Zuständigkeiten an die Grenzen der Standorte der BZ in den Niederlassungen Netz angepasst.

- TP (DB Regio) müssen bei der Bildung ihrer Dispositionsbereiche die Forderungen der den Nahverkehr tragenden Länder bzw. Gesellschaften berücksichtigen. Das bedeutet, dass sie TP auch an anderen als den BZ-Standorten einrichten können.

- TP (im Hause der BZ) und TMR haben ihre *Disponentenarbeitsplätze in unmittelbarer räumlicher Nähe* zu den Arbeitsplätzen der Netzdisponenten in der BZ. In der Regel werden gemeinsame Räume mit optisch und akustisch abschirmendem Mobiliar genutzt (vgl. auch Abbildung 3.6).

- TP und TMR nutzen – nach Einrichtung der dafür erforderlichen technischen Systeme – *die Möglichkeit der DV-technischen Übernahme der für ihre Dispositionsarbeit notwendigen aktuellen Betriebsprozessdaten* von der DB Netz AG mit der Maßgabe ihrer nach eigenen Bedürfnissen gestalteten Weiterverarbeitung.

3.3.2 Transportleitungen des Personenverkehrs der DB AG

Wo Transportleitungen für den Fernverkehr und Nahverkehr durch annähernd territoriale Übereinstimmung am selben Standort eingerichtet sind, nutzen sie gemeinsame Räume und technische Einrichtungen. Die Mitarbeiter der TP arbeiten gleichermaßen in den Bereichen Fernverkehr und Nahverkehr.

An von den Ländern vorgegebenen Orten ohne Sitz einer BZ können besondere TP für den Nahverkehr eingerichtet sein. Weil sie keinen dispositiven Direktkontakt zu den Betriebsleitstellen der DB Netz AG haben, können sie einen Mitarbeiter als „Beobachter" in die örtlich zuständige BZ entsenden. Sie beobachten direkt das Betriebsgeschehen und stellen die Kommunikation zwischen „ihrer" TP Regio und der zuständigen Betriebszentrale sicher.

Der „Beobachter" hat seinen Aufgaben entsprechende Entscheidungskompetenzen. Dadurch werden – im Rahmen der gesetzten Randbedingungen – die notwendigen Entscheidungswege so wenig wie möglich verlängert.

Die wesentlichen Aufgaben der TP sind:
- die Vermittlung von Zuglaufinformationen an Reisende,
- die Betreuung von Reisenden bei gefährdeten Zuganschlüssen oder bei Anschlussversäumnissen,
- das Mitwirken bei Vormeldungen
  - von Anschlussreisenden aus verspäteten Zügen,
  - über die Besetzung von Zügen zur Vermeidung von Überbesetzungen,
  - von technischen Mängeln und Komforteinschränkungen an Reisezugwagen,

- das Disponieren bei Abweichungen von der Regelwartezeit,
- das Ergreifen von Maßnahmen bei Überbesetzungen zur Erhöhung des Platzangebots,
- das Mitwirken bei betrieblichen Maßnahmen zur Beherrschung von Abweichungen vom Fahrplan und
- das Ergreifen von Maßnahmen bei Abweichungen von der Regelzugbildung.

3.3.3 Transportmanagement Railion (TMR) des Güterverkehrs der DB AG

Wesentliche Aufgaben des TMR sind:
- die Vermittlung von aktuellen Informationen zwischen den Kunden der Railion Deutschland einerseits und der Betriebsführung andererseits über den Lauf der Züge und über transportbezogene Besonderheiten aus der Abwicklung unter anderem
  - des Triebfahrzeug- bzw. Triebfahrzeugpersonalwechsels,
  - des allgemeinen Wagenladungsverkehrs,
  - des kombinierten Verkehrs,
  - von Ganzzugtransporten,
  - von Logistikzügen und
  - von wichtigen Einzelsendungen
  im nationalen und internationalen Verkehr,
- die Entgegennahme von Sonderzuganmeldungen aus dem DB Cargo-Kundenbereich,
- die Trassenbestellung für kurzfristig durchzuführende Sonderzüge einschließlich Lz-Fahrten beim Vertrieb der DB Netz AG,
- die Bestellung/Bereitstellung entsprechender Traktionsleistungen,
- die Prüfung und ggf. Weitergabe von Anträgen auf die Berücksichtigung von abweichenden Fahrplandaten, z.B. bei fehlenden Bremshundertsteln, bei Abweichungen von der geplanten Zuglast oder -länge oder bei einzustellenden Fahrzeugen mit niedrigerer als der für den vorgesehenen Zug fahrplanmäßigen Geschwindigkeit,
- die Prüfung und das Ergreifen von Maßnahmen bei Frachtenmangel, dem Ausfall von Güterzügen oder bei Abweichungen vom geplanten Transportprogramm für Massengüter,
- die Prüfung und Einleitung von Maßnahmen bei notwendigen Umleitungen von Zügen, bei Rückhaltemaßnahmen und bei der Abstellung von Zügen sowie
- das Abstimmen von Anträgen auf außerplanmäßige Aufenthalte und von Wartezeiten im Güterverkehr mit der zuständigen BZ.

3.3.4 Infomanager DB Station&Service

Aufgabe von DB Station&Service ist u.a. die Kundeninformation am Bahnsteig. Hierzu werden einerseits betriebliche Informationen über den Zuglauf, die Gleisbenutzung usw., anderseits verkehrliche Informationen, wie ggf. fehlende Wagen, falsche Reihung usw. benötigt. Gegenwärtig erfolgt diese Information im Wesentlichen vor Ort, d.h. entweder durch örtliche Infomanager von DB Station&Service oder aufgrund einer Leistungsvereinbarung beispielsweise durch Fahrdienstleiter von DB Netz AG. Mit fortschreitender Zentralisierung und Automatisierung der Betriebsdurchführung aus der BZ muss auch die Kundeninformation am Bahnsteig

- im Regelbetrieb grundsätzlich automatisiert,
- bei Abweichungen vom Regelbetrieb von zentralen Stellen, die unmittelbar am Betriebs- und Verkehrsgeschehen beteiligt sind,

durchgeführt werden.

Hierzu strebt die DB Netz AG an, in Zukunft (pilothaft bereits in einzelnen BZ bei Einzel-özF-ESTW-Arbeitsplätzen realisiert) in jedem Steuerbezirk der BZ einen Infomanager von DB Station und Service in das Steuerbezirksteam zu integrieren, der auf der Basis weitgehend automatisierter Informationsweitergabe gerade auch bei Abweichungen vom Regelbetrieb die Kunden direkt von der Quelle informiert. Sein Arbeitsplatz ist ein Standardbedienplatz (SBP), der verschiedene Anwendungen (z.B. Fahrgastinformationsanlagen, Streckenspiegel) darstellen kann. Die Systemzusammenhänge sind in den Abbildungen 3.14 und 3.15 dargestellt.

Abbildung 3.14:
Kundeninformation am Bahnsteig – Systemzusammenhänge.

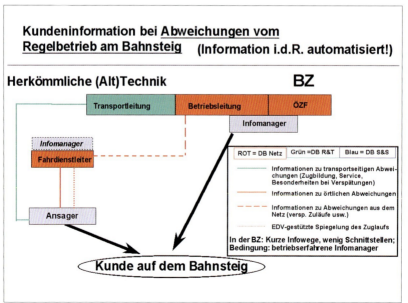

Grundelemente für Kundeninformation aus Betriebszentralen

Endgeräte (Bahnhof)	Funktionen im Regelbetrieb automatisch (zuggesteuert)	Infomanager (BZ) Einrichtung/ Geräte SBP mit 4-8 Monitoren	Arbeitsplatz Datenpflege („bei BZ")
•Zugzielanzeiger •FIA-Tafel •Monitore •Lautsprecher •Klangteppich •Kameras •Zp 9 mit Elementen für Abfahrtsansage und Rückstellung FIA/ Zugzielanzeiger •Überwachung von Anlagen von S&S wie Rolltreppen, Aufzüge, Brandmelder, Zugangskontrolle ...	■ Steuerung der Zugzielanzeiger FIA/Monitore ■ Automatische Regelansagen: • Warnung vor Durchfahrten • Einfahrt • Bereitstellung • Ankunft • Verspätungen (mit regelmäßiger Wiederholung) • Gleiswechsel (altes Gleis:neues Gleis) • Ansagen für Dritte	BKU, Telefon, FAX, GSM-R, DAKS, Sprachspeicher (auch für die Möglichkeit der Fertigung "konfektionierter" Ansagen), Maus, Tastatur, Headset, Drucker, spezielles "Ansageschirr" für manuelle Einzel-LS-Ansagen, spezielle Bereichsübersicht Infomanager **Durchführen** **Manuelle Ansagen** (Störungen/Besonderheiten...) anstoßen vorkonfekt. Ansagen, betriebl. Ansagen (im Auftrag özF) **Information** vereinfachter Bahnhofsplan, Videoaufschaltung **Kontrolle** Bilder v. Bahnsteig, Zugziel, FIA, aut. Ansagen, Korrekturen Zug-ziel, FIA, weitere zu def. Überwachungsfkt.	■ Sicherstellen des tagesaktuellen Fahrplanes in Fahrgastinformationsanlagen, LS-Anlagen • Stammdatenpflege und -kontrolle (Quelle EFZ/ GFD) • Sonderzug- und Baufahrpläne • Wagenstand • Vorkonfektionieren von Ansagen (Sdz...) ■ Statistik ■ Abrechnung

Abbildung 3.15:
Kundeninformation durch Infomanager aus der BZ.

3.3.5 Transportleitungen der EVU außerhalb des Konzerns der DB AG

Außer den Eisenbahnverkehrsunternehmen im Konzern DB AG (DB Fernverkehr, DB Regio, Railion Deutschland) mit eigenen Transportleitungen haben auch EVU außerhalb des Konzerns DB AG eigene Transportleitungen. Das Aufgabenprofil dieser Transportleitungen ist unterschiedlich und hängt ab von

■ der Wertigkeit der Produkte des EVU,
■ der Verkehrsart (Reise- oder Güterzüge),
■ Zugaufkommen,
■ Infrastrukturnutzung.

3.3.6 Datenaustausch mit den Eisenbahnverkehrsunternehmen

Für alle Geschäftsverbindungen, die sich aus der Nutzung bestimmter Strecken, örtlicher Anlagen sowie der Inanspruchnahme sonstiger Leistungen und Lieferungen der DB Netz AG durch die Eisenbahnverkehrsunternehmen (EVU) zum Erbringen eigener Verkehrsleistungen ergeben, gelten die Allgemeinen Bedingungen über die Nutzung der Eisenbahninfrastruktur der DB Netz AG (ABN).

Sie enthalten unter dem Thema „Betriebliche Informationen zu einzelnen Zugfahrten" Verpflichtungen zum Austausch von Informationen zwischen DB Netz AG und den EVU.

„Definierte Betriebsprozessdaten" heißt, dass einem EVU keine Daten eines konkurrierenden EVU ohne dessen Zustimmung übergeben werden dürfen.

„Definierte DV-technische Schnittstelle" heißt, dass die EVU die für sie bestimmten Daten an den jeweiligen Rechnerstandorten über einheitliche Datenschnittstellen abgreifen können. Das ist in der Regel der sog. „Externe Verteiler" der Anwendung LeiBIT. Die mit den Ergänzungsstufen vorhandene Konstellation der BZ-DV-Kundenschnittstellen ist in Abbildung 3.16 dargestellt.

Neben diesen technischen Zusammenhängen muss an dieser Stelle noch angemerkt werden, dass Betriebsprozessdaten aus kaufmännischer Sicht jetzt nicht mehr nur als „durch den Trassenpreis abgedeckt" betrachtet werden. Nach durch den Bereich Vertrieb/Marketing der DB Netz AG zu vertretenden Grundsätzen werden Betriebsprozessdaten auch vermarktet.

Abbildung 3.16:
E1-Kundenschnittstellen.

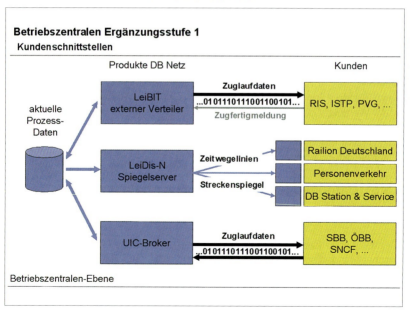

3.4 Dispositionsregeln und -maßnahmen

3.4.1 Allgemeines

Der gesamte Prozess „Zugbetrieb" bewegt sich innerhalb eines Regelkreises. Er läuft sowohl ganzheitlich als auch in zahlreichen, diesem Regelkreis untergeordneten Regelkreisen von Teilprozessen ab. Ein Teilprozess ist zum Beispiel die Aktion „Bilden und Fertigstellen eines Güterzuges". Nur wenn dieser Regelkreis funktions- und zeitgerecht beendet wird, können übergeordnete Prozesse – und damit die dafür wirksamen Regelkreise – wie geplant ablaufen.

Es ist eindeutig, dass an dieser Stelle – im Zusammenhang mit der Durchführung des Zugbetriebes gesehen – der Ausgangspunkt für mögliche Prozessabweichungen liegt, wenn nicht zeit- und konfliktgerecht gegengesteuert wird.

Diese Aktivität, oder das „Disponieren", kann definiert werden als „das Suchen nach optimalen Konfliktlösungen unter Berücksichtigung aller auf den Betriebsprozess aktuell einwirkenden Randbedingungen mit dem Ziel, daraus abgeleitete Steuerungsgrößen kompetent und direkt in den Betriebsprozess einzubringen".

Oder anders formuliert: Durch die betriebliche Disposition sollen vorhersehbare Ereignisse auf den laufenden Betriebsprozess möglichst vermieden bzw. deren Auswirkungen eliminiert oder minimiert werden. Bei erheblichen Betriebsstörungen dagegen haben betriebliche Maßnahmen zur Weiterführung des Betriebes am Ereignisort hohe Priorität.

Die Disposition des Zugbetriebes läuft analog den Phasen des Regelkreises in folgenden Arbeitsschritten ab:
- Feststellen des aktuellen Zustands im Zugbetrieb,
- Durchführen eines Soll-Ist-Vergleiches zur Feststellung von Planabweichungen und zur präzisen Identifikation der Konfliktlage (Konflikterkennung),
- Vorausschau (Prognose) der aus den Begleitumständen zu erwartenden Entwicklung und Suchen nach einer die Konfliktlage beseitigenden bzw. entspannenden Lösung/Maßnahme (Konfliktlösung),
- Einsteuern der Maßnahme als aktualisiertes Soll in den Betriebsprozess und
- Kontrollieren der Umsetzung der Maßnahme.

Die in den drei ersten Anstrichen beschriebenen Aufgaben werden permanent durch die Disposysteme ausgeführt bzw. unterstützt.

Weil eine sehr große Anzahl „untergeordneter" Regelkreise durch die Betriebsführung selbst, aber auch durch viele andere „Teilprozessverantwortliche" permanent gesteuert werden müssen, ergibt sich ein ständiger Abstimmungsbedarf zwischen allen beteiligten Stellen. Schlüsselfunktionen haben hierbei:

- die für die Funktionstüchtigkeit der Fahrwegtechnik zuständigen Stellen der DB Netz AG,
- die Eisenbahnverkehrsunternehmen (EVU).

Für den Anwender der DB Netz AG gilt das Handbuch 420 01 „Betriebszentralen DB Netz AG".

3.4.2 Netzdisposition im komplexen Zusammenwirken mit den EVU

Die nachfolgenden Ausführungen vermitteln einen Überblick über Einzelmaßnahmen und ihre prozessbezogenen Zusammenhänge.

Aus der Praxis abgeleitet lässt sich der Komplex „Netzdisposition" wie folgt strukturieren:

1. Ursachen für Konflikte ohne Einschränkung der Fahrwegverfügbarkeit

Hierzu zählen

- Verspätungen in der Übernahme,
- Störungen an Fahrzeugen,
- Verhalten von Reisenden und Kunden,
- Einflüsse anderer Bahnen, Dritter.

2. Ursachen für Konflikte bei eingeschränkter Fahrwegverfügbarkeit

Hierzu zählen

- unvorhersehbare Ereignisse (z.B. umgestürzter Baum, von der Straße abgekommener LKW, Schienenbruch, Hakenkralle in der Oberleitung),
- geplante Baumaßnahmen (Betra).

3. Maßnahmen zur Eliminierung/Minimierung von Auswirkungen der aus den Konflikten zu 1. und 2. entstandenen Verspätungen

Die Ereignisse aus 1 und 2 lösen im Allgemeinen Verspätungen aus, die sowohl örtlich als auch überörtlich Konflikte nach sich ziehen können.

In jedem Fall muss ihnen dispositiv durch Maßnahmen zur Eliminierung/Minimierung von Auswirkungen der aus den Konflikten zu 1. und 2. entstandenen Verspätungen begegnet werden.

Am Ende der Prozesskette steht immer der Kunde! Er empfindet ausgeregelte Dispositionen, die den Regelzustand schnell wiederherstellen, nicht als Einschränkung (oder ist erfreut, wie schnell man auf eine auch für ihn sichtbar komplizierte Situation reagiert hat!) – oder ihn treffen nicht ausregelbare Auswirkungen von Verspätungen.

Berücksichtigt man dabei außerdem die immer mehr zunehmende Tendenz zur weiträumigeren Verspätungsübertragung infolge Vernetzung und Vertaktung der Zugsysteme, wird die herausragende Bedeutung fahrplanmäßig ablaufender Betriebsprozesse und der sie permanent steuernden Stellen der DB Netz AG und der Transportbereiche erkennbar.

3.4.3 Störungsmanagement Betriebszentrale

Arbeitsorganisation, Aufgabenverteilung und die personelle Besetzung der Betriebsleitstellen sowie deren Arbeitsbeziehungen zu den Transport leitenden Stellen einerseits und zu den Fachabteilungen der DB Netz AG und zu anderen Stellen andererseits sind auf die mit „einzukalkulierender Normalität" auftretenden Ereignisse ausgerichtet.

Das heißt: Bis zu einem personell und arbeitsablaufmäßig beherrschbaren Maß an Ereignisfolgen kann sich die Betriebszentrale sozusagen selbst helfen, indem zum Beispiel der Netzkoordinator zur Entlastung vorübergehend bedrängter Arbeitsplätze kurzfristig eine BZ-interne Arbeitsumverteilung vornimmt.

Können durch Art, Umfang und Dauer schwerwiegender Ereignisse im Betriebsablauf die Folgen so nicht mehr sicher beherrscht werden, steht ein vorbereitetes Instrumentarium „Störungsmanagement Betriebszentrale" zur Verfügung. Es stellt sowohl die arbeitskapazitive Verstärkung in der Netzdisposition der BZ als auch die direkten Arbeitsbeziehungen der Führungs- und Leitungsebene der Betriebszentrale zu den beteiligten Entscheidungsträgern sicher.

Ziel des Störungsmanagements Betriebszentrale ist es, durch kurzfristige Anpassung der Arbeitsorganisation sowohl in der Netzdisposition der BZ als auch in der Leitungs- und Führungsebene der BZ abgestimmte Maßnahmen zur Weiterführung des Betriebes sowie Maßnahmen zur raschen Wiederherstellung der Verfügbarkeit gestörter Fahrwegeinrichtungen umzusetzen.

Entsprechend den betrieblichen Auswirkungen wird unterschieden nach
- Störungen mit erheblichen Auswirkungen,
- Störungen mit außergewöhnlichen Auswirkungen und
- eskalierten Situationen.

Je nach Intensität der Auswirkungen auf die Betriebsführung etabliert sich das Störungsmanagement Betriebszentrale entsprechend der nachfolgenden Übersicht:

Ereignis	Maßnahmen	Verantwortlich	Beteiligte
mit erheblichen Auswirkungen auf den Betriebsablauf	**BZ personell verstärken**	Leiter BZ (Bereitschaft BZ)	Personaldisposition
mit außergewöhnlichen Auswirkungen auf den Betriebsablauf	**Arbeitsstab einrichten**	Leiter Betrieb FuB der NL	Vertrieb und Betrieb der NL DB Netz AG, EVU und Konzernunternehmen
mit eskalierter Situation	**Arbeitsstab erweitern**	Leiter Betrieb FuB der NL	Wie vorher, zusätzlich alle OE der betroffenen NL Netz
	Zentralen Arbeitsstab einrichten	Leiter Betrieb FuB	NLZ, Konzernkommunikation, Konzernbeauftragte, Dritte, Behörden, betroffene OE der Netzzentrale

3.4.4 Personelle Verstärkung in der BZ

Durch BZ-interne Maßnahmen können kurzfristig eingesetzte, zusätzliche Kräfte arbeitskapazitive Engpässe mildern bzw. beseitigen.

Arbeitsstab
In den Arbeitsstab werden Mitarbeiter berufen, die aufgrund ihrer fachlichen Kenntnisse bestimmte Aufgaben kompetent wahrnehmen, zum Beispiel Mitarbeiter des Vertriebs oder des Trassenmanagements. Je nach Lage der Situation können auch Mitarbeiter der Leit- und Sicherungstechnik und/oder der Fahrbahn in den Arbeitsstab einberufen werden.

Die Transportbereiche müssen zeitgleich mit der zuständigen BZ Arbeitsstäbe in ihren Leitstellen einrichten. Entscheidungen hierüber treffen die dafür fachlich zuständigen Stellen.

Arbeitsergebnisse (Lösungen, Entscheidungen) stimmen die Fachbereiche im Rahmen ihrer üblichen Zusammenarbeit untereinander ab.

Zentraler Arbeitsstab
Bei krisenhaften Situationen löst der Leiter Betrieb FuB die Einrichtung des zentralen Arbeitstabes aus.

Der zentrale Arbeitsstab trifft grundsätzliche Entscheidungen, die über die fachliche Zuständigkeit der NL hinausgehen.

4 Betriebsprozessanalyse

4.1 Einführung (Begriffsbestimmung)

Bei den Eisenbahnen umfasst der Begriff „Betrieb" alle organisatorischen und technischen Maßnahmen zur Vorbereitung und Durchführung der Zugfahrten. Zum Eisenbahnbetrieb gehören die Funktionsbereiche

- Betriebsplanung,
- Zugbildung und Zugauflösung sowie
- der Fahrbetrieb (Durchführung der Zugfahrten).

Unter einem Prozess versteht man einen Vorgang, an dem Menschen, Maschinen, Verfahren usw. zusammenwirken, um ein Produkt oder eine Dienstleistung zu erzeugen. Am Betriebsprozess „Durchführung der Zugfahrten" wirken u.a. mit

- Fahrzeuge, die einen Zug darstellen,
- Triebfahrzeugführer, die die Züge fahren,
- Fahrwegelemente,
- Fahrdienstleiter, die die Fahrwege einstellen und sichern,
- Disponenten, die die Zugfahrten leiten,
- Vorschriften und Richtlinien.

Mit einer Analyse wird die Zergliederung eines Ganzen in seine Teile und die genaue Untersuchung der Einzelheiten bezeichnet. Durch die Betriebsprozessanalyse (BPA) nach der Richtlinie 420.0107 (Handbuch „Betriebszentralen DB Netz AG", Modul 7 „Analyse des Betriebsprozesses") [1] wird untersucht, mit welcher betrieblichen Qualität die Zugfahrten durchgeführt wurden.

4.2 Aufgaben und Zielstellung

Um die betriebliche Qualität des Zugverkehrs beurteilen zu können, werden Kenngrößen gebildet. Um Kenngrößen ermitteln zu können, wird der tatsächliche Ablauf der Zugfahrten mit den Abweichungen gegenüber der Planung festgehalten und aufbereitet. Gleichzeitig werden die Gründe für die Abweichungen erfasst und ausgewertet.

Wichtigste Kenngröße für die Betriebsqualität ist die Pünktlichkeit. Die BPA ermittelt Pünktlichkeitsergebnisse und stellt sie in unterschiedlicher Form in Berichten dar. Durch Bildung von Zeitreihen und vergleichende Betrachtungen werden die Entwicklungen verdeutlicht und Schwankungen und Verschlechterungen aufgezeigt.

Neben diesen Informationen werden auch die Ursachen für Verschlechterungen in der Betriebsqualität nach verschiedenen Kriterien ausgewertet, um Schwachstellen in den Prozessabläufen zu erkennen. Durch das Aufzeigen von Schwachstellen werden den am Betriebsprozess beteiligten Bereichen Ansatzpunkte für gegensteuernde Maßnahmen geliefert.

In den Berichten wird außerdem über größere Störungen und Unregelmäßigkeiten informiert. Darüber hinaus werden Betriebsleistungen wie erbrachte Zugkilometer und Streckenbelastungen in Form von gefahrenen Zügen ermittelt. Die mit der BPA gewonnenen Daten werden bei Kundeneingaben auch zur Aufklärung des Sachverhaltes verwendet.

4.3 Grundlagen

4.3.1 Vorgaben, Leitlinien

Grundlage für die BPA sind Informationen über das Betriebsgeschehen. Informationen über
- den tatsächlichen Betriebsablauf,
- Ursachen für Abweichungen vom Fahrplan und
- eingetretene Störungen und Unregelmäßigkeiten

werden als **Betriebsprozessdaten** (BPD) bezeichnet. Bei den BPD unterscheidet man zuglaufbezogene und ereignisbezogene Daten.

Zuglaufbezogene BPD sind
- Zugnummer,
- Ort (Messstelle),
- Datum,
- Soll-Zeit laut Fahrplan,
- Ist-Zeit gemäß tatsächlichem Betriebsablauf,
- Relativzeit als Differenz von Ist- und Soll-Zeit (Abweichung vom Fahrplan),
- Begründung für entstandene Abweichungen (Verspätungsursache).

Zuglaufbezogene BPD informieren über jede einzelne Zugfahrt.

Ereignisbezogene BPD sind
- Ort (Betriebsstelle),
- Datum,
- Uhrzeit und Dauer,
- Verspätungsursache = Ereignisart nach einer vorgegebenen Kodierliste (z.B. Kode 26 für Weichenstörung),
- Verursacherkennung für Besondere Verspätungsursachen (z.B. X = Fremdeinwirkung),
- textliche Beschreibung (Hergang, Maßnahmen),
- Einschränkungen in der Betriebsdurchführung wie Sperrung von Gleisen, ausgeschaltete Oberleitung oder Langsamfahrt,
- betriebliche Auswirkungen wie Verspätungen, Ausfall von Zügen, Ersatzzüge und Umleitungen.

Ereignisbezogene BPD informieren

- über einen Störfall,
- über Unregelmäßigkeiten oder
- über gefährliche Ereignisse und sonstige Vorkommnisse.

4.3.2 Werkzeuge

BPD werden sowohl automatisch als auch manuell erfasst. Fernmündliche Meldungen und weitere Informationen werden in das „Leitsystem Disposition Netz" (LeiDis-N) manuell eingegeben. LeiDis-N ist ein EDV-System der DB Netz AG in den Betriebszentralen (BZ) und in der Netzleitzentrale (NLZ) zur betrieblichen Disposition und Koordination. Es wird von den Disponenten zeitnah genutzt (prozessbegleitend).

BPD aus LeiDis-N werden als Statistikdaten im „Leitsystem für die betriebliche Prozessanalyse" (LeiPro-A) abgelegt. Mit LeiPro-A können die Sachbearbeiter der BZ rechnerunterstützte Auswertungen nach verschiedenen Kriterien durchführen (prozessnachlaufend).

4.4 Methodik

4.4.1 Datenerfassung und -aufbereitung

Zuglaufdaten werden überwiegend automatisch erfasst. Zugnummernmeldeanlagen registrieren den Ist-Ablauf der Zugfahrten am Standort der Hauptsignale, wenn diese „auf Halt fallen". Diese Daten (Ort, Ist-Zeit, Zugnummer) werden per Datenübertragung dem „Leitsystem für die Disposition von Strecken und Knoten" (LeiDis-S/K) zur Verfügung gestellt, dort aufbereitet, mit den Solldaten verglichen und in einem Datensatz zusammengefasst. Aus den Datensätzen erzeugt LeiDis-S/K auf Grafiksichtgeräten die Zeit-Weg-Linien-Bilder und die Streckenspiegel, mit deren Hilfe die Disponenten der BZ die Reihenfolge der Züge regeln.

Sind in Stellwerksbereichen keine Zugnummernmeldeeinrichtungen vorhanden, werden die Zuglaufdaten von den Fahrdienstleitern manuell erfasst und in das „Leitsystem zur Betrieblichen Informationsverteilung" (LeiBIT) eingegeben; von dort werden sie an das System LeiDis-S/K weitergereicht. Fahrdienstleiter in Stellwerken ohne Zugnummernmeldeeinrichtung und ohne LeiBIT erfassen die Zuglaufdaten und melden sie fernmündlich an eine benachbarte Stelle mit LeiBIT oder an die BZ zur dortigen Eingabe.

An jeder Stelle, für die Fahrplanzeiten existieren bzw. durch Extrapolation ermittelt werden (z.B. für Ein- und Ausfahrsignale von Bahnhöfen, bei denen sich die Fahrplanzeiten auf den Halt am Bahnsteig bzw. die Vorbeifahrt am Empfangsgebäude beziehen), wird aus dem Vergleich von Ist- und Soll-Zeiten eine Zeitdifferenz als Abweichung vom Fahrplan-Soll errechnet (Delta-t-Wert); danach ist der Zug an dieser Stelle verspätet, plan oder verfrüht – rechnerisch, in schriftlichen Unterlagen und auch oft im Sprachgebrauch benutzt man für den Delta-t-Wert den Begriff Verspätung, dieser ist dann + (plus, verspätet) oder 0 (plan, absolut pünktlich) oder - (minus, verfrüht).

Vergleicht man die Zeitdifferenzen (Delta-t-Werte) in ihrer Entwicklung von Messstelle zu Messstelle entsprechend dem Weg des Zuges, errechnen sich Veränderungen (Verspätungsänderungen). Sind diese relativen Größen positiv (der Delta-t-Wert wächst), ist eine **Zusatzverspätung** entstanden; sind diese negativ, ist eine Verspätungskürzung eingetreten. Verspätung wird abgebaut durch
- Fahrzeitkürzung,
- Haltezeitkürzung,
- Ausschöpfen von Fahrzeitzuschlägen und
- Ausschöpfen von Haltezeitüberschüssen.

Bei den Fahrzeitzuschlägen unterscheidet man zwischen Regelzuschlägen (auf den Fahrplankonstruktionsabschnitt gleichmäßig verteilter prozentualer Zuschlag zur reinen Fahrzeit, der zur Abdeckung kleinerer Unregelmäßigkeiten dient) und Bauzuschlägen (punktueller Zuschlag vor größeren Bahnhöfen zum Abbau von Verspätungen infolge von Bauarbeiten).

Zieht man von der Summe aller Zusatzverspätungen die Verspätungskürzungen ab, erhält man die **Zuwachsverspätung** (Abbildung 4.1). Die Zuwachsverspätung entspricht der Verspätung des Zuges am Zielbahnhof (Zuwachsverspätung = Endverspätung); dies trifft auch dann zu, wenn der Zug schon in seinem Anfangsbahnhof mit einer Verspätung gestartet ist (auch eine Anfangsverspätung wird als Zusatzverspätung gewertet).

Abbildung 4.1: Beispielhafte Darstellung der Zuwachsverspätung für einen pünktlich gestarteten Zug des Binnenverkehrs (Köln – Karlsruhe).

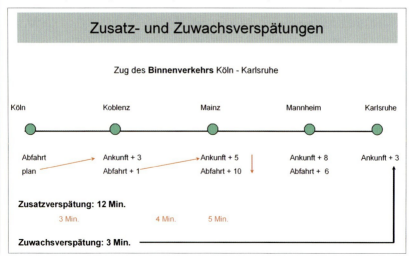

Betriebsprozessanalyse

Die Zuwachsverspätung wird für den gesamten Zuglauf oder für einen bestimmten Betrachtungsraum, z.B. das Gebiet einer Niederlassung Netz, ermittelt. Beginnt bzw. endet ein Zug nicht innerhalb des Betrachtungsraumes, „bricht" er in das Gebiet ein oder aus. Für den Fall, dass ein Zug innerhalb des Betrachtungsraumes beginnt und außerhalb endet, tritt bei der Ermittlung der Zuwachsverspätung an die Stelle der Endverspätung die Ausbruchsverspätung, also Zuwachsverspätung = Ausbruchsverspätung. Beginnt der Zug jedoch außerhalb des Betrachtungsraumes, ist eine eventuell vorhandene Einbruchsverspätung abzuziehen: Zuwachsverspätung innerhalb des Betrachtungsraumes = Endverspätung minus Einbruchsverspätung bzw. Ausbruchsverspätung minus Einbruchsverspätung.

Kommen Züge von einer anderen Bahn (Nichtbundeseigene Eisenbahn, ausländische Bahn), werden sie bezüglich der Betriebsprozessdaten an einem Übernahmebahnhof übernommen und haben dabei gegebenenfalls eine Übernahmeverspätung; fahren Züge in den Bereich einer anderen Bahn, werden sie analog an einem Übergabebahnhof übergeben und haben dabei ggf. eine Übergabeverspätung. Für die Ermittlung der Zuwachsverspätung wird eine Übernahmeverspätung wie eine Einbruchsverspätung und eine Übergabeverspätung wie eine Ausbruchsverspätung behandelt. Die Zuwachsverspätung ist also dann gleich der Übergabeverspätung bzw. Endverspätung minus der Übernahmeverspätung (Abbildung 4.2).

Die Zuwachsverspätung kann auch negative Werte annehmen (Abbildung 4.2).

Abbildung 4.2: Beispielhafte Darstellung der Zuwachsverspätung für einen mit Übernahmeverspätung übernommenen Zug des internationalen Verkehrs (Brüssel – Mannheim), der innerhalb des Betrachtungsraumes (Mannheim) endet.

Kodierung von Verspätungsursachen

Diverse Gründe	UB Fahrweg (DB Netz AG)	Konzerninterne EVU Personenverkehr	Konzerninterne EVU Güterverkehr	Konzernexterne EVU Personenverkehr	Konzernexterne EVU Güterverkehr	UB Personenbahnhöfe (DB Station&Service AG)
00 Fehlende Begründung (nur bei Leitsystemen der Betriebsführung)	10 Vorbereitung / Fahrplan					
02 Pseudominuten	11 Personalbedingte Ursachen					
04 Zugfolge	14 Eingeschränkte Fahrwegverfügbarkeit					
05 Gefährliche Ereignisse gem. KoRil 423						
08 Ursachen auf konzernexterner Infrastruktur						
	20 Mängellangsamfahrstellen	40 Verspätete Übergabe an DB Netz AG	50 Verspätete Übergabe an DB Netz AG	60 Verspätete Übergabe an DB Netz AG	70 Verspätete Übergabe an DB Netz AG	90 Vorbereitung / Fahrplan
	21 Baumaßnahmen	41 Personalbedingte Ursachen	51 Personalbedingte Ursachen	61 Personalbedingte Ursachen	71 Personalbedingte Ursachen	91 Personalbedingte Ursachen
	22 Unregelmäßigkeiten im Bauablauf	42 Anschluss	52 Planmäßige Unterwegsbehandlung	62 Anschluss	72 Planmäßige Unterwegsbehandlung	92 baul. Anlagen / Infrastruktur
	23 Fahrbahnstörung	43 Haltezeitüberschreitung/außerplanmäßiger Halt	53 Außerplanm. Unterwegsbehandlung/Halt	63 Haltezeitüberschreitung/außerplanmäßiger Halt	73 Außerplanm. Unterwegsbehandlung	
	24 BÜ-Störung	44 Behördliche Maßnahmen am/im Zug	54 Behördliche Maßnahmen am/im Zug	64 Behördliche Maßnahmen am/im Zug	74 Behördliche Maßnahmen am/im Zug	94 Behördliche Maßnahmen auf der Verkehrsstation
	25 Störung an Leit- u. Sicherungstechnik	45 Tfz-Störungen (auch Bremsstörungen)	55 Tfz-Störungen (auch Bremsstörungen)	65 Tfz-Störungen (auch Bremsstörungen)	75 Tfz-Störungen (auch Bremsstörungen)	95 Störung an Informationsanlagen
	26 Weichenstörung	46 Wagenstörungen (auch Bremsstörungen)	56 Wagenstörungen (auch Bremsstörungen)	66 Wagenstörungen (auch Bremsstörungen)	76 Wagenstörungen (auch Bremsstörungen)	
	27 Schmierfilm	47 Fahrzeugübergang am Bahnsteig (einschl Bahnsteigwende)		67 Fahrzeugübergang am Bahnsteig (einschl Bahnsteigwende)		
	28 Oberleitungsstörung	48 Abweichung von Fahrplandaten	58 Abweichung von Fahrplandaten	68 Abweichung von Fahrplandaten	78 Abweichung von Fahrplandaten	
19 Sonstiges	29 Störung an Telekommunikationsanlagen	49 Sonstiges	59 Sonstiges	69 Sonstiges	79 Sonstiges	99 Sonstiges

Kodierliste

420.9001.01

Abbildung 4.3:
Tabelle „Kodierung von Verspätungsursachen".

Zusatzverspätungen entstehen zwischen zwei aufeinander folgenden Messstellen und werden bei der zweiten Messstelle registriert. Ein Reisezug, der in einem Bahnhof plan ankommt und mit 4 Minuten Verspätung weiterfährt, hat an der Messstelle Einfahrsignal einen Delta-t-Wert von 0 und an der Messstelle Ausfahrsignal einen Delta-t-Wert von +4.

Zusatzverspätungen müssen begründet werden. Dieses erfolgt manuell durch die Fahrdienstleiter bzw. die Disponenten der BZ. Nach vorgegebenen Ursachen sind dafür Kodierungen zu verwenden; die **Kodierliste** (Abbildung 4.3) nach der Richtlinie 420.9001.01 [3] verwendet für die Ursachen eine zweistellige Zahl.

Die Verspätungsbegründung nach der Kodierliste gibt der Fahrdienstleiter entsprechend der Richtlinie 420.9001 (Kodierung der Verspätungsursachen mit Zuordnungsbeispielen) [2] in die Zugnummernmeldeanlage bzw. in das System Lci BIT ein; ist er nicht damit ausgerüstet, bittet er einen benachbarten Fahrdienstleiter um Eingabe (örtliche Regelung). Der Fahrdienstleiter kann auch eine „Dauerbegründung" eingeben, wenn alle in seiner Betriebsstelle entstehenden Zusatzverspätungen einer andauernden Verspätungsursache zuzuordnen sind, z.B. infolge einer Oberleitungsstörung (Kode 28) über einen längeren Zeitraum. Auch wenn spätere Züge nicht mehr eine Verspätung durch die eigentliche Störung erleiden, sind die Folgeverspätungsminuten mit der primären Ursache zu kodieren, wenn der Zug durch den Störfall infolge Stauerscheinungen noch behindert wurde. Unter Angabe des zuerst betroffenen bzw. verursachenden Zuges sind die Folgeverspätungen so lange dem Hauptereignis zuzuscheiden, bis Trassen wieder ungehindert belegt werden können.

Aus Zugnummer, Zusatzverspätung und zugehöriger Verspätungsursache wird ein weiterer Datensatz gebildet. Von LeiDis-S/K werden die Datensätze an das System LeiDis-N übergeben. Über eine Vollständigkeits- und Plausibilitätsprüfung erkennt der Rechner fehlende Verspätungsbegründungen; dieser Sachverhalt wird dem Disponenten der BZ angezeigt, damit er die nachträgliche Eingabe veranlassen kann. Der Disponent kann die Eingabe der Verspätungsursache auch selbst vornehmen, z.B. wenn wegen herabgesetzter Höchstgeschwindigkeit eines Zuges laufend kleine Zusatzverspätungen entstehen und dies für den einzelnen Fahrdienstleiter nicht erkennbar ist.

Die Kodierliste ist nach Zuständigkeiten gegliedert – Verspätungsursachen mit der Zehnerstelle 9 sind beispielsweise der DB Station & Service AG zugeordnet. Die Kodierliste wird von der Zentrale der DB Netz AG bei Bedarf aktualisiert, z.B. bei organisatorischen Änderungen.

Neben den – nach vorstehender Beschreibung ermittelten – zuglaufbezogenen BPD werden die ereignisbezogenen (störfallbezogenen) Daten (Abbildung 4.4) von den Disponenten der BZ zusammengetragen und manuell in das System LeiDis-N eingegeben. Dort ist für jede **Besondere Verspätungsursache** (BVU) ein Fall anzulegen. In eine vorgegebene Maske werden die erforderlichen Daten eingetragen, wobei der Disponent die entstandenen, mit der zugehörigen Kodierung versehenen Verspätungen dem Fall auf elektronischem Wege per Mausklick zuordnen kann.

Die BVU sind in der Kodierliste durch Hinterlegung gekennzeichnet. Nicht zu den BVU gehören beispielsweise Verspätungen infolge Anschluss oder Baumaßnahmen, weil diese ja nach entsprechenden Richtlinien geplant worden sind und deswegen nicht einer unerwarteten, plötzlich eintretenden Störung gleich gestellt werden.

Die so gewonnenen Betriebsprozessdaten werden mit dem System LeiPro-A zu Statistiken verarbeitet und in Berichten zusammengestellt.

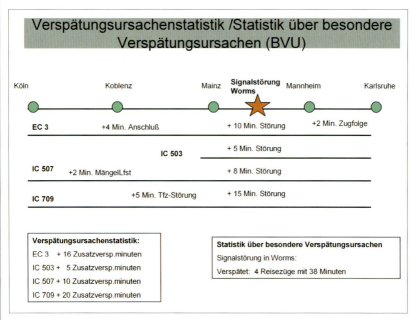

Abbildung 4.4:
Beispiel für besondere Verspätungsursachen.

4.4.2 Datenweiterverarbeitung

Mit dem System LeiPro-A werden durch Programmeinstellung automatisch und regelmäßig Statistiken erzeugt:
- Pünktlichkeitsstatistik,
- Verspätungsursachenstatistik und
- Statistik über besondere Verspätungsursachen (BVU).

Diese Statistiken sind in unterschiedlicher Form Bestandteile der Tages-, Wochen-, Monats- und Jahresberichte.

In die Statistiken gehen ausgewählte Daten ein. Unter Statistik versteht man eine wissenschaftliche Methode zur zahlenmäßigen Erfassung und Darstellung von Einzeldaten in Tabellenform und Grafiken, wobei aus Zeitreihen und Vergleichswerten Tendenzen erkennbar werden. In den Statistiken sind die Ergebnisdaten für verschiedene Zeiträume (z.B. Woche, Monat ...) zusammengefasst sowie nach bestimmten Merkmalen (z.B. Produkt, Linie, Verspätungshöhe, verspätungsanfällige Züge, Territorium) ausgewertet.

In einer **Pünktlichkeitsstatistik** wird dargestellt, wie viele Züge zahlenmäßig und/oder prozentual in die verschiedensten Verspätungsklassen fallen und wie groß der Pünktlichkeitsgrad ist. Die Verspätungsklassen sind in LeiPro-A frei wählbar; für die regelmäßigen Berichte sind die Verspätungsklassen vorgegeben. Beim Schienenpersonenfernverkehr (SPFV) werden beispielsweise die Verspätungsklassen plan/1 – 5/6 – 10/11 – 15/16 – 20/21 – 30/31 – 90 und über 90 Minuten gebildet; im Schienengüterverkehr (SGV) streuen die Werte mehr – um nicht zu viele Klassen zu nehmen, weil darunter die Übersichtlichkeit leidet, bildet man hier beispielsweise die Klassen plan/1 – 15/16 – 30/31 – 45/46 – 60 und über 60 Minuten.

Bezogen auf die Gesamtzahl der Züge ist der **Pünktlichkeitsgrad** der prozentuale Anteil von Zügen in definierten Verspätungsklassen – er gibt also an, wie viel Prozent der Züge „pünktlich" sind. Für den Personenverkehr nimmt man dafür die Anzahl der Züge aus den Verspätungsklassen plan und 1 – 5 Minuten zusammen; beim Güterverkehr gelten Züge bis 15 Minuten als pünktlich.

Eine Pünktlichkeitsstatistik kann für unterschiedliche Zugprodukte erstellt werden, z.B.:
- gesamter vertakteter SPFV,
- alle EC/ICE/IC,
- nur ICE,
- IR,
- gesamter SPNV,
- SPNV ohne S-Bahn,
- nur S-Bahn,
- Qualitätszüge,
- IKE,
- ICG.

Die Auswahl erfolgt durch Vorgabe der Zuggattungshauptnummern. Es können auch bestimmte IC-Linien, nur Züge in Richtung oder nur in Gegenrichtung sowie einzelne Züge vorgegeben werden. Je kleiner die Zugzahl dabei wird, desto geringer ist allerdings die statistisch gesicherte Aussagekraft. Um nach verschiedenen Kriterien sortieren zu können, müssen die Fahrplandaten um entsprechende Stammdaten ergänzt in den Leitsystemen hinterlegt sein.

Für eine Pünktlichkeitsstatistik kann auch die Örtlichkeit ausgewählt werden; üblich ist eine Aussage für die Endpünktlichkeit – bezogen auf den Endbahnhof bzw. Übergabebahnhof. Im Reiseverkehr interessiert auch die Unterwegspünktlichkeit – dabei werden die Ankunftsverspätungen bei allen vorgesehenen Haltbahnhöfen berücksichtigt. Eine entsprechende Pünktlichkeitsstatistik ist beispielhaft in der Abbildung 4.5 dargestellt.

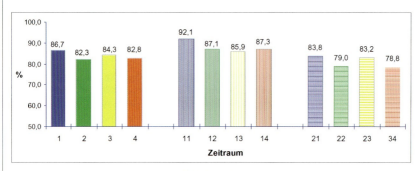

Abbildung 4.5:
Beispiel für eine Pünktlichkeitsstatistik (Unterwegspünktlichkeit einer beliebigen Zuggattung).

Schließlich kann auch der Untersuchungszeitraum vorgegeben werden; neben Tag, Woche, Monat oder Jahr sind auch individuelle Zeiträume möglich, z.B. für die Dauer einer Messe oder einer großen Baustelle.

In der **Verspätungsursachenstatistik** findet man zuglaufbezogen alle Zusatzverspätungen und wie sie sich auf die einzelnen Verspätungsursachen entsprechend der Kodierliste aufteilen (Abbildung 4.6). Die Aussagen sind wie bei der Pünktlichkeitsstatistik eingrenzbar. Üblicherweise wird die Verspätungsursachenstatistik für alle Züge erstellt. Hierbei interessieren allerdings auch regionale Aspekte, so dass beispielsweise Aufteilungen nach Niederlassungen Netz erstellt werden (territoriale Gliederungen).

Die **Statistik über BVU** enthält die Informationen über die von der BZ eingegebenen Störfälle, Unregelmäßigkeiten und gefährlichen Ereignisse. Dabei werden die Auswirkungen (Anzahl der Störfälle, Anzahl der betroffenen Züge und Zusatzverspätungsminuten – aufgeteilt nach Reise- und Güterzügen) den einzelnen Verspätungsursachen zugeschieden. Mit einer weiteren Sortierung werden die Verspätungsminuten auch den Zuständigen bzw. Verursachern entsprechend der eingegebenen Verursachererkennung zugeordnet; bei den Verursachern unterscheidet man derzeit
- Fahrweg,
- Personenverkehr,
- Güterverkehr und
- Personenbahnhöfe, außerdem

Betriebsprozessanalyse

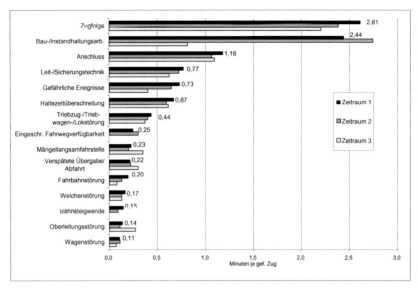

Abbildung 4.6
Beispiel für eine Verspätungsursachenstatistik.

- konzernexterne Eisenbahnverkehrsunternehmen (EVU) Personenverkehr,
- konzernexterne Eisenbahnverkehrsunternehmen (EVU) Güterverkehr,
- diverse Gründe wie Zugfolge oder Gefährliche Ereignisse sowie
- Fremdeinwirkung (X),
- Witterung (W) und
- unbekannt/in Ermittlung (Y).

Durch diese Zuordnung wird erkennbar, dass z.b. alle Oberleitungsstörungen nicht pauschal dem Fahrweg als Zuständigem (Betreiber der Anlagen) angelastet werden, sondern als Verursacher auch Fremdeinwirkungen oder Witterungseinflüsse auftreten können. Bei der BVU-Statistik sind also Ursache (Verspätungsbegründung, zweistellige Kodierung) und Verursacher (Zuständigkeit, Verursacherkennung) zu unterscheiden.

Durch die weitgehende automatische Erfassung der Zuglaufdaten und die elektronische Unterstützung bei der manuellen Erfassung stehen seit der Inbetriebnahme der Betriebszentralen eine Fülle von Betriebsprozessdaten zur Verfügung, die mit den Möglichkeiten des Systems LeiPro-A zu einer Vielzahl von Statistiken aufbereitet werden können. Aus kapazitiven Gründen konnten früher Betriebsprozessdaten nur für wenige, ausgewählte Züge erfasst und handschriftlich in Arbeitsblättern festgehalten werden; die Aufbereitung wurde z.B. für den IC-Verkehr und den ICG-Verkehr manuell durchgeführt, fernmündlich der Zentrale gemeldet und dort zu einer DB-weiten Pünktlichkeitsstatistik verdichtet. Daher sind auch über einen länger zurückliegenden Zeitraum Statistiken zur Pünktlichkeit einzelner Zugprodukte auf Endbahnhöfen und über Störungen im Betriebsablauf vorhanden und können zu Vergleichszwecken herangezogen werden.

4.4.3 Analysieren des Betriebsprozesses

Ein wesentliches Qualitätskriterium der Eisenbahn ist die Pünktlichkeit der Züge. Die BPA untersucht daher zunächst, wie sich die Pünktlichkeit entwickelt und wie weit sie von den Zielvorgaben des Unternehmens abweicht. Anschließend versucht man, die Ursachen für Abweichungen zu erkennen und Schwachstellen aufzuzeigen. Dabei dringt man bei der Analyse des Zahlenmaterials von globalen Aussagen (Pünktlichkeit des gesamten vertakteten SPFV) bis zu konkreten Einzelfällen (einzelner, ggf. häufig verspäteter Zug) vor. Für diese Zwecke stehen die eben erläuterten, regelmäßig erstellten Statistiken und besondere Auswerteprogramme zur Verfügung.

Zu den Auswerteprogrammen in LeiPro-A gehören der Tagesnachweis und die Bahnhofspünktlichkeit; der Bearbeiter kann die Auswahlkriterien (Zeitraum, Örtlichkeit, Zugprodukt usw.) frei wählen. Im **Tagesnachweis** sind die Züge nach der Zugnummer sortiert mit ihren Sollzeiten und Delta-t-Werten für die Orte Beginn/Einbruch, Ende/Ausbruch und beliebige Kontrollpunkte angegeben; für den untersuchten Laufweg wird die Summe aller Zusatzverspätungen und Verspätungskürzungen sowie die Zuwachsverspätung errechnet; außerdem werden alle Verspätungsursachen mit Kodierung, dem Ort der eingetretenen Verspätung und den zugehörigen Zusatzverspätungsminuten angegeben. Bei der Auswertung **Bahnhofspünktlichkeit** wird der Pünktlichkeitsgrad und die Aufteilung nach Verspätungsklassen für beliebige Betriebsstellen (Bahnhöfe) ermittelt; der Bearbeiter kann hierbei z.B. bestimmte IC-Linien getrennt nach Richtung und Gegenrichtung untersuchen.

Bei der Analyse beurteilt man zunächst die bereits regelmäßig erstellten Statistiken. Da wegen der verschiedensten Einflüsse und der großen Zahl von Zügen das „ideale" Ziel von 100 % Pünktlichkeit praktisch nie erreicht und von Tag zu Tag mehr oder weniger verfehlt wird, sucht man im zweiten Schritt danach, ob größere Störungen, Unfälle oder Wettereinflüsse zu dem aktuellen Pünktlichkeitsergebnis geführt haben. Anhand der BVU-Fälle und der hinterlegten textlichen Beschreibung prüft man, ob es sich um beeinflussbare Ereignisse handelt – ggf. muss sich der zuständige Fachbereich um eine spezifische Untersuchung und Abstellung von Mängeln kümmern.

Sind keine herausragenden Fälle mit vielen Verspätungsminuten festzustellen, werden die verfeinerten Pünktlichkeitsstatistiken beurteilt: anhand der Pünktlichkeiten von einzelnen Zugsystemen, einzelnen Linien oder einzelnen Zügen wird gesucht, ob es bei diesen anhaltende Probleme gibt. Bei regelmäßig auftretenden Zusatzverspätungen wird auch die zugehörige Örtlichkeit untersucht und auf einen eventuell auffälligen Bahnhof oder Streckenabschnitt eingegrenzt. Dann ist festzustellen, ob

Betriebsprozessanalyse

- größere Bauarbeiten wirken bzw.
- die Fahrplanparameter eingehalten werden.

Aus der Verspätungsursachenstatistik kann man entnehmen, ob Zusatzverspätungen mit „Abweichung von Fahrplandaten" (Kodierung 48) begründet wurden. Besonders nach Fahrplanwechsel und bei neuen oder geänderten Zugangeboten ist zu prüfen, ob
- Fahrzeiten,
- Bespannung,
- Last,
- Höchstgeschwindigkeit,
- Wendezeiten,
- Haltezeiten für den Fahrgastwechsel usw.

eingehalten werden. Der zuständige Fachbereich veranlasst ggf. den Einsatz von Qualitätsberatern und örtliche Überprüfungen.

Werden Bauarbeiten (Kodierung 21 oder 22) als Ursache für eine Häufung von Zusatzverspätungen identifiziert, so wird auch hier die Planung und die örtliche Durchführung auf Schwachstellen hin zu untersuchen sein.

Bei der weiteren Analyse stößt man möglicherweise auf eine Summierung von verschiedenen Einzelstörungen. Hierzu veranlasst der zuständige Fachbereich gezielte fachspezifische Untersuchungen, um beispielsweise störanfällige Bauteile, Mängel in der Unterhaltung oder auch Probleme bei der Entstörung ausfindig zumachen; entsprechend der dabei gewonnenen Erkenntnisse werden der Einsatz neuer, verbesserter Techniken oder andere ablauforganisatorische Regelungen veranlasst.

Schließlich lassen sich auch durch Hinzuziehung von Betriebsleistungsstatistiken (Leistungsauswertungen) möglicherweise starke Streckenbelegungen als Ursache von vielen Verspätungen wegen Zugfolge (Kodierung 04) erkennen. Dann ist zu prüfen, ob die fahrplanmäßige Belastung zu groß ist und angepasst werden muss oder Änderungen in der Infrastruktur notwendig erscheinen.

Die Analyse beschäftigt sich also im Wesentlichen mit
- der Gestaltung des Fahrplans mit seinen Elementen wie Fahrzeiten, Fahrzeitzuschlägen, Haltezeiten, Pufferzeiten, Mindestübergangszeiten,
- den Auswirkungen aus der Baubetriebsplanung wie Nutzung der Bauzuschläge im Jahresfahrplan sowie Betriebsverträglichkeit der Teilbaubetriebspläne,
- der Häufung von bestimmten Ursachen/Verursachern sowie Konzentrationen auf Betriebsstellen oder Strecken bei den BVU.

Dabei werden benutzt
- die Pünktlichkeitsstatistiken als „Anzeiger" für Abweichungen vom Ziel und
- Verspätungsursachenstatistik und BVU-Statistik, um auf Schwachstellen und den verantwortlichen „Kümmerer" aufmerksam zu machen.

Die Erkenntnisse aus der Analyse werden
- den Verantwortlichen bei DB Netz AG
  - im Trassenmanagement/Vertrieb,
  - in der Betriebsführung,
  - in der Instandhaltung,
  - in der Infrastrukturplanung,
- sowie den Produktinhabern

zur Mängelbeseitigung übergeben. Dabei werden Anregungen gegeben bzw. Forderungen gestellt insbesondere zum Fahrplan und zur Wartezeitregelung sowie Hinweise an die EVU gerichtet über wiederholt auftretende Abweichungen von den Planungen und Häufungen von bestimmten Verspätungsursachen.

Die Ergebnisse aus der Analyse fließen als Ergänzungen zu den Statistiken in die Berichte und Managementinformationen ein.

4.4.4 Berichterstattungen und Managementinformationen

Jedes Unternehmen stellt seine Ergebnisse in Zahlen und Diagrammen dar. Die DB Netz AG gibt für den Bereich des Fahrbetriebes der DB AG regelmäßig Berichte heraus für unterschiedliche Zeiträume:
- Tagesbericht,
- Wochenbericht,
- Monatsbericht,
- Jahresbericht und
- UIC-Bericht.

Basis dieser Berichte sind die detaillierten Daten aus den Tagesberichten der Betriebszentralen. Alle Berichte tragen den Sperrvermerk „Nicht für Dritte" – dürfen also nur DB-Netz-intern verwendet werden.

In den Berichten erfolgt
- eine Beurteilung der allgemeinen Betriebslage,
- die Darstellung besonderer Problemfälle und
- eine Entscheidungsvorbereitung für das Management.

Die Berichte sind alle nach einem ähnlichen Schema gestaltet mit folgendem wesentlichen Inhalt:
- Gesamtlage,
- SPFV mit
  - Pünktlichkeit,
  - Verspätungen nach Zuständigkeiten,
  - Anschlüssen/Korrespondenzen,
  - Übernahme/Übergabe von/an Nachbarbahnen,
  - Abweichungen von der Trassenbestellung,
  - Besonderheiten und ausgewählte Ereignisse,

- SPNV mit
  - Pünktlichkeit,
  - Besonderheiten und ausgewählte Ereignisse,
- SGV mit
  - Pünktlichkeit,
  - Verspätungen nach Zuständigkeiten,
  - Besonderheiten und ausgewählte Ereignisse,
- Unregelmäßigkeiten im Betriebsablauf,
  - störfallbezogene Besondere Verspätungsursachen (BVU),
  - ausgewählte Ereignisse.

Zusätzlich zu den
- Pünktlichkeitsstatistiken,
- Verspätungsursachenstatistiken und
- BVU-Statistiken,

werden im **Tagesbericht** vor allem die einzelnen Störfälle dargestellt. Die Störfälle (BVU-Fälle) werden bei der Aufnahme durch die Betriebszentralen in drei Kategorien eingeteilt:

- Bagatellfälle,
- regionale Lagefälle und
- überregionale Lagefälle.

Zu den überregionalen Fällen zählen „Gefährliche Ereignisse" (Kodierung 05) und Störfälle mit mehr als 200 Verspätungsminuten. Während im Tagesbericht der jeweiligen Niederlassung Netz alle Störfälle erscheinen, werden in den Berichten der Zentrale DB Netz AG nur ausgewählte Störfälle dargestellt – so im zentralen Tagesbericht die überregionalen Fälle.

Des Weiteren werden im Tagesbericht beim vertakteten SPFV unter der Rubrik „Besonderheiten" die „Abweichungen von der Trassenbestellung" aufgeführt, das sind

- Zugausfälle und Teilausfälle,
- gefahrene Ersatzzüge und
- umgeleitete Züge.

Beim SPNV wird die Pünktlichkeit mit und ohne S-Bahnen für ausgewählte Knotenbahnhöfe angegeben. Beim Nahverkehr werden die in die Ermittlungen einbezogenen Knotenbahnhöfe von den Ländern vorgegeben, weil diese die Zugleistungen bezahlen und sie eine Pünktlichkeitsübersicht für die aus ihrer Sicht besonders wichtigen Stationen wünschen.

Im **Wochenbericht** werden nur noch die herausragenden Störfälle stichwortartig unter der Rubrik „Tagesschwerpunkte" erwähnt. Im Rückblick auf die ganze Woche interessieren weniger die einzelnen Störfälle, als vielmehr das Wochenergebnis im Vergleich zur Vorwoche – damit werden Tendenzen erkennbar; aus diesen kann das Management erforderliche Steuerungsmaßnahmen ableiten. Als Anlage zum

Wochenbericht wird die Pünktlichkeit der einzelnen Linien des vertakteten SPFV angegeben.

Im **Monatsbericht** werden die Detailinformationen noch mehr gestrafft. Dafür gibt es umfangreiche Analysen und Hinweise zu einzelnen Schwachstellen. Hierbei werden die Monatsergebnisse nicht nur mit dem Vormonat, sondern auch mit dem Vorjahresmonat verglichen und die Entwicklung seit Jahresbeginn im Vergleich zum Vorjahr grafisch dargestellt. Neben örtlichen/regionalen werden auch fachliche Vergleiche vorgenommen. Dabei wird die Entwicklung bei den einzelnen Verspätungsursachen auch dadurch verdeutlicht, dass die Zusatzverspätungen auf die Anzahl der Züge bezogen werden – also der Quotient „Verspätungsminuten pro Zug" gebildet und verglichen wird. Der Monatsbericht arbeitet mit vielen grafischen Darstellungen und Tendenzanzeigern (grüner Pfeil nach oben gerichtet macht eine positive Entwicklung schneller erkennbar als die textliche Darstellung). Außerdem gibt es im Monatsbericht jahreszeitlich bedingte Sonderauswertungen z.B. für Zeiten
- starker Witterungseinflüsse (Schnee, Orkan, Überschwemmungen, Laubfall),
- intensiven Baugeschehens,
- großer Messen oder Sonderveranstaltungen.

Im **Jahresbericht** werden die Statistiken für ein Fahrplan- bzw. Kalenderjahr dargestellt und mit zurückliegenden Jahren verglichen. Zieht man dabei weit zurückliegende Ergebnisse zum Vergleich heran, so muss man auch die seither eingetretenen Veränderungen mit berücksichtigen, z.B. Auslastung der Strecken, Zunahme bei der Anzahl der Züge beispielsweise im IC-Verkehr oder bei den hochwertigen Güterzügen, Erhöhung der Geschwindigkeiten oder Intensivierungen bei Neubau- und Unterhaltungsarbeiten. Im Jahresbericht werden auch die Wirkungen veränderter Fahrplanangebote erkennbar.

Im **UIC-Bericht** wird die Entwicklung der grenzüberschreitenden Reisezüge und der internationalen Güterzüge dargestellt. Neben mengenmäßigen Veränderungen werden vor allem die Pünktlichkeiten und Verspätungsursachen angegeben. Außerdem interessiert der bilaterale Vergleich, also mit welcher Qualität wird an eine Nachbarbahn übergeben und von ihr übernommen.

Zusätzlich zum Tagesbericht erhält das Management auch zeitnahe fernmündliche Meldungen und schriftliche Schnellinformationen über besondere Ereignisse aus dem Dispositionsbereich der NLZ bzw. BZ.

4.4.5 Bewertung durch Kennzahlen

Neben dem Pünktlichkeitsgrad sind weitere Kenngrößen zur Beschreibung der Betriebsqualität definiert worden. In der BPA werden Kennzahlen für unterschiedliche
- Produkte,
- Zeiträume und

- Örtlichkeiten

gebildet; dazu gehören:

- Anfangsverspätungen,
- Endverspätungen,
- Übernahmeverspätungen,
- Übergabeverspätungen,
- Ankunftsverspätungen,
- Abfahrtsverspätungen,
- Zusatzverspätungen,
- Zuwachsverspätungen,
- Anzahl gefahrener Züge,
- Anzahl verspäteter Züge,
- erreichte Korrespondenzen/ Anschlüsse,
- Anzahl der Verspätungsfälle für jede Verspätungsursache,
- Anzahl der Störfälle (BVU-Fälle),
- BVU-Minuten, unterteilt nach
  - Ursache bzw.
  - Zuständigkeit/Verursacher.

Zu den zusammengesetzten Kennzahlen zählen außer dem Pünktlichkeitsgrad auch folgende Durchschnittswerte:
- Verspätungsminuten je gefahrenem Zug,
- Verspätungsminuten je verspätetem Zug,
- Verspätungsminuten je Störfall,
- Verspätungsminuten pro Zugkilometer.

Die Kennzahl „Zusatzverspätungsminuten pro Zugkilometer" ist eine gängige Messgröße bei den Zielvereinbarungen. Das Management führt die Fachbereiche mit Zielzahlen; diese werden auf regionale und örtliche Organisationseinheiten heruntergebrochen. Bei der Erfolgskontrolle werden die erreichten Kennzahlen im Verhältnis zu den Zielzahlen beurteilt. Zielverfehlungen bzw. Zielerreichungen führen zu Konsequenzen entsprechend den Zielvereinbarungen. Auf diese Weise wird auch die Verbesserung der Betriebsqualität gefördert.

Betriebsprozessanalyse

5 Betriebsleittechnik

5.1 Automation des Bahnbetriebes

5.1.1 Grundsätze

Die Nutzung von Telematik und Prozessautomatisierungstechnik erlaubt eine weitreichende Automation des Bahnbetriebes. Leistungsfähige Computer ermöglichen die Anwendung von Standardsoftware auch für komplizierte und komplexe Planungs- und Entscheidungsaufgaben des Betriebsmanagements. Folgende Einsatzgebiete für Automatisierungs- und Unterstützungssysteme können unterschieden werden:

Planungsebene (Unterstützungssysteme):

1) Rechnergestützte Planung des Bahnbetriebes
   → Planungssoftware

Dispositionsebene (Unterstützungssysteme):

2) Rechnergestützte Information von Reisenden
   → Betriebsleittechnik und Bürokommunikationstechnik
3) Dispositionsassistenzsysteme zur rechnergestützten
   Lenkung und Beeinflussung des Zugbetriebes
   → Betriebsleittechnik

Operationsebene (Unterstützungs- oder Automatisierungssysteme):

4) Automatische Fahrwegbildung und -sicherung
   → Sicherungstechnik
5) Automatische Zuglenkung
   → Sicherungstechnik und Betriebsleittechnik
6) Automatische Zugbeeinflussung
   → Sicherungstechnik und Prozessautomatisierungstechnik
7) Automatische Zugbildung
   → Prozessautomatisierungstechnik und Telematik (Rangiertechnik)

Zur Automation der Betriebssteuerung kommt Betriebsleittechnik zum Einsatz, welche die Sicherungstechnik (örtliche Stellwerks- und Zugbeeinflussungstechnik) überwacht und aus den gewonnenen Informationen Maßnahmen ableitet, die automatisch oder nach Sanktionierung durch den Bediener in Steuerbefehle für die Sicherungstechnik umgewandelt werden können.

Für das Verständnis der Funktion der Betriebsleittechnik sind insbesondere die Entwicklungen der automatischen Zuglenkung und -beeinflussung sowie Ansätze von Dispositionsassistenzsystemen der Betriebsleitebene von Interesse. Der

Schwerpunkt der Betrachtung liegt daher auf der Betriebsleittechnik, wobei Systeme zur Entscheidungsunterstützung besondere Beachtung finden.

WEGEL und OSER beschreiben in [1] Stand, Ziele und Anforderungen an die Automation des Eisenbahnbetriebes. Dabei ergibt sich folgende Funktionsstruktur für die Tätigkeiten und Aufgaben, die bei der Automation der Betriebssteuerung (insbesondere der Steuerung des Zugbetriebes[1)] berücksichtigt werden müssen.

Ebene	Zuständigkeitsbereich	Tätigkeit	konkrete Aufgabenstellung
Dispositionsebene	Zugfahrten leiten (Zlr, Zd, Bd)	Zugfahrten überwachen und disponieren	■ Zugläufe überwachen ■ Konflikte erkennen und lösen ■ dispositive Maßnahmen ausarbeiten und bekannt geben
		Zugfahrten lenken und beeinflussen	■ Fahrwege anfordern (lenken) ■ Dispositive Geschwindigkeiten vorgeben
Operationsebene	Zugfahrten sichern (özF, Fdl, Ww)	gesicherte Fahrwege zuweisen	■ Freisein und Befahrbarkeit der Fahrwege prüfen, Lenkvorgaben umsetzen ■ Fahrwege einstellen, verschließen und festlegen ■ Fahrwege auflösen und erneut freigeben
		Einhalten zulässiger Geschwindigkeiten sichern	■ Überschreitungen registrieren ■ Geschwindigkeitsreduzierungen auslösen
	Züge fahren (Tf, Zf)	Geschwindigkeiten regeln, Halten	■ Signale, Anzeigen, Geschwindigkeits- und Fahrplanvorgaben aufnehmen ■ technische und betriebliche Restriktionen und Zustände erkennen ■ Fahr- und Bremseinrichtungen bedienen
		Strecke beobachten	■ Unregelmäßigkeiten an Strecke und im Umfeld wahrnehmen ■ Auf technische und betriebliche Unregelmäßigkeiten reagieren

Tabelle 5.1: Funktionsstruktur für die Tätigkeiten und Aufgaben, die bei der Automation der Betriebssteuerung berücksichtigt werden müssen nach [1].

---

[1] Die Betriebssteuerung umfasst Zug- und Rangierfahrten. Bei der DB AG wird der Zugbetrieb auch als Fahrbetrieb bezeichnet.

Betriebsleittechnik

Automationsstrategien sollten auf die Berücksichtigung folgender Kriterien orientiert sein:

- Einhalten der erforderlichen Sicherheitsstandards (Eisenbahn-Bau- und Betriebsordnung, EBO).
- Erhöhung der Produktivität und Wirtschaftlichkeit.
- Einhalten vereinbarter Qualitätsstandards (keine Verschlechterung des Status quo).
- Ermöglichen einer flexiblen Reaktion auf sich verändernde Leistungsanforderungen.
- Zulassen von kreativen (aber regelgerechten) Reaktionen auf unvorhergesehene Situationen.
- Berücksichtigung von staatlichen Normen und gesellschaftlichen Konventionen.

Während für die Automation der Operationsebene im Regelfall bereits erfolgreich Lösungen entwickelt worden sind, muss bisher auf eine automatische Steuerung verzichtet werden, sobald Abweichungen vom Regelfall eintreten. Die bisher existierenden Ansätze zur Bedienerunterstützung bei Abweichungen des Bahnbetriebes vom Regelfall (Eingabe von Befahrbarkeitssperren und Merkhinweise in ESTW) stellen eine Substitution von manuellen Verfahren (Hilfssperren und Merkschilder) dar.

Zukünftig wird angestrebt, dass die Dispositionsentscheidungen automatisch in Lenkvorgaben für die Fahrweganforderung und die Beeinflussung der Zuggeschwindigkeit umgesetzt werden können. Automatisierungsstrategien sollen sich zukünftig nicht mehr in der reinen Umsetzung bekannter manueller Abläufe in Automatiken erschöpfen.

5.1.2 Integritätsbereiche

Bei der Deutschen Bahn AG werden die DV-technischen Netzwerke und die dort eingebundenen Systeme in drei Integritätsbereiche (IB) eingeteilt. Während die Sicherungstechnik („Bediensystem Steuerbezirk") zum Integritätsbereich 1 gehört, genügt die übrige Betriebsleittechnik („Bediensystem Leittechnik") den Anforderungen des Integritätsbereiches 2. Die restlichen Tele- und Bürokommunikationseinrichtungen gehören zum Integritätsbereich 3. Tabelle 5.2 gibt einen Überblick der bei der im Netz der Deutschen Bahn AG verwendeten Systeme.

Das „Bediensystem Steuerbezirk" unterliegt zwangsläufig der signaltechnischen Sicherheit, da es den direkten Zugriff auf alle Sicherungsfunktionen der Unterzentrale (UZ) ermöglicht. Ein sog. Security Translator soll gewährleisten, dass beim Datentransfer von Systemen der Leittechnik (IB 2) in den Integritätsbereich 1 die sichere Funktion und Verfügbarkeit nicht negativ beeinflusst wird. Das „Bediensystem Steuerbezirk" ist autark und funktioniert ohne Vorgaben der Betriebsleittechniksysteme, allerdings mit deutlich geringerer Effizienz.

Zuordnung der EDV-Systeme in den Betriebszentralen der DB Netz AG zu Integritätsbereichen		
Integritätsbereich (IB) 1	Integritätsbereich (IB) 2	Integritätsbereich (IB) 3
Hohe Priorität	Mittlere Priorität	Niedrige Priorität
■ ESTW ■ Signalanlagen	S E C U R I T Y T R A N S L A T O R	■ LeiDis-S/K ■ LeiDis-N ■ LeiDa-S ■ LeiTFÜ ■ LeiBIT	F I R E W A L L	■ LeiPro-A ■ BKU ■ IFB ■ GFD ■ Sonstige EDV

Tabelle 5.2: Zuordnung der EDV-Systeme in den Betriebszentralen der DB Netz AG zu Integritätsbereichen.

Obwohl an die betriebsleittechnischen Systeme keine Ansprüche hinsichtlich signaltechnischer Sicherheit gestellt werden, sind doch schützenswerte Fahrplandaten durch Firewalls von den „offenen" Netzen (IB 3) abzuschirmen.

Fazit

Für die Deutsche Bahn AG existiert eine Konzeption für die Automatisierung des Bahnbetriebes. Die Konzeption, die sich aus den Unternehmenszielen ableitet, wird bei der Einführung neuer Betriebsleittechnik, so z.B. bei der Entwicklung von Dispositionsassistenzsystemen berücksichtigt.

Zu erreichendes Fernziel für einen effektiven automatisierten Bahnbetrieb ist die automatische Umsetzung der Dispositionsentscheidungen in Zuglenkinformationen zur Fahrwegsteuerung und in Fahrbefehle für die Automatische Fahr- und Bremssteuerung (AFB) des Triebfahrzeuges (Tfz).

Ausgehend von den existierenden Systemen der Operationsebene (Aufgaben: Züge fahren und Zugfahrten sichern), deren Entwicklung zu einem gewissen Abschluss gekommen ist, ergeben sich folgende Anforderungen an zukünftige Betriebsleittechnik:

■ dispositive Geschwindigkeiten müssen ermittelt und an Zugbeeinflussungsanlagen weitergegeben werden können,
■ optimale Dispositionslösungen müssen ermittelt und als Zuglenkinformationen an die ZL weitergegeben werden können.

Betriebsleittechnik

5.2 Die Betriebsleittechnik der Operationsebene

5.2.1 Fahrwege einstellen, verschließen und festlegen

Schwerpunkte der aktuellen Entwicklungen der Sicherungs- und Betriebsleittechnik für Stellwerke sind die Anpassung der Bedienung von Elektronischen Stellwerken (ESTW) an die Bedürfnisse der Nutzer und die Einbindung von vorhandenen Relaisstellwerken (RSTW) in Betriebszentralen.

Die Schaffung von mausgeführten Bedienoberflächen bei ESTW hat zu einer Erhöhung des Bedienkomforts geführt, insbesondere, da nun durch Wegfall der Bedienung über Tablett die Blickrichtung des Bedieners bei allen Aktionen und Prozessreaktionen weitgehend beibehalten werden kann. Die Unterstützung von Funktionen der „Fenstertechnik" ist dem Bediener außerdem bereits von der Nutzung von Standardsoftware bekannt und erspart eine aufwendige Einarbeitung in die Bedienfunktionen. Der direkte Zugriff auf die Sicherungstechnik des RSTW wird durch Einsatz von Fernwirkunterzentralen ermöglicht.

Bevor das Konzept BZ 2000 voll zum Tragen kommt, befinden sich noch ESTW-Insellösungen, mit zum Teil sehr umfangreichen Bedienbezirken, im Einsatz. Diese ESTW sind teilweise mit Zuglenkungen der Bauart ZLS 900 ausgerüstet; so ist z.B. das 1996 in Betrieb genommene ESTW El S in Hannover Hbf (Hf) mit 22 Signalen mit Zuglenkfunktion ausgerüstet. Das ESTW steuert und überwacht 854 Stelleinheiten. Insgesamt lassen sich 5100 Zug- und Rangier(fahr)straßen einstellen.

5.2.2 Lenkvorgaben umsetzen

Die Zuglenkung (ZL) stellt die wichtigste Voraussetzung für die Umsetzung von Dispositionsvorgaben in Lenkvorgaben dar. Während durch die automatische Umsetzung von dispositiven Geschwindigkeitsvorgaben durch die AFB nur die Qualität der Umsetzung der Dispositionsmaßnahmen erhöht wird, die Führung des Tfz aber auch weiterhin durch den Tf erfolgen könnte, ist die ZL nicht substituierbar. Auch bei Werks- und Anschlussbahnen können Zuglenkanlagen beim Vorliegen bestimmter Rahmenbedingungen betrieblich und ökonomisch sinnvoll eingesetzt werden.

5.3 Die automatische Zuglenkung bei der Deutschen Bahn AG

5.3.1 Grundsätze

Die automatische Zuglenkung ist eine automatisierungstechnische Anlage zur Unterstützung des Bedieners bei der Sicherung des Zugbetriebes. Bei planmäßigem Zugbetrieb sollte eine automatische Zuglenkung, unabhängig von Bauform und Betreiber der Eisenbahninfrastruktur,

- die selbsttätige Fahrstraßenauswahl,
- das zeitgerechte Ausgeben der Stellbefehle und – zumindest in Teilaspekten –,
- die Reihenfolgeregelung der Zugfahrten,

ohne Unterstützung durch manuelle Tätigkeiten des Bedieners oder dispositive Vorgaben von Unterstützungssystemen mit automatischer Konflikterkennung und -lösung selbsttätig vornehmen können (Basisforderung).

5.3.2 Betriebliche Vorteile

Dem Bediener werden wiederkehrende Regelbedienungen abgenommen, was zur Entlastung, insbesondere auf hochbelasteten Strecken beiträgt. Die Zuverlässigkeit der richtigen Fahrwegzuordnung zu Zügen wird durch die Reduzierung der notwendigen manuellen Bedienhandlungen für den Regelfall wirkungsvoll erhöht. Im Störungsfall dürfen jedoch alle fahrdienstlichen Aufgaben nach Konzernrichtlinie 408 „Züge fahren und Rangieren" nur noch vom örtlich zuständigen Fahrdienstleiter (özF) durchgeführt werden; die Zuglenkungsfunktionen sind vorher durch den özF auszuschalten.

Durch das automatische Einstellen von Fahrstraßen[2] in Abhängigkeit von Zugstandort und -geschwindigkeit lässt sich die Leistungsfähigkeit der Eisenbahnbetriebsanlagen in Knoten[3] gegenüber dem manuellen Bedienen der Stellwerke für den Regelfall erhöhen. Bei gleichbleibendem Betriebsprogramm verbessert sich das Leistungsverhalten der Eisenbahnbetriebsanlage des Knotens.

Durch Modifizierung, Löschung und Eingabe von Zuglenkdaten können kurzfristige Planänderungen und Dispositionsentscheidungen manuell durch den Bediener (z.B. den Zuglenker) oder automatisch durch Unterstützungssysteme der Zuglenkung vorgegeben werden.

5.3.3 Möglichkeiten der technischen Realisierung

Für die selbsttätige Fahrwegwahl stehen zwei Prinzipien zur Gestaltung von automatischen Zuglenkungen zur Verfügung:
- Anlagen mit Programmselbststellbetrieb,
- Anlagen mit Fahrwegwahl durch den Zug.

Der Programmselbststellbetrieb funktioniert auf der Basis eines jedem Signal zugeordneten Fahrstraßenspeichers, in welchem alle Fahrstraßen in einer zuvor festgelegten Reihenfolge abgelegt sind. Bei Annäherung eines Zuges an ein Signal wird über einen Einstellanstoß der Fahrstraßenspeicher auf die nächste Position

---

[2] In der ersten Realisierungsstufe werden nur Zugstraßen automatisch eingestellt.
[3] Durch ZL lassen sich Fahrstraßen von Bahnhöfen und Abzweigstellen (Haltestellen) automatisch einstellen.

gesetzt, die das Einstellen der dort abgespeicherten Fahrstraße per Stellauftrag auslöst. Da der Programmselbststellbetrieb wegen des fehlenden logischen Bezuges zwischen Zug und seinem Fahrweg ein Betriebsprogramm voraussetzt, bei dem mit hoher Zuverlässigkeit die Reihenfolge der Züge eingehalten werden kann, eignet sich diese Form insbesondere für mit starrem Fahrplan verkehrende Stadt- und Vorortbahnen. PACHL gibt in seiner Dissertation [2] Beispiele für den erfolgreichen Einsatz von Anlagen mit Programmselbststellanstoß.

Automatische Zuglenkanlagen, welche auf der Basis einer Fahrstraßenauswahl durch den Zug arbeiten, sind für den Einsatz auf Eisenbahnstrecken mit stochastischem Fahrplan geeignet, da der Stellauftrag durch eine zugbegleitende Information ausgelöst wird. Ausgehend von den Erfordernissen des Betriebsprogramms und der zu befahrenden Infrastruktur werden bei der Produktionsplanung Zuglenkpläne aufgestellt und abgespeichert, welche die Reihenfolge der von den Zügen nacheinander zu befahrenden Fahrstraßen enthalten. Abhängig vom spezifischen Einsatzgebiet werden zwei Verfahren für die Ermittlung des Fahrweges genutzt:

a) Identifizierung des Zuges anhand seiner Zugnummer, wobei zugnummernorientierte Zuglenkpläne verwendet werden.
b) Nutzung einer besonderen zugbegleitenden Zuglenkinformation (Zielkennzeichen, Zuglenkziffer) und Aufstellen je eines Zuglenkplanes für jede mögliche Zuglenkinformation.

Verfahren a) eignet sich besonders für den Einsatz bei der öffentlichen Eisenbahn[4], welche zwingend Zugnummern vergeben muss, Verfahren b) berücksichtigt die Besonderheit von Werk- und Industriebahnen (insbesondere des Braunkohletagebaus), bei welchen den Zügen kurzfristig wechselnde Ziele nach Bedarf zugewiesen werden.

Es können folgende Verfahren zur Übertragung der zugbegleitenden Information vom Zug zur Zuglenkungseinrichtung eingesetzt werden:

a) Kennungsgeber auf dem Triebfahrzeug und Erfassungseinrichtung an der Strecke (Infrarotsysteme, System Integra).
b) Nutzung von Zuglaufverfolgungsanlage zur Weitergabe der notwendigen Informationen zur Identifizierung des Zuges von Abschnitt zu Abschnitt nach erfolgter manueller Eingabe oder automatischer Erkennung am Einbruch ins Teilnetz oder bei Beginn des Zuges.
c) Kontinuierliche Erfassung des Standortes des Zuges (und ausgewählter Eigenschaften) durch kontinuierliche oder quasikontinuierliche Erfassungsanlagen auf der Basis vom zukünftigen, europäisch einheitlichen Zugbeeinflussungssystem ERTMS/ETCS oder satellitengestützter Ortungsverfahren.

---

[4]   Daher findet dieses Prinzip bei der Deutschen Bahn AG Anwendung.

Bei der Deutschen Bahn AG kommen Zuglaufverfolgungsanlagen zum Einsatz (Verfahren b)), zukünftige Entwicklungen werden die (quasi-)kontinuierliche Übertragung (Verfahren c)) ermöglichen.

Für Zuglenkanlagen können in Abhängigkeit von den zu Grunde liegenden Einsatzfällen[5] folgende zwei Systemvarianten unterschieden werden:

a) Betrieb einer Zuglenkung als Einzelsystem,
b) Betrieb einer Zuglenkung, welche eine Kopplung zum zentralen Lenkplan besitzt bzw. als Subsystem einer Betriebszentrale fungiert.

Im Weiteren wird ausführlich die Systemkonfiguration der Variante b) dargestellt, welche bei der Deutschen Bahn AG im Rahmen des BZ-Konzeptes zum Einsatz kommen wird.

5.3.4 Funktionen und Anforderungen

5.3.4.1 Grundsatzaufgaben

Die automatische Zuglenkung (ZL) kann Zugstraßen zeitoptimal
1) an Verzweigungen,
2) an Zusammenführungen oder
3) in Bereichen ohne Verzweigungs- oder Zusammenführungsmöglichkeit (Gleisteil/Streckengleis)
anfordern und damit das Einstellen anstoßen, wobei beliebige Kombinationen der Elemente 1) bis 3) in Fahrstraßenknoten beherrscht werden. Kommt eine ZL zum Einsatz, so wird kein Selbststellbetrieb (SB), auch nicht als Rückfallebene bei Ausfall der ZL, vorgesehen.

Während an Verzweigungen die Aufgabe der ZL darin besteht, den Zug zu einem bestimmten vorgegebenen Ort zu lenken, besteht an Zusammenführungen die Notwendigkeit die Reihenfolge der Züge auf Grund von Planvorgaben oder Dispositionsentscheidungen ändern zu können. Die automatische Zuglenkung handelt auf der Basis von Zuglenkinformationen.

Das Erstellen von Konfliktlösungsstrategien und Dispositionsvorgaben gehört nicht zu den Aufgaben der ZL.

Ist an einer Verzweigung die angeforderte Fahrstraße bei Stellbarkeitsprüfung nicht verfügbar, so erfolgt nach Ablauf eines vorgegebenen Zeitfensters der Abbruch der Bemühungen, ohne dass ein anderes als das im Zuglenkplan vorgegebene Zielgleis angesteuert wird.

---

5   Die Einsatzfälle ergeben sich aus dem Rationalisierungsziel und den betrieblichen Anforderungen des Betreibers.

Betriebsleittechnik

Dagegen wird das Einstellen von alternativen Durchrutschwegen in Abhängigkeit von der vorliegenden Betriebslage[6] auf der Grundlage einer Prioritätenliste von der ZL auch dann selbsttätig vorgenommen, wenn sich aus der Verkürzung von Durchrutschwegen geringere Einfahrgeschwindigkeiten ergeben. Bei Zusammenführungen in Bahnhöfen gilt, dass für eine Zugfahrt, für welche manuell eine Einfahrstraße in ein vom Zuglenkplan abweichendes Gleis (z.b. Abweichung vom Fahrplan für Zugmeldestellen) eingestellt wurde, auch die Ausfahrstraße[7] manuell eingestellt werden muss; wurde manuell eine Fahrstraße in ein Gleis eingestellt, aus welchem eine Ausfahrt im Zuglenkplan vorgesehen ist, so wird diese von der ZL selbsttätig angesteuert. Für eine effektive Nutzung der ZL ist unabdingbar, dass die automatische Änderung der Zuglenkdaten auf der Basis eines Unterstützungssystems der Dispositionsebene vorgenommen wird. Manuelle alphanumerische Eingaben zum Ändern des Zuglenkplans sind aus betrieblicher Sicht nur bei einfachen betrieblichen Verhältnissen akzeptabel, für welche automatische Zuglenkungen z.Z. (noch) nicht eingesetzt werden.

5.3.4.2 Zeitgerechtes Einstellen von Fahrstraßen

Die automatische Zuglenkung muss gewährleisten, dass die Signalfreigabe eines ZL-Signals zum optimalen Zeitpunkt stattfindet. Ein H/V-Signal bzw. Ks-Signal wird dann zum optimalen Zeitpunkt freigegeben, wenn das Signal einen Fahrtbegriff zeigt, sobald sich der Zug am Sichtpunkt[8] des Vorsignals befindet. Bei Mehrabschnittssignalisierung ist der Sichtpunkt des rückgelegenen Hauptsignals maßgeblich.

Bei durch die LZB geführten Zügen können die Ortspunkte[9], an denen sich der LZB-geführte Zug bei der Freigabe des folgenden Abschnittes befinden muss, um nicht behindert zu werden, von denen der signalgeführten Züge in Abhängigkeit vom Bremsvermögen und der aktuellen Fahrgeschwindigkeit des Zuges abweichen. Aus der vorgenannten Forderung kann abgeleitet werden, dass der Anstoß für die Fahrstraßenbildung so rechtzeitig zu erfolgen hat, dass diese spätestens abgeschlossen ist, wenn der Zug den maßgeblichen Sichtpunkt erreicht hat. Der Aufwand für zusätzliche Gleisschaltmittel zur Realisierung des Anstoßes der Fahrstraßenbildung in örtlicher Nähe zum maßgeblichen Sichtpunkt lässt sich reduzie-

---

[6] z.B. Beanspruchung von Elementen des gewöhnlichen Durchrutschweges durch andere Fahrstraßen.

[7] z.B. ist auch das automatische Einstellen einer Ausfahrstraße auf das Gegengleis nicht zulässig.

[8] Eine hohe Betriebsdurchführungsqualität erfordert, dass die Freigabe des vor dem Zug gelegenen Abschnittes so zu erfolgen hat, dass die behinderungsfreie Weiterfahrt gewährleistet wird und der Zug nicht stutzen muss. Ein Zug stutzt jedoch zwangsläufig, wenn der folgende Abschnitt so lange nicht freigegeben worden ist, bis der Zug den Ortspunkt erreicht, von dem das Einleiten einer Betriebsbremsung unter Berücksichtigung der technisch und menschlich bedingten Trägheits- und Reaktionszeiten noch einen sicheren Halt vor dem Gefahrpunkt ermöglicht.

[9] Zur Vereinheitlichung des Sprachgebrauchs werden diese Ortspunkte LZB-Sichtpunkte genannt.

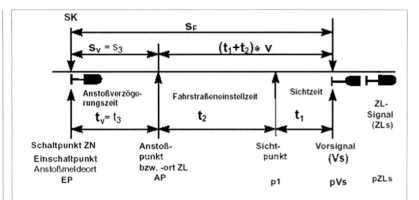

t₁ = Sichtzeit (für die ZL festgelegt auf 15 s) (vgl. Abschn.10, Abs. 5)

t₂ = Fahrstraßeneinstellzeit; Diese Zeit hängt von der Zahl der einzustellenden Weichen ab. (vergrößert sich bei zu berücksichtigenden BÜ gemäß Abschnitt 13)

t_v = t₃ = Anstoßverzögerungszeit; Die Zeit, die vom Befahren des Schaltpunktes EP mit Streckenhöchstgeschwindigkeit bzw. abhängig von der Geschwindigkeitsklasse bis zum Erreichen des ZL-Anstoßpunktes AP vergeht.

s_v = s₃ = Die Strecke, die vom Befahren des Schaltpunktes EP bis zum Erreichen des ZL-Anstoßpunktes AP zurückgelegt wird.

s_F = Die Strecke, die vom Befahren des Schaltpunktes EP bis zum Erreichen des Vorsignals zurückgelegt wird.

SK = Standort Schaltkriterium (In der Regel Standort Signal, dessen Haltfall die ZN in den zugehörigen Meldeort schaltet. Bei Abweichungen Standort Signal zum auslösenden Gleisschaltmittel von mehr als ca. 50 Meter: Standort Gleisschaltmittel benutzen !)

Abbildung 5.1: Zeitverhältnisse am ZL-Signal nach Ril 819.0732.

ren, indem der Anstoßpunkt örtlich mit einem vorgelegenen Signalstandort vereinigt wird. Jedoch muss die Fahrstraßenbildung in diesem Fall zeitlich verzögert werden, um die Fahrstraßenbelegungszeit auf das betriebstechnisch notwendige Maß zu begrenzen.

Die Berechnung der notwendigen Verzögerungszeit hat in Abhängigkeit von der zulässigen Planhöchstgeschwindigkeit zu erfolgen. Die Projektierung der z.Z. bei der DB AG im Einsatz befindlichen automatischen Zuglenkung ZLS 900/901 erfolgt nach der Richtlinie „LST Anlagen planen: Leittechnische Einrichtungen, Zuglenkung planen, Modul 819.0732", in welcher auch die Berechnung der Verzögerungszeit und die Darstellung der Zeitverhältnisse am ZL-Signal erfolgt. Abbildung 5.1 stellt alle relevanten Ortspunkte und Wegstrecken innerhalb des ZL-Funktionsbereiches dar.

Zum besseren Verständnis werden im Glossar unter den Begriffen Einschalt- und Anrückstrecke die notwendigen Zusammenhänge noch weiter erklärt.

5.3.4.3 Betriebliche und sicherungstechnische Anforderungen

Die automatische Zuglenkung hat den folgenden betrieblichen und technischen Anforderungen zu genügen:

- Die Dispositionsentscheidungen sind vom Bediener zu treffen, welcher durch Assistenzsysteme mit Funktionen der Konflikterkennung und -lösung unterstützt wird. Dabei sind manuelle Eingaben ebenso wie die permanente Überwachung der Zuglaufverfolgung zu vermeiden.
- Der Bediener (Zlr und özF) kann ständig die Zuglenkung beeinflussen. Der özF kann ZL-Signale ohne Vorbedingungen ein- und ausschalten. Durch das Ein- und Ausschalten können eingestellte Zugstraßen nicht beeinflusst werden.
- Doppelaufträge[10] zum Einstellen von Zugstraßen werden nicht ausgeführt, dieses gilt auch und erst recht, wenn sich die Aufträge von Bediener und ZL widersprechen.
- Das Einschalten der ZL ist eine (KF-pflichtige) Handlung, d.h. der Bediener (özF) muss quittieren, dass er geprüft hat, dass dem Wiedereinschalten keine Bestimmungen nach Konzernrichtlinie 408 „Züge fahren und Rangieren" entgegenstehen. „KF" ist die Abkürzung für Kommandofreigabe. Die Einschaltung kann für jedes Signal einzeln, aber nur durch den özF vorgenommen werden.
- Die Lenkpläne berücksichtigen die längerfristig gültigen Daten der Regel- und Bedarfszüge, die tagesaktuellen Änderungen der Daten (Anordnungen über den Zugverkehr), die manuellen Eingaben von Daten durch den Bediener (z.B. Dispo-Halt) und die automatischen Vorgaben von Daten aus Entscheidungsunterstützungssystemen.
- Die Bestimmungen, die aus der Konzernrichtlinie 408 „Züge fahren und Rangieren" über den Selbststellbetrieb abgeleitet werden, gelten analog für die Zuglenkung und wurden ab der Bekanntgabe 1 genau spezifiziert.
- Für außergewöhnliche Züge, Fahrzeuge und Ladungen werden die ZL-Funktionen wirksam abgeschaltet, indem diese im Lenkplan so gekennzeichnet werden, dass kein ZL-Anstoß erfolgt. Bisher dürfen außergewöhnliche Züge, Fahrzeuge und Ladungen nicht durch die ZL gelenkt werden.
- Ohne Vorgaben durch ein Assistenzsystem wendet die Zuglenkung prinzipiell nur zwei Lenkstrategien zur Lösung von Belegungskonflikten an Zusammenführungen (Einfädeln) an:
  a) **First in – first out** (der zeitlich jeweils frühere Anstoß zur Zugstraßeneinstellung setzt sich durch)
  b) **Unbedingter Streckenvorrang** (Züge auf der vorrangigen Strecke werden automatisch gelenkt. Züge der einfädelnden Strecke bedürfen grundsätzlich der Zustimmung und Mitwirkung des Bedieners)

Anmerkung: Die „Systemvertrag II konformen" Zuglenkungen können auch ohne Anbindung an ein Assistenzsystem Zugreihenfolgevorgaben vorhalten und umsetzten (allerdings nur bis zu 2 pro Signal und Zug); deren Eingabe erfolgt dann direkt in die lokale Gleisbenutzungstabelle der Unterzentrale bzw. ZGBT des Steuerbezirks.

---

[10] Doppelaufträge können z.B. entstehen, wenn durch Ein- und Ausschalten der ZL-Signale, Fahrstraßeneinstellungen durch den Bediener, Auffrischen der ZN-Information durch die ZLV indifferente Aufträge erteilt werden.

5.3.4.4 Zusammenstellung der Zuglenkungsfunktionen

Zusammenstellung der Zuglenkungsfunktionen		
Funktion	**ZL**	**LeiDis-S/K**
Einfahrzugstraße mit Regeldurchrutschweg einstellen	X	X
Einfahrzugstraße mit abweichendem Durchrutschweg einstellen	X	X
Fahrstraße innerhalb einer Betriebsstelle mit Regel- oder abweichendem D-Weg einstellen	X	X
Ausfahrstraße nach Einfahrt eines Zuges auf Regeleinfahrstraße einstellen (für nur kurz haltende Züge – ohne WZV-Beachtung)	X	X
Ausfahrstraße nach Einfahrt eines Zuges auf Regeleinfahrstraße einstellen (für haltende Züge – mit WZV-Beachtung)	(X)	X
Einfahrstraße in einen Kopfbahnhof einstellen	X	X
Ausfahrstraße aus einem Kopfbahnhof einstellen	(X)	X
Regelüberholungen sicherstellen (durch Vorgabe der „Zugfolgeregelung" im Zuglenkplan)	X	X
Ausfahrstraßen beginnender Züge einstellen	(X)	X
Einfahrstraßen endender Züge einstellen	X	X
Fahrstraßen zum Einfädeln an Abzweigstellen einstellen (bei Anwendung der Regel: first in – first out)	X	X
Fahrstraßen zum Einfädeln an Abzweigstellen einstellen (bei Anwendung der Regel vom unbedingten Streckenrang)	X	X
Fahrstraßen zum Einfädeln an Abzweigstellen einstellen (bei Überwachung durch LeiDis-S/K)	(X)	X
Fahrstraßen zum Ausfädeln an Abzweigstellen einstellen	X	X

Legende:
X bei ZL: Durchführung durch ZL ohne Assistenz von LeiDis-S/K
(X) bei ZL: Durchführung durch ZL nur unter besonderen betrieblichen und örtlichen Bedingungen
X bei LeiDis-S/K: Durchführung durch ZL nur bei aktiv arbeitendem LeiDis-S/K möglich

Tabelle 5.3:
Zusammenstellung der ZL-Funktionen.

Alle genannten Funktionalitäten sollen zukünftig sowohl über lokale Gleisbenutzungstabellen bzw. den lokalen Lenkplan direkt der ZL mitgeteilt werden können als auch über die Dispo-Oberflächen [LeiDis-S/K, Lenkübersicht (LÜS), zentrale Gleisbenutzungstabelle (zGBT)] ein- und vorgegeben werden können.

Durch Änderungen der Lenkdatensätze können über Assistenzsysteme alle oben genannten Zuglenkfunktionen vom Bediener zu einem beliebigen Zeitpunkt ausgelöst werden.

5.3.4.5 Funktionaler Ablauf der Betriebssteuerung durch Zuglenkung

Der prinzipielle funktionale Aufbau der Außenanlagen der Zuglenkung (ZL) geht aus Abbildung 5.2 hervor. Das Ablaufschema (Programmablaufplan) Abbildung 5.3 stellt die notwendigen Abläufe vom Eintreffen eines Zuges an der Funktionsgrenze bis zum Ende der Fahrt dar. Im Glossar werden die zum Verständnis notwendigen Begriffe ZL-Funktionsbereich, Zuglenkbereich (ZL-Lenkbereich) und Stellbereich erklärt.

Der funktionale Ablauf der Betriebssteuerung durch ZL umfasst folgende Teilabläufe:
- Überprüfen des Vorliegens von Lenkvorgaben bei Einbruch des Zuges in den ZL-Lenkbereich durch Suchen von Lenkdaten im Datenbestand anhand der Zugnummer. Dabei werden tagesaktuelle Restriktionen (z.B. Lü Dora) und manuelle Ad-hoc-Eingaben des Bedieners berücksichtigt. Ist das Steuern des Zuges durch die ZL nicht möglich (keine Lenkdaten vorhanden) oder nicht zulässig (betriebliche Restriktionen), so wird der Bediener darauf aufmerksam gemacht, dass der Zug manuell gesteuert werden muss.
- Das Auslösen des ZL-Ablaufs am Einschaltpunkt (EP), wobei die örtliche Lage des EP davon abhängt, ob es sich um einen signal- oder LZB-geführten Zug

Abbildung 5.2:
Prinzipieller funktionaler Aufbau der Außenanlagen der Zuglenkung.

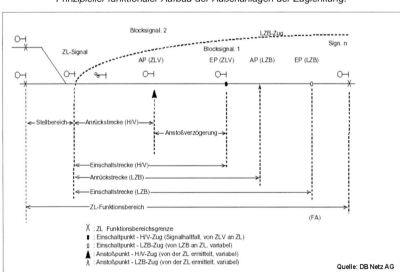

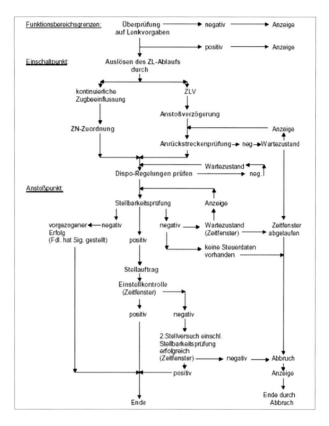

Abbildung 5.3: Ablaufschema Zuglenkung.

handelt. Bei signalgeführten Zügen ist der Auslöser für die Einschaltung der Signalhaltfall eines definierten Signals – Zuglaufverfolgung (ZLV). Bei LZB-geführten Zügen kann die ZLV oder aber der Selbststellbetriebsanstoß der LZB vor dem ZL-Signal als Einschaltkriterium herangezogen werden. Der Zeitpunkt für den Selbststellbetriebsanstoß wird individuell aus Ist-Geschwindigkeit und Bremsvermögen des LZB-geführten Zuges ermittelt. Die LZB-Einschaltstrecke für den Selbststellbetriebsanstoß setzt sich aus dem Betriebsbremsweg, dem Betriebsbremsvormeldeweg (Reaktionszeit für Tf und Tfz) und den technisch bedingten Reaktionszeiten von Stellwerk (und Fernwirk- und Betriebsleittechnik) zusammen.

- Das systematische Suchen der Zugnummer des LZB-geführten Zuges in den ZLV-Daten der Zugnummernmeldeanlage wird notwendig, weil keine direkte Schnittstelle zwischen LZB und Zugnummernmeldeanlage existiert.
- Die Anrückstreckenprüfung wird für signalgeführte Züge durchgeführt, um zu gewährleisten, dass sich keine weiteren Züge in der Anrückstrecke befinden und die Signale der vor dem ZL-Signal befindlichen Fahrstraßen bereits auf Fahrt stehen. Die Anrückstreckenprüfung ist der Garant für das zeitgerechte Stellen der Fahrstraße am ZL-Signal. Bei LZB-geführten Zügen kann auf die

Anrückstreckenprüfung verzichtet werden, da Hindernisse bereits vom Selbststellbetriebsanstoß erkannt werden. Liegt innerhalb der Anrückstrecke eine Fahrstraße, die als Element einen Bahnübergang hat, so wird statt der Signalfahrtstellung der Festlegeüberwachungsmelder ausgewertet.

- Die Überprüfung der Dispositionsregelungen stellt sicher, dass die vom Bediener vorgegebenen zug- oder signalbezogenen Dispositionshalte, Reihenfolgefestlegungen oder Warte- und Stellzeitvorgaben berücksichtigt werden. Der Bediener wird auf daraus resultierende Wartezustände hingewiesen.

- Die Stellbarkeitsprüfung verhindert unausführbare Stellversuche und reduziert damit die Häufigkeit der Belegung der Anschaltgruppen des Stellwerks. Bei der Stellbarkeitsprüfung werden folgende Kriterien ausgewertet:

1. Prüfen, ob das ZL-Signal (durch manuelle Stellbefehle) bereits auf Fahrt steht.
2. Abprüfen der Ganz- und Teilblockbelegung bei Ausfädolung: Betrachten der Richtung, Freifahren der Fahrwegweiche.
3. Abprüfen, ob die Erlaubnis in Gegenrichtung beansprucht ist.
4. Abprüfen, ob Befahrbarkeitssperren eingelegt sind.
5. Abprüfen, ob bestimmte Weichen des einzustellenden Fahrweges in falscher Lage verschlossen sind (Fahrstraßenausschluss).
6. Abprüfen, ob das Zielgleis frei ist.
7. Prüfen, ob Flankenschutz in der richtigen Stellung durch die dafür projektierten Elemente gegeben werden kann. Diese Prüfung ist dann durchzuführen, wenn in Abhängigkeit vom Stellwerkstyp und den topografischen Bedingungen Flankenschutz bietende Elemente einzeln für jedes Element durch Projektierungswerte festgelegt wurden.
8. Prüfen, ob der geforderte Durchrutschweg für die Einfahrstraße verfügbar ist (Belegungsprüfung).
9. Prüfen, ob der von der vorher befahrenen Fahrstraße eingestellte Durchrutschweg noch in einer anderen als der von der einzustellenden, sich anschließenden Fahrstraße benutzten Richtung eingestellt ist (Prüfung auf Auflösung).
10. Prüfen, ob für die zum Fahrstraßenaufbau benötigten Bahnübergänge die entsprechenden Überwachungsabschnitte frei sind.

Wird eine Zugstraße manuell durch den Bediener eingestellt, so wird das als „vorzeitiger Erfolg" gewertet. Verläuft die Stellbarkeitsprüfung negativ, so wird diese während einer fest vorzugebenden Zeit zyklisch wiederholt. Der resultierende Wartezustand wird jedoch nach Ablauf der Vorgabezeit abgebrochen.

- Die Deadlock-Prüfung (Deadlock = betriebliche Verklemmung, vgl. Fahrwegkapazitätsbetrachtungen) erfolgt zeitgleich mit der Stellbarkeitsprüfung.
- Der Stellauftrag löst nach positiver Stellbarkeitsprüfung die Fahrwegbildung durch das Stellwerk aus.
- Die Einstellkontrolle überprüft, ob die angeforderte Fahrstraße wirklich erfolgreich gebildet werden konnte.
- Die ZL beherrscht zur Durchführung des Flügelzugsystems auch das Trennen und Vereinigen von Zügen. Dazu ist es möglich Zugnummern zu generieren oder zu löschen.

5.3.4.6 Dispositive Eingriffsmöglichkeiten des Bedieners

Für die Praxis relevant ist die Unterscheidung zwischen der Regelbedienung durch den Zuglenker über die Dispo-Oberflächen [Zeit-Weg-Linien-Darstellung (ZWL), Bahnhofsgrafik (BFG), Dispositionsfahrplan, Lenkübersicht (LÜS), zentrale Gleisbenutzungstabelle (zGBT)] in der BZ und der Rückfallebene der lokalen Bedienung der Zuglenkung in der Unterzentrale bzw. dem Steuerbezirk über die lokale GBT durch den örtlich zuständigen Fahrdienstleiter (özF).

Folgende Möglichkeiten zur direkten Beeinflussung der ZL stehen dabei zur Verfügung:
- **Dispositionshalt** (mit *oder* ohne Änderung der Zuglenkdaten),
- **Zeitvorgaben** (mit Änderung der Zuglenkdaten),
- **Reihenfolgeregelungen** (mit Änderung der Zuglenkdaten) und
- **Nachträgliche Eingabe der Zielkennung** (mit Änderung der Zuglenkdaten).

Es werden signal- und zugbezogene Dispositionshalte unterschieden. Ein Dispositionshalt stellt den ZL-Ablauf unter einen vorübergehenden Vorbehalt des Bedieners. Bei einem zugbezogenen Dispositionshalt wird ein Zug an einem bestimmten Signal zurückgehalten; dazu werden die Zuglenkdaten geändert. Der signalbezogene Dispositionshalt, für dessen Durchführung keine Änderung des Zuglenkplanes notwendig ist, bewirkt, dass ein bestimmtes Signal vom Bediener manuell freigegeben werden muss. Dieses verhindert z.B. wirkungsvoll das ungewollte Einfädeln von Zügen an Abzweigstellen. Da ein Dispositionshalt Handlungsbedarf bedeuten kann (manuelle Freigabe des Signals), muss dieser dem Bediener angezeigt werden; ein Dispositionshalt kann jederzeit (ohne Vorbedingungen) wieder vom Bediener zurückgenommen werden.

Zwei Zeitvorgaben können unterschieden werden:
- Die Stellzeit charakterisiert den Zeitpunkt, zu welchem ein ZL-Signal auf Fahrt gestellt werden soll.
- Die Wartezeit charakterisiert die Zeit, welche noch gewartet werden soll, bis ein ZL-Signal auf Fahrt gestellt werden soll.

Verzögerungszeiten, welche aus der geschwindigkeitsabhängigen Steuerung (LZB) resultieren, werden beim Vorliegen von aktuell gültigen Stell- oder Wartezeiten nicht berücksichtigt. Die nachträgliche Eingabe der Zielkennung ermöglicht es, dass ein ohne ZL-Lenkdaten in den ZL-Funktionsbereich eingebrochener Zug trotzdem von der ZL gelenkt werden kann. Im ZL-Lenkplan werden Reihenfolgeregelungen, Stell- und Wartezeiten mit den betreffenden Zugdaten abgespeichert und dem betroffenen ZL-Signal zugeordnet. Alle vom Dispositionsassistenzsystem vorgenommenen Änderungen an den Zuglenkdaten werden von der ZL auf Ausführbar-

---

[11] Die Lenkübersicht (LÜS) gehört zur Betriebsleittechnik der Dispositionsebene; sie ermöglicht die Vorgabe von Zuglenkdaten von zentraler Stelle aus. Auf ESTW von Knotenbahnhöfen („Insellösungen") kommen LÜS zur Ad-hoc-Änderung von Zugdaten zum Einsatz.

Betriebsleittechnik

keit geprüft; können die Lenkvorgaben z.b. wegen der inzwischen eingetretenen Veränderungen der Prozessdaten nicht ausgeführt werden, so wird dieses dem Dispositionsassistenzsystem mitgeteilt.

5.3.5 Bedieneinrichtungen

5.3.5.1 Bereichsübersicht und Lupe

Bereichsübersicht (Berü) und Lupe sind ein Bestandteil der Sicherungstechnik des ESTW. Auf der Lupe werden Betriebszustände (z.b. die Endlage von Weichen und das Frei- oder Besetztsein von Gleisen) signaltechnisch sicher angezeigt. Die Eingaben erfolgen über die Bedieneinrichtungen (z.b. Tablett oder mausgeführte Bedienoberfläche) ebenfalls signaltechnisch sicher. Folgende Funktionen und Zustände der ZL werden auf Berü bzw. Lupe angezeigt und können durch Eingaben in ESTW-Bedieneinrichtungen beeinflusst werden:

- KF-pflichtiges Einschalten der ZL-Signale
  (Einschalten *nur* durch ESTW-Bedienungseinrichtungen möglich),
- einzelnes und gruppenweises Ausschalten der ZL-Signale,
- Ein- und Ausschalten des signalbezogenen Dispositionshaltes sowie
- Ausschalten der Gleisbenutzungstabelle (GBT) und Lenkübersicht (LÜS).

Alle weiteren ZL-bezogenen Bedienungen erfolgen ausschließlich über GBT und LÜS[11]. Bereichsübersicht (Berü) und Lupe dienen *nur* der unmittelbaren operativen Bedienung der ZL und ihrer Systemzustände. Dispositive Vorgaben werden über GBT und LÜS vorgenommen oder perspektivisch von Dispositionsassistenzsystemen direkt vorgegeben.

5.3.5.2 Gleisbenutzungstabelle und Lenkübersicht

Es wird grundsätzlich zwischen Gleisbenutzungstabellen [GBT = Bedienoberfläche der Zuglenkung für den örtlich zuständigen Fahrdienstleiter (özF) im IB 1, d.h. in der Unterzentrale (UZ) bzw. im Steuerbezirk] und zentralen Gleisbenutzungstabellen [zGBT = Bedienoberfläche des Dispositionssystems für den Zuglenker im IB 2] unterschieden. Die folgende Passage beschreibt die (lokale) Gleisbenutzungstabelle (GBT), welche der tabellarischen und übersichtlichen Darstellung der Lenkvorgaben des Lenkplanes, insbesondere auf Stellwerken mit ZL ohne betriebsleittechnische Verbindung zur übergeordneten Dispositionsebene („Insellösungen") dient. Die GBT dient dem Erfassen, Verändern und Löschen der Lenkplandaten. In Unterzentralen (UZ) werden GBT vorgehalten, um Veränderungen der Lenkdaten auch bei gestörter Verbindung zur BZ vornehmen zu können. Die Verteilung aller Änderungen der Lenkdaten an die betroffenen Abnehmer ist sichergestellt. Die Änderung der Lenkdaten durch den Bediener ist so lange möglich, bis die Daten durch die ZL für die Erarbeitung des Stellkommandos (bezogen auf das jeweils betroffene ZL-Signal) benötigt werden. Die Bedienung ist mausgeführt möglich (bei älteren Anlagen auch nur über alphanumerische Eingaben). Die Veränderung der Lenkplandaten erfolgt zugbezogen, wobei sich alle Daten ändern lassen, die einen Einfluss auf den Fahrweg, den Stellzeitpunkt oder die Reihenfolge der Züge haben; bezogen auf ein ZL-Signal ergeben sich folgende Änderungs- und Eingabemöglichkeiten bei Nutzung der GBT:

- Fahrstraße einschließlich D-Weg,
- zugbezogener Dispositionshalt,
- Wartezeit, Stellzeit,
- Reihenfolgevorgaben,
- Plangeschwindigkeit des Zuges im Lenkbereich.

Die Lenkvorgaben können an beliebiger Stelle innerhalb des Zuglaufes beginnen; die komplette Neuerfassung von Lenkplandaten ist möglich. Änderungen der tagesaktuellen (auf Basis der „Anordnungen über den Zugverkehr") und langfristigen (Periodenfahrplan) Lenkdaten, welche unterschiedlich markiert sind, können in der GBT vorgenommen werden.

Die Lenkübersicht (LÜS) ist eine Dispo-Bedienoberfläche im IB 2. Funktional – nicht jedoch technisch – ist die LÜS daher als Teil von LeiDis-S/K anzusehen. Es gibt im IB 1 über Berü und Lupe hinaus keine topografischen Bedienoberflächen, insbesondere auch keine für die Zuglenkung. Die mausgeführte Lenkübersicht (LÜS) ermöglicht folgende Bedienungen:

1) Signalbezogene Bedienung:

- ZL-Signal ausschalten,
- Dispositionshalt einschalten,
- Dispositionshalt ausschalten,
- Anzeigen von Projektierungsdaten (Anstoßpunkt mit Verzögerungszeiten, Bedingungen für Reihenfolgeregelungen, stellbare Fahrstraßen mit Durchrutschwegen).

2) Zugbezogene Bedienung:

- Dispositionshalt einschalten,
- Dispositionshalt ausschalten,
- betriebliche Sonderbedingungen eingeben (außergewöhnliche Züge, Fahrzeuge und Sendungen),
- Wartezeit eingeben, ändern und löschen,
- Stellzeiten eingeben, ändern und löschen,
- Reihenfolgeregelung eingeben, ändern und löschen,
- Fahrwegänderungen (einschließlich Durchrutschweg) eingeben, ändern und löschen,
- Fahrwege grafisch anzeigen,
- Zugnummernumwandlung,
- Anzeige von ZL-Lenkplan (Fahrweg, Einbruchszeit, Warte- und Stellzeiten und Reihenfolgeregelungen).

3) Betriebsstellenbezogene Bedienung:

- ZL-Lenkplan einer wählbaren Gleisgruppe über einen bestimmten, wählbaren Zeitraum in einem Fenster aufschalten.

Betriebsleittechnik

4) Allgemeine Bedienung:

- Lenkpläne für Zugnummern eingeben, ändern und löschen,
- Lenkpläne für Zugnummern kopieren,
- Zuglauf für Lenkplan topografisch auswählen und einer Zugnummer zuordnen,
- Verfügung über ZN-Funktionen.

5.3.6 Erforderliche Projektierungs- und Lenkdaten

5.3.6.1 Projektierungsdaten

Zur Projektierung bzw. zum Betreiben einer ZL sind mindestens folgende Daten zu berücksichtigen bzw. zu erfassen:

- Prozessdaten, die ein hinreichend genaues Abbild des Prozesses ermöglichen. Daten werden durch Abgriff der Informationen bei sicherungstechnischen Einrichtungen ermöglicht (z.B. bei Signalfahrtstellung und am Festlegeüberwachungsmelder),
- Gleisabschnitte (Meldeorte), die in den Funktionsbereichen von ZL-Signalen liegen,
- Gleisabschnitte (Meldeorte) zur Festlegung des Lenkbereiches,
- Signale, die durch die ZL gesteuert werden sollen (Bezeichnung, Standort, Richtung, zugehöriges Vorsignal, zulässige Durchfahrten, Durchrutschwege),
- Fahrstraßeneinstellzeiten,
- Sichtzeiten der Signale,
- zulässige Geschwindigkeiten in den zum Funktionsbereich von Signalen gehörenden Abschnitten,
- vorhandene Bahnübergänge in Funktionsbereichen,
- Lage, Anschaltpunkte und Schließzeiten der Bahnübergänge.

Die Planung und Projektierung von ZL ist vollständig in „LST-Anlagen planen: Leittechnische Einrichtungen, Modul 819.0732" beschrieben. Besondere Beachtung ist auf die ordnungsgemäße Übernahme von Daten aus den Projektierungsunterlagen von anderen Systemen (ESTW, ZLV und LZB bzw. zukünftig ERTMS/ETCS) zu legen.

5.3.6.2 Lenkdaten

Der Lenkplan enthält alle zur Betriebssteuerung von Zügen durch automatische fahrplanbasierte Zuglenkung notwendigen Informationen. Der Lenkplan besteht aus der widerspruchsfreien Schnittmenge von Vorgaben des Periodenfahrplans (Jahresfahrplan) und der Fahrordnungen (Fahrplan für Zugmeldestellen[12]). An speziellen Arbeitsplätzen zur Pflege der Fahrplan- und Lenkdaten bzw. vom Dispositionsassistenzsystem können Reihenfolge ändernde und Fahrweg ändernde Ein-

---

12 Die Bahnhofsfahrordnung (Bfo) wird seit der Bekanntgabe 22/Berichtigung 17 der DS/DV 408 als „Fahrplan für Zugmeldestellen" bezeichnet.

griffe sowie Stellzeit- und Wartezeitänderungen ohne zeitliche Einschränkung bis zum Zeitpunkt der Ausgabe des Stellauftrages für das Einstellen der Fahrstraße geändert und ergänzt werden. Vom Bediener (özF/Zlr) können Ad-hoc-Regelungen vom Bedienplatz (ESTW/LÜS) aus beeinflusst werden.

Die Datenhaltung der Lenkdaten erfolgt sowohl zug- als auch ZL-signalorientiert. In Abhängigkeit von der Gültigkeitsdauer und dem Umfang der Datenänderungen werden langfristige Lenkdaten (Soll-Fahrplan/Betriebsfahrplan), tagesaktuelle Lenkdaten (Tagesfahrplan/Tages-Betriebsfahrplan) und ad hoc eingegebene Lenkdaten (über LeiDis-S/K direkt in den Dispositionsfahrplan) unterschieden. Die langfristigen Lenkdaten werden nach Ablauf der Fahrplanperiode aktualisiert, wobei Wert auf den störungsfreien Übergang gelegt werden muss. Die tagesaktuellen Lenkdaten werden nach Abschluss des ZL-Ablaufes (Ende der Zugfahrt im Funktionsbereich) und Verstreichen einer projektierbaren Rückschauzeit endgültig gelöscht. Aktuelle Lenkdaten haben gegenüber langfristigen Lenkdaten Priorität. Der Mindestumfang der Lenkdaten besteht aus folgenden Datensätzen:

- Zugnummer (als Schlüsselbegriff),
- einzustellende Fahrstraße,
- Angabe des Regeldurchrutschweges,
- Prioritätenliste der alternativ einzustellenden Durchrutschwege, wenn der Regeldurchrutschweg während der Stellbarkeitsprüfung nicht verfügbar ist,
- zulässige Geschwindigkeit des Zuges (für LZB-geführte Züge ist die zulässige Höchstgeschwindigkeit für die Rückfallebene bei LZB-Ausfall mit der zulässigen Höchstgeschwindigkeit der H/V-geführten Züge identisch),
- Betriebliche Sonderbedingungen (außergewöhnliche Züge, Fahrzeuge und Sendungen),
- Reihenfolgeregelungen,
- Regelungen zur Zugnummernwandlung,
- Warte- und Stellzeiten.

Folgende Abläufe, die sich aus Eingaben oder Vorgaben[13] ergeben können, werden gegenüber allen anderen Abläufen priorisiert, welche sich aus sonstigen Lenkdaten ableiten lassen:

- Dispositionshalt,
- Reihenfolgeregelungen,
- betriebliche Sonderbedingungen (außergewöhnliche Züge, Fahrzeuge und Sendungen).

Folgende Informationen sind für das ordnungsgemäße Funktionieren der ZL unbedingt notwendig und müssen beim Ändern von Lenkdaten über die firmenneutrale Schnittstelle vom Dispositionsassistenzsystem vorgegeben werden:

---

13 Eingaben werden vom Bediener (özF oder Zlr) über ESTW-Bedieneinrichtungen oder GBT/LÜS vorgenommen. Vorgaben werden vom Dispositionssystem (LeiDis-S/K) nach Sanktionierung durch den Bediener (Zlr) automatisch erstellt und bewirken Lenkplanänderungen.

Betriebsleittechnik

- Zugnummer (eventuell mit laufender Nummer des Datensatzes am betreffenden Tag),
- Plangeschwindigkeit (auch auf der Grundlage eines Dispositionsfahrplans),
- ZL-Signal (ggf. Betriebsstelle),
- Fahrstraße, welche am betreffenden ZL-Signal einzustellen ist,
- Wartezeit am betreffenden ZL-Signal,
- Stellzeit am betreffenden ZL-Signal,
- Dispositionshalt zug- oder signalbezogen „ein" oder „aus",
- Vorrangregelung für betroffenen Zug.

Fazit

Die Lenkdaten müssen während der Betriebsdurchführung aktualisiert werden können; dazu wird ein *Dispositionsfahrplan* erstellt. Die technische Konzeption sieht vor, dass es im IB 2 keinen Lenkplan unabhängig vom Dispositionsfahrplan gibt. Der Lenkplan ist somit nur ein abgespecktes Abbild des jeweils aktuellen Dispositionsfahrplans; jede Änderung an den Lenkplandaten im IB 2 (insbes. über zGBT) wirkt nur indirekt über den Dispositionsfahrplan auf die Lenkdaten. Die Datenbasis des Dispositionsfahrplans bilden Tagesfahrplan und Tages-Betriebsfahrplan.

Der *Tagesfahrplan* bzw. Tages-Betriebsfahrplan enthält alle aktuellen Änderungen des Periodenfahrplans (z.B. Sonderzüge und außergewöhnliche Züge, Fahrzeuge und Sendungen) und die verkehrstagabhängigen Besonderheiten (z.B. Bedarfszüge).

Abbildung 5.4 zeigt die Struktur der Fahrplandatenhaltung in den Betriebszentralen der Deutschen Bahn AG. BORMET gibt in [3] einen umfassenden Überblick der Funktion der fahrplanbasierten Zuglenkung für Betriebszentralen.

Abbildung 5.4: Struktur der Fahrplandatenhaltung in der BZ (DB Netz AG).

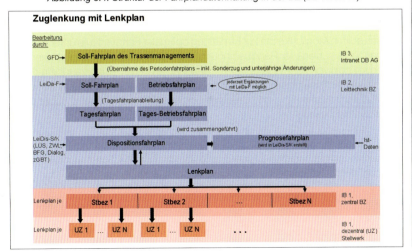

5.4 Die Betriebsleittechnik der Dispositionsebene

5.4.1 Zugfahrten überwachen und disponieren

An Betriebsleittechnik zur Überwachung und Disposition des Zugbetriebes werden die folgenden Anforderungen gestellt, damit auch bei größeren Störungen und Unregelmäßigkeiten eine marktfähige Betriebsdurchführungsqualität gesichert werden kann:

- Komplexe Überwachung und Disposition des Zugbetriebes auf Strecken, in Knoten und im Netz
  → **dispositive Leitung**
- Ad-hoc-Planung von Sonderzügen (Eisenbahninfrastrukturunternehmen – EIU) und Planungswerkzeuge für Ressourceneinsatz der Betriebsmittel und des Personals (Eisenbahnverkehrsunternehmen – EVU)
  → **dispositive Planung**
- Störungs- und Ereigniserfassung und Dokumentation
  → **Verpflichtung zur sicheren Betriebsführung**
- Konsistente und für die Betriebsdurchführung vollständige Datensicherung und -haltung
  → **Verpflichtung zur sicheren Betriebsführung und vertraglich vereinbarten Qualität**
- Prozessdatenbereitstellung für Mitarbeiter bei EIU und EVU sowie für Transportkunden und Reisende
  → **Informationspflicht**
- Statistische und fallbezogene Auswertung der Betriebsdurchführungsqualität
  → **Rechenschaftspflicht**

5.4.2 Zugfahrten lenken und beeinflussen

Zur effektiven Umsetzung von komplizierten und komplexen Dispositionsentscheidungen sollten Möglichkeiten zur Ermittlung optimaler Fahrtverläufe unter Berücksichtigung verschiedener Randbedingungen genutzt werden. Diese Fahrtverläufe sollten in Form von Fahrtregelungsinformationen an den Triebfahrzeugführer bzw. durch Zugbeeinflussungsanlagen in Form von dispositiven Geschwindigkeiten direkt an die Automatische Fahr- und Bremssteuerung (AFB) des Triebfahrzeuges übermittelt werden können.

Durch die europäischen Vereinheitlichungsbestrebungen besteht die Chance zur Verwirklichung der Funktion „Übertragung von dispositiven Geschwindigkeiten an den Zug" durch zielgerichtete Spezifikation in den Lastenheften von ERTMS/ETCS.

5.5 Betriebsleitsysteme der Deutschen Bahn AG

Die Umsetzung der strategischen Ziele der Deutschen Bahn AG, welche eine weitreichend automatische Betriebssteuerung anstrebt, erforderte die Neukonzeption der Systemkomponenten der Betriebsleittechnik und die Fortschreibung der betrieblichen und technischen Lastenhefte. Die neu entwickelten Vorgaben tragen den Anforderungen

- einer Konzentration auf wenige Standorte,
- eines höheren Automatisierungsgrades sowie
- einer stärkeren Integration der Einzelsysteme

Rechnung. Dazu ist es notwendig vorhandene Alt-Systeme (RZü, RBL/RZBL) weiterzuentwickeln und zu verbessern. Das System LeiBIT (ehemals RBmV) wurde konsequent den Bedingungen der neuen Systemumgebung angepasst. Das Konzept setzt auch die Neuentwicklung von Systemen (LeiTFÜ) voraus. Im Rahmen von BZ 2000 existiert ein Stufenkonzept. Abbildung 5.5 zeigt die Grundstufe, während die Abbildungen 5.6 bis 5.9 die Ergänzungsstufe abbilden und deren Vorteile darstellen.

Die Funktionen der Betriebsleitsysteme orientieren sich an den Anforderungen der Betriebssteuerung in den Betriebszentralen, wobei folgende Bereiche (sog. Funktions- und Informationsstruktur) unterschieden werden:

- örtlicher Fahrdienst,
- Strecken- und Knotendisposition,
- Bereichsdisposition,
- Netzkoordination.

Abbildung 5.5: Konzept BZ 2000 – Ist-Zustand – Grundstufe (DB Netz AG).

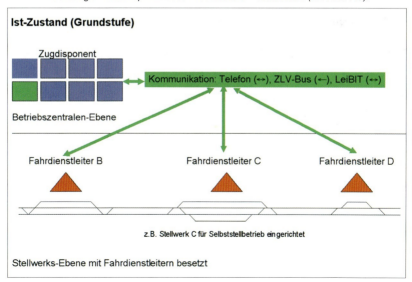

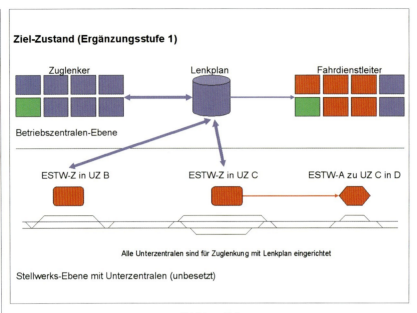

Abbildung 5.6:
Konzept BZ 2000 – Ergänzungsstufe 1 (DB Netz AG).

*Abbildung 5.7: Konzept BZ 2000 – Ergänzungsstufe 1: Flexible Zuordnung der Zuständig-
keitsbezirke des Fahrdienstleiters (DB Netz AG).*

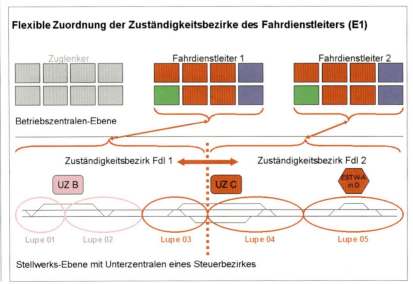

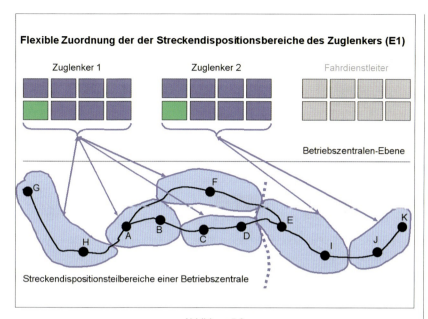

Abbildung 5.8:
Konzept BZ 2000 – Ergänzungsstufe 1: Flexible Zuordnung der Strecken-
dispositionsbereiche der Zuglenker (E1) (DB Netz AG).

Die Konzeption legt sich jedoch nur bei der Funktions- und Informationsstruktur fest, der organisatorische und strukturelle Zustand (Status quo) der Betriebssteuerung bei der DB Netz AG wird schwerpunktmäßig nicht berücksichtigt, so dass die neu zu entwickelnden Systeme relativ leicht neuen Organisationsformen angepasst werden können.

Die Systeme werden modular entwickelt, was eine scharfe Abgrenzung der Aufgaben- und Einsatzgebiete in den Lastenheften voraussetzte. Die einfache und einheitliche Nutzung der Leit- und Sicherungstechnik soll durch Vorgaben einer Richtlinie zur Gestaltung der Bedienoberflächen („Styleguide") erreicht werden. Einen ersten Eindruck der Aufgabenverteilung der Betriebsleitsysteme in einer BZ vermittelt Tabelle 5.4). Eine komplexere grafische Darstellung der Systeme und ihrer Aufgaben kann Abbildung 5.9) entnommen werden.

Leitsysteme in der Betriebszentrale

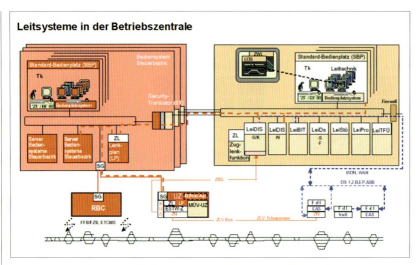

Abbildung 5.9: Darstellung der BZ-Systeme (DB Netz AG).

Die leittechnischen Funktionskomplexe lassen sich folgendermaßen gliedern:
- *Verarbeitungsfunktion*   (Tabelle 5.5)
- *Darstellungsfunktion*   (Tabelle 5.6)
- *Bearbeitungsfunktion*   (Tabelle 5.7)

Übersicht der Aufgaben der Betriebsleitsysteme in den Betriebszentralen der DB Netz AG							
	LeiDis-S/K	LeiDis-N	LeiPro-A	LeiBIT	LeiDa-S	LeiDa-F	LeiTFÜ
Aufgabe	Überwachung der Strecken und Knoten	Überwachung des Netzes	Auswertung und Statistik	Übermittlung von Daten	Datensicherung	Fahrplanbearbeitung	Störungsund Ereignisbearbeitung
Funktionen	• Steuern des einzelnen Zuglaufes • Konfliktlösung	• Disposition des Netzes • Anschlüsse • Allgemeine Vorgaben	• Auswertung für verschiedene Zeiträume • Statistiken • Prozessanalyse	• Interne und externe Schnittstelle zur Außenwelt	• Zentrale Datensicherung • Fahrplandatenhaltung	• Erstellen des Dispositionsfahrplanes • Konstruktion von Ad-hoc-Sonderzügen	• Zentrales Störungsund Arbeitsbuch • Integration von MÜV

Tabelle 5.4: Übersicht der Aufgaben der Betriebsleitsysteme in den BZ der DB Netz AG.

Anmerkung: De facto stellt das System LeiDis-N einen Großteil der Funktionen von LeiDis-S/K parallel zu Verfügung.

Verarbeitungsfunktionen			
Bedienoberfläche	**BZ**	**NLZ**	**Quellsystem**
Soll-Ist-Zeitvergleich	X		LeiDis-S/K
Prognoserechnung	X		LeiDis-S/K
Konflikterkennung	X	X	LeiDis-S/K
Konfliktlösung	X		LeiDis-S/K
Zentrale Zuglenkinformationen (ZL-Gateway)	X		LeiDis-S/K
Daten übernehmen	X		LeiDa-S
Daten prüfen	X		LeiDa-S
Daten bereitstellen	X		LeiDa-S
Daten ableiten und verteilen	X		LeiDa-S
Daten archivieren/sichern	X		LeiDa-S
Betriebsdatenexport (extern)	X		LeiBIT

Tabelle 5.5: Verarbeitungsfunktionen der Betriebsleittechnik in den BZ der DB Netz AG.

Darstellungsfunktionen			
Bedienoberfläche	**BZ**	**NLZ**	**Quellsystem**
Zeit-Weg-Linien-Darstellung (ZWL)	X	X	LeiDis-S/K, LeiDis-N
Lenkübersicht (LÜS)	X		LeiDis-S/K
Gleisbenutzungstabelle (GBT)	X		LeiDis-S/K
Knotenübersicht (KNG, KNT)	X	X	LeiDis-N, LeiDis-S/K
Bahnhofsgrafik (BFG)	X	X	LeiDis-N
Netzübersicht grafisch (GSU)	X	X	LeiDis-N
Verspätungsspiegel (VSP)	X	X	LeiDis-S/K, LeiDis-N
Konfliktliste	X		LeiDis-S/K
Betriebliche Störfall-Liste (BSL)	X	X	LeiDis-N
Anschlusskonflikte (ANK)	X	X	LeiDis-S/K, LeiDis-N
Zugfahrtinformation (ZFI)	X		LeiBIT
Elektronische Daten-Post (EDP)	X		LeiBIT, LeiDis-N
Pünktlichkeits-, Störungs- u. Leistungsauswertung	X	X	LeiPro-A
Zentrales Störungs- und Arbeitsbuch	X		LeiTFÜ
Zentrales Ereignisbuch	X		LeiTFÜ
Verfügbarkeitsspiegel	X		LeiTFÜ
Verfügbarkeitsliste	X		LeiTFÜ
Betriebsprotokoll (Dokumentation IB 2)	X		LeiDis-S/K
Technisches Protokoll	X		LeiTFÜ
Dialogmanager	X		BPS

Tabelle 5.6: Darstellungsfunktionen der Betriebsleittechnik in den BZ der DB Netz AG.

Bearbeitungsfunktionen			
Bedienoberfläche	**BZ**	**NLZ**	**Quellsystem**
ZN-Daten bearbeiten	X		LeiDis-S/K
Verfügbarkeitshinweise (GSP)	X		LeiDis-S/K
ZWL bearbeiten	X		LeiDis-S/K
Zuglenkdaten bearbeiten	X		LeiDis-S/K, LÜS, BFG
Dispo-Fahrplan bearbeiten	X		LeiDis-S/K
Konfliktbehandlung	X		LeiDis-S/K
Datenpflege	X		LeiDa-S
Datenbestand verwalten	X		LeiDa-S
Störungen und Ereignisse bearbeiten	X		LeiTFÜ
betriebliche Störungsbearbeitung	X		LeiStö
Dialogmanager Grundfunktionen	X		BPS
EDP bearbeiten	X		LeiBIT
Fahrplanbearbeitung (Konstruktion)	X		LeiDa-F

Tabelle 5.7: Bearbeitungsfunktionen der Betriebsleittechnik in den BZ der DB Netz AG.

5.6 Überwachung und Disposition von Strecken/Knoten (LeiDis-S/K)

5.6.1 Grundsätze

Die Rechnergestützte Zugüberwachung (RZü) wurde bereits entscheidend erweitert. Die noch zu ergänzenden Module (Ergänzungsstufe 2) bestehen aus einer effizienteren Zuglaufprognose auf der Basis von aktuellen Fahrzeitenrechnungen unter Nutzung von Ist-Zugdaten (Last, Bespannung, Länge), einer modifizierten nutzergerechten Konflikterkennung und -anzeige sowie der rechnerunterstützten Aufbereitung von Konfliktlösungen. Bei der Konflikterkennung und -lösung sollen durch LeiDis-S/K zukünftig aktuelle Einschränkungen der Fahrwegverfügbarkeit (Gleissperrungen) berücksichtigt werden. Vorhandene ZLV-Anlagen können weitgehend unverändert weiterverwendet werden. Bei weniger umfangreichem Betriebsprogramm (Nebennetz) reicht es aus die Zuglaufdaten durch den Fdl manuell über LeiBIT erfassen zu lassen, ansonsten werden weiterentwickelte ZLV-Anlagen (insbesondere Anpassung des ZLV-Busses an die neuen Informationsabnehmer) installiert. LeiDis-S/K soll jedoch unabhängig von der Art der Erfassung der Zuglaufdaten die Konflikterkennung und -lösung übernehmen.

5.6.2 Funktionen

Das Dispositionsassistenzsystem LeiDis-S/K stellt folgende Funktionskomplexe zur Nutzung zur Verfügung:

a) Prozessdatenerfassung

Übernahme von Zuglauf- und Fahrweginformationen aus dem Bediensystem Steuerbezirk für Bereiche mit automatischer Steuerung, vom ZLV-Bus-System über Koppelunterstationen für konventionelle Dispositionsbereiche mit ZN-Ausrüstung, von einer neuen Generation von ZN-Anlagen über TCP/IP sowie aus LeiBIT im Falle manueller Zuglauferfassung.

b) Soll-Ist-Zeitvergleich

Ermittlung der Δt-Werte für die aktuelle Fahrplanabweichung und darauf aufbauend Durchführung der Prognoserechnung.

c) Visualisierung

Umsetzen der Prozessinformationen (z.B. Zuglauf und Belegungskonflikte) und Prognoserechnungen in grafische Darstellungen (z.B. ZWL-Darstellung oder Lenkübersicht) bzw. weitere tabellarische Übersichten (GBT und Konfliktliste).

d) Konflikterkennung und -lösung

- Automatische Erkennung und Darstellung von Belegungs- und Anschlusskonflikten auf Strecken und Knoten auf der Basis der Prognoserechnung,
- Aktualisierung der Konfliktliste,
- Erarbeitung von Konfliktlösungen (Dispositionsvorschläge) unter Berücksichtigung der aktuellen Verfügbarkeit des Fahrweges,
- Interaktion mit dem Bediener (Zlr) zur Auswahl von Lösungsmaßnahmen und Übernahme der Dispositionslösung in den Dispositionsfahrplan und Übergabe an die zentralen Funktionen der ZL zur Umsetzung,
- Ermöglichen der zeit- und/oder fahrwegorientierten Bearbeitung des Dispositionsfahrplanes auf der Basis der Bedienoberflächen (ZWL-Bild, LÜS und GBT).

e) Zentrale Zuglenkfunktionen

Umsetzung des Dispositionsfahrplans durch Zuglenkaufträge (Fahrstraßenanforderungen) an die ZL im IB 1 und das Führen des Betriebsprotokolls für die Betriebsleitsysteme des IB 2.

5.6.3 Bedienoberflächen

5.6.3.1 Lenkübersicht

Die Lenkübersicht (LÜS) muss als topologisch orientierte Bedienoberfläche alle für den Bediener (Zlr/Zd) relevanten Informationen über Fahrwegobjekte, Züge und ihre Beziehungen untereinander innerhalb eines Dispositionsbereiches darstellen können. Die zum IB 2 gehörige LÜS (nicht signaltechnisch sichere Anzeige) soll außer einem komfortablen Zugriff auf die Zuglenkdaten (Dispositionsfahrplan) auch zum Anstoßen des Fernsprechverbindungsaufbaues genutzt werden können. Die Darstellung orientiert sich an der von der Berü her bekannten Form. Die bei RZü verwendete Darstellungsform (erweiterter) Streckenspiegel wird durch die LÜS ersetzt.

5.6.3.2 Bahnhofsgrafik

Die Bahnhofsgrafik (BFG) ermöglicht dem Zlr oder özF einen grafisch unterstützten Vergleich von realisierten Zugläufen mit geplanten Gleisbelegungen (Erkennen und Bearbeiten von Belegungskonflikten vor und hinter Bahnsteiggleisen bzw. Abweichungen von der Fahrordnung) und vereinbarten Anschlüssen (Anschlusskonflikte). Die BFG wird von beiden Dispositionsassistenzsystemen (LeiDis-S/K und LeiDis-N) genutzt und besteht aus stilisierten Darstellungen der Gleisachse der durchgehenden Hauptgleise oder aller Bahnhofsgleise parallel zu einer vertikalen Zeitachse. Anschlüsse (optional auch Übergänge von Betriebsmitteln und Personal) werden durch Verbindungslinien zwischen den betroffenen Zügen angezeigt. Dem Bediener (Zlr) wird das Lösen von Belegungskonflikten durch mausgeführte Veränderung des planmäßigen Zielgleises ermöglicht.

5.7 Überwachung und Disposition von Netzen (LeiDis-N)

5.7.1 Grundsätze

Das Dispositionsassistenzsystem LeiDis-N ergänzt LeiDis-S/K, indem die Zuglaufinformationen so aufbereitet werden, dass die bereichsumfassende und zugsystembezogene Überwachung und Disposition (*Bereichsdisposition*) auf der Grundlage von Prozessabbildern verschiedener Überwachungsbereiche in problem- und aufgabenorientierten Übersichtsbildern möglich ist. Kritische Abweichungen vom Plan werden gesondert präsentiert.

Neben ZWL-Bildern ermöglichen großräumige Streckenübersichten die strecken- oder produktbezogene Darstellung der Zugläufe. Die Überwachung der Knoten erfolgt durch grafische und tabellarische Knotendarstellungen (BFG).

5.7.2 Funktionen

5.7.2.1 Streckendisposition

Auf einer grafischen Netzkarte (wahlweise Darstellung des Gesamtnetzes oder von Teilnetzen) werden verschiedene Zustände der Betriebsdurchführungsqualität (z.B. Verspätungsniveau oder außerplanmäßige Wartezeiten) dargestellt. Die Zustände werden über Schwellwert-Kriterien definiert. Die Planabweichungen werden von

LeiDis-S/K auf der Basis des tagesaktuellen Fahrplans (getrennt für *Tagesfahrplan* und Tages-Betriebsfahrplan), der aktuellen Zugdaten und Fahrwegverfügbarkeit erkannt und anschließend an LeiDis-N weitergereicht. Folgende Entlastungsmaßnahmen lassen sich interaktiv unter Mitwirkung des Bedieners[14] erarbeiten:

- Verbot des Einlegens weiterer Ad-hoc-Sonderzüge,
- Ausfall von Zügen,
- Brechen von Zügen,
- außerplanmäßige Überholungen sowie
- Umleitungen.

Die zuggattungsbezogene Disposition macht es erforderlich, dass Prioritäten für einzelne Zugläufe vorgegeben werden und von LeiDis-N automatisch an LeiDis-S/K weitergeleitet werden können.

5.7.2.2 Anschlussdisposition

Die Anschlüsse ausgewählter (hochwertiger) Züge des SPFV werden von der Netzleitzentrale, die restlichen Züge von den BZ überwacht. Nach Anstoß der Konflikterkennung und -lösung werden die von LeiDis-S/K ermittelten Anschlusskonflikte im zentralen oder regionalen LeiDis-N zur Anzeige gebracht. Konfliktlösungen werden von LeiDis-S/K (oder wenn dieses System nicht zur Verfügung steht, durch LeiDis-N selbst) ermittelt und nach der Sanktionierung der Konfliktlösung durch den *Bereichsdisponenten (Bd)* oder Disponenten in der NLZ über das System LeiDis-N direkt an LeiDis-S/K weitergereicht. Zentrale Entscheidungen der NLZ werden direkt an die BZ weitergereicht.

5.8 Zentrale Datenhaltung (LeiDa)

5.8.1 Grundsätze

Die Zentrale Datenhaltung (LeiDa) bildet in der BZ die fachübergreifende, gemeinsame Datenhaltung, die Kommunikationsschnittstelle aller leittechnischen Subsysteme. Die zugehörigen Datenmanagementfunktionen gewährleisten Integrität und Konsistenz aller in LeiDa verwalteten Datenbestände und koordinieren den Datenaustausch mit übergeordneten und benachbarten DV-Systemen und die Datenverteilung an die Einzelkomponenten. Die Datenübernahme aus Teilsystemen des IB 1 ist über eine rückwirkungsfreie Schnittstelle möglich. Durch die Zentrale Datenhaltung (LeiDa) wird das Prinzip der getrennten eigenständigen Datenhaltung der einzelnen Betriebsleittechniksysteme überwunden. Durch Schnittstellen zu den Umsystemen (z.B. Fahrplandatensystemen) war zwar ein Datentransfer möglich, jedoch nur bei unvertretbar hohem Eingabe- und/ oder Bearbeitungsaufwand.

---

14 Die Mitwirkung des Bedieners ist z.B. unbedingt notwendig, um sicherzustellen, dass der umgeleitete Tf wirklich Streckenkenntnis auf der Umleitungsstrecke besitzt.

5.8.2 Zentrale Datenhaltung – Systemdaten (LeiDa-S)

5.8.2.1 Grundsätze

Die Zentrale Datenhaltung – Systemdaten (LeiDa-S) ermöglicht das Bereitstellen von konsistenten Daten (insbesondere Perioden- und Tagesfahrplan), die nur einmal erfasst werden müssen, zentral gepflegt werden können und mehreren Teilsystemen gleichzeitig zur Verfügung stehen. Weiterhin ist sichergestellt, dass Änderungen an den Datensätzen zeitgleich an alle Teilsysteme weitergegeben werden und von zentraler Stelle gültig geschaltet werden können. In der Datenbasis von LeiDa-S werden alle Daten abgelegt, welche von mehr als einer Betriebsleittechnikkomponente innerhalb der BZ benötigt werden. Die zentrale Verwaltung dieser Datensätze erfolgt in einem Datenbanksystem, wobei aus „Performance-Gründen" redundante Kopien erstellt werden dürfen, deren Aktualisierung jedoch wie vorgenannt sichergestellt sein muss.

5.8.2.2 Funktionen

Folgende drei Kernfunktionen lassen sich für LeiDa-S unterscheiden:
- **zentrale Kommunikationsschnittstelle der BZ**, insbesondere Übernahme und Prüfung (auf Konsistenz mit vorhandenen Datenbeständen) der Datensätze externer Partner (EVU);
- **gemeinsame Datenquelle**, insbesondere Generierung und Verteilung der Daten des Tagesfahrplanes/Tages-Betriebsfahrplans an die Teilsysteme (inklusive Aktivierung und Gültigschaltung) und
- **Archivierung von Daten**, insbesondere von Prozessdaten.

5.8.3 Zentrale Datenhaltung – Fahrplan (LeiDa-F)

5.8.3.1 Grundsätze

LeiDa-F hält Fahrplandaten in Form des Periodenfahrplans vor, dabei wird differenziert nach Soll- und Umleitungs-/Betriebsfahrplan (versehen mit den kompletten Verkehrstagesangaben). Diese Daten können in LeiDa-F gepflegt werden. Es gibt in BZ keine manipulierbare Datenhaltung für den Tagesfahrplan bzw. den Tages-Betriebsfahrplan. Diese Pläne werden bei der Tagesfahrplanableitung zwar durch LeiDa-F erzeugt und an die anderen Segmente weitergegeben, sie sind aber nur auf dem Umweg über die Änderung im Periodenfahrplan veränderbar. Die Datenhaltung des Dispositionsfahrplans ist Aufgabe von LeiDis-S/K. Der Dispositionsfahrplan ist dort direkt (über die tabellarische Oberfläche „Dispofahrplan") bzw. indirekt über die grafischen Oberflächen von ZWL, BFG, LÜS und zGBT manipulierbar. Ist-Daten (Zuglaufmeldungen) werden nur in der Prognose berücksichtigt, verändern jedoch nicht automatisch den Dispositionsfahrplan. Die Ergänzung und Korrektur von Periodenfahrplänen ist über das System LeiDa-F vorzunehmen. Unter dispositiver Fahrplanbearbeitung werden alle Arbeiten der BZ verstanden, welche im Zusammenhang stehen mit:

Betriebsleittechnik

- der kurzfristigen Aktivierung von Bedarfsfahrplänen,
- Änderungen und Kennzeichnung von Tagesfahrplänen/Tages-Betriebsfahrplänen mit geänderten Fahrplanelementen (z.b. fehlende Mindestbremshundertstel oder abweichende Zugbildung),
- Ausfall oder Teilausfall von Zügen,
- Fahrplanerstellung für kurzfristig einzulegende Sonderzüge (bzw. Umleitungsverkehre),
- dem Anstoß zur Bekanntgabe an beteiligte Stellen (Fahrplan-Mitteilung),
- dem Anstoß zur Versorgung externer DV-Systeme.

5.8.3.2 Funktionen und Anforderungen

- Übernahme von Sollfahrplänen aus dem Trassenmanagement.
- Bearbeitung von Sonderzugfahrplänen und Umleitungsverkehren.
- Bei der Konstruktion des Dispositionsfahrplanes finden die aktuellen Fahrwegverfügbarkeiten Berücksichtigung.
- Die Fahrplanbearbeitung weist eine ähnlich gute Bearbeitungs- und Konstruktionsqualität wie im Rechnerunterstützen Trassenmanagement (RUT) auf, was z.b. voraussetzt, dass keine Abweichungen aufgrund verschiedener Fahrzeitenrechnungen entstehen.
- Die Fahrplankonstruktion ist weitgehend mit den Funktionalitäten der Konflikterkennung und -lösung in LeiDis-S/K identisch.
- Die Fahrplankonstruktion erfolgt nach Eingabe der Konstruktions- und Zugdaten selbsttätig, für bei der Fahrplankonstruktion auftretende Konflikte werden Lösungsvorschläge angeboten.

Da LeiDa-F als Pflegesystem konzipiert worden ist, ist die genannte Doppelnutzung von KL-Funktionalität zwar an LeiDa-F angebunden, aber weder technisch noch konzeptionell so vollständig integriert, dass ein Fahrplan-Konstruktionssystem (etwa analog RUT-K) zu Verfügung stehen würde.

5.9   Unterstützungssysteme

5.9.1   Betriebliche Prozessanalyse (LeiPro-A)

5.9.1.1 Grundsätze

Das System „Betriebliche Prozessanalyse" (LeiPro-A) dient der nachträglichen Auswertung des Betriebsablaufes zur Beurteilung der Betriebsdurchführungsqualität. Neben der Bereitstellung von Berichten zur Information des Managements können Daten (z.B. Häufigkeit der Nutzung von Betriebsführungsgleisen) für andere Fachdienste (z.B. betriebliche Infrastrukturplanung) bereitgestellt werden. Möglich ist es Informationen bereit zu stellen, welche die Ermittlung der Betriebserschwerniskosten zulassen.

- Die **Pünktlichkeitsauswertung** ermöglicht anhand von Kenngrößen (z.B. Pünktlichkeitsgrad, Verspätungsklassen, Zuwachsverspätung pro gefahrenen Zug), welche sich nach verschiedenen Kriterien ordnen lassen (z.B. Begründungen für die Urverspätungen), eine Beurteilung der Betriebsdurchführungsqualität.
- Die **Störungsauswertung** ermöglicht die fallbezogene Betrachtung der den Zugbetrieb behindernden Einflüsse im Netz (Ermittlung der Betriebserschwerniskosten). Nach Kriterien wie Störungsart, zuständiger Fachbereich, Störungsort und Zeitdauer der Störung lassen sich Schwerpunkte bei der Bekämpfung von Ursachen und Auswirkungen erkennen und dokumentieren.
- Die **Leistungsauswertung** ermöglicht die Darstellung der Anzahl der Züge differenziert nach Zuggattungen, Produkten, Regel-/Sonderzug für das Gesamtnetz, Linien, Streckenabschnitte oder Messpunkte summarisch und in zeitlicher Reihenfolge. Das Leistungsverhalten der Eisenbahnbetriebsanlagen und die Nutzung der Ressourcen lassen sich durch Vergleich der gewonnenen Daten mit Infrastruktur- und Fahrplandaten erkennen.

5.9.2 Betriebliche Informationsverteilung (LeiBIT)

5.9.2.1 Grundsätze

Das System „Betriebliche Informationsverteilung" (LeiBIT) ersetzt das abgängige Fernschreibnetz. Es ermöglicht die Bereitstellung von Informationen und Anweisungen der Betriebszentrale (BZ) an Fahrdienstleiter[15] auf zeitgemäßen Kommunikationswegen. Darüber hinaus werden auch telefonische Übermittlungen substituiert, und zwar zwischen Fdl und benachbarten Betriebsstellen (z.B. Verspätungsmeldungen an folgende Anschlussbahnhöfe) bzw. die BZ. Auf nahezu allen örtlich besetzten Betriebsstellen (zumeist nur beim Fdl, in Ausnahmen bei allen beteiligten Betriebseisenbahnern) sollen Ein- und Ausgabestationen (EAS) eingerichtet werden, so dass LeiBIT jetzt nach Abschluss der Aufbauphase als „netzumfassende Informationsdrehscheibe" zur Verfügung steht.

Ziel von LeiBIT ist:
- das netzweite Sammeln von zug- und ereignisorientierten Zuglaufdaten entweder automatisch durch Abgriff bei LeiDis-S/K oder durch manuelle Eingabe über EAS (auf Strecken ohne automatische ZLV) zu ermöglichen;
- die zeitgerechte, automatische Information von Mensch (z.B. Fdl) und Maschinen (Betriebsleitsysteme) zu gewährleisten sowie

---

15 Diese Fahrdienstleiter sind anders als die özF nicht in der BZ angesiedelt, sondern befinden sich auf örtlich besetzten Betriebsstellen, von wo sie den Betrieb in eigener Verantwortung, jedoch auf Weisung von Zlr oder Zd steuern.

- Substitution von bisher manuell geführten betrieblichen Unterlagen (Aufschreibungen über den Zugverkehr/Fahrplan für Zugmeldestellen) durch EDV-gestützte Anwendungen.

5.9.2.2 Funktionen

- Erfassen, automatische Verteilung/Anzeige von zugbezogenen Informationen für Betriebsstellen und Betriebszentrale.
- Bereitstellen von zugbezogenen Informationen für Abnehmersysteme (Betriebsleittechnik).
- Ermöglichen der innerbetrieblichen Kommunikation zwischen verschiedenen Arbeitsplätzen bei der DB Netz AG, welche betriebliche Aufgaben wahrnehmen, durch Elektronische Datenpost (EDP).
- Automatische Sonderzugeinlegung (Substitution des Telegramms).
- Versorgung von Dritten (EVU) mit zugbezogenen Daten.

5.9.3 Technische Fahrwegüberwachung (LeiTFÜ)

5.9.3.1 Grundsätze

Das System „Technische Fahrwegüberwachung" (LeiTFÜ) soll zukünftig Informationen zur Verfügbarkeit der Fahrweganlagen rechnergestützt erfassen, aufbereiten und bereitstellen; damit wird der Missstand behoben, dass Informationen über Zustand und Einschränkung der betrieblichen Verfügbarkeit der Fahrweganlagen den Betriebszentralen von der zuständigen Fachkraft nur fernmündlich über den Fdl gegeben werden konnten. Automatische Meldungen über Restriktionen, die Einfluss auf die Betriebsabwicklung haben, wurden dem Fdl bisher nur bei ausgewählten Strecken über das sog. „Melde- und Überwachungsverfahren" (MÜV) übermittelt, welches als Subsystem z.B. Windmeldeanlagen auf hohen Talbrücken oder Heißläuferortungsanlagen besitzt. Die Kenntnis der genauen betrieblichen Verfügbarkeit ist Voraussetzung eines fahrbaren und konfliktfreien Dispositionsfahrplans als Ergebnis kurzfristiger Planänderungen und Dispositionsvorgaben.

5.9.3.2 Funktionen

- Verfügbarkeit technischer Anlagen überwachen, insbesondere Übernahme von Zustands- und Störungsmeldungen und Auswertung auf Relevanz für die betriebliche Fahrwegverfügbarkeit.
- Ereignisse erfassen sowie Arbeits- und Störungsbuch führen.
- Fahrwegverfügbarkeit, Entstörungs- und Betra-Arbeiten überwachen, wobei fachdienstübergreifende Strategien und Prioritäten bei der Durchführung von Entstörungsmaßnahmen berücksichtigt werden sollen.
- Störungen und Ereignisse dokumentieren und für die Auswertung bereithalten, wobei die Auswertung und Zuordnung von Urverspätungen durch LeiPro-A erfolgen kann.

- Betriebliche Gefahrenmeldungen auswerten und an betroffene Arbeitsplätze weiterleiten.

5.9.4 Betriebliche Störungsbehandlung (LeiStö)

5.9.4.1 Grundsätze

Das System „Betriebliche Störungsbehandlung" (LeiStö) ergänzt das System LeiTFÜ bei der Minimierung der störungsbedingten Auswirkungen auf den Betrieb durch Bereitstellung von Informationen und empirischem betrieblichen Wissen für den Bediener (Zd/Zlr); wesentliche Merkmale für LeiStö sind:
- Einleiten (sub-)optimaler **Maßnahmen zur Weiterführung des Betriebes**, insbesondere Vorhalten aktueller Bereitschaftspläne etc. (statische Angaben) sowie situationsabhängiger Angaben (Entlastungsmaßnahmen, Umleitungs-strecken). Nutzung der Funktionen von LeiTFÜ (Verfügbarkeitsspiegel), LeiDis-S/K (Konflikterkennung und -lösung) und LeiBIT (Informationsverteilung).
- **Zusammenstellung eines Maßnahmenkataloges** zur Eingrenzung von Störungsauswirkungen und zu koordiniertem Zusammenwirken mit Notfallleitstellen.
- **Automatische Weitergabe der getroffenen Entscheidungen** an alle beteiligten Stellen (einschließlich Überwachung der Ausführung und Dokumentation).

5.9.4.2 Funktionen

- Vorbereitete Unterlagen (Pläne, Übersichten und Maßnahmenkataloge) zur Verfügung stellen.
- Dokumentation der eingeleiteten Maßnahmen (Speichern und Archivieren), welche dann bei ähnlichen Fällen zur Verfügung stehen sollen.

5.10 Glossar „Betriebsleittechnik"

Anrückstrecke
Die Anrückstrecke beginnt am Anstoßpunkt und endet am ZL-Signal. Mit dem Anstoßpunkt ist der Zeitpunkt für den Stellauftrag an das Stellwerk bestimmt. Eine freie Anrückstrecke ist Bedingung für die Abgabe des Stellauftrages. Bei Einbruch eines Zuges in die Anrückstrecke wird eine Anrückstreckenprüfung durchgeführt, um auszuschließen, dass sich weitere Züge innerhalb der Anrückstrecke befinden bzw. um sicherzustellen, dass alle Signale bis zum ZL-Signal gestellt sind.

Assistenzsystem
Ein Assistenzsystem lässt sich wie folgt definieren: „Als Assistenzsystem im eigentlichen Sinne werden Systeme bezeichnet, die den Anwender durch Beratung unterstützen. Assistenzsysteme werden alternativ als Hilfs- und Unterstützungs-

systeme bezeichnet. Sie fällen nicht eigenständige Entscheidungen, sondern sollen dazu beitragen, Empfehlungen zur Entscheidungsfindung zur Verfügung zu stellen. Assistenzsysteme sind zwischen manuellen Systemen und Automatisierungssystemen angesiedelt."

Bearbeitungsfunktionen
Bearbeitungsfunktionen ermöglichen bei unterschiedlichen Bedienoberflächen der Subsysteme die Interaktionen zwischen System und Bediener. Die Zulässigkeit der Nutzung ist flexibel konfigurierbar. Die Autorisierung erfolgt bei Anmeldung an das System, mindestens passwortgeschützt.

Bedien- und Steuersysteme
Bedien- und Steuersysteme sind Anlagen zur Bedienung von ESTW aus einer BZ. Sie erlauben regel und sicherheitsrelevante Ersatzbedienungen (Kommando-Freigabebedienung [KF]) sowie innerhalb eines Steuerbezirkes eine flexible stellwerksübergreifende Zuordnung der Zuständigkeitsbereiche von özF. Die Bedien- und Steuersysteme arbeiten im Integritätsbereich 1 der BZ mit höchstem Sicherheitsgrad – signaltechnisch sicher.

Bereichsdisponenten
Bereichsdisponenten überwachen und disponieren innerhalb ihres Bereichs je nach örtlicher Aufgabenstellung nach funktionalen, geographischen oder produktbezogenen Gesichtspunkten.

Betriebsfahrplan
Der Betriebsfahrplan dient der Vorgabe für die betriebliche Durchführung von Zügen innerhalb der DB Netz AG. Er beinhaltet aus (bau-)betrieblichen Gründen gegenüber dem Periodenfahrplan geänderte Solldaten. Zur Berechnung der Relativzeiten (Delta-t) dient nur der Tagesfahrplan.

Betriebszentralen (BZ)
Leitungszentren des UB Fahrweg der DB AG, von denen aus der Betrieb auf einem Teilnetz (Strecken und Knoten) disponiert und gesteuert wird. Die BZ bündelt im Sinne eines effektiven Störungsmanagements die betriebliche und technische Kompetenz einer Niederlassung der DB Netz AG. Ein Merkmal ist die weitgehende automatische Betriebssteuerung im Regelbetrieb.

Darstellungsfunktionen
Darstellungsfunktionen bilden die Präsentations- bzw. Bedienoberfläche der Leitsysteme und stehen entweder aktiv (d.h. mit Bearbeitungsberechtigung) oder passiv (d.h. rein informativ) zur Verfügung. Diese Darstellungen stehen teils in grafischer (z.B. topologisch/ topografisch) bzw. teils in tabellarischer Form zur Verfügung.

Dispositionsbereich

Einem Dispositionsbereich werden nach der Notwendigkeit der Zuglaufdisposition Teilstrecken zugeordnet. Ein Dispositionsbereich wird als Zuglenkbereich bezeichnet, wenn mindestens ein Abschnitt aus der BZ gesteuert wird.

Dispositionsfahrplan

Der Dispositionsfahrplan ist der operative Fahrplan. Er berücksichtigt die aktuelle Zuglage, die aktuelle Fahrwegverfügbarkeit und konsolidierte Dispositionsmaßnahmen. Er unterliegt nur dem Zugriff der Zugdisponenten/Zuglenker. Auf seiner Grundlage werden Prognosen (z.B. Vorschau-ZWL) ermittelt. Er ist nicht Grundlage zur Berechnung der Relativzeit (Delta-t).

Einschaltstrecke

Dem von der ZL gelenkten Signal (ZL-Signal) ist eine Einschaltstrecke vorgelegen. Die Einschaltstrecke beginnt am Einschaltpunkt (EP) und endet am ZL-Signal. Am Einschaltpunkt wird die ZL für den zu lenkenden Zug aktiviert, d.h. der Zeitpunkt der Ausgabe des Stellauftrages an das Stellwerk wird bestimmt. Für signalgeführte Züge wird der EP vom Standort eines Hauptsignals in Abhängigkeit von der Plangeschwindigkeit des Zuges bestimmt, weil das Einschalten von der ZLV bewirkt wird (ZLV-EP). Für von einer kontinuierlichen Zugbeeinflussung geführte Züge wird – anders als bei signalgeführten Zügen – der EP vom kontinuierlichen Zugbeeinflussungssystem individuell bestimmt und zwar abhängig von Ist-Geschwindigkeit sowie Bremsvermögen des geführten Zuges. Ist in bestimmten Fällen der ZLV-EP dem der kontinuierlichen Zugbeeinflussung vorgelegen, wird auch für diesen Fall die ZL am ZLV-EP eingeschaltet.

Elektronisches Stellwerk

Ein Elektronisches Stellwerk (ESTW) ist eine technische Einrichtung, die unter Verwendung von Rechnerkomponenten die Bereitstellung eines gesicherten Fahrweges gewährleistet. Die Funktionalitäten sind auf mehrere Ebenen verteilt. Module können bedarfsweise dezentral angeordnet sein.

Integritätsbereich 1

Der IB 1 (operativer Bereich, höchste Sicherheit) enthält die Systeme, die den Anforderungen der signaltechnischen Sicherheit unterliegen. Dies sind die Bediensysteme, mit denen eine Fernbedienung/Fernsteuerung der dezentral angesiedelten Stellwerke/Unterzentralen vorgenommen werden kann. Der IB 1 wird durch einen Security-Translator (ST) abgeschirmt, der alle Übertragungen in diesem Bereich kontrolliert. Die Integritätsbereiche 1 in BZ und UZ werden über ein offenes Kommunikationsnetz verbunden. Um die Sicherheitsanforderungen dieses IB einzuhalten, werden an den Schnittstellen zum offenen Übertragungsnetz entsprechende Anschlusseinheiten (Security-Gateway) vorgesehen.

Integritätsbereich 2

Im IB 2 (dispositiver Bereich, hohe Sicherheit) arbeiten alle Dispositions- und Informationssysteme, die der unmittelbaren Betriebsprozesssteuerung überlagert sind, sowie die Systeme zur Prozessvor- und -nachbereitung. Da diese Systeme die

Prozesssicherheit unmittelbar beeinflussen, sind sie als IB 2 ausgebildet und durch einen Firewall (FW) gegen die übrige Kommunikationswelt abgegrenzt und vor unbefugtem Zugriff – auch innerhalb der DB Netz AG – geschützt.

Integritätsbereich 3
Den IB 3 (normale Sicherheit) bildet die allgemeine DB-interne und -externe Kommunikation mit ihren gebräuchlichen Schutzvorkehrungen. Zum IB 3 gehören auch leittechnische Komponenten, die den Anschluss an die verschiedenen Kommunikationsnetze (wie Zugfunk, Betriebsfernmeldesysteme, Basanetz, usw.) herstellen.

Lenkbereich
Der Lenkbereich ist der Teil des Streckendispositionsbereiches, für den aus der BZ disponiert wird und Züge gelenkt werden können (Bedienoberflächen der Stellwerke können sich auch außerhalb der DZ-Dedienräume befinden; Voraussetzung ist eine aus den Leitsystemen bedienbare Zuglenkung). Er kann mehrere Steuerbezirke/Bediensysteme umfassen.

Lenkteilbereich
Ein Lenkteilbereich ist ein fest konfigurierter Teil von Lenkbereichen. Er kann zu einem beliebigen Zeitpunkt einem anderen Lb zugeordnet werden.

Melde- und Überwachungsverfahren (MÜV)
Das integrierte Melde- und Überwachungsverfahren vereint auf einer gemeinsamen DV-gestützten Bedienoberfläche meldende und steuernde Funktionen für netztechnische Anlagen (z.B. Heißläuferortungsanlagen, Weichenheizung, Gefahrenmeldeanlagen).

Netzleitzentrale (NLZ)
Die Netzleitzentrale leistet netz- und zugsystembezogene dispositive Aufgaben für das gesamte Streckennetz der DB Netz AG einschließlich internationaler Abstimmungen.

Nicht überwachter Bereich
Im nicht überwachten Bereich erfolgt in der Regel keine Online-Streckendisposition aus der BL/BZ. Unabhängig davon können Zuglaufdaten (z.B. durch LeiBIT) erfasst und (z.B. durch LeiDis-S/K) verarbeitet werden. Netz- und ggf. erforderliche streckendispositive Aufgaben werden fallweise durch Bereichsdisponenten wahrgenommen.

Örtlich zuständiger Fahrdienstleiter (özF)
Der özF ist der Fahrdienstleiter, der für einen zu einem bestimmten Zeitpunkt technisch oder organisatorisch immer eindeutig zugeschiedenen Teil eines Steuerbezirkes alle Bedienhandlungen vornehmen darf (den kleinsten Baustein bildet ein Lupenbild). Sicherheitsrelevante Ersatzhandlungen – KF-Bedienung – liegen ausschließlich in seiner Zuständigkeit. Seine Bedienoberfläche ist örtlich nicht an die BZ gebunden.

Periodenfahrplan

Der Periodenfahrplan umfasst die Gesamtheit der netzextern veröffentlichten Fahrpläne für eine Fahrplanperiode (Jahresfpl., Winter- oder Sommerfahrplanabschnitt). Er beinhaltet Verkehrstageschlüssel (mit Wochenfeiertagsregelungen z.b. vS, nnS, usw.), Verkehrszeitabschnitte (von ... bis ...) sowie Ausfall- und Zusatzzeiten (z.b. auch am ..., nicht am ...). Unterjährige Fahrplanänderungen (Berichtigungen) werden Bestandteil des Periodenfahrplanes. Er wird durch das Trassenmanagement erstellt und durch Fahrplanwechsel begrenzt.

Rechnergestützte Zugüberwachung (RZü)

Die Rechnergestützte Zugüberwachung (RZü) ist ein teilautomatisiertes System, das der Disposition des Zuglaufes auf längeren zusammenhängenden Strecken (einschließlich von Knotenbahnhöfen, wobei jedoch die Darstellungsschärfe eingeschränkt ist) dient. Von Zugnummernmeldeanlagen in den Stellwerken werden Zuglaufinformationen an die RZü übertragen, welche mit den gespeicherten Fahrplandaten (Ankunfts-, Durchfahrts- und Abfahrtszeiten in den durchgehenden Hauptgleisen) verglichen werden und einschließlich der Abweichung vom Soll-Wert dargestellt werden. Anzeigeformen sind Streckenspiegel (SSP) sowie Zeit-Weg-Linien (ZWL), diese unterteilt in Vergangenheits- und Zukunftsbereich. Da die ZWL-Linien beim Auftreten von Verspätungen nur um den Verspätungswert verschoben werden (ohne dass eine Neuberechnung des Zuglaufes oder eine Erkennung von Konflikten geschieht), ist die Konflikterkennung und -lösung noch Aufgabe des Disponenten (Zd), der hierzu gedanklich bzw. teilweise mit Systemunterstützung eine grobe Zuglaufprognose erstellt und seine dispositiven Entscheidungen der Operationsebene (Fdl, Tf) fernmündlich (Gegensprecheinrichtung, Zugfunk oder Basa) mitteilt.

Relativzeit

Als Relativzeit wird die zeitliche Differenz zwischen der Sollzeit des Tagesfahrplanes und der Ist-Zeit für einen Zug an einem Messpunkt bezeichnet.

Standard-Bedienplatz (SBP)

SBP sind mit integrierter Bedienoberfläche (Maus-/Fenstertechnik) ausgerüstet. Es werden für die einzelnen Funktionen keine separaten Anzeige- und Eingabemedien am Arbeitsplatz vorgehalten, sondern es können vom Bediener (sofern berechtigt) alle im jeweiligen IB verfügbaren Funktionalitäten beliebig am Arbeitsplatz aufgeschaltet werden. SBP sind mit der jeweiligen erforderlichen Anzahl von Monitorplätzen aus Systemelementen aufgebaut. Neben der Berücksichtigung ergonomischer und arbeitswissenschaftlicher Erkenntnisse ist der SBP gekennzeichnet durch die Einhausung der wärmeentwickelnden Geräte (Monitor und Rechner) mit Anschluss an die Raumklimatisierung.

Stellbereich

Der Stellbereich einer Zuglenkung erstreckt sich jeweils von einem ZL-Signal (Startpunkt für die Fahrstraße) bis zum nächsten Hauptsignal (Zielpunkt für die Fahrstraße); dieses können Einfahr-, Zwischen- und Ausfahr-, Zugdeckungs- und Blocksignale sein. Bei dunkelgeschaltetem ZL-Signal endet der Stellbereich an dem Signal, an dem zum Zeitpunkt der Dunkelschaltung der Auftrag „Halt" ausgegeben wird; der Funktionsbereich reicht aber auf jeden Fall bis zum nächsten Hauptsignal.

Steuerbezirk

Der Steuerbezirk umfasst die Fahrweganlagen mit ihren betrieblich unbesetzten Unterzentralen (UZ), die an ein Bedien- und Steuersystem angeschlossen sind und durch Zlr/özF i.d.R. aus der BZ bedient (ferngesteuert) werden. Er erlaubt in seinen Grenzen technisch die flexible Zuordnung der Fahrweganlagen mehrerer UZ zu Standardbedienplätzen (SBP) des Integritätsbereiches 1. Ein Steuerbezirk kann gleichzeitig zu mehreren Lenkbereichen gehören. Ein Steuerbezirk besteht – abhängig von den maximal technisch zulässigen Stelleinheiten (z.Z. 4000 Stelleinheiten) – aus ein oder mehreren Unterzentralen (UZ).

Strecken- und Knotendisposition

Die Strecken- und Knotendisposition umfasst die Zuglaufdisposition (Disposition der Überholungen) sowie die Gleisbelegungsdisposition in den Knotenbahnhöfen. In der BZ soll dem Disponenten ein System zur vorausschauenden Erkennung von Konflikten und deren Lösung zur Verfügung stehen. Im Zielzustand des BZ-Konzeptes soll der Disponent, der dann als Zuglenker arbeitet, die Lösungsentscheidungen automatisch in die Prozessebene übertragen, in der diese dann von der automatischen Zuglenkung in Stellwerks-(Regelbedienungen) umgesetzt werden.

Streckendispositionsbereich

Der Streckendispositionsbereich ist ein betrieblich und verkehrsgeographisch in der Regel zusammenhängender Strecken- und Knotenbereich, für den grundsätzlich permanent und online von einem Arbeitsplatz aus der BZ/BL die Zuglaufdisposition vorgenommen wird. Er kann bestehen aus: Überwachungsbereich (Funktionalität des Zugdisponenten) und Lenkbereich (Funktionalität des Zuglenkers).

Tagesfahrplan

Der Tagesfahrplan enthält die für einen Kalendertag gültigen Daten des Periodenfahrplanes. Mittelfristig durch das Trassenmanagement und kurzfristig durch die Betriebsleitung bekannt gegebene Sonderzüge bzw. Ausfälle werden Bestandteil des Tagesfahrplanes. Er ist Grundlage zur Berechnung der Relativzeiten (Delta-t).

Überwachungsbereich

Der Überwachungsbereich (Üb) ist der Teil des Streckendispositionsbereiches, für den nur die Zuglaufdisposition mittels manueller Belegblattführung oder rechnergestützter Systeme erfolgt (d.h. Regelung der Zugreihenfolge – jedoch nicht Fahrordnung/Gleisbenutzung/Zugstraßennutzung).

Überwachungsteilbereich

Ein Überwachungsteilbereich ist ein fest konfigurierter Teil eines Üb. Er kann zu einem beliebigen Zeitpunkt einem anderen Üb zugeordnet werden.

Umschaltbereich

Der Umschaltbereich ist der Bereich einer Betriebsstelle, der wechselweise örtlich oder aus der BZ/ESTW gesteuert werden kann (bei ESTW/RSTW auch als Nahbedienungsbezirk bezeichnet).

Unterzentrale (UZ)

Die Unterzentralen bestehen aus Automatiksystemen zur Steuerung der Züge (Zuglaufverfolgung und Zuglenkung) und Dokumentation. An die im Regelbetrieb nicht mehr besetzte UZ sind die zugeordneten Stellwerke (ESTW-Z, ESTW-A, RSTW) angeschlossen. Die UZ ist eine autarke Einheit, von der bei Übertragungsausfall zur BZ der Betrieb zunächst automatisch – auf unverändert hohem Sicherheitsniveau – weitergeführt werden kann. Werden nach Ausfall der Übertragung von sicherheitsrelevanten Kommandos und Meldungen für Stellwerksbedienungen zwischen BZ und UZ, die mit signaltechnischer Sicherheit über offene Kommunikationsnetze erfolgen, betriebliche Bedienhandlungen notwendig, so kann ein Notbedienplatz (IB-Apl) in der UZ durch einen Mitarbeiter des Entstörungsdienstes besetzt werden.

Verarbeitungsfunktionen

Verarbeitungsfunktionen laufen als systeminterne Algorithmen im Hintergrund ohne direkte Interaktion mit dem Bediener ab.

ZL-Funktionsbereich

Innerhalb eines ZL-Funktionsbereiches bezogen auf das dazugehörige ZL-Signal müssen die ZLV-Informationen bekannt sein. Damit wird feststellbar, ob bzw. wie ein Zug gelenkt werden soll oder kann. Die Grenzen des ZL-Funktionsbereiches ergeben sich aus dem Raster der ZLV (Beginn und Ende an Hauptsignalen).

Zugdisponent

Der Zugdisponent ist ein Mitarbeiter in BZ/BL, der die Zuglaufdisposition (auf Strecken und in Knoten) mittels manueller Belegblattführung oder rechnergestützter Systeme vornimmt. Er besitzt keinen Zugriff auf eine Zuglenkung.

Zuglaufverfolgung

Die Zuglaufverfolgung ist die durch technische Einrichtungen realisierte zeitnahe Erfassung und Übertragung von aktuellen Zugstandorten innerhalb eines Stellwerks, zu anderen Stellwerken und an ein Dispositionssystem.

Zuglenkbereich

Der Zuglenkbereich ist der Zugfahrbereich einer Betriebsstelle, der mit Zuglenksignalen ausgerüstet ist. Der ZL-Lenkbereich wird aus mehreren (zusammenhängenden) ZL-Funktionsbereichen gebildet. Betrieblich wird der ZL-Lenkbereich einem özF zugeordnet.

Zuglenker

Der Zuglenker ist ein Mitarbeiter in der BZ, der Zugfahrten „aus einer Hand" unter Sicherheitsverantwortung signaltechnischer Einrichtungen disponiert und lenkt. Voraussetzungen für seine Tätigkeit sind das Vorhandensein einer aus den Leitsystemen bedienbaren Zuglenkung mindestens für einen Steuerbezirk und der störungsfreie Zustand der Sicherungstechnik. Sind diese Voraussetzungen eingeschränkt, reduziert sich seine Tätigkeit auf die eines Zugdisponenten.

Zuglenksignal

Das Zuglenksignal ist ein Hauptsignal, auf das die Zuglenkung wirken kann.

Zuglenkung (ZL)

Die Aufgabe der Zlr ist es, auf der Basis von Zuglaufinformationen und zugbezogenen Vorgaben für die Benutzung von Strecken- und Bahnhofsgleisen ohne mittelbare Mitwirkung des Bedieners Stellkommandos an das zuständige Stellwerk abzugeben, ihre Ausführung zu überwachen und sich aus Meldungen des Stellwerks ergebenden Handlungsbedarf an den Bediener weiterzugeben. Zuglaufinformationen bekommt die Zuglenkung von der Zuglaufverfolgung (ZLV), die die vorgesehene Benutzung der Strecken- und Bahnhofsgleise einschließlich besonderer Bedingungen für die Regelung der Reihenfolge der Züge aus einem sogenannten Lenkplan erhält, der in der Form einer Gleisbenutzungstabelle (GBT) und/oder Lenkübersicht (LÜS) bereitzustellen ist. Die ZL befreit özF/Fdl von Routinehandlungen und stellt das Bindeglied zwischen rechnerunterstützter Disposition und Fahrwegsicherung dar. Sie hat keine dispositive Funktion im Sinne von Konflikterkennung (KE)/Konfliktlösung (KL).

6 Trassenmanagement

Wer kennt sie nicht? Die blauen Anzeigetafeln auf größeren Bahnhöfen, die dem Fahrgast die Abfahrtszeiten und Laufwege der Züge auf Klappscheiben oder digitalen Displays, sogenannten Zugzielanzeigern, mitteilen. Im Gegensatz zum gelben Aushangfahrplan besteht hier die Möglichkeit, dem Reisenden zusätzlich aktuelle Entwicklungen in einem Bedarfsfeld anzuzeigen. Ein Ärgernis sind hierbei nicht selten die in auffallendem Gelb oder Rot gehaltenen Anzeigen der Verspätungsminuten. Im Fahrplanjahr 2003 waren hohe Verspätungsmeldungen an der Tagesordnung. Einen solch schlechten Pünktlichkeitsgrad hatte die Deutsche Bahn bis dahin selten erlebt. Der Reisende stellt dann häufig fest: „Der Fahrplan ist falsch!" Auch bahnintern wurde bei kurzfristiger Ursachenforschung der „Fahrplan", oder wie wir es moderner nennen, das Trassenmanagement (TM), als Verursacher und Verantwortlicher genannt. Umfangreiche interne Qualitätsuntersuchungen haben das Trassenmanagement entlastet! Der Fahrplan kann immer nur so verlässlich sein, wie seine zahlreichen Planungsparameter, die ihm zu Grunde liegen. Es besteht ein sehr hohes Pünktlichkeitspotential in einer optimalen Planung der einzelnen Trassen. Geringe Abweichungen von der Planung setzen sich in der Betriebsdurchführung fort und übertragen sich auf andere Züge oder führen in der Reisekette des Personenverkehrs zu ärgerlichen Anschlussverlusten, im Güterverkehr zur Nichteinhaltung vereinbarter Liefertermine mit hohen Kosten für eine mangelhafte Logistik. In einem zu engmaschigen Netz ohne ausreichende Möglichkeit zur Entspannung und Abfederung entstandener Verspätungen können Verspätungszustände nicht beseitigt werden. Zum Glück sehen wir solche Anzeigen nur noch selten. Oft sind nicht planbare Ereignisse der Grund dafür. Im Kapitel „Trassenmanagement" wollen wir auf die Entstehung des Fahrplans eingehen und die Bedeutung einer genauen Planung beschreiben, die Grundvoraussetzung für einen verlässlichen Fahrplan ist.

6.1 Einordnung des Trassenmanagements im Konzern DB AG/DB Netz AG

Vor der eigentlichen Fahrplanerstellung und der Klärung von Begrifflichkeiten ist die organisatorische Einordnung des Trassenmanagements anzusprechen. Grundsätzlich ist das Trassenmanagement Aufgabe des Eisenbahninfrastrukturunternehmens (EIU). Die Aufbauorganisation der Deutschen Bahn AG (DB AG), welche im stetigen Wandel begriffen ist, soll jedoch nicht weiter dargestellt werden.

Das Trassenmanagement (TM) ist dem Vertrieb der DB Netz AG zugeordnet, was eine sinnvolle Lösung darstellt, wie wir in Abschnitt 6.2 sehen werden. Die Zentrale der DB Netz AG mit Sitz in Frankfurt am Main hat strategische und koordinierende Aufgaben im Hinblick auf die Zusammenarbeit in den Niederlassungen (NL) und dem benachbarten Ausland. Die Fahrplanbearbeitung findet in den sieben Netz-Niederlassungen „Ost" (Berlin), „Nord" (Hannover), „West" (Duisburg), „Südost" (Leipzig), „Mitte" (Frankfurt am Main), „Südwest" (Karlsruhe) und „Süd" (München) statt.

6.2 Unser Produkt „Trassen"

Für das Eisenbahninfrastrukturunternehmen (EIU) ist es wichtig Produkte zu definieren, um diese am Verkehrsmarkt anzubieten und zu verkaufen.

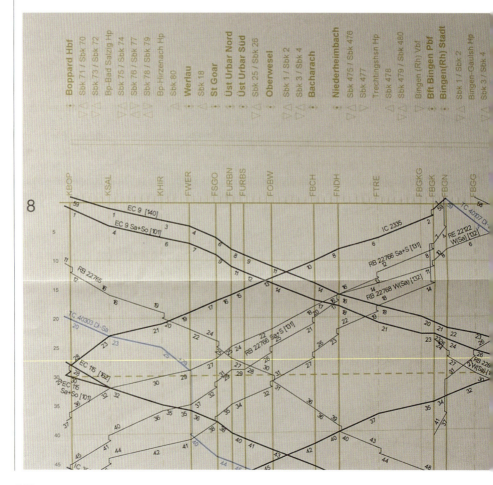

Das Produkt, das die DB Netz AG vermarktet, ist der Fahrplan, oder im Fachjargon, die Trassen und Anlagen. Der Begriff „Trasse" darf jedoch nicht mit dem Ingenieurbauwerk einer Eisenbahntrasse oder -strecke verwechselt werden. Wir sprechen hierbei vielmehr von einer „Fahrplantrasse".

Bildhaft kann man sich eine Fahrplantrasse als Linie in einem Zeit-Weg-Diagramm vorstellen (Abbildung 6.1). Am oberen, waagerechten Rand sind die Betriebsstellen einer Strecke aufgeführt, am linken, senkrechten Bildrand wird die Zeitschiene abgebildet. Dieses Zeit-Weg-Diagramm nennt man **Bildfahrplan**. Dieser wird jährlich in DIN A 1 Größe für jede Strecke in Deutschland für innerdienstliche Zwecke aufgelegt.

*Abbildung 6.1: Auszug eines Bildfahrplans,
Abschnitt Boppard – Uhlerborn (linke Rheinstrecke).*

Die DB Netz AG bietet ihren Kunden einen modifizierten Bildfahrplan als sogenannte Trassengrafik zum Kauf an. In der Trassengrafik sind im Gegensatz zum Bildfahrplan nur die Trassen des bestellenden Kunden aufgeführt. Die Trassen anderer Kunden sind in der Trassengrafik lediglich in grauer Farbe hinterlegt, um die Belegung einer Strecke darzustellen. Weder Zugnummer, Fahrplanzeiten noch Zuggattung der anderen EVU sind dabei erkennbar. Die Unkenntlichmachung fremder Trassen in der Trassengrafik ist notwendig, da bei der Bekanntgabe von Fahrplandaten der Kundendatenschutz gewährleistet sein muss. Bei den von der DB Netz AG konstruierten Trassen handelt es sich um Daten, die als Geschäftsgeheimnisse des Kunden gelten und nur durch ihn anderen EVU und Endkunden gegenüber öffentlich gemacht werden dürfen. Zwischen einigen EVU bestehen Vereinbarungen, die Trassendaten des anderen einzusehen. Dies muss zwischen diesen EVU vereinbart und der DB Netz AG zur Kenntnis gegeben werden.

Seit 1997 arbeitet die DB Netz AG mit dem elektronischen Fahrplankonstruktionsprogramm „RUT" (= Rechnerunterstütztes Trassenmanagement), das in der Grafik den gleichen Aufbau wie das Bildblatt hat (Abbildung 6.2).

6.2.1 Trassendefinitionen

Die „Trasse" wird in verschiedenen Publikationen unterschiedlich definiert. Für das Trassenmanagement gilt die für die Trassenkonstruktion maßgebliche Richtlinie 402.0101 (Anhang 99), in der die Trasse als *„geplante zeitliche und räumliche Belegung der Schieneninfrastruktur für eine Zugfahrt durchgehend auf der freien Strecke und in den Bahnhöfen"* beschrieben wird. Die übrigen Definitionen sind in Abbildung 6.3 dargestellt.

Die DB Netz AG konstruiert die Trassen nicht wahllos, sondern wird vielmehr auf Initiative und Antrag der EVU, die auf dem Streckennetz der DB Netz AG fahren wollen, aktiv. Die DB Netz AG bietet aber auch in Zusammenarbeit mit weiteren internationalen Bahnen Trassen in einem Angebotskatalog an. Bei der eigentlichen Trassenkonstruktion versucht die DB Netz AG die Wünsche der EVU unter Beachtung der bestmöglichen Ausnutzung der Infrastruktur umzusetzen. In Deutschland gibt es derzeit über 300 EVU. Der Konzern DB AG hat eigene Eisenbahnverkehrsunternehmen für Personenverkehr, Güterverkehr und Baustellenlogistik.

Um einen Zug zu fahren, benötigt das EVU einen Fahrplan, den die DB Netz AG erarbeitet und an das EVU übergibt. Für die Benutzung der Schieneninfrastruktur bezahlt das EVU einen Preis, das sogenannte Trassenentgelt. Dieses richtet sich in der Höhe vor allem nach zwölf Streckenkategorien, die sich an der Verkehrsart und der Streckenausrüstung orientieren.

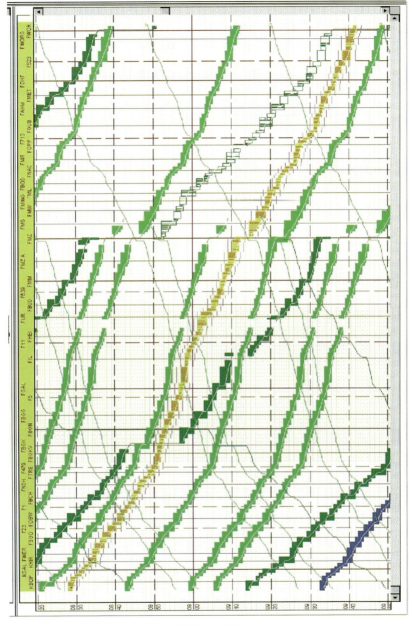

Abbildung 6.2:
Darstellung eines bildlichen Fahrplans im Konstruktionstool „RUT".

nach Richtlinie EG 2001/14

„Zugtrasse" ist die Fahrwegkapazität, die erforderlich ist, damit ein Zug zu einer bestimmten Zeit zwischen zwei Orten verkehren kann.

nach Eisenbahninfrastrukturbenutzungsverordnung (EIBV)

„Zugtrasse" ist derjenige Anteil der Schienenwegkapazität eines Betreibers der Schienenwege, der erforderlich ist, damit ein Zug zu einer bestimmten Zeit zwischen zwei Orten verkehren kann.

nach Richtlinie 402.0101 (Anhang 99):

Trasse ist als Zugtrasse im Sinne der EIBV die geplante zeitliche und räumliche Belegung der Schieneninfrastruktur für eine Zugfahrt durchgehend auf der freien Strecke und in den Bahnhöfen.

Abbildung 6.3:
Verschiedene Trassendefinitionen mit letztlich gleichen Inhalten.

6.2.2 Trassenarten

Seit 01.08.2005 gilt eine veränderte Eisenbahninfrastruktur-Benutzungsverordnung (EIBV), welche die Grundlagen des Netzzugangs neu regelt. Sie brachte Änderungen bezüglich der Trassenanmeldung, die durch die DB Netz AG zu beachten sind. Dabei wurden auch Begriffe neu definiert.

Nach dem Zeitpunkt der Anmeldung einer Trasse wird unterschieden „Trasse zum Netzfahrplan" von der „Trasse zum Gelegenheitsverkehr". Der Netzfahrplan ist europaweit zeitlich einheitlich definiert. Er beginnt am zweiten Sonntag im Dezember und endet an dem davor liegenden Samstag des Folgejahres. Dabei besteht ein enger Bezug zum „Jahresfahrplan" (Jfpl), wie der Netzfahrplan nach alter EIBV genannt wurde. Eine Deckungsgleichheit besteht jedoch nicht. Die Trasse zum Netzfahrplan wird wie die „alte" Trasse zum Jfpl im Rahmen der gesetzlichen Vorgaben der EIBV zu einem gesetzlich definierten Termin angemeldet („EIBV-Termin"). Die Trasse zum Netzfahrplan ist in der Regel eine häufig verkehrende Trasse. Abbildung 6.4 zeigt die Aufteilung in die verschiedenen Trassenarten.

Die „Trasse im Gelegenheitsverkehr" (vergleichbar der „Sondertrasse" gem. alter EIBV) wird dagegen unterjährig angemeldet und im Geflecht des Netzfahrplans im Rahmen freier Restkapazitäten konstruiert. Sie wird oft nur für einen oder wenige Verkehrstage nach dem EIBV-Termin angemeldet und konstruiert. Typische Beispiele für „Trassen im Gelegenheitsverkehr" sind Entlastungszüge an Wochenenden und Feiertagen oder Charterzüge zu Großereignissen wie der „Love Parade", zu Fußballspielen oder anlässlich von Betriebsausflügen. Der weitaus größere Anteil des Gelegenheitsverkehrs liegt im Güterverkehr, wo die „Just in Time"-Anmeldung und -Konstruktion einen immer höheren Stellenwert einnimmt. Der Anlass für sol-

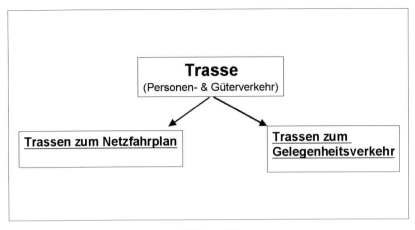

Abbildung 6.4:
Trassenarten.

che Fahrten ist den bei DB Netz anmeldenden EVU zum sehr frühen EIBV-Termin meist noch nicht bekannt.

Ein weiterer Unterschied zwischen „Trassen zum Netzfahrplan" und „Trassen zum Gelegenheitsverkehr" sind neben dem Zeitpunkt der Trassenanmeldung die Konstruktionskriterien.

Die Trasse zum Netzfahrplan wird immer „konfliktfrei" konstruiert, d.h. sie behindert in ihrer zeitlichen und örtlichen Lage keine andere Trasse. In der Betriebsdurchführung wäre eine konfliktbehaftete Trassenkonstruktion nicht durchführbar. In der Planung erkennt der Trassenkonstrukteur jedoch solche Trassenkonflikte im Konstruktionstool und versucht zunächst selbst eine Lösung zu finden. Ist diese nicht möglich, muss eine einvernehmliche Lösung zwischen den beteiligten EVU vereinbart werden (vgl. Abschnitt 6.7 „Konfliktprozedere").

Um auch kurzfristige Kundenwünsche mit wenigen Verkehrstagen zu erfüllen oder auf erst später erkannte Markterfordernisse reagieren zu können, bietet die DB Netz AG mit der „Trasse zum Gelegenheitsverkehr" die Möglichkeit an, auch außerhalb des gesetzlich vorgeschriebenen Trassenanmeldeverfahrens des Netzfahrplans, Zugfahrten zu ermöglichen. Zur Erhaltung einer hohen Pünktlichkeit aller Trassen besteht bei „Trassen zum Gelegenheitsverkehr" unter Wahrung strenger Qualitätsvorgaben die Möglichkeit, eine Trassenzuweisung im bereits engen Fahrplangeflecht vorzunehmen.

6.3 Rechtliche Grundlagen

Im Zuge der Liberalisierung und Harmonisierung des Eisenbahn- und Verkehrsmarktes erfährt das Recht der Eisenbahnen in Deutschland und Europa seit 1994 immer wieder Veränderungen und Reformen, so dass auch nicht eisenbahnspezifische Rechtsgebiete wie das Gesellschafts- oder Wettbewerbsrecht zunehmend Einfluss auf den Eisenbahnsektor nehmen. Die Stufen der Bahnreform sind hier die markanten Meilensteine. Am 01.01.1994 trat mit der ersten Stufe der Bahnreform die Neuordnung des Eisenbahnwesens in Kraft, die zweite Stufe folgte am 01.01.1999 mit der Ausgliederung der fünf Aktiengesellschaften unter dem Dach der DB AG als Holding. Die dritte Stufe der Bahnreform sieht letztlich die materielle Privatisierung, den Börsengang vor. Dieser Schritt war in der Planung für 2006 vorgesehen, wurde jedoch auch aufgrund einer Entscheidung des Eigentümers Bund verschoben.

6.3.1 EU-Recht

In den Grün- und Weißbüchern der EU werden langfristige Vorhaben, Planungen und Maßnahmen zur Entwicklung des Verkehrsmarktes in Europa aufgeführt. EU-Richtlinien dagegen haben bereits Rechtscharakter und sind mit entsprechenden Übergangsfristen in nationales Recht umzusetzen. Sie beinhalten jedoch einen inhaltlichen Umsetzungsspielraum, den die nationale Regierung anwenden kann. EU-Verordnungen und -Entscheidungen sind sofort rechtsverbindlich. Abbildung 6.5 zeigt die Verzahnung der Gesetze und Verordnungen auf europäischer und nationaler Ebene.

Abbildung 6.5:
Verzahnung der Gesetze/Verordnungen.

6.3.2 Recht der Bundesrepublik Deutschland

Die Umsetzung von EU-Recht findet ihren Niederschlag im Grundgesetz der Bundesrepublik Deutschland (GG) sowie den nachgelagerten Gesetzen und Regelungen, z.b. im Allgemeinen Eisenbahn Gesetz (AEG) oder im Regionalisierungsgesetz (RegionalisierungsG).

In Artikel 87e GG ist festgeschrieben, dass
- Eisenbahnen des Bundes als Wirtschaftsunternehmen in privat-rechtlicher Form geführt werden,
- der Bund dem Allgemeinwohl, insbesondere den Verkehrsbedürfnissen beim Ausbau und Erhalt des Schienennetzes der Eisenbahnen Rechnung zu tragen hat,
- eine Veräußerung nur aufgrund eines Gesetzes erfolgt und
- der Bund die Mehrheit der Anteile hält.

Im AEG und dem Regionalisierungsgesetz sind bereits konkrete Regelungen getroffen worden, z.B. zu
- Grundsätzen des Zugangs zur Eisenbahninfrastruktur in der Bundesrepublik Deutschland,
- Regelungen zur Aufsicht der Eisenbahnen und der Infrastrukturbetreiber,
- Regelungen zur sicheren Führung des Eisenbahnbetriebs,
- Zuwendungen und Verteilungsschlüssel von Finanzmitteln des Bundes an die Länder für die Bestellung von Nahverkehrsleistungen

Mit der Forderung nach Öffnung des Schienenmarktes für nicht bundeseigene EVU und die diskriminierungsfreie Zuweisung von Trassen wurde der Jahresfahrplan 2000/2001 erstmalig nach geänderten EIBV erstellt.

Die EIBV regelt insbesondere
- die Beziehungen zwischen EVU und Eisenbahninfrastrukturunternehmen (EIU),
- den Netzzugang sowie die Entgeltregelungen für die Benutzung der Infrastruktur,
- die streng einzuhaltenden und rechtlich verbindlichen Terminfolgen,
- die Pflicht des EIU zur diskriminierungsfreien Zuweisung von Trassen an EVU, in Form von konkreten Handlungsanweisungen und Ablaufverfahren.

Mittlerweile verkehren über 300 EVU auf den Gleisen der DB Netz AG. Kaum ein anderes Land der EU lässt derzeit soviel Wettbewerb auf dem Schienennetz zu wie Deutschland und die DB Netz AG.

Gesetz zur Regionalisierung des öffentlichen Personennahverkehrs (Regionalisierungsgesetz/RegionalisierungsG)

Mit der Gründung der DB AG ging die Verantwortung für den öffentlichen Personennahverkehr (ÖPNV) als Aufgabe der Daseinsvorsorge auf die Länder über. Zur Sicherstellung einer ausreichenden Bedienung der Bevölkerung mit Nahverkehrsleistungen erhalten die Länder aus den Mineralölsteuereinnahmen des Bundes jährlich gesetzlich festgeschriebene Beträge. Mit diesen Geldern werden europaweite Ausschreibungen für die Bedienung von Nahverkehrsleistungen auf den von den Ländern definierten Nahverkehrsnetzen durchgeführt. Dabei erhält in der Regel der günstigste Anbieter den Zuschlag für das Betreiben aller Nahverkehrsleistungen auf diesem Netz.

Vertragsrecht

Im Verhältnis zu den Kunden auf der Schieneninfrastruktur hat die DB Netz AG einen Gestaltungsspielraum, der in den Infrastrukturnutzungsverträgen, den Schienennetz-Benutzungsbedingungen und den Allgemeinen Bedingungen für die Nutzung der Eisenbahninfrastruktur der DB Netz AG (ABN) zum Ausdruck kommt. Jedes EVU muss vor Antritt der ersten Fahrt einen Infrastrukturnutzungsvertrag (INV) unterzeichnen. Dieser regelt die Grundsätze des Nutzungsverhältnisses zwischen der DB Netz AG und EVU.

Wesentlicher Inhalt des INV sind:
- Erbringung von Verkehrsleistungen und Nutzung von Zugtrassen, Anlagen und Einrichtungen,
- Leistungsumfang der DB Netz AG,
- Entgelt für die Trassennutzung,
- Laufzeit des Vertrages (i.d.R. ein Jahr mit automatischer Verlängerung, wenn nicht von einem Vertragspartner gekündigt wird),
- vorzeitige Vertragsbeendigung,
- Vertragsbestandteile.

Allgemeine Bedingungen für die Nutzung der Eisenbahninfrastruktur der DB Netz AG (ABN)

Die ABN sind die Geschäftsbedingungen der DB Netz AG und regeln vornehmlich
- die Grundsätze des Vertragsverhältnisses zwischen EIU und EVU,
- das Anmeldeprozedere für Zugtrassen,
- die Konstruktionsprioritäten,
- die Rechte und Pflichten der Vertragsparteien bei Störungen der Betriebsabwicklung,
- das Verfahren bei Nutzungskonflikten und
- die Haftungsfragen.

Mit dem Vertragsabschluss zwischen EIU und EVU werden weitere, wichtige Regelungen Vertragsbestandteil. Das EVU ist danach verpflichtet, sich eigenverantwortlich über die für es relevanten Regeln des betrieblich-technischen Regelwerkes und deren Änderungen zu informieren. Die in dieser Richtlinie enthaltenen Regelungen dürfen vom EIU als beim EVU bekannt vorausgesetzt werden. Das EVU akzeptiert weiterhin das Trassen- und Anlagenpreissystem.

Das Nutzungsrecht des EVU an einer einzelnen Trasse kommt zustande durch eine fristgerechte und schriftliche Annahme des Trassenangebotes sowie durch die Übergabe der Fahrplanunterlagen. Im ad-hoc-Verkehr wäre eine schriftliche Annahme aufgrund der zahlreichen und kurzfristigen Trassenanmeldungen zeitraubend und unrealistisch, so dass hier eine Vereinfachung greift. Im Gelegenheitsverkehr stellt die Fahrplananordnung (Fplo; vgl. Abschnitt 6.8) das Trassenangebot dar, das von den Kunden i.d.R. nicht abgelehnt wird.

6.3.3 Voraussetzungen für EU-weite Eisenbahnverkehre

Das EU-Recht regelt nicht nur den Bereich Netz(Markt-)zugang/Liberalisierung. In Abbildung 6.6 sind weitere Kriterien, die einer Regelung durch EU-Gesetzgebung bedürfen, aufgeführt. Im Rahmen des grenzenlosen Europas spielen die nationalen Grenzen eine immer geringere Rolle, weshalb sich auch die Eisenbahnen dieser Entwicklung anpassen müssen, um marktgerecht agieren zu können. Die hier hervorgehobene „Interoperabilität" beschreibt die Forderung nach international angepassten und gleichen betrieblich-technischen Ausstattungen aller Bahnen oder ihre Kompatibilität. Bereits heute verkehren ICE-Züge von Deutschland aus

Abbildung 6.6:
EU-Bestimmungen sorgen für gleiche Voraussetzungen im internationalen Verkehr.

nach Zürich, Wien, Innsbruck, Amsterdam und Brüssel oder der Hochgeschwindigkeitszug „Thalys" von Paris nach Köln. Während der ICE bereits heute ohne größere technische Anpassungen nach Österreich fahren kann, sind beim Verkehren dieser Züge in die Schweiz, in die Niederlande und nach Belgien erweiterte technische Komponenten der Sicherungstechnik oder der Stromversorgung notwendig, die ein freizügiges Verkehren der Triebzüge erschwert.

Die Interoperabilität soll einen europaweiten Personen- und Güterverkehr sicherstellen. Hierzu sind in den „Technischen Spezifikationen für die Interoperabilität" (TSI) der EU-Richtlinie 96/48 Voraussetzungen formuliert. Diese werden durch eine Europäische Trassenagentur überwacht. Auf nationaler Ebene wurde viel diskutiert. Als Ergebnis übernimmt ab 01.01.2006 die Bundesnetzagentur als Regulierungsbehörde die Überwachung des diskriminierungsfreien Netzzugangs. Dass die Interoperabilität aber auch wesentliches Interesse der nationalen Bahnen ist, zeigt ein im Frühjahr 2004 unter Leitung des Vorstandsvorsitzenden der DB AG, Hartmut Mehdorn, durchgeführter Pilot einer Güterzugverbindung zwischen Istanbul/Türkei und Köln. Trotz erheblicher technischer Unterschiede der am Laufweg beteiligter Bahnen sowie formaler Grenzabfertigungen erreichte der Zug sein Ziel zwei Tage früher als ein vergleichbarer LKW-Transport. Auch wenn die Verhandlungen mit der Türkei, Bulgarien und Rumänien zum EU-Beitritt noch laufen, zeigt dies, welches Potential im internationalen Güterverkehr liegt. Im Personenverkehr gibt es besonders in den östlichen und südöstlichen Staaten Europas noch erheblichen Nachholbedarf. Erste Ansätze gibt es jedoch auch dort schon. Zwischen Bukureşti Nord – Ploieşti Sud der Relation Bukureşti Nord – Braşov (Kronstadt) baut Rumänien eine Neubaustrecke für Hg 200 km/h. Die Einbindung dieser und weiterer Strecken in den europäischen Schienenverkehr wird die Erschließung neuer Märkte beschleunigen.

6.3.4 Finanzierung der Schieneninfrastruktur

Eine große Ausgabenposition des Bundes stellen die Neu- und Ausbauten der Schieneninfrastruktur dar. Da nicht alle Maßnahmen kurzfristig umsetzbar sind, existieren Gesetze, welche die Finanzierung solch großer Baumaßnahmen regeln. Dabei beschreibt der Bundesverkehrswegeplan die politische Absichtserklärung, Maßnahmen zum Aus- und Neubau von Schieneninfrastrukturprojekten durchzuführen. Eine Priorisierung dieser Projekte erfolgt im Bundesschienenwegeausbaugesetz (BSchwAG). Im Anhang des BSchwAG definiert der Bedarfsplan die notwendigen und zu realisierenden Projekte in „Vordringliche Maßnahmen", „Weiterer Bedarf" und „Internationale Projekte". Alle fünf Jahre wird der Bedarf überprüft und der aktuellen Verkehrsentwicklung und Finanzsituation angepasst. Diese Anpassung erfolgt durch Gesetz und muss im Bundestag und Bundesrat mehrheitlich angenommen werden.

Bundesleistungen für Infrastrukturmaßnahmen
Bereits im Grundgesetz Artikel 87e (4) verpflichtet sich der Bund zur Finanzierung von „Ausbau und Erhalt des Schienennetzes der Eisenbahnen des Bundes". Dabei

hat der Bund bei der Privatisierung der Deutschen Bundesbahn und Deutschen Reichsbahn im Jahr 1994 Milliardenschulden übernommen und garantiert weiterhin den Aus- und Neubau des Netzes. Abbildung 6.7 gibt einen Überblick über die Bundesleistungen.

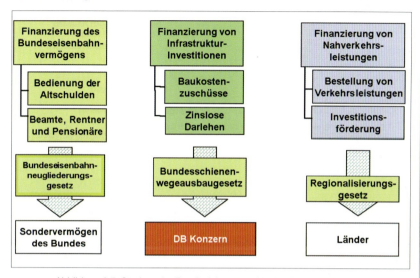

Abbildung 6.7: Struktur der Bundesleistungen für das Eisenbahnwesen.

Die in grün dargestellten Infrastrukturfinanzierungen teilen sich auf in Baukostenzuschüsse und zinslose Darlehen. Während die Darlehen von der DB AG getilgt werden müssen, stellen die Baukostenzuschüsse tatsächliche Vollfinanzierungen durch den Bund dar. Der auch von Deutscher Bundes- und Deutscher Reichsbahn ständig defizitär geführte Schienenpersonennahverkehr wurde mit der Neugliederung des Eisenbahnwesens zur Daseinsvorsorge des Staates erklärt und wird mit jährlich rund 6 Mrd. Euro finanziert. Anhand von Abbildung 6.8 erkennt man die Verteilung der Bundesmittel im Jahr 2002. Rund die Hälfte aller Mittel wurde an das Bundeseisenbahnvermögen (BEV) überwiesen, die Behörde, welche die Abwicklung der Deutschen Bundesbahn (DB) und Deutschen Reichsbahn (DR) übernommen hat.

6.4   Fahrplanprozedere

Die Erstellung eines Netzfahrplans bedarf eines langen Planungsvorlaufs. Dabei fließen ein:

- Durch intensive Marktbeobachtung gewonnene Kenntnisse über Reisendenströme,
- Einsatz von neuen, schnelleren Fahrzeugen,
- Neu- und Ausbaustrecken sowie neue Linienführungen im Nah-, Fern- und Güterverkehr.

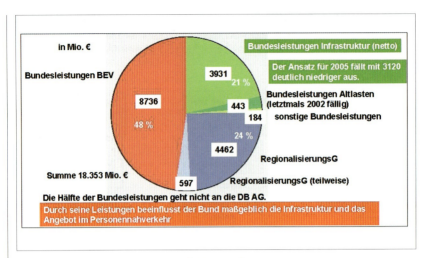

Abbildung 6.8:
Verteilung der Bundesmittel für das Eisenbahnwesen im Jahr 2002.

Dadurch kann es sowohl zu größeren Veränderungen im Fahrplangefüge, als auch lediglich zu einer Fortschreibung des Fahrplans mit geringen Änderungen kommen. Einschneidende Veränderungen erfuhr das Fahrplangeflecht u.a. mit der Einführungen des stündlichen IC-Verkehrs im Jahr 1979, der Weiterführung und dem Ausbau dieses Systems mit „IC '85" sowie den Änderungen durch die Deutsche Wiedervereinigung 1990, der Inbetriebnahme der Neubaustrecken (NBS) Hannover – Würzburg, Mannheim – Stuttgart mit Höchstgeschwindigkeit 250 km/h im Jahr 1991 und der NBS Köln – Rhein/Main im Dezember 2002. Auch „kleinere" Konzeptionsänderungen können das Gesamtgefüge nachhaltig verändern. Besondere Veränderungen ergaben sich u.a. aus der Einführung neuer integraler Taktfahrpläne (ITF) im Schienenpersonennahverkehr (SPNV).

Während die großen Maßnahmen der Neubaustrecken langfristig infrastrukturell und marktanalytisch mit teils konkreten Werten, teils geschätzten Annahmen untersucht werden, ist das Prozedere der Erstellung des Netzfahrplans konkret fixiert und zeitlich überschaubar. Auf Beschluss aller europäischer Bahnen wurde der einheitliche, europaweit gültige Änderungstermin des Netzfahrplans auf den zweiten Sonntag im Dezember festgelegt. Dieser Termin gilt seit Dezember 2002. Die Frage nach der Notwendigkeit eines jährlichen Fahrplanwechsels beantwortet sich sehr schnell, wenn man die zahlreichen konzeptionellen Änderungen betrachtet. Im Fokus hierbei steht besonders der Nahverkehr, dessen Umfang abhängig ist von den zur Verfügung stehenden Finanzmitteln des Bundes und der Länder. Sinken oder steigen diese Finanzmittel, passen die Länder ihre Bestellungen bei den EVU entsprechend an. Eine ebenso große Herausforderung ist der Wunsch der Güterverkehrskunden nach einem sich ständig ändernden Fahrplan, der in einem modernen Transportmarkt höchstmöglicher Flexibilität nachkommt.

Im Folgenden sollte der Erstellungsprozess des Fahrplans erläutert werden. Aufgrund des im Jahr 2005 in Kraft getretenen neuen Allgemeinen Eisenbahn Gesetzes (AEG) bzw. der EIBV und der Etablierung der Bundesnetzagentur (BNetzA) als Regulierungsbehörde, sind zahlreiche Verfahrensabläufe noch nicht abschließend geklärt. Somit ist es derzeit noch nicht möglich, verlässliche Aussagen zum Prozedere der Fahrplanerstellung hier zu fixieren. Der Prozess ist in Teilen noch im Verhandlungsstadium mit der BNetzA.

Nach Vorliegen einer abgestimmten Regelung (vsl. etwa Ende 2006) stellen wir Informationen dazu auf unserer Website www.deine-bahn.de zur Verfügung.

6.5   Planungsbasis Netz

Die Fahrplankonstruktion gründet sich auf drei Säulen. Die entsprechenden Planungsparameter werden dem Trassenkonstrukteur und dem EVU gleichermaßen rechtzeitig vor dem Beginn der Planungen bekannt gemacht. Eine verlässliche Planungsbasis ist dabei von hoher Bedeutung für eine zuverlässige Fahrplanerstellung.

Die in der ersten Säule beschriebene Basis des **Streckennetzes** ist für den Fahrplankonstrukteur in seinem Konstruktionstool RUT enthalten. Diese Angaben müssen jedoch regelmäßig aktualisiert werden, was vor dem Hintergrund umfangreicher Maßnahmen an der Schieneninfrastruktur, der damit verbunden Leit- und Sicherungstechnik (LST) und der Geschwindigkeitskonzeption einer Strecke von erheblicher Bedeutung für einen „wahren" Fahrplan ist. Wesentliche Komponente für die Kapazität einer Strecke und damit verbunden für mögliche Trassenkonflikte, ist die Erfassung der korrekten Daten der LST. Die optimal abgestimmte Blockteilung, zusätzliche Fahrstraßen oder die Harmonisierung der Geschwindigkeiten können zu erheblichen Kapazitätssteigerungen einer Strecke beitragen. Sind solche Veränderungen nicht in „Spurplan", der Infrastrukturdatenbank von RUT, hinterlegt, können die durch diese Maßnahmen hervorgerufenen Veränderungen nicht im Fahrplan umgesetzt oder müssen aufwändig nachgepflegt werden. Der Trassenmanager hat an dieser Stelle die Verpflichtung, die ihm bekannt werdenden Probleme auf seiner Konstruktionsstrecke zu melden und ggf. durch Vorschläge eine Verbesserung der Planungs- und Durchführungssituation zu erreichen. Die

Abbildung 6.9: Planungsbasis Netz.

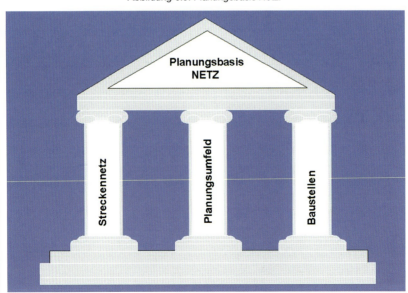

o.a. Verbesserung der Blockteilung auf einer Strecke führt also zu einer Kapazitätserhöhung. Dadurch können zusätzliche Trassen angeboten werden. Die rechtzeitige Verfügbarkeit der zum Fahrplanwechsel relevanten Streckengeschwindigkeiten ist eine weitere Grundvoraussetzung für einen realistischen Fahrplan. In diesem Punkt ist es unerlässlich, dass der Vertrieb eng mit dem Anlagenmanagement des Betriebes kooperiert.

Die zweite wichtige Säule der Planungsbasis bildet das **Planungsumfeld**, also die grundsätzlichen Regelungen der Bundes- und Landesgesetze, die für den Konstrukteur relevanten internen Planungsrichtlinien sowie die jährlich neu festzulegenden Bauzuschläge. Die im Jahr 2005 novellierten rechtlichen Grundlagen des AEG und der EIBV wurden sehr intensiv von der DB Netz AG begleitet, da hier wesentliche Änderungen bzgl. der Trassenzuweisung und anderer damit in Zusammenhang stehender Aspekte geregelt sind. Noch deutlicher wird die Bedeutung der Gesetze im Zusammenhang mit der Einhaltung der Terminkette, die bei der Erstellung des Netzfahrplans besondere Aufmerksamkeit des Trassenkonstrukteurs erfordert. Das Verbot der Diskriminierung der EVU ist Netzmitarbeitern seit vielen Jahren vertraut und stellt vor dem Hintergrund gleicher Wettbewerbsbedingungen für alle EVU eine Selbstverständlichkeit dar. Im Regelwerk für Trassenkonstrukteure, der Richtlinie 402 „Trassenmanagement", sind für den Konstrukteur verbindliche Planungswerte für Fahrzeitzuschläge und Pufferzeiten vorgegeben. Während Regelzuschläge prozentual zur reinen Fahrzeit gerechnet werden, übergibt die Abteilung Koordination Betrieb/Bau (angesiedelt bei der DB Netz AG-Zentrale) feste Zeitwerte als Bauzuschläge an das TM, das diese Werte in RUT einpflegt. Regel- und Bauzuschläge stellen einen wesentlichen Qualitätsaspekt der Trassenplanung dar und werden in Abschnitt 6.6.2 behandelt.

Die letzte wesentliche Säule der Planungsbasis sind die **Baustellen** mit ihren sehr oft kapazitätsverbrauchenden Fahrzeitverlängerungen oder Umleitungen. Die Durchführung von Baustellen ist stark von den Finanzierungszusagen abhängig. Wenn die Finanzierung steht, stellt die Koordination der Baustellen im gesamten Netz der DB AG eine große Herausforderung an die Planer von Betrieb und Vertrieb dar. Werden Baumaßnahmen auf den erlösbestimmenden Hauptstrecken zeitlich und logistisch nicht genau abgestimmt, kommt es bei der Planung zu Überlagerungen und, noch schlimmer, bei der Durchführung zu Verspätungen, die sich netzweit auf letztlich alle Trassen übertragen können. Werden die Baumaßnahmen allerdings verschoben oder abgesagt, kann es zu unvorhergesehenen Infrastruktureinschränkungen kommen. Folge davon sind Langsamfahrstellen oder fehlende Überholmöglichkeiten mit langfristigen Auswirkungen auf die Pünktlichkeit. Bei allen Planungsbasen benötigt der Trassenkonstrukteur rechtzeitige, umfassende und verlässliche Angaben. Er hat andererseits aber auch die Pflicht, mit den ihm vorliegenden Informationen und Kenntnissen die Entwicklung des Netzes positiv zu beeinflussen.

6.6 Konstruktion und Koordination der Trassen

6.6.1 Trassenanmeldung

Wie zuvor bereits erläutert, wird die DB Netz AG für die Konstruktion einer Trasse nur auf Antrag eines EVU tätig. Dies geschieht in Form einer Trassenanmeldung (TA). Die TA enthält die für die Konstruktion in RUT notwendigen betrieblich-technischen Angaben und kann schriftlich oder auf Datenträger übergeben werden. Derzeit ist hier ein elektronisches Eingangsportal zur gegenseitigen Kommunikation in der Entwicklung (Trassenportal Netz – TPN). Die Nutzung ist ab dem Jahresfahrplan 2007 vorgesehen, d.h. der Einsatz muss im Frühjahr 2006 rechtzeitig vor der beginnenden EIBV-Phase gewährleistet sein.

Die notwendigen Angaben in einer TA sind:
- Baureihenbezeichnung des Triebfahrzeugs (Tfz), Triebwagen oder Triebzuges.
- Höchstgeschwindigkeit des Tfz und der Wagen.
- Last des Tfz und der Wagen.
- Vorhandene Bremshundertstel.
- Bremsstellung.
- Technische Details wie Notbremsüberbrückung, Bremsarten.
- Verkehrliche Angaben: Start- und Zielpunkt der Fahrt, Unterwegshaltebahnhöfe, Laufweg, gewünschte Abfahrt am Start- bzw. Ankunft am Zielbahnhof, Haltedauer sowie Anschlusswünsche an andere Züge.

Der letzte Punkt bietet alle Möglichkeiten, dem EIU mitzuteilen, auf welche Einzelheiten bei der Konstruktion geachtet werden soll.

Die Form der Trassenanmeldung ist in einheitlicher Form durch die DB Netz AG vorgegeben. Folgende Anmeldeverfahren existieren:
- Schriftlich: Handschriftliches Ausfüllen eines vorgefertigten Trassenanmeldeformulars und Übergabe per Mail oder Fax,
- Elektronisch: Übermittlung elektronischer, aus Vorsystemen aufbereiteter Trassenanmeldedaten,
- Internet: Sendung der TA über ein Portal (TPN).

6.6.1.1 Masterfunktion

Unter dem Master einer Trasse versteht man einen gesamtverantwortlichen Trassenkonstrukteur oder auch eine (Master-)Niederlassung, die den Kontakt zum anmeldenden EVU hält und dafür Sorge trägt, dass die Konstruktion des angemeldeten Zuges fristgerecht erledigt wird. Der Master soll alleiniger Ansprechpartner des Kunden sein. Über ihn werden auch Gespräche mit dem Kunden geführt, wenn außerhalb der Master-Niederlassung Trassenkonflikte bestehen, die ggf. durch Maßnahmen des EVU (z.B. anderer Fahrzeugeinsatz) gelöst werden können. Nach dem Masterprinzip senden die EVU ihre TA an eine ihr zugewiesene, kundenbetreuende NL, von wo aus die Konstruktion angestoßen wird. Konzern-externe Kunden und DB Regio sowie deren Tochtergesellschaften werden von der Niederlassung betreut, in der sie ihren Sitz haben. Die persönlichen Kundenberater in den Servicecentern Verkauf stehen zu allen Fragen der EVU zur Verfügung. Wenn das EVU seine TA in einer anderen NL abgibt, wird es natürlich auch hier bedient. Diese NL sendet die TA dann weiter an die kundenbetreuende NL.

Bei DB Fernverkehr greift eine Vereinbarung nach Linien. Die bundesweit über 50 Fernverkehrslinien sind netzintern einzelnen NL zugeschieden, von wo aus sie „gemastert" werden. DB Fernverkehr meldet die Trassen daher in der DB Netz AG-Zentrale an, von wo aus die Zuscheidung zur Bearbeitung in die Master-NL erfolgt. Das bedeutet aber auch hier nicht, dass die Master-NL die Trasse außerhalb ihrer NL-Grenze konstruiert. Die Aufgaben der Trassenkonstruktion sind netzweit verteilt, eine klare und eindeutige Verantwortlichkeit ist gegeben.

Bei der konzerninternen Railion Deutschland AG werden die regionalen und NL-übergreifende Trassen durch die jeweilige Netz-NL betreut, in der die Trasse beginnt. Internationale Trassen werden bei Incoming-Zügen durch die Grenz-NL des Eintritts, Outgoing-Züge durch die NL des Abgangsbahnhofs gemastert.

6.6.2 Regelfahrzeit

In Abbildung 6.10 sind die verschiedenen Zeitanteile der Regelfahrzeit dargestellt.

Reine Fahrzeit	Rzu	Bzu
Mindestfahrzeit		
Regelfahrzeit		

Abbildung 6.10:
Tabellarische Darstellung der Zeitanteile der Regelfahrzeit; Rzu = Regelzuschlag, Bzu = Bauzuschlag.

An der Verteilung der Zeitanteile in Abbildung 6.10 wird deutlich, dass in der Berechnung der Regelfahrzeit bereits zusätzliche Zeitanteile oder Reserven eingearbeitet sind, die im Sprachgebrauch allgemein als sogenannter „Puffer" bezeichnet werden. „Puffer" haben bei der Trassenkonstruktion allerdings eine völlig andere Bedeutung als im üblichen Sprachgebrauch. Im Abschnitt 6.6.5 gehen wir intensiv auf die Pufferzeit ein.

Die „Reine Fahrzeit" stellt die physikalisch mögliche Fahrzeit dar, die unter
- Ausnutzung der Zugkraft des Triebfahrzeugs,
- Beachtung der zulässigen Geschwindigkeit und
- angenommenen fahrdynamischen Bedingungen

durchgeführt werden kann. Diese Berechnung erfolgt durch RUT, in dem die umfangreichen Daten der Fahrzeuge und der Infrastruktur enthalten sein müssen, um einen realistischen Fahrplan zu berechnen. In der Datenbank „Spurplan" sind alle infrastrukturellen Daten, die auf die Fahrzeit wirken, hinterlegt (Streckenge-schwindigkeit, -neigungen, -widerstände usw.). Abbildung 6.11 und 6.12 zeigen übersichtlich die Parameter, die auf die Fahrzeit wirken.

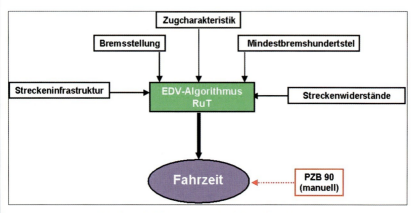

Abbildung 6.11: Parameter der Fahrzeitberechnung.

Abbildung 6.12: Physikalische Einflussfaktoren auf die Fahrzeit.

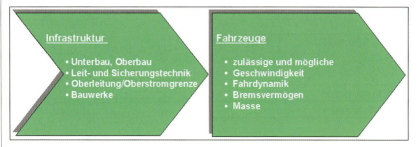

Zur „Reinen Fahrzeit" wird der **Regelzuschlag** (Rzu) addiert. Er ist notwendig, um Verspätungen, die durch Ereignisse während der Fahrt auftreten und damit die reine Fahrzeit verlängern, abzufedern. Solche Einflüsse sind beispielsweise die unterschiedliche Fahrweise des Triebfahrzeugführers (Tf) oder Witterungseinflüsse wie schlüpfrige Schienen durch Laubfall, die die Beschleunigung des Triebfahrzeu-ges (Tfz) verzögern. Diese und unzählige andere Vorfälle, die netzweit an verschie-denen Stellen auftreten können und zu Verzögerungen führen, werden durch den Rzu abgefedert. Der Rzu ist in RUT automatisch hinterlegt und errechnet sich als prozentualer Zuschlag auf die reine Fahrzeit. Er verlängert somit die reine Fahrzeit, ist aber unter Qualitätsgesichtspunkten von hoher Bedeutung. Dieser lineare Auf-schlag beträgt zwischen drei und fünf Prozent der Gesamtfahrzeit und hängt von der Höchstgeschwindigkeit des Zuges, der Traktionsart (Diesel-/E-Lok) und der

Last des Zuges ab. Reine Fahrzeit + Regelzuschlag ergeben die Mindestfahrzeit, die bei der Trassenkonstruktion nicht unterschritten wird.

Der dritte Bestandteil der Regelfahrzeit ist der **Bauzuschlag** (Bzu). Er ist ein weiterer Zeitzuschlag zur reinen Fahrzeit und dient dem Ausgleich von Fahrzeitverlusten, die durch Instandhaltungsmaßnahmen an der Strecke zur Sicherung der Verfügbarkeit der Infrastruktur auftreten. Grob gesagt sind dies Baumaßnahmen. Der Bauzuschlag wird dem TM von der Abteilung Koordination Betrieb/Bau vorgegeben. Sie weiß, welche Baumaßnahmen im Jahresfahrplan notwendig sind und gibt relationsbezogen, je nach Umfang der erforderlichen Baumaßnahme, Zeitwerte vor, die der Konstrukteur in den Fahrplan einrechnet. Bauzuschläge sind nicht in RUT hinterlegt und werden manuell zwischen zwei Verkehrsknoten eingepflegt. Die EVU erhalten für ihre Fahrlagenplanung eine Streckenkarte von Deutschland, in der die Minutenanteile für Bauzuschläge zwischen den entsprechenden Knotenbahnhöfen eingetragen sind. Die Bauzuschläge werden, ähnlich der Verteilung des Regelzuschlags, getrennt nach Fern-, Nah- und Güterverkehr vergeben. Die Errechnung erfolgt aus den in Abbildung 6.13 dargestellten Parametern. Grundsätzlich ist er so berechnet, dass durch Eingleisigkeit in Folge von Bauarbeiten keine Verspätungen entstehen. Sollte auf einem Abschnitt, für den ein Bauzuschlag im Fahrplan eingearbeitet ist, keine Baumaßnahme stattfinden, kann der Bauzuschlag auch als Qualitätsreserve verstanden werden, der andere Verspätungsursachen abfedern kann. Üblicherweise finden im Netzfahrplan mehrere Baumaßnahmen statt, so dass die Bauzuschläge zwischen zwei Knotenbahnhöfen für mehrere Baumaßnahmen innerhalb einer Fahrplanperiode verplant werden können. Dazu ist es notwendig, dass die Baubetriebsplanung Baumaßnahmen einer Strecke zeitlich so koordiniert, dass sie nicht gleichzeitig eingerichtet sind, sondern nacheinander durchgeführt werden.

Abbildung 6.13:
Berechnung des Bauzuschlags.

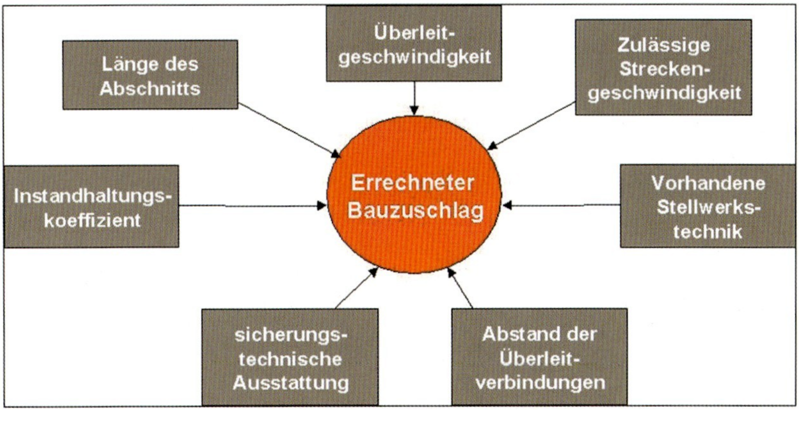

Daher planen die Trassenkonstrukteure den Bauzuschlag möglichst vor einem größeren Bahnhof („Knoten"), um die durch eine Baumaßnahme entstandene Fahrzeitverlängerung an diesem sensiblen Punkt abzufedern. Würde der Bauzuschlag vor dem Verkehrshalt eines Zuges zwischen zwei Knoten eingeplant, könnten Verzögerungen durch Baumaßnahmen zwischen dem Verkehrshalt und dem nächsten Knoten nicht aufgefangen werden und würden zu Verspätungen führen. Der Bzu ist somit in seiner Lage flexibel.

Abbildung 6.14 zeigt anschaulich den Zusammenhang von Reiner Fahrzeit, Regel- und Bauzuschlag sowie die Sinnhaftigkeit, den Bauzuschlag vor einem Knoten einzuplanen.

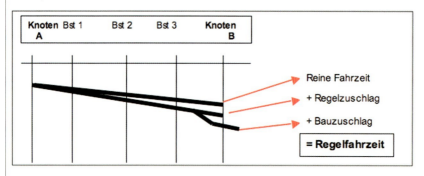

Abbildung 6.14:
Zusammenspiel Reine Fahrzeit, Regelzuschlag und Bauzuschlag;
Baumaßnahmen an Bst 1, 2 oder 3 haben am Knoten B keine fahrzeitlichen Auswirkungen
auf die Regelfahrzeit/Pünktlichkeit, wenn sie nacheinander und nicht parallel
abgearbeitet werden!

6.6.3 Haltezeit

Die Haltezeit besteht ebenfalls aus verschiedenen Zeitelementen, Abbildung 6.15. Für die Trassenkonstruktion sind im Wesentlichen die nachstehend aufgeführten Haltezeitelemente bedeutsam:

Abbildung 6.15: Haltezeitelemente eines Reisezuges.

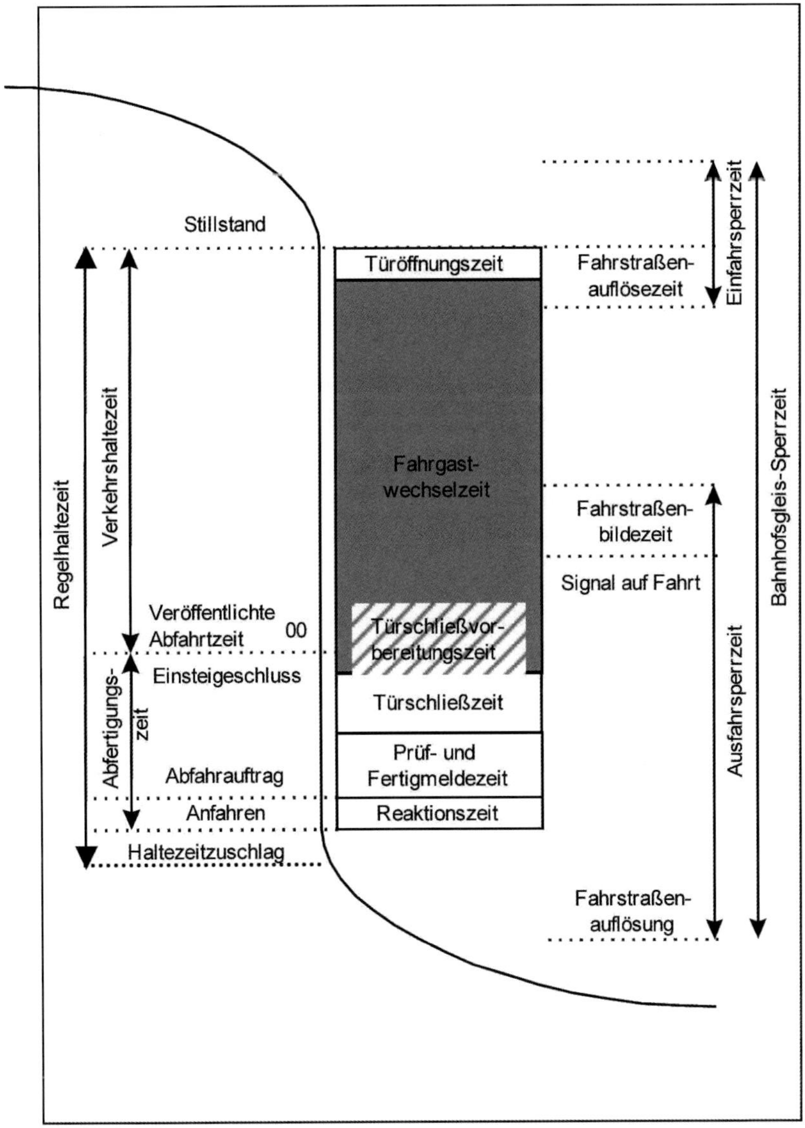

Ähnlich der Regelfahrzeit betrachten wir die Regelhaltezeit in Abbildung 6.16.

Abbildung 6.16:
Tabellarische Darstellung
der Haltezeitelemente eines
Reisezuges.

Verkehrshaltezeit	Abfertigungs-haltezeit	Halte-zeitzu-schlag
Mindesthaltezeit		
Regelhaltezeit		

Die dargestellte Mindesthaltezeit ist die Summe aus der Fahrgastwechselzeit sowie einer für die betriebliche Abfertigung des Zuges notwendige Abfertigungszeit. Die Regelhaltezeit ergibt sich aus Mindesthaltezeit plus einem ggf. notwendigen Haltezeitzuschlag, der je nach Zugkonfiguration verschieden ist (vgl. die Ausführungen zu „Zeitzuschläge" in diesem Kapitel). Im Rahmen der Pünktlichkeitsoffensive im Jahr 2003/4 wurde beschlossen, ab dem Jahresfahrplan 2005 Mindesthaltezeiten festzulegen. Für Fernverkehrszüge beträgt die Mindesthaltezeit zwei Minuten, 0,5 Minuten für Nahverkehrszüge sowie fünf Minuten für Reisezüge mit Fahrtrichtungswechsel (innerhalb eines Zuglaufs!). Abweichende Regelungen sind nur in Abstimmung mit allen Beteiligten zulässig.

Bei den Halten unterscheiden wir **Kundenhalte** und **Betriebshalte**. Zu den **Kundenhalten** zählen die „Veröffentlichten Halte", die „Nicht veröffentlichten Halte" sowie die Sonderform der „Bedarfshalte". Die „Veröffentlichten Halte" sind reguläre Verkehrshalte eines Zuges zum Ein- und Aussteigen der Fahrgäste. „Nicht veröffentlichte Halte" dagegen dienen rein internen Zwecken, die unser Kunde beispielsweise für Personalwechsel oder zur Be- und Entladung der Schlaf- und Speisewagen benötigt. Bei Nachtzügen richtet man ebenfalls solche Halte ein, um den Fahrgästen eine Ankunft am Ziel zu erträglichen Tageszeiten zu ermöglichen. So kommt es durchaus vor, dass Nachtzüge längere Zeit im Überholgleis eines Bahnhofs stehen, um die Zeit „abzubummeln". Für die Fahrgäste ergibt sich eine Komfortsteigerung, bei Verspätung des Zuges ergibt sich hieraus eine bequeme Fahrzeitreserve. Die Sonderform der **Bedarfshalte** sind im Kursbuch und internen Unterlagen mit einem „x" vor den Betriebsstellen oder der Haltezeit des jeweiligen Zuges gekennzeichnet. Vorwiegend wird der Bedarfshalt auf Nebenbahnen genutzt, auf denen aufgrund des geringen Fahrgastaufkommens die Züge nicht zwingend an allen Haltepunkten und Bahnhöfen halten müssen. Die Fahrgäste machen sich per Tastendruck im Zug oder durch Handbewegungen am Bahnsteig auf ihren Haltewunsch aufmerksam. In RUT wird bei Bedarfshalten eine Haltezeit von 0,0 oder 0,1 Minuten eingegeben. Damit sind lediglich Brems- und Beschleunigungswerte in der Regelfahrzeit enthalten, nicht jedoch die oben beschriebenen 0,5 Minuten Mindesthaltezeit. Auf diese Weise kann die Reisegeschwindigkeit erhöht werden, ohne die Bedienung der gering frequentierten Betriebsstellen völlig aufgeben zu müssen. **Betriebshalte** dienen nur eisenbahnbetrieblichen Maßnahmen. Sie ergeben sich konstruktionsbedingt oder ergeben sich aus Infrastruktur-zwängen. Betriebshalte sind in den Fahrplanunterlagen des Zugpersonals mit einem „+" gekennzeichnet. Konstruktionsbedingte Halte ergeben sich aus der Belegung einer Strecke, die einen Halt notwendig machen können. Fährt der Zug mit Konstruktionshalt verspätet oder ist ein anderer Zug, wegen dem ein Betriebs-halt eingerichtet wurde, verspätet, muss dieser Betriebshalt nicht zwingend einge-halten werden; der Zug fährt dann an dieser Betriebsstelle durch.

Betriebshalte aus Infrastrukturzwängen ergeben sich beispielsweise auf eingleisi-gen Strecken. Dies kommt vor, wenn ein Zug mit einem Zug der Gegenrichtung auf einer Betriebsstelle kreuzen muss, ohne dass ein „Veröffentlichter Halt" zum Fahr-gastwechsel eingerichtet ist oder die Betriebsstelle der Kreuzung keinen Bahnsteig hat. Auf Nebenbahnen findet man häufig die Situation fehlender Durchfahrtmög-lichkeit auf einer Betriebsstelle. Hierbei kann der Fdl die Ausfahrt des Zuges erst freigeben, wenn der Zug an seinem Halteplatz zum Stehen gekommen ist und das Einfahrsignal auf Halt gestellt ist.

6.6.3.1 Bahnsteiglängen

Der Fahrplankonstrukteur muss bei der Planung eines veröffentlichten Haltes auf die Länge des Zuges und die des Bahnsteigs achten. Das EBA hat in einem Bescheid aus dem Jahr 1998 verfügt, dass fahrplanmäßig verkehrende Züge nicht an Bahnsteigen zum Halten kommen dürfen, wenn nicht alle Reisezugwagen am Bahnsteig Platz finden. Ausnahmen ergeben sich beim Gelegenheitsverkehr, für die das EVU in einem solchen Fall eine Reisendensicherung vorsehen muss. Um die Notwendigkeit der Reisendensicherung (Gelegenheitsverkehr) bzw. das Verbot der Planung des „veröffentlichten Haltes" (Netzfahrplan) hierbei festzustellen, muss der Konstrukteur dem Kunden (EVU) mitteilen, dass die Bahnsteiglänge im ge-wünschten Haltebahnhof für den angemeldeten Sonderzug nicht ausreicht. Der Konstrukteur erfährt diesen Umstand durch eine Warnmeldung im Konstruktions-system RUT und teilt dem Netzkunden den Umstand des zu kurzen Bahnsteigs mit. Das EVU hat sich daraufhin mit DB Station & Service in Verbindung zu setzen und die konkrete Länge des Bahnsteigs abzufragen. Erst daraus kann das EVU den Umfang der notwendigen Reisendensicherung feststellen und mit dem End-kunden Vereinbarungen darüber treffen. Der Trassenkonstrukteur hat in seinem Trassenangebot sowie der Fahrplananordnung (Fplo) (vgl. Abschnitt 6.8) auf die Notwendigkeit der Reisendensicherung hinzuweisen. Beim Netzfahrplan kommt nur die Kürzung des Zuges um die den Bahnsteig überragenden Wagen in Be-tracht, ggf. der Halt an einem anderen Gleis oder die Offenlassung des Haltes für den jeweiligen Zug. Verantwortlich für die Einhaltung dieser Vorgabe ist aber das EVU.

6.6.3.2 Zeitzuschläge

Während im Kursbuch oder Aushangfahrplan nur minutengenaue Ankunfts- und Abfahrtszeiten ausgewiesen sind, rechnet RUT die Fahr- und Haltezeiten zehntelminutengenau. Im Zusammenhang der Maßnahmen zur Steigerung der Pünktlichkeit gelten streng einzuhaltende Zeitzuschläge. Ein ICE-Zug mit der veröffentlichten Abfahrtszeit um 12:35 Uhr, darf in RUT den Bahnsteig nicht vor 12:35,7 Uhr verlassen. Bei der Berechnung des Zeitzuschlags wird die Minute in Dezimalform umgerechnet, so dass sechs Sekunden 0,1 Minuten ergeben. Beispiel: Ein ICE verlässt den Bahnsteig um 12:35:42 Uhr, also 42 Sekunden nach der im Fahrplan veröffentlichten Zeit. Dieser Zeitzuschlag ist nötig, um den Türschließvorgang bei ICE-Zügen, das Verriegeln vom Tf aus sowie das in Bewegung Setzen des Zuges zeitlich abzudecken. Bei lokbespannten Zügen mit mehr als fünf Wagen beträgt dieser Zeitanteil 30 Sekunden (0,5 min.), bei allen anderen Personenzügen 12 Sekunden (0,2 min.). Erreicht der Konstrukteur diese Zeitwerte mit Hilfe der Mindesthaltezeit – bezogen auf die veröffentlichte Abfahrtszeit zur vollen Minute – nicht, hat er den zuvor beschriebenen „Haltezeitzuschlag" manuell hinzuzurechnen. Eine derart genaue Rechnung ist notwendig, um bei der Koordination nachfolgender Züge eine optimale Bahnsteigbelegung ohne zeitliche Überlagerungen zweier Trassen zu garantieren. Zur Verdeutlichung der einzelnen Zeitanteile bei der Abfertigung eines Zuges dient die dargestellte „Abfertigungsuhr" für den ICE (Abbildung 6.17), die für das Zugbegleitpersonal bei der Zugabfertigung relevant sind.

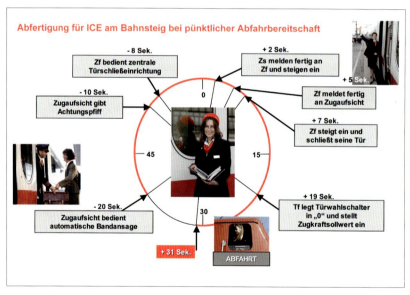

Abbildung 6.17:
„Abfertigungsuhr" für ICE.

6.6.4 Sperrzeit

Weshalb kann eigentlich ein Zug einem anderen Zug nicht direkt folgen, wie ein Auto einem anderen Auto auf der Straße folgt? Diese Frage ist, zumindest bei Zügen mit gleicher Geschwindigkeit und gleicher Haltekonzeption berechtigt, wenn auch gleichzeitig leicht beantwortet: aus Sicherheitsgründen!

Während ein Autofahrer seinen Wagen relativ schnell abbremsen kann, benötigt der Lokführer einen wesentlich längeren Bremsweg. Die große Masse des Zuges bei sehr geringen Haftreibungsbeiwerten zwischen Rad und Schiene sind dafür maßgebend! Zudem bestünde die Gefahr, dass sich die Reisenden im Zug bei einer solch starken Bremswirkung wie der des Autos schwere Verletzungen zuziehen würden ("Trägheit der Körper").

Durch diesen wesentlichen physikalischen Unterschied beider Verkehrsmittel spricht man beim Straßenverkehr auch von "Fahren im Sichtabstand", bei der Eisenbahn dagegen von "Fahren im Raumabstand". Hierzu wurden die Eisenbahnstrecken der Bahn in Blockabschnitte eingeteilt. Ein Blockabschnitt ist ein von zwei Hauptsignalen begrenzter Streckenabschnitt, in den ein Zug nur einfahren kann, wenn dieser Abschnitt frei von Fahrzeugen ist. Um dem Tf rechtzeitig anzuzeigen, dass ein Blockabschnitt frei ist, erhält er am Vorsignal die Stellung des Hauptsignals angezeigt. Sowohl der Streckenabschnitt zwischen Vorsignal und Hauptsignal als auch der zwischen Hauptsignal und folgendem Hauptsignal sind bei der Betrachtung der Zugfolge von erheblicher Bedeutung und machen deutlich, dass ein Zug einem anderen nicht im Sichtabstand folgen kann. Die folgende Abbildung 6.18 der "Sperrzeit" verdeutlicht die Zeitanteile, die bei der Belegung eines Streckenabschnitts von Bedeutung sind.

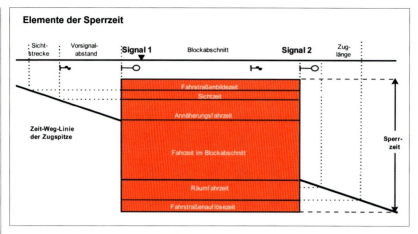

Abbildung 6.18: Sperrzeit.

Der zu betrachtende Blockabschnitt zwischen Signal 1 und Signal 2 ist also nicht nur für die Zeit der Durchfahrung des Zuges (schwarze Linie), „belegt". Folgende Zeitanteile sind zu berücksichtigen:

Fahrstraßenbildezeit: Um die Fahrtstellung des Signals 1 herzustellen, muss die Fahrstraße des Zuges zunächst gebildet und gesichert werden. Dies geschieht durch Bedienungshandlung des Fahrdienstleiters oder automatisch. Die Dauer dieses Vorgangs ist abhängig davon, wie viele Weichen im Fahrweg gestellt und verschlossen (bei mechanischem Stellwerk auch „verriegelt") werden müssen und ob die Strecke mit älterer Mechanik oder moderner Elektronik ausgestattet ist.

Sichtzeit: Sie muss dem Tf ermöglichen, die Stellung des Vorsignals, das die Stellung des Hauptsignals vorab anzeigt, rechtzeitig aufzunehmen. Ist diese Zeit zu knapp bemessen, schaltet das Vorsignal erst sehr spät auf „Fahrt erwarten", so würde der Tf ggf. bereits eine Bremsung eingeleitet haben bzw. die Geschwindigkeit des Tfz reduziert.

Annäherungsfahrzeit: Sie ist derjenige Zeitanteil, den der Zug in unserem Beispiel zur Annäherung zwischen Vorsignal und Signal 1 benötigt. Dieser Streckenabschnitt hat i.d.R. eine Länge zwischen 700 und 1.000 Metern und richtet sich danach, ob eine Strecke als Haupt- oder Nebenbahn eingeteilt ist. Bei einer Geschwindigkeit von 140 km/h benötigt der Zug zur Durchfahrung eines Abschnitts von 1.000 Metern 25,7 = 26 Sekunden.

Fahrzeit im Blockabschnitt: Ähnlich der Annährungsfahrzeit stellt sie die Durchfahrzeit von Signal 1 bis Signal 2 dar. Bei einer Länge des Blockabschnitts von 3.000 Metern benötigt der beschriebene Zug weitere 77 Sekunden.

Räumfahrzeit: Das ist die Fahrzeit, die der Zug zur Räumung des Blockabschnitts sowie des dahinter liegenden Durchrutschweges (Sicherheitsabstand hinter einem Signal) mit der gesamten Zuglänge von rund 300 Metern (11-Wagen-Zug) benötigt.

Fahrstraßenauflösezeit: Nach einer Zugfahrt wird durch das Befahren eines Kontaktes die Fahrstraße aufgelöst und steht einer neuen Zugfahrt zur Verfügung. Für den von uns beschriebenen Zug auf der freien Strecke ergibt sich bei moderner Technik folgende Belegungszeit (Werte teilweise geschätzt):

Fahrstraßenbildezeit:	5 Sekunden
Sichtzeit:	15 Sekunden
Annäherungsfahrzeit:	26 Sekunden
Fahrt durch Blockabschnitt:	77 Sekunden
Räumfahrzeit:	8 Sekunden
Fahrstraßenauflösezeit:	3 Sekunden
Gesamtzeitbedarf:	134 Sekunden = 2,2 Minuten = 2 Min. 14 Sekunden

Das bedeutet, dass nach Durchfahrt der Zugspitze am Signal 1 der Abbildung 6.18 frühestens nach 2,2 Minuten ein Zug folgen kann. Nicht berücksichtigt ist hierbei die in Abschnitt 6.6.5 beschriebene Pufferzeit zwischen den beiden Trassen in Höhe von ein bzw. zwei Minuten; diese wird in den Fahrplan zwischen zwei Zügen eingeplant. Die zeitliche Belegung des Blockabschnitts nennt man Sperrzeit. Sie wird in RUT dem Trassenkonstrukteur bei Bedarf graphisch angezeigt. Aus der Länge der Sperrzeiten der einzelnen Blockabschnitte ergibt sich die Zugfolge einer Strecke. Es ist daher bereits bei der infrastrukturellen Festlegung von Blockabschnitten sinnvoll, eine Einteilung zu wählen, die der benötigten Kapazität der Strecke angepasst ist und möglichst gleiche Zeitanteile bei der Durchfahrung eines Zuges bedeuten. Hierzu dient nachfolgende Abbildung 6.19 zur Verdeutlichung:

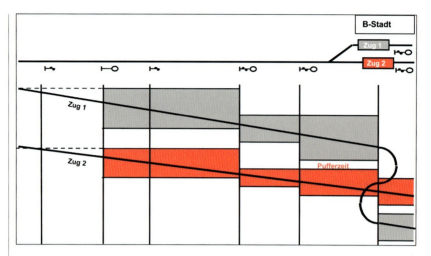

Abbildung 6.19:
Engere Blockabschnitte ermöglichen dichtere Zugfolgen.

Auf der eingleisigen Strecke folgt der schnellere Zug 2 dem vorneweg fahrenden langsameren Zug 1. Unter Berücksichtigung der zwischen zwei Trassen liegenden Pufferzeit wird Zug 1 in der Betriebsstelle B-Stadt von Zug 2 überholt. Anhand der schmaleren Sperrzeiten des Zug 2 sowie dessen flacher verlaufenden Zuglinie erkennt man die höhere Geschwindigkeit gegenüber Zug 1.

6.6.4.1 Dichteste Zugfolge (Mindestzugfolgezeit)

Hierunter versteht man den kürzesten Zeitabstand zweier aufeinander folgender Züge auf einem Streckenabschnitt zwischen zwei Knoten, auch Mindestzugfolgezeit genannt. Zur Betrachtung der Mindestzugfolgezeit soll auf dem Abschnitt die Zugreihenfolge nicht (beispielsweise durch eine Überholmöglichkeit) veränderbar sein. Dadurch wird der Konstrukteur aussagefähig zur Durchführbarkeit angemeldeter Trassen und zur Kapazität des Streckenabschnitts. In Abbildung 6.20 (dichteste Zugfolge) sind die verschiedenen Situationen der Zugfolge dargestellt.

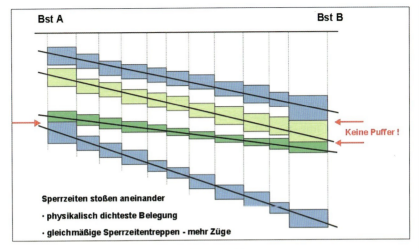

Abbildung 6.20:
Dichteste Zugfolge.

Dabei erkennt man, dass für die Strecke Bst A – B der letzte Abschnitt für die Konstellation „gleichschnelle Züge folgen einander" und „schneller Zug folgt langsamen Zug" der maßgebende Abschnitt für die Betrachtung der dichtesten Zugfolge ist. Hier nämlich stoßen die Sperrzeitentreppen direkt aneinander. Die dichteste Zugfolge in Bst A richtet sich also nach dem in der Grafik letzten Abschnitt vor Bst B. Dieser Abschnitt stellt in diesem Beispiel auch den längsten Abschnitt dar. Der Zug der gelb unterlegten Trasse könnte in Bst A zwar noch geringfügig früher abfahren, sein Ziel, Bst B würde er jedoch nicht früher erreichen, da die blau unterlegte Trasse davorliegt. Die „gelbe" Trasse würde also auf die „blaue" auflaufen.

Die grün unterlegte Trasse dagegen hat eine höhere Geschwindigkeit bzw. weniger Halte zwischen Bst A und B. Sie stößt in Bst B an die Sperrzeitentreppe der „gelben" Trasse. Der zeitliche Abstand in Bst A zur „gelben" Trasse ist jedoch wesentlich größer. Würde auch diese Trasse in Bst A früher liegen, würde sie ebenfalls nicht früher in Bst B ankommen.

Die vierte Trasse hat eine geringe Geschwindigkeit. Sie folgt der „grünen" Trasse direkt in Bst A nach und erreicht Bst B in weitem Abstand zur „grünen" Trasse. Für die Konstellation „langsamer Zug folgt schnellem Zug" ist also i.d.R. der erste Abschnitt der maßgebende Abschnitt für die Zugfolge.

Wie eingangs erwähnt, sind solche Betrachtungen für die Feststellung der Kapazität einer Strecke von Bedeutung. Im vorliegenden Beispiel könnte die Kapazität dieses Streckenabschnitts durchaus um eine Trasse erhöht werden, wenn die „grüne" Trasse durch zwei langsamer verkehrende Trassen ersetzt würde (Harmonisierung der Geschwindigkeiten).

Aus der genannten Darstellung ergibt sich, dass die Mindestzugfolgezeit für den Anfang des betroffenen Abschnitts ermittelt wird. Sie ist klein, wenn
- gleichschnelle Züge einander folgen oder
- langsame Züge schnellen Zügen folgen.

Umgekehrt ist sie groß, wenn schnelle Züge langsamen Zügen folgen.

In unsere Betrachtung floss nicht die Pufferzeit ein, die aus Qualitätsgesichtspunkten aber in einer Trassenkonstruktion unabdingbar ist. In RUT kann man eine graphische Darstellung der Mindestzugfolgezeit erhalten. Dies erfolgt durch Markierung der Trasse auf dem entsprechenden Streckenabschnitt und Verschiebung der gesamten Trasse an die zuvor konstruierte Trasse heran, bis sich die Sperrzeitentreppen an einer Stelle berühren.

6.6.5 Pufferzeit

Nicht selten wird der Begriff „Puffer" bei der Trassenkonstruktion in einen falschen Kontext gestellt. Bei chronisch verspäteten Zügen hört man den Satz: „Der Fahrplan hat zu wenig Puffer. Der kann ja nicht funktionieren!" In der Sprache der Trassenkonstrukteure könnte der Fahrplan noch so viel Puffer haben, pünktlicher würde der Zug nie werden. Es besteht ein erheblicher Unterschied zwischen der Pufferzeit, dem Regel- und Bauzuschlag sowie dem Fahrzeitüberschuss.

Im letzten Abschnitt behandelten wir die Mindestzugfolgezeit. Sie wird aus dem maßgeblichen Zugfolgeabschnitt, in dem sich die Sperrzeitentreppen zweier nachfolgender Züge unmittelbar berühren, ermittelt. Für den Fahrplankonstrukteur ist die Mindestzugfolgezeit aber nicht das einzige Kriterium, mit dem er den nachfolgenden Zug konstruiert. Zu ihr addiert er die Pufferzeit, die je nach Geschwindigkeitsunterschied oder Zugart ein oder zwei Minuten beträgt. Sie ist ein Qualitätspuffer zwischen zwei Trassen, ein Zeitpuffer, der Verspätungen der Züge abfedern und eine direkte Übertragung der Verspätung auf den nachfolgenden Zug vermeiden soll. Je mehr Puffer zwischen zwei Trassen eingerechnet wird, desto geringer ist die Verspätungsübertragung. Dennoch darf der berechtigte Qualitätsgedanke nicht dazu führen, dass die Kapazität einer Strecke derart stark reduziert wird, dass gewünschte Betriebsprogramme, die sich in einem qualitativ vertretbaren Rahmen bewegen, nicht mehr umgesetzt werden können. Denn Pufferzeiten sind Zeitanteile, die Trassenkapazität kosten. Eingangs erwähnten wir die wirtschaftliche Ausrichtung der DB Netz AG, die diese zum Verkauf von Trassen und zur möglichst optimalen Nutzung ihrer Infrastruktur verpflichtet. Erst ein verantwortliches Mittelmaß aus Kapazitätsauslastung und Qualitätsgedanke wird also zu einer gleichermaßen erfolgreichen und realistischen Planung führen. Sehr deutlich macht die Abbildung 6.21 das beschriebene Spannungsfeld, im Verhältnis der **Betriebsqualität** zur Leistungsfähigkeit eines Streckenabschnittes. Während bei der in diesem Beispiel dargestellten Zugzahl von 123 Zügen und darüber eine lediglich mangelhafte Betriebsqualität erreichbar ist, kann diese bei Reduzierung auf 80

Züge auf eine gute Qualität verbessert werden. Zur Erläuterung: Eine mangelhafte **Betriebsqualität** bedeutet, dass Züge, die pünktlich oder verspätet in einen Streckenabschnitt eingefahren sind, diesen mit (noch höherer) Verspätung verlassen. Bei guter Qualität dagegen können Züge Verspätungen reduzieren, bei befriedigender Qualität bleiben eingebrachte Verspätungen auf gleichem Stand. Grundsätzlich strebt man bei der DB Netz AG eine gute Betriebsqualität an, um neben den Planungsparametern auch über die Kapazitätssteuerung ein hohes Maß an Pünktlichkeit und Kundenzufriedenheit zu erreichen. Weiterhin müssen alle Bereiche an optimaler Qualität und ihren Prozessen arbeiten. Qualitätsmindernde Ursachen müssen an ihren Wurzeln bekämpft werden, den sogenannten Primärereignissen wie z.B. den technischen Mängeln an Leit- und Sicherungstechnik, Fahrzeugen oder einer verbesserungswürdigen Baustellenplanung und -koordination. Diese Versäumnisse über den Fahrplan mit Fahrzeitenpuffer kompensieren zu wollen, führt nicht zum Ziel, sondern, wie wir eben gesehen haben, zu einem hohen Trassenverbrauch und damit auch zu Einnahmeausfällen für die DB Netz AG.

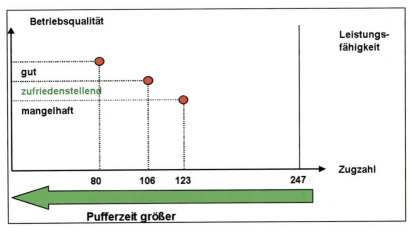

Abbildung 6.21:
Betriebsqualität in Abhängigkeit zur Zugzahl.

Bei der Differenzierung von Zeitanteilen am Anfang dieses Abschnitts erwähnten wir neben Pufferzeit, Regel- und Bauzuschlag auch den Fahrzeitüberschuss (Fzü). Er ist nicht einplanbar, vielmehr ergibt er sich aus der Konstruktion und Koordination der Trassen. Läuft ein schnellerer Zug auf einen langsam fahrenden Zug auf, was oft vor Knoten der Fall ist, wird der nachfolgende schnelle Zug bereits in der Planung verlangsamt. Vergleichbar zum Fzü ist der Haltezeitüberschuss (Hzü), der sich bei der Koordination der Halte im Bahnhof ergibt. Er entsteht, wenn der Trassenkonstrukteur die Mindesthaltezeit im Rahmen der Trassenkoordination im Knoten überschreiten muss.

6.7 Konfliktprozedere

Hierunter versteht man das Verfahren, wie eine Trasse einem EVU zugewiesen wird, wenn zwei oder mehrere EVU die gleiche Trasse für sich beanspruchen und eine Nacheinander-Konstruktion der konfligierenden Trassenwünsche nicht möglich ist.

Leider ist es uns an dieser Stelle ebenfalls noch nicht möglich, ein abgestimmtes Verfahren aufzuzeigen. Erst im Laufe der EIBV-Phase im Jahr 2006 werden sich abschließend die Praktikabilität im Hinblick etwa auf die Mitteilungspflichten der DB Netz AG bzw. die Eingriffsbefugnisse der BNetzA erweisen. Es versteht sich, dass aufgrund der inzwischen über 300 EVU auf den Gleisen der DB Netz AG und der neuen Rechtslage verstärkt konfliktbehaftete Eskalationslösungen notwendig werden dürften. Da jedes EVU ein berechtigtes, vor allem wirtschaftliches Interesse an der Umsetzung seiner Trassenwünsche hat, liegt hier viel Klärungspotenzial, welche Trasse unter welchen Bedingungen einem EVU zugewiesen wird. Erst nach Abschluss der EIBV, ggf. erst mit Beginn des Netzfahrplans 2007 kann mit verlässlichen Aussagen gerechnet werden.

6.8 Interne Fahrplanunterlagen

In der Konzernrichtlinie (KoRil) 408 „Züge fahren und Rangieren" ist festgelegt, dass kein Zug ohne einen Fahrplan verkehren darf. Sowohl Triebfahrzeugführer und Zugführer als auch der Fahrdienstleiter an der Strecke oder die Disponenten in den Betriebszentralen benötigen Fahrplanunterlagen. Daraus erhalten sie Kenntnisse über die Geschwindigkeit, deren Wechsel entlang der Strecke sowie die explizit für den jeweilig fahrenden Zug errechneten Geschwindigkeiten, die daraus resultierenden Fahrzeiten und betrieblichen Besonderheiten. Der Fahrdienstleiter muss immer wissen, welcher Zug auf dem in seinem Verantwortungsbereich liegenden Abschnitt unterwegs ist. Die internen Fahrplanunterlagen für das Betriebspersonal unterscheiden sich erheblich von denen, die für die Kunden aufgelegt werden. Da der Fahrplan für die betriebssichere und pünktliche Durchführung wichtig ist, enthält er zahlreiche zusätzliche Angaben für das Betriebspersonal.

Zu den internen Fahrplanunterlagen gehören:
- Bildfahrplan,
- Buchfahrplanhefte,
- Zugverzeichnis G und P,
- sonstige Fahrplanunterlagen.

Abbildung 6.22:
Übersicht der Internen Fahrplanunterlagen.

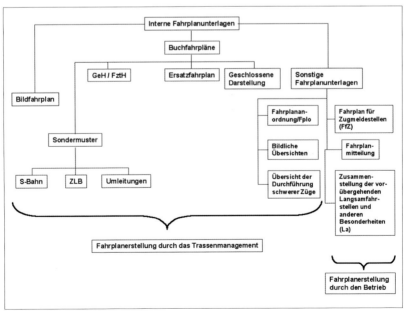

6.8.1 Bildfahrplan

Im Abschnitt „Unser Produkt Trasse" wurde der Bildfahrplan bereits erwähnt und dargestellt. Im Gegensatz zur Darstellung im Trassenkonstruktionsprogramm RUT bietet das Bildblatt wegen des größeren Ausschnitts einen besseren Überblick. In ihm kann sich der Trassenkonstrukteur sehr schnell einen Überblick einer Strecke verschaffen, in welcher Zeitlage eine Trasse oder ein Bündel von Trassen möglich ist. Der Bildfahrplan ist allerdings weniger flexibel und aktuell. Er zeigt den Sachstand der Trassenlagen zu einem konkreten und fixen Zeitpunkt, etwa sechs Wochen vor dem Fahrplanwechsel. Aktualisierungen sind nur durch teure und aufwändige Neudrucke möglich oder müssen dem Trassenmanager durch Berichtigungen mitgeteilt und anschließend von Hand eingepflegt werden.

Einen jeweils aktuellen Stand bietet dagegen das Trassenkonstruktionstool RUT. Es zählt nicht zu den Fahrplanmedien, bietet aber immer einen aktuellen Stand aller Trassen zum Netzfahrplan und Gelegenheitsverkehr.

6.8.2 Buchfahrplanhefte

Als Buchfahrplanhefte werden die in Papierform herausgegebenen Fahrplanunterlagen bezeichnet, die vor allem für das Zugpersonal erstellt werden. Das Buchfahrplansystem ist sehr komplex, weil für jeden Anwendungsbereich besondere Buchfahrplanmuster entwickelt wurden. Der Begriff „Buchfahrplanhefte" steht als Überbegriff für die im folgenden genannten Ausprägungen.

Geschwindigkeitsheft (GeH) und Fahrzeitenheft (FztH)

Geschwindigkeitshefte und Fahrzeitenhefte bildeten bis zur Inbetriebnahme des Elektronischen Buchfahrplans und La (EBuLa) das Rückgrat des Buchfahrplansystems. Beide sind nur zusammen verwendbar. GeH enthalten die infrastrukturbezogenen Daten des Fahrplans, FztH die zugbezogenen Daten. Mit Inbetriebnahme von EBuLa werden GeH und FztH nur noch für die Züge aufgestellt, deren Triebfahrzeuge nicht mit EBuLa-Bordgeräten ausgerüstet sind (z.B. ausländische Tfz, Tfz von konzernexternen EVU). Als GeH-Ersatz findet neuerdings der Ersatzfahrplan Verwendung, wenn dessen unterstellte Geschwindigkeiten den Werten der Züge entsprechen.

Ersatzfahrplan

Der Ersatzfahrplan ist aus der Fahrzeitentafel für Dringliche Hilfszüge der ehemaligen Bundesbahn und Reichsbahn hervorgegangen. Deshalb enthält er außer den zulässigen Geschwindigkeiten auch Minimalfahrzeiten. Er dient als Rückfallebene für Ausfälle der EBuLa-Bordgeräte, zur Durchführung von Sonderzügen im Adhoc-Verkehr (u.a. Hilfszüge!) und als Geschwindigkeitsheft für Züge, die ohne EBuLa verkehren und für die Geschwindigkeitshefte nicht aufgestellt wurden.

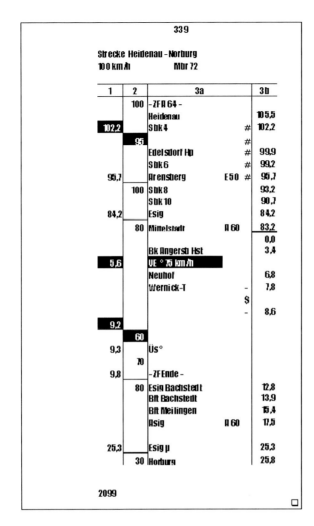

Abbildung 6.23a:
Geschwindigkeitsheft
(GeH).

Der Ersatzfahrplan ist eine von der DB Netz AG veranlasste Unterlage unabhängig von den Trassenanmeldungen der EVU und steht in keiner konkreten Beziehung zu tatsächlich verkehrenden Zügen. Er ist heute die wichtigste Buchfahrplanunterlage und muss deshalb auf allen Führerständen der Fahrzeuge vorhanden sein, die in dem jeweiligen Streckenbereich verkehren.

Der Ersatzfahrplan enthält für jede Strecke jeweils vier Geschwindigkeitsbereiche nebeneinander:

- 30, 40, 50, 60 km/h,
- 70, 80, 90, 100 km/h,
- 110, 120, 140, 160 km/h.

Fahrzeitenheft (FztH)

4132, 4134

| | Tfz 212 | 150 t | Mbr 72 R |
| ab Norburg | Tfz 120 | 150 t | Mbr 103 R |

100 km/h, ab Norburg 140 km/h

GeH 2079

3c	4/5		4/5	
Betriebsstelle, Hinweis auf GeH und Mbr	**4132**		**4134**	
	Ank.	**Abf.**	**Ank.**	**Abf.**
GeH 2079 S. 231 Mbr 72				
Heidenau		18.48		23.42
Edelsdorf Hp		|	23.47	47
Arensberg	18.55	55	51	52
Mittelstadt	19.04	19.06	0.01	0.02
Bk Angersb Hst	09	10		|
Neuhof	13	18	08	09
Bft Bachstedt	24	24		|
Bft Meilingen	26	27	17	18
Norburg	37	45	0.28	
VMZ 140 km/h GeH 2079 S. 121 Mbr 103				
Marwicke	19.50	19.51		

Noch Abbildung 6.23b: Fahrzeitenheft (FztH).

Für jede dieser Geschwindigkeitsstufen sind die jeweils örtlich zulässigen Geschwindigkeiten, die dafür notwendigen Mindestbremshundertstel und die mindestens notwendigen Fahrzeiten, gemessen von Anfang der dargestellten Strecke, enthalten. Die Fahrzeiten sind nicht auf bestimmte Fahrzeuge ausgelegt und werden daher in der Praxis meist überschritten. Sie stellen somit nur einen Anhaltspunkt dar.

Geschlossene Darstellung
Der Buchfahrplan in der geschlossenen Darstellung enthält alle für einen Zugfahrt notwendigen Fahrplandaten in einer Tabelle und vereinigt somit GeH und FztH. Er wird verwendet für Züge auf Strecken, die wegen der Eigenschaften der Infrastruktur weder mit EBuLa noch mit dem Ersatzfahrplan gefahren werden können oder deren geringe Laufweite keine aufwändige Bearbeitung in einem anderen Muster rechtfertigt (z.B. Kleinlokfahrten).

S-Bahn-Buchfahrpläne
Da S-Bahnen in strengen Takten und weitgehend in gleicher Zugkonfiguration verkehren, sind in der Veröffentlichung S-Bahn-Buchfahrpläne Vereinfachungen

Mbr	für 70 km/h = 36 R/P; 46 G	für 90 km/h = 64 R/P; 70 G
	für 80 km/h = 47 R/P; 59 G	für 100 km/h = 75 R/P

1	2a	2b	2c	2d	3a	3b	4a	4b	4c	4d
					Betriebsstellen					
	Zulässige Geschwindigkeiten für Fahrten mit				Angaben zur LZB, Tunnelanfang und -ende, Verkürzter Bremsweg ▽, von 40 km/h abweichende Geschwindigkeiten auf Hp 2, Zugfunk	Lage in km	Mindestfahrzeiten vom Streckenbeginn für			
	70	80	90	100			70	80	90	100
	km/h						km/h			
ab	km/h	km/h	km/h	km/h			Min	Min	Min	Min
	70	80	90	100	- ZF A 14 -					
					Mittelstadt A 60	0,0				
					Bk Angersb. Hst	3,4	3	3	3	2
					Dengler Awanst	4,0	4	3	3	3
5,4										
	60	70	80	95						
5,6					VE ▽					
	70	80	90	100						
					Neuhof	6,6	6	5	5	4
9,2										
	50	60	70	70						
9,3					Üs ▽					
	70	70								
9,8					- ZF Ende -					
		80	80	80	Esig Bachstedt	12,8				
					Bft Bachstedt	13,9	12	11	10	9
					Bft Meilingen	17,1	15	14	13	12
					Asig A 60	17,5				
25,3					Esig ⊢	25,3				
	30	30	30	30	Norburg	25,8	23	22	21	20

Abbildung 6.24:
Auszug aus einem Ersatzfahrplan.

vorgenommen worden. Statt jeden Zug in Form eines Fahrzeitenheftes aufzuführen, hat man die Vertaktung zu festen Minuten als Grundlage des Spaltenaufbaus herangezogen und den S-Bahn-Buchfahrplan als geschlossene Darstellung konzipiert. Für ihn sind also keine getrennten GeH und FztH notwendig. Mit Übernahme der S-Bahnen nach EBuLa wird dieses Buchfahrplanmuster kaum noch benutzt.

Buchfahrplan für Zugleitbetrieb

Auf Strecken mit Zugleitbetrieb (ZLB) nach DS 436 enthält der Buchfahrplan zusätzlich zur geschlossenen Darstellung die Angaben zur planmäßigen Zugfolge und zu den erforderlichen Zuglaufmeldungen. Er hat daher neun Spalten. Jede Abweichung von der Zugfolge und von den planmäßigen Zuglaufmeldungen muss mit ZLB-Befehl angeordnet werden.

S 5 Herrsching - Ostbahnhof - Giesing   **Mbr 110**

1	2	3a		3b	501 4/5	503 4/5	505 4/5	4/5
	90	- Z F A 64 -						
		Herrsching	A 50	130,9	16	36	56	
130,5								
	110 ⟨100⟩							
128,7								
	90							
127,5								
	110	Seefeld-Hechend.	E 60	125,4	21	41	01	
125,2		Asig	A 60	125,2				
	80	Steinebach	E 60	122,8	24	44	04	
122,2								
	95							
121,3								
	110							
120,1								
	80	Weßling	E 60	118,8	28	48	08	
			A 50					
118,4								
	90							
117,6								
	110	Neu-Gilching Hp		115,1	31	51	11	

Abbildung 6.25:
S-Bahn-Buchfahrplan.

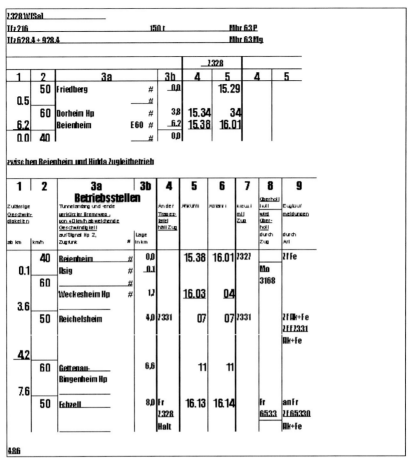

Abbildung 6.26:
Geschlossene Darstellung für Zugleitbetrieb (ZLB).

Umleitungspläne (U-Pläne)

U-Pläne sind eine von der DB Netz AG für eigene Zwecke aufgestellte Unterlage im Format eines Fahrzeitenheftes, welches den Ersatzfahrplan als GeH nutzt. Die gängigen Strecken, die im Falle von Betriebsstörungen von der BZ genutzt werden, sind dabei durchgehend bis zum Wiedererreichen des Regelfahrwegs in mehreren Geschwindigkeitsstufen dargestellt, wobei die Fahrzeiten konkret mit der angegebenen Zugcharakteristik berechnet sind (anders als beim Ersatzfahrplan). Der U-Plan berücksichtigt nicht die Streckenbelegung, ist also nicht konfliktfrei!

Zugverzeichnis G und P

Die Zugverzeichnisse sind keine Fahrplanunterlagen im eigentlichen Sinne. Sie enthalten keine Fahrzeiten oder Geschwindigkeiten, sondern dienen vor allem dem

Zugpersonal als Verzeichnis der FztH. In ihnen sind die Zugnummer und die Heftnummer des dazugehörigen FztH aufgeführt. Im FztH wiederum ist die Nummer des GeH angegeben, in dem die zulässigen Geschwindigkeiten des einzelnen Zuges angegeben sind. Die Bezeichnungen „G" und „P" stehen für die Gruppe der Kunden, denen die Züge des Zugverzeichnisses zugeordnet sind. „G" steht hierbei für Güterverkehr (konzernintern) und „P" für Personenverkehr (konzernintern). Fährt ein Zug überregional, d.h. über den Bereich einer Netz-Niederlassung hinaus, muss er in die Verzeichnisse aller beteiligter NL aufgenommen werden. Die Zugverzeichnisse enthalten keine Züge, die mit EBuLa fahren.

Sonstige Fahrplanunterlagen

Die *Fahrplananordnung (Fplo)* ist eine besonders im Gelegenheitsverkehr verwandte Fahrplanunterlage, die i.d.R. für das einmalige Verkehren eines Zuges erstellt wird.

> *Def. R 402.0430:*
> *Mit Fahrplananordnungen (Fplo) werden Änderungen und Ergänzungen des Jahresfahrplans mit kurzfristiger und/oder vorübergehender Gültigkeit bekanntgegeben.*

Die Fplo ist vergleichbar mit dem Fahrzeitenheft. Im Gegensatz zum FztH erhält der Triebfahrzeugführer in der Fplo für jede Betriebsstelle eine Fahrzeit mitgeteilt. Sie kommt auch bei Regelzügen zum Einsatz, um dem Triebfahrzeugführer (Tf) fahrplanmäßige Änderungen des Regelfahrplans mitzuteilen. Konkrete Anwendung findet die Fplo bei der Einlegung von außergewöhnlichen Transporten, allen Sonderzugeinlegungen des Personen- und Gütersonderzugverkehrs, dem Hinweis an die Betriebsstellen zum Verkehren eines Regelzuges an anderen als ihren planmäßigen Verkehrstagen oder dem Ausfall von Zügen.

Bei Bauzuständen an der Infrastruktur müssen Züge oft über das Gleis der Gegenrichtung verkehren, so dass das normale Betriebsprogramm nicht problemlos durchgeführt werden kann. In diesen Fällen erstellen die Mitarbeiter der Baubetrieblichen Zugregelung eine *Bildliche Übersicht*, eine Art Bildfahrplan, der allerdings nur den betroffenen Streckenabschnitt abbildet, in dem sich die Baustelle befindet. Für die von der Baumaßnahme betroffenen Züge werden dann Regelungen zur Durchführung getroffen. Ist die Durchführung aller Züge nicht möglich, müssen diese Züge z.B. über eine andere Strecke geleitet werden oder ausfallen.

Weiterhin gibt es Fahrplanunterlagen, die nicht vom Trassenmanagement erstellt werden. Der *Fahrplan für Zugmeldestellen* (FfZ) teilt dem Fdl die Züge mit, die er auf seiner Betriebsstelle regeln muss. Er muss immer darüber im Bilde sein, welcher Zug bei ihm verkehrt und welchen Fahrweg er ihm einstellen muss. Ist der übliche Fahrweg belegt oder durch eine Störung nicht befahrbar, liegt es in seiner Hand, „abweichend FfZ" zu fahren.

Das *„Verzeichnis der vorübergehenden Langsamfahrstellen und anderer Besonderheiten (La)"* informiert den Tf über kurzfristige Geschwindigkeitsänderungen, i.d.R. Geschwindigkeitsreduzierungen, die durch Mängel am Oberbau („Mängel-La") oder zur Vermeidung einer Gefährdung der Bauarbeiten an einer Strecke („Schutz-La") eingerichtet werden. Die La hat der Tf während der Fahrt immer offen aufgeschlagen, um die Geschwindigkeitsreduzierung neben der vorübergehend an der Strecke eingerichteten Signalisierung immer vor Augen zu haben.

6.8.3 Elektronischer Buchfahrplan und Verzeichnis der Langsamfahrstellen (EBuLa)

Mit der elektronischen Anzeige des Fahrplans im Führerraum (EBuLa) erhält der Triebfahrzeugführer alle Angaben seines Fahrplans auf einem Bildschirm angezeigt (Abbildung 6.32).

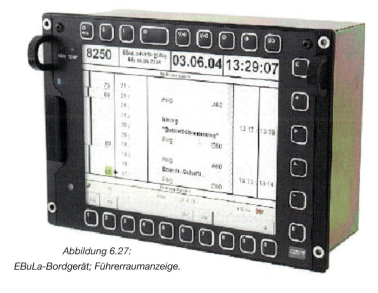

Abbildung 6.27:
EBuLa-Bordgerät; Führerraumanzeige.

Seit dem Fahrplanwechsel am 12.12.2004 bildet EBuLa das Standardverfahren, d.h. alle Züge, die mit entsprechenden Bordgeräten ausgerüstet sind, erhalten ihre Fahrplandaten über den Bildschirm. Gedruckte Unterlagen werden dabei nur hergestellt für Züge, deren Eigenschaften eine Darstellung auf dem Bildschirm nicht zulassen, weil die Infrastruktur diese Daten nicht enthält.

Das System EBuLa besteht aus
- den Bordgeräten mit einer CD-Rom, welche den Datenstand zum Zeitpunkt ihrer Herstellung enthält (in der Regel 2 Monate vor Fahrplanwechsel),
- Chipkarten, mit welchen die Triebfahrzeugführer diese Daten täglich aktualisieren können,
- Datenverteilstationen (PC mit Druckern), an welchen die Chipkarten geladen werden können.

Die Übertragung der La-Daten über die Chipkarten befindet sich noch in Entwicklung.

Die Teilnahme am System EBuLa ist für die EVU freiwillig. Für die konzerninternen EVU gibt es eine entsprechende Vereinbarung. Konzernexterne EVU scheuen derzeit überwiegend die Investitionen für die datenverarbeitungs-technische Infrastruktur und warten die Realisierung der Funkübertragung der Daten über GSM-R (statt über die Datenverteilstationen) ab.

6.8.4 Fahrplan für Zugführer

Da für die mit EBuLa gefahrenen Züge seitens der DB Netz AG keine gedruckten Fahrplanunterlagen hergestellt werden, die Zugführer aber nach R 408 über einen gedruckten Buchfahrplan verfügen müssen, hat der Unternehmensbereich Personenverkehr die Herstellung eines solchen Fahrplans selbst übernommen. Der Fahrplan Zugführer enthält in der Form eines FztH (vgl. Abbildung 6.25) die Angaben zur Zugcharakteristik (Buchfahrplankopf) und die Haltebahnhöfe des Zuges mit ihren Fahrplanzeiten. Die Daten hierfür kommen aus der Gemeinsamen Fahrplan Datenhaltung (GFD), Voraussetzung für das Erstellen des Fahrplans Zugführer ist die Erzeugung des Buchfahrplans in der GFD.

7 Fahrwegkapazitätsbetrachtungen

7.1 Ziele und Anwendung

Das Zusammenwirken der Europäischen Gemeinschaft stellt wachsende Anforderungen an die Kapazität der Schienenwege. So wird in den nächsten Jahrzehnten das Transeuropäische Eisenbahnnetz (TEN) auf einem harmonisierten Sicherheits- und Ausrüstungsstand realisiert. Die dazu in Kraft gesetzten technischen Spezifikationen und Normen werden ständig weiterentwickelt und sind bindend für die EU-Mitgliedsstaaten. In diesem Rahmen ist das gemeinsame Verständnis des Begriffs der Kapazität von entscheidender Bedeutung, da der Neu- und Ausbau der Strecken des TEN auf die Leistungsverbesserung in qualitativer und quantitativer Hinsicht ausgerichtet ist, um die Wettbewerbsbedingungen insbesondere mit der Straße für die Eisenbahnen positiv zu gestalten. Diesem Erfordernis wurde mit dem Erscheinen des UIC-Merkblattes zur Kapazität [13] als Empfehlung Rechnung getragen.

Das Allgemeine Eisenbahngesetz (AEG) vom 27. Dezember 1993 (BGBl. I S. 2396, ber. 1994 BGBl. I S. 2439) fordert die Angleichung der Wettbewerbsbedingungen der Verkehrsträger mit „… dem Ziel der besten Verkehrsbedienung…". Damit verpflichtet das AEG einerseits die Eisenbahninfrastrukturunternehmen (EIU) zur Vorhaltung von Eisenbahnbetriebsanlagen und sichert andererseits den Rechtsanspruch der Eisenbahnverkehrsunternehmen (EVU) „… auf diskriminierungsfreie Benutzung der Eisenbahninfrastruktur…". Bei „… der Vergabe der Eisenbahninfrastrukturkapazitäten…", d.h. der Fahrwege auf den Eisenbahnbetriebsanlagen sind die EIU gehalten, die „…vertakteten oder ins Netz eingebundenen Verkehre angemessen…" zur Nutzung durch die EVU „…zu berücksichtigen…".

Ziele der unternehmerischen Nutzung der vorzuhaltenden Fahrwegkapazität sind:
- das marktgerechte Anbieten von Verkehrsleistungen entsprechend den Kundenwünschen und
- ein effizienter Umgang mit dem Leistungsvermögen sowie der voraussichtlich erreichbaren Qualität während der Eisenbahnbetriebsabwicklung.

Mit diesen Zielen wird i.e.S. der Produktionsprozess der Eisenbahn, das Befördern von Reisenden und Gütern in Zügen von Abgangs- nach Zielbahnhöfen beschrieben. Dieser Prozess gliedert sich in die nacheinander ablaufenden Phasen:
- Planung des Zuggefüges, in dessen Ergebnis der Fahrplan entsteht. Er ist Handlungsanweisung aller an diesem Prozess beteiligten Eisenbahner und das dem Kunden vermittelte Leistungsangebot.
- Abwicklung des Betriebsgeschehens, zu dem die Betriebssteuerung mit der Betriebsführung/Betriebsleitung (Disposition) und der Betriebsdurchführung (operationelle Funktionen auf der Stellwerksebene) gehören. Während dieser mit unvorhergesehenen Ereignissen verbundenen Phase beweist der Fahrplan täglich seine Durchführbarkeit und Robustheit. Durch das Betriebsmanage-

ment müssen schnell stabile und fahrplankonforme Zustände wiederhergestellt werden, um die Kundenvereinbarungen sowie die geplanten Umläufe von rollendem Material und Personalen einzuhalten.

Die für den Produktionsprozess vorzuhaltende Fahrwegkapazität muss für den Eigentümer und/oder Betreiber finanzierbar sein und dementsprechend bemessen werden. So vereinigen sich die Marketing-/Vertriebs- und Anlagenstrategie in einer ergebniswirksamen Netzstrategie (Abbildung 7.1). Die zur Verfügung gestellten Eisenbahnbetriebsanlagen (Systemverfügbarkeit) haben wesentlichen Einfluss auf die Qualität der Leistungserbringung und die Kundenzufriedenheit (Abbildung 7.2).

Der **Begriff der Fahrwegkapazität** vereint in sich die Gesamtheit der Leistungsfähigkeit und des Leistungsvermögens der Eisenbahnbetriebsanlagen im Streckennetz. In [13] wird die Fahrwegkapazität auch als **Bahninfrastrukturkapazität** bezeichnet. Beide Begriffe bezeichnen die Kapazität des Fahrweges insgesamt und umfassen die spezifischen Einzelbeträge unter den jeweils gegebenen Bedingungen.

Das abschnittsbezogene Leistungsvermögen der Zugfahrwege, das bei den unterstellten Bedingungen eine bestimmte Betriebsqualität erreicht bzw. erwarten lässt, stellt deshalb einen *Einzelwert* dar. Jeder Gleisabschnitt auf der freien Strecke und die Zugfahrgleise im Bahnhof haben für die Zugtrassen/-lagen ihre spezifische Leistungsfähigkeit. Werden die Bedingungen geändert, z.B. verkehren die Züge in

Abbildung 7.1: Zusammenwirken von Marketing/Vertriebs- und Anlagenstrategie zur ergebniswirksamen Netzstrategie.

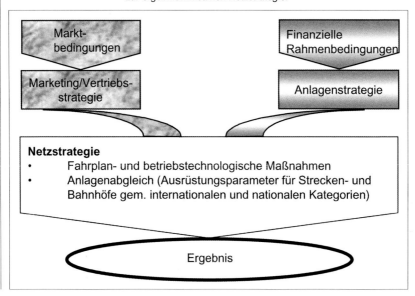

Fahrwegkapazitätsbetrachtungen

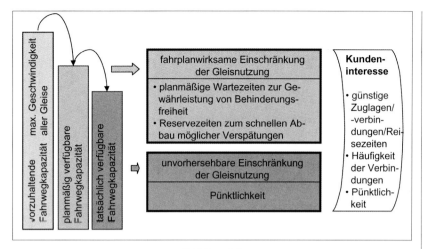

Abbildung 7.2:
Anlagenbedingte Systemverfügbarkeit und Qualität der Leistungserbringung.

einer anderen Reihenfolge, auf anderen Gleisen oder mit anderen Zugparametern (Last, Triebfahrzeugleistung usw.), können ggf. mehr oder weniger Züge fahren. Die Leistungsfähigkeit, einschließlich ihrer Qualität, verändert sich.

Infolge
- der gegebenen Leistungsanforderungen, d.h. der Anzahl zu fahrender Züge,
- der gleistopologischen Verknüpfung innerhalb des Gesamtnetzes und
- des aufeinander Abstimmens der Gleisbelegungen durch die einzelnen Züge

wird die Leistungsfähigkeit selten bzw. nur auf hochbelasteten Abschnitten voll ausgeschöpft.

Je nach Erfordernis werden für Fahrwegkapazitätsbetrachtungen Methoden zur
- detaillierten Darstellung aller Fahrwegelemente, d.h. der zugtrassen-/-lagengenauen oder
- verdichtete und dadurch abstrakte Wiedergaben des Fahrweges und der Verkehrsströme

verwendet.

Bei der abstrakten Vorgehensweise wird die aus Verkehrsströmen (in Personen oder Tonnen je Strecken- und Knotenbereich oder auch Korridoren) ermittelte Anzahl von Zügen auf das betrachtete Abbild des Streckennetzes umgelegt. Den verdichteten Fahrwegabschnitten werden zusammenfassende und damit „globale Kapazitätswerte" zugeordnet. Diese Ergebnisaussagen werden benötigt
- für die strategische Beurteilung des Streckennetzes und
- um aus dem Gesamtnetz einzelne Eisenbahnbetriebsanlagen als Netzelemente herausfiltern zu können, die für die detailgetreueren fahrwegkapazitiven Betrachtungen erforderlich sind.

Die *Umlegungsverfahren* werden nicht innerhalb der Fahrwegkapazitätsbetrachtungen behandelt.

Bei der **Anwendung** des Begriffs der Fahrwegkapazität wird stets der gesamte Produktionsprozess mit seinen Eisenbahnbetriebsanlagen, dem Fahrplan und der Betriebsabwicklung erfasst. Fahrwegkapazitätsbetrachtungen werden für den Planungsprozess durchgeführt, um

- den Vertrieb bei der Erarbeitung hochwertiger Zugtrassen,
- den Betrieb bei der Bereitstellung von verbesserten und objektivierten Entscheidungsgrundlagen für zukünftige betriebsdispositive Prozesse und
- das Anlagenmanagement bei der Gestaltung der Anlagen

zu unterstützen.

Fahrwegkapazitätsuntersuchungen beinhalten somit fahrplan- und betriebstechnologische sowie anlagenbezogene Aspekte, die gesamthaft nach den gleichen Grundsätzen behandelt werden müssen.

Erwartungen an Fahrwegkapazitätsbetrachtungen vermittelt Abbildung 7.3.

Im Rahmen von Fahrwegkapazitätsbetrachtungen sollten durch die Kenntnis der Zusammenhänge und detaillierte Einzeluntersuchungen Beiträge zur Erarbeitung von Fahrplänen geleistet werden, die bereits im Vorfeld der praktischen Betriebsabwicklung zumindest ihre „voraussichtliche und damit theoretische Bewährung" unter den Bedingungen von unvorhergesehenen, stochastisch beschriebenen Ereignissen bestanden haben.

Bei Fahrwegkapazitätsuntersuchungen werden sowohl die Trassen des Fahrplangeschäfts, als auch die Zugfahrten der Betriebsabwicklung betrachtet.

Folglich muss zwischen

- der planmäßig verfügbaren Fahrwegkapazität, die für die Belegung mit Zugtrassen für die Fahrplanerarbeitung zur Verfügung steht und
- der tatsächlich bzw. „voraussichtlich" tatsächlich verfügbaren Fahrwegkapazität, die für die Belegung mit Zuglagen während des Betriebsgeschehens genutzt werden kann,

eindeutig unterschieden werden. Beide Kapazitäten bilden den jeweils nutzbaren, d.h. den „maßgebenden" Fahrweg ab.

Die *Zugtrassen* verfügen über Fahr- und Haltezeiten mit Reserveanteilen und können auf berechneten, angedachten oder stochastischen Angaben beruhen. Sie werden als Zeit-Weg-Linien in den Fahrplannetzen dargestellt. Die Weg-Linien entsprechen der Lage der Betriebsstellen im Gleis, die für die Fahrzeiten-, Belegungs- und Konfliktrechnung bei der Fahrplanbearbeitung erforderlich sind. Sie sind die Bezugspunkte für die Abfahrts-, Durchfahr- und Ankunftszeiten des Fahrplans. Die Betriebsstellen stimmen mit den Angaben aus dem VzG überein. [9/ 0410 und 0420]

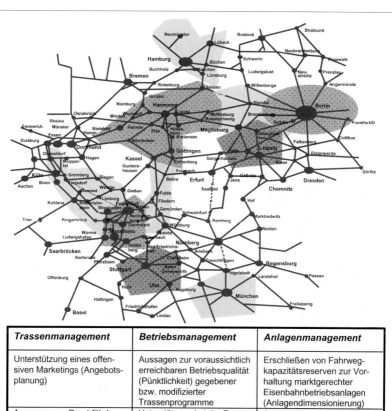

Trassenmanagement	Betriebsmanagement	Anlagenmanagement
Unterstützung eines offensiven Marketings (Angebotsplanung)	Aussagen zur voraussichtlich erreichbaren Betriebsqualität (Pünktlichkeit) gegebener bzw. modifizierter Trassenprogramme	Erschließen von Fahrwegkapazitätsreserven zur Vorhaltung marktgerechter Eisenbahnbetriebsanlagen (Anlagendimensionierung)
Aussagen zur Durchführbarkeit von Trassenprogrammen unter den gegebenen Bedingungen im Netzzusammenhang (Programmstruktur, Systemverfügbarkeit, vsl. Betriebsgeschehen)	Unterstützung bei der Erarbeitung von Entscheidungsgrundlagen für zukünftige betriebsdispositive Prozesse	Aussagen zu nicht verkraftbaren Behinderungspunkten/-abschnitten und deren Netzwirkungen
Dimensionierung und Verteilung von Zeitreserven	Aussagen zur vsl. zeitlichen und räumlichen Ausdehnung der Folgen von Störungen	Unterstützung bei der Realisierung von anlagenverändernde Maßnahmen durch Variantenerarbeitung zum gleichzeitigen Fahren und Bauen

Abbildung 7.3: Erwartungen an Fahrwegkapazitätsuntersuchungen.

Die Zuglagen haben tatsächliche bzw. „voraussichtliche" tatsächliche Fahr- und Haltezeiten ohne Zeitreserven. Während der Betriebsabwicklung sind sie der Gegenstand der Dispositionsarbeit. Die Weg-Linien in den Zeit-Weg-Darstellungen der DV-Systeme entsprechen der Lage der Schienenkontakte, die u.a. für das sichere Funktionieren der Stellwerke sowie den reibungslosen Datentransfer in die Betriebsleitsysteme notwendig sind. Die Abbildung der Zuglagen an ihren gleistopologischen Weg-Linien ist damit feingliedriger als die Abbildung der Zugtrassen.

Im Rahmen von Fahrwegkapazitätsbetrachtungen werden verschiedene **zeitliche Anwendungshorizonte** unterschieden:

- *langfristige*: Dabei werden Maßnahmen für mindestens sieben Jahre im Voraus betrachtet. Oftmals sind Ergebnisaussagen für einen über lange Zeit nutzbaren Kapazitätszustand mit sehr globalen Angaben zu treffen. Dies ist bspw. für die Erarbeitung der sog. Betrieblichen Aufgabenstellungen (BAST) als Planungsgrundlage für Investitionsvorhaben wie dem Neu- und Ausbau von Strecken mit den dazugehörigen Brücken und Tunneln u.a. erforderlich. Die Ausgangsdaten sind meistens schwierig zu besorgen, so dass mit verschiedenen Annahmen gearbeitet werden muss.
- *mittelfristige*: Hierzu zählen Maßnahmen, die mindestens ein Jahr im Voraus zu planen sind. Die Ausgangsdaten liegen für die erforderliche Planungsgenauigkeit meist ausreichend vor bzw. sind beschaffbar. Beispiele sind die Erarbeitung des Jahresfahrplans sowie die Erstellung vertiefender Aussagen zu bereits vorhandenen BAST aber auch zum Rückbau von Eisenbahnbetriebsanlagen.
- *kurzfristige*: Dazu gehören einzelne Aktivitäten, die in einen innerhalb eines Jahres gegebenen Fahrwegkapazitätszustand „hineingeplant" werden müssen und die zu umfangreichen Umplanungen führen können. Das gilt für das Einplanen von Sonderverkehren ebenso wie für Planungen von Trassenprogrammen während der Durchführung von Baumaßnahmen innerhalb eines gültigen Jahresfahrplanes.
- *Ad-hoc-Maßnahmen*: Ihnen liegen unvorhergesehene Ereignisse, wie Störungen, zugrunde, auf die mit betriebsdispositiven Mitteln reagiert wird. Solche Prozessvorgänge sind mitunter im Nachgang aus fahrwegkapazitiver Sicht zu untersuchen, um Entscheidungshilfen und Verfahrensweisen für zukünftige ähnliche Situationen ableiten zu können.

In der Richtlinie 405 – Fahrwegkapazität [10] – werden die verbindlichen Vorgaben und Empfehlungen zur Durchführung von Fahrwegkapazitätsbetrachtungen beschrieben, d.h. im Einzelnen:

- die grundsätzlichen methodischen Vorgehensweisen,
- die einheitliche Verwendung von Kenngrößen für die Ergebnisaussagen,
- die Modellanforderungen und
- die Anwendung der DV-Systemen für Kapazitätsbetrachtungen.

Damit werden die Voraussetzungen zur *Vergleichbarkeit von Untersuchungen* zu

- unterschiedlichen bzw. gleichartigen Sachverhalten,
- Ergebnisaussagen, die durch verschiedene Institutionen (DB AG-intern, Ingenieurbüros, Gutachten etc.) erarbeitet werden,

geschaffen, die Beurteilung der Ergebnisse wesentlich erleichtert sowie deren Anerkennung gefördert.

Fahrwegkapazitätsbetrachtungen

7.2 Grundlagen

Die Zeit ist die wichtigste Prozessgröße. In ihrem Verlauf findet die gesamte Produktion statt. Demzufolge werden zunächst die zeitlichen und danach die zeitlich qualitativen Aspekte behandelt.

7.2.1 Zeitliche Prozessbetrachtungen

Zu den wesentlichen Verfahren für das Arrangieren des Zugbetriebes gehören:
- das Fahren im festen Raumabstand (Blockabstand),
- das Fahren im wandernden Raumabstand (Fahren auf elektrische Sicht, darunter der Moving block),
- das Fahren auf Sicht.

Das verwendete Betriebsverfahren beeinflusst aufgrund der unterschiedlichen Abstände zu nachfolgenden Zügen die Leistungsfähigkeit wesentlich. Im weiteren soll für das Fahren im festen Raumabstand als grundlegendem Verfahren das methodische Vorgehen bei der Prozessanalyse näher erläutert werden. Bei diesem Betriebsverfahren darf sich in einem durch zwei Hauptsignale begrenzten Gleisabschnitt (Blockabschnitt) nur ein Zug befinden. Ein anderer Zug kann in den Blockabschnitt sicherungstechnisch erst einfahren, wenn dieser vom vorausfahrenden Zug geräumt wurde.

Für Fahrwegkapazitätsuntersuchungen werden die Zeiten an Messpunkten (Gleisquerschnitten), die in Abhängigkeit vom Untersuchungsziel zu wählen sind, ermittelt.

7.2.1.1 Einzelne Zugtrassen/-lagen

Die Zeitelemente der Zugtrassen/-lagen sind abhängig von:
- den bestellten bzw. tatsächlich vorhandenen Zugparametern und der Integration der Zugtrassen/-lagen in das Zuggefüge des Streckennetzes,
- den fahrwegabhängigen, anlagenbedingten Gegebenheiten der befahrenen Strecken- und Bahnhofsgleise.

Die **Zeitelemente, die mit den Zugparametern verbunden sind**, werden in Abbildung 7.4 dargestellt und in Tabelle 7.1 erläutert. Die einzelnen Zeitanteile lassen sich verschiedenen Kriterien zuordnen wie: kundenwunschabhängigen, fahrplan- und betriebstechnologischen.

- Kundenwunschabhängig, als Teil der Bestellung, sind:
  - die geschwindigkeitsbedingte reine Fahrzeit,
  - die Verkehrshaltezeiten und Verkehrshaltezuschläge und
  - die planmäßigen Synchronisationszeiten (während der Fahrt und beim Halten).

- Fahrplantechnologisch bedingt sind:
  - die Reservezeiten (Regel- und Bauzuschläge),
  - die planmäßigen Wartezeiten zur konfliktfreien Trassenkonstruktion (während der Fahrt und beim Halten) sowie
  - die geschwindigkeitsabhängigen Reinen Fahrzeiten.
- Betriebstechnologisch bedingt sind die Fahrplanabweichungen, die sowohl negative (Verfrühungen) als auch positive Beträge (Verspätungen) annehmen können.

Weitere Ausführungen sind in den [9/0301 und 10/0102] enthalten.

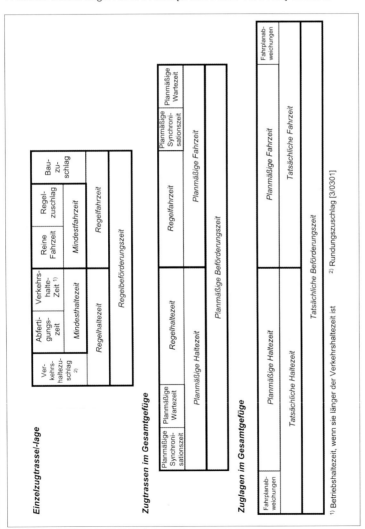

Abbildung 7.4: Zeitverbräuche einzelner Zugtrassen/-lagen.

Fahrwegkapazitätsbetrachtungen

Bezeichnung des Zeitverbrauchs	Erläuterung	Formel-zeichen (Einheit)
Reine Fahrzeit	Fahrzeitdauer, die ein Zug zum Durchfahren eines definierten Gleisabschnitts (zwischen zwei Fahrtzeitmesspunkten/im Blockabschnitt/ im Fahrstraßen- oder Teilfahrstraßenabschnitt) ■ bei straffer Fahrweise, ■ unter Berücksichtigung der zulässigen zug- und streckenabhängigen Geschwindigkeiten, ■ bei angenommenem Massefaktor, Haftreibungsbeiwert, Bremsverhältnissen sowie Windgeschwindigkeiten, mindestens fahren kann. *Trassenmanagement:* Fahrzeitenrechnung gem. DV-Verfahren RUT. In Quelle [13] als „Basiszeit" der „typischen Fahrzeit" bezeichnet.	t_f (Min)
Regelzuschlag	Gleichmäßig verteilter prozentualer Zeitzuschlag zur Reinen Fahrzeit als Ausgleich der sich ständig ändernden äußeren Einflüsse (Witterung, unterschiedliche Triebfahrzeugleistungen und Fahrweisen u.a.). Seine Höhe wird in Abhängigkeit von ■ der Traktionsart, ■ der Anhängelast, ■ der zulässigen Zuggeschwindigkeit auf die zulässige Streckengeschwindigkeit bezogen und zentral festgelegt. In der RUT-Fahrzeitenrechnung berücksichtigt. Gehört in Quelle [13] innerhalb der „typischen Fahrzeit" (analog der Regelbeförderungszeit) zu den „Zeitreserven".	t_{frz} (Min)
Bauzuschlag	Zeitzuschlag zum Ausgleichen von Fahrzeitverlusten, die durch Baumaßnahmen eintreten können. Seine Höhe wird von der Baubetriebsplanung ermittelt [11/0101], mit dem Trassenmanagement abgestimmt und in den Planvorgaben für den SPFV, den SPNV und den SGV mitgeteilt. Er wird möglichst am Ende des Streckenabschnitts eingelegt. Treten bei Zugtrassen infolge ihrer Höchstgeschwindigkeit keine Fahrzeitverluste durch Bauarbeiten ein, entfällt der Bauzuschlag. In der RUT-Fahrzeitenrechnung berücksichtigt. Gehört in Quelle [13] innerhalb der „typischen Fahrzeit" (analog der Regelbeförderungszeit) zu den „Zeitreserven".	t_{fbz} (Min)
Verkehrshaltezeit	Haltezeitdauer ■ im SPV zum Ein- und Aussteigen von Reisenden, ■ im SGV zum Zu- und Absetzen von Wagen. Sie entspricht der Zeit des Kundenhaltes der Trassenanmeldung [9/0301]. Liegen keine genauen Angaben vor, werden Näherungswerte aus [10/0102] empfohlen.	t_{vh} (Min)
Betriebshaltezeit	*Fahrwegkapazitätsuntersuchungen* [10/0102]: Haltezeitdauer zur Ausübung betrieblicher Handlungen (ausgenommen die Abfertigungszeit), wie bspw. Personal- und Triebfahrzeugwechsel. *Trassenmanagement* [9/0301]: Haltezeitdauer, die sich aus der Konstruktion des Fahrplans oder den Zwängen der Anlagengestaltung (z.B. durch Kopfmachen) ergibt.	t_{bh} (Min)

Bezeichnung des Zeitverbrauchs	Erläuterung	Formel-zeichen (Einheit)
Abfertigungszeit	Zeitdauer für ■ das Türenschließen, ■ das Prüfen und die Abgabe der Fertigmeldung, ■ zum Reagieren durch den Signalaufnehmenden. Liegen keine genauen Angaben vor, werden Näherungswerte aus [10/0102] empfohlen.	t_{ah} (Min)
Verkehrshalte-zeitzuschlag	Zeitzuschlag, der es ermöglicht, der Verkehrshaltezeit die Abfertigungszeit (insbesondere für den Reaktionszeitanteil) hinzuzufügen. In der RUT-Fahrzeitenrechnung berücksichtigt. Liegen keine genaue Angaben vor, werden Näherungswerte aus [10/0102] empfohlen. Gehört in Quelle [13] innerhalb der „typischen Fahrzeit" (analog der Regelbeförderungszeit) zu den „Zeitreserven".	t_{vhz} (Min)
Planmäßige Wartezeit	*Fahrwegkapazitätsuntersuchungen:* Zeitdauer, durch die ein Zug in seiner Trasse auf dem gesamten Laufweg oder auf Teilen davon durch andere Züge behindert wird, d.h. die er warten muss. Sie entsteht beim Einlegen der Zugtrasse in das Gesamt-zuggefüge und ist die Folge des Belegungskonflikts zwischen der Wunschtrassenlage und den erforderlichen Zugfolgezeiten der beteiligten Zugtrassen.	t_{pw}
	Planmäßige Wartezeiten treten sowohl während der Fahrt als auch beim Halten auf. Ziel ist stets ihre Minimierung. Ermittlung: ■ für die Einzelzugtrasse/-lage durch Summenbildung aus den einzelnen Wartezeiten (Fahrt und Halte) entlang des Laufweges bzw. Teilen davon, ■ für alle einen Messpunkt passierenden Zugtrassen/-lagen durch Summenbildung aus deren einzelnen Wartezeiten (Fahrt oder Halt).	t_{fpw} t_{hpw}
	Für beide Betrachtungsarten werden vielfach gemittelte Werte angewendet. In Quelle [13] innerhalb der „fahrplanmäßigen Fahr-zeit" als „zusätzliche Zeiten, die sich aus Fahrplankonstrukti-onszwängen ergeben", bezeichnet. *Trassenmanagement:* Werden z.T. als Betriebshalte deklariert. *Betriebsmanagement:* Zeitdauer, die ein Zug gem. WZVR war-ten muss, um Anschlussreisende eines verspäteten Zuges aufzunehmen. Die dadurch eintretende Abfahrtsverspätung wird als „Wartezeit" bezeichnet; sind aber eigentlich außerplanmäßi-ge Synchronisationszeiten.	t_{pwm} (Min)
Planmäßige Synchronisations-zeit	Zeitdauer, die ein Zug in seiner Trasse auf dem gesamten Laufweg oder auf Teilen davon zur verkehrlichen Abstim-mung mit anderen Zugtrassen benötigt. Sie ■ beginnt mit dem Ende der Verkehrs- oder Betriebshaltezeit und ■ endet – bei der Anschlusssicherung, wenn die letzte planmäßige Übergangszeit zu dieser Zugtrasse erreicht wird und	t_{ps} t_{fps} t_{hps} (Min)

Fahrwegkapazitätsbetrachtungen

Bezeichnung des Zeitverbrauchs	Erläuterung	Formel-zeichen (Einheit)
	– bei der Takteinhaltung, mit dem Abschluss der Verkehrs- oder Betriebshaltezeit der Zugtrasse, mit der synchronisiert wird, verschoben um einen oder mehrere Intervalle. Planmäßige Synchronisationszeiten treten sowohl während der Fahrt als auch beim Halten auf. Ziel ist stets ihre Minimierung. Ermittlung durch Summenbildung aus den einzelnen planmäßigen Synchronisationszeiten. In Quelle [13] innerhalb der „fahrplanmäßigen Fahrzeit" als „zusätzliche Zeiten, die sich aus den Anforderungen des Marktes ergeben" bezeichnet.	
Mindestfahrzeit	$t_{mf} = t_f + t_{frz}$	t_{mf} (Min)
Mindesthaltezeit	$t_{mh} = [t_{vh} - t_{bh}] + t_{ah}$	t_{mh} (Min)
Regelfahrzeit	$t_{rf} = t_{mf} + t_{fbz} = t_f + t_{frz} + t_{fbz}$	t_{rf} (Min)
Regelhaltezeit	$t_{rh} = t_{mh} + t_{vhz} = [t_{vh} - t_{bh}] + t_{ah} + t_{vhz}$	t_{rh} (Min)
Regelbeförderungszeit	Zeitdauer, die ein Zug in seiner Trasse auf dem gesamten Laufweg oder auf Teilen davon *mindestens* benötigt. $t_{rbf} = t_{rf} + t_{rh}$ In Quelle [13] als „typische Fahrzeit" bezeichnet, die sich aus der „Basiszeit" (analog der Reinen Fahrzeit) und „Zeitreserven" zusammensetzen würde. Wird die Regelhaltezeit der „typischen Fahrzeit" hinzugefügt, entspricht sie der Regelbeförderungszeit.	t_{rbf} (Std, Min)
Planmäßige Fahrzeit	$t_{pf} = t_{rf} + t_{fps} + t_{fpw}$	t_{pf} (Min)
Planmäßige Haltezeit	$t_{ph} = t_{rh} + t_{hps} + t_{hpw}$	t_{ph} (Min)
Planmäßige Beförderungszeit	Zeitdauer, die ein Zug in seiner Trasse auf dem gesamten Laufweg oder auf Teilen davon *planmäßig* benötigt. $t_{pbf} = t_{pf} + t_{ph}$ In Quelle [13] als „fahrplanmäßige Fahrzeit" bezeichnet.	t_{pbf} (Std, Min)
Tatsächliche Fahrzeit	Fahrzeitdauer, die ein Zug in seiner Lage auf dem gesamten Laufweg oder auf Teilen davon tatsächlich benötigt hat bzw. voraussichtlich benötigen wird. Der Anteil der tatsächlichen Fahrzeit, der auf ■ der Regelfahrzeit, ■ der planmäßigen Wartezeit, ■ der planmäßigen Synchronisationszeit,	t_{tf} (Std, Min)

Bezeichnung des Zeitverbrauchs	Erläuterung	Formel-zeichen (Einheit)
	beruht, kann bei günstigen Bedingungen und ungestörtem sowie unbehindertem Fahrtverlauf geringer als bei der geplanten Zugtrasse sein.	
Tatsächliche Haltezeit	Haltezeitdauer, die ein Zug in seiner Lage auf dem gesamten Laufweg oder auf Teilen davon tatsächlich benötigt hat bzw. voraussichtlich benötigen wird. Der Anteil der tatsächlichen Haltezeit, der auf ■ der Regelhaltezeit, ■ der planmäßigen Wartezeit, ■ der planmäßigen Synchronisationszeit beruht, kann bei günstigen Bedingungen und ungestörtem sowie unbehindertem Fahrtverlauf geringer als bei der geplanten Zugtrasse sein.	t_{th} (Std, Min)
Tatsächliche Beförderungszeit	Zeitdauer, die ein Zug in seiner Lage auf dem gesamten Laufweg oder auf Teilen davon tatsächlich benötigt hat bzw. voraussichtlich benötigen wird. $t_{tbf} = t_{tf} + t_{th}$	t_{tbf} (Std, Min)
Fahrplan-abweichungen	Zeitliche Abweichung eines Zuges von seiner Regelbeförderungszeit (zwischen der Zuglage und seiner -trasse) an einem Messpunkt. An anderen Messpunkten des Zuglaufs vor oder nach dem vorgenannten Messpunkt kann sie aufgrund der verfügbaren Reservezeitanteile einen größeren oder kleineren Betrag annehmen. Sie kann ermittelt werden: ■ *zugbezogen*, aus den Fahrplanabweichungen zwischen zwei Messpunkten des Laufwegs eines Zuges oder Teilen davon ■ *fahrwegabschnittsbezogen*, aus den Fahrplanabweichungen der Züge zwischen zwei Messpunkten im Untersuchungszeitraum als Ausdruck der zeitlichen Qualitätsstufen.	– (Min)
Primär-/ Urverspätung	Zeitliche Überschreitung von Regelfahr-/haltezeiten (Fahrplanabweichungen) durch die zuerst betroffene Zuglage infolge von Störungen an Anlagen und Betriebsmitteln bzw. durch Personaleinwirkung oder sonstige Ereignissen an einem Messpunkt.	– (Min)
Sekundär-/ Folgeverspätungen	Infolge einer Primärverspätung eingetretene Überschreitung von Regelfahr-/haltezeiten (Fahrplanabweichungen) sowohl durch die zuerst betroffene als auch durch weitere Zuglagen. Primärverspätungen führen an einem Messpunkt zu ■ behinderungsbedingten außerplanmäßigen Wartezeiten (infolge von Belegungskonflikten), ■ synchronisationsbedingten außerplanmäßigen Synchronisationszeiten.	– (Min)
Verspätungs-kürzung/-abbau	(Negative) Fahrplanabweichung eines Zuges zwischen zwei Messpunkten des Laufweges. Sie entspricht der aufgeholten Verspätung.	– (Min)

Fahrwegkapazitätsbetrachtungen

Bezeichnung des Zeitverbrauchs	Erläuterung	Formel- zeichen (Einheit)
Verspätungs- zuwachs/-aufbau/ Zusatzverspätung	(Positive) Fahrplanabweichung eines Zuges zwischen zwei Messpunkten des Laufweges. Sie wird bezogen auf ■ die Einzelzuglage, als Summe aller zusätzlich im Verlauf der Zugfahrt eingetretenen positiven Abweichungen zu den Regelfahr- und -haltezeiten – zwischen Abfahrts- und Endbahnhof, – zwischen Abfahrts- oder Endbahnhof und dem, den Untersuchungsbereich begrenzenden Messpunkt, an dem der Zug „aus- oder einbricht". ■ zwei Messpunkte eines oder mehrerer hintereinander liegender Gleisabschnitte, als Summe aller zusätzlich im Verlauf der Zugfahrten eingetretenen positiven Abweichungen zu den Regelfahr- und -haltezeiten. Gemäß Quelle [13] wird die Zusatzverspätung bei der Übertragung von Verspätungen von zulaufenden Streckenabschnitten auf einen anderen Streckenabschnitt und umgekehrt als „Interdependenz" (gegenseitig abhängig) bezeichnet.	– (Min)
Ankunfts- verspätung	(Positive) Fahrplanabweichung an einem Messpunkt ■ bei endenden Zügen auf dem Endbahnhof, ■ bei haltenden Zügen auf einem Unterwegsbahnhof.	– (Min)
Abfahrts- verspätung	(Positive) Fahrplanabweichung an einem Messpunkt ■ bei beginnenden Zügen auf dem Abfahrtsbahnhof, ■ bei haltenden Zügen auf einem Unterwegsbahnhof.	– (Min)
Übernahme-/ Einbruchs- verspätung	(Positive) Fahrplanabweichung an einem den Untersuchungsbereich begrenzenden Messpunkt, an dem Züge „einbrechen". Sie wird bezogen auf ■ die Einzelzuglage oder ■ alle Züge.	– (Min)
Übergabe-/ Ausbruchs- verspätung	(Positive) Fahrplanabweichung an einem den Untersuchungsbereich begrenzenden Messpunkt, an dem Züge „ausbrechen". Sie wird bezogen auf ■ die Einzelzuglage oder ■ alle Züge.	– (Min)
▨▨▨ = Zeitbezogene Qualitätsaussage (vgl. 7.3.1)		

Tabelle 7.1:
Zuglaufweg-/Fahrwegabschnittsbezogene Zeitverbräuche einzelner Zugtrassen/-lagen.

Zusammenfassend werden die **Zeitelemente, die den fahrwegabhängigen Gegebenheiten entsprechen** in Tabelle 7.2 dargestellt. Auch diese Zeitelemente ermöglichen, wie bei den mit den Zugparametern verbundenen Zeitanteilen, eine analoge Zuordnung zu verschiedenen Kriterien wie kundenwunschabhängigen, fahrplan- und betriebstechnologischen.

- Kundenwunschabhängig ist als Teil der Bestellung die geschwindigkeitsbedingte Reine Fahrzeit.
- Fahrplantechnologisch bedingt sind:
  - die von der Bedienung und Wirkung technischer Einrichtungen abhängigen Fahrstraßenbilde- und -auflösezeiten und
  - die geschwindigkeitsabhängigen Fahrzeitanteile Signalsicht-, Annäherungsfahr- und Räumfahrzeit sowie die Reine Fahrzeit im Blockabschnitt.
- Betriebstechnologisch bedingt sind auch hier mögliche Fahrplanabweichungen zu den einzelnen Zeitanteilen.

In Kombination mit den von den Zugparametern abhängigen Zeitelementen wirken die fahrwegabhängigen Gegebenheiten der betroffenen Strecken- und Bahnhofsgleise direkt auf das *ungehinderte Einlegen* der Zugtrassen/-lagen. Dabei darf ein Zug

- durch einen vorausfahrenden Zug nicht behindert werden und
- selbst keinen anderen Zug zum Warten zwingen.

Um dieses zu realisieren, muss der **Zugfolge-/Sperrabschnitt** (Abbildung 7.5) zwischen zwei Zügen freigehalten werden. Er ist ein Gleisabschnitt der freien Strecke und/oder der Zugfahrgleise in den Bahnhöfen, der aus

- dem Einfahrabschnitt,
- dem Blockabschnitt und
- dem Räumabschnitt

besteht.

Bezeichnung des Zeitverbrauchs	Erläuterung	Formelzeichen (Einheit)
Fahrstraßenbildezeit	Fahrzeitdauer von der Freigabe des zu befahrenden Blockabschnitts durch Rückblockung/Rückmelden sowie ggf. Erlaubnisübergabe bzw. durch den Entschluss des Fahrdienstleiters zur Herstellung der Fahrstraße ■ auf Bahnhöfen bis zur Herstellung der Durchfahrt (Auffahrtstellen Ein-/Ausfahrsignal) bzw. bis zur Aufnahme des Abfahrtauftrages bei haltenden Zügen, ■ auf den übrigen Zugmelde- und -folgestellen bis zum Auffahrtstellen des Blocksignals.	t_{bi} (Min)
Signalsichtzeit	Fahrzeitdauer von der Signalsichtstelle bis zum maßgebenden Vorsignal	t_s (Min)
Annäherungs-Fahrzeit	Fahrzeitdauer zwischen den Standorten des Vorsignals und des zugehörigen Hauptsignals	t_a (Min)
Fahrzeit im Blockabschnitt (Belegungszeit)	Reine Fahrzeitdauer in einem Blockabschnitt (analog in einem Fahrstraßen- bzw. Teilfahrstraßenabschnitt)	t_f (Min)

Fahrwegkapazitätsbetrachtungen

Bezeichnung des Zeitverbrauchs	Erläuterung	Formelzeichen (Einheit)
Räumfahrzeit	Fahrzeitdauer vom Standort des den Blockabschnitt begrenzenden Hauptsignals über den Durchrutschweg t_d bis zum Passieren der Zugschlussstelle t_{ds} mit dem Zugschluss (bzw. einem anderen festgelegten Bezugspunkt des Zuges).	$t_{rä}$ (Min)
Fahrstraßen-Auflösezeit	Fahrzeitdauer, in deren Verlauf die Fahrstraße zur Ausfahrt aus dem Blockabschnitt ■ nach dem Passieren der Zugschlussstelle bis zum Eingang der Rückblockung/Rückmeldung bzw. ■ bei haltenden Zügen bis zum Halt am gewöhnlichen Halteplatz wieder freigegeben wird.	t_{au} (Min)
Vorbelegungszeit	$t_{vb} = t_{bi} + t_s + t_a$	t_{vb} (Min)
Nachbelegungszeit	$t_{nb} = t_{rä} + t_{au} = t_d + t_{ds} + t_{au}$	t_{nb} (Min)
Sperrzeit	Zeitdauer, in der ein Blockabschnitt für eine unbehinderte Zugfolge gesperrt sein muss. $t_{sp} = t_{vb} + t_f + t_{nb}$	t_{sp} (Min)

Tabelle 7.2: Fahrwegabhängige Zeitverbräuche einzelner Zugtrassen/-lagen.

Zum *Einfahrabschnitt* l_e für eine Zugfahrt gehören:
■ der Fahrwegabstand zwischen dem Gleisquerschnitt, den ein Zug bei ungehinderter Fahrt mit der Zugspitze erreichen darf, um zur Einfahrt in den Blockabschnitt die Freigabe des Hauptsignals mit dem zugehörigen Vorsignal herbeizuführen, und der Sichtstelle des maßgebenden Vorsignals
l_{bi} = Fahrstraßenbildeabstand   (km),
■ der Fahrwegabstand zwischen der Sichtstelle des maßgebenden Vorsignals und seinem Standort
l_s = Signalsichtabstand   (km),
■ der Abstand zwischen den Standorten des maßgebenden Vor- und Hauptsignals
l_a = Vorsignalabstand   (km).
Der Einfahrabschnitt wird auch als Annäherungsabschnitt bezeichnet. Bei LZB-geführten Zügen entspricht dieser dem LZB-Bremsweg.

Als maßgebendes Vorsignal gelten:
■ bei haltenden und durchfahrenden Zügen auf Bahnhöfen ohne Ausfahrvorsignal das Vorsignal des Einfahrsignals,
■ bei durchfahrenden Zügen auf Bahnhöfen mit Ausfahrvorsignal das letztere.
Bei planmäßig anfahrenden Zügen entfällt der Einfahrabschnitt.
Bei der Zweiabschnittssignalisation sind die Vorsignale in die vorliegenden Hauptsignale integriert.

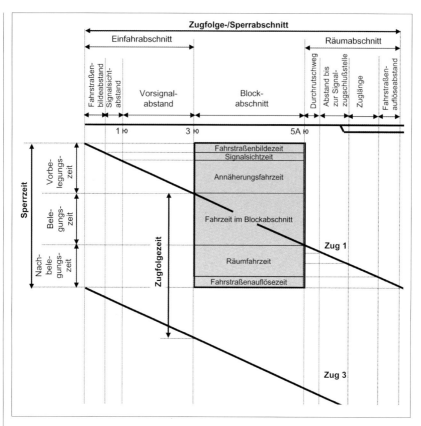

Abbildung 7.5: Zugfolge-/Sperrabschnitt und Zugfolge-/Sperrzeit.

Der *Blockabschnitt* l_b gibt die Entfernung zwischen zwei benachbarten Hauptsignalen an. Beim Fahren im Raumabstand muss für den Regelbetrieb sicherungstechnisch gewährleistet sein, dass sich in ihm nur ein Zug befindet.

Der *Räumabschnitt* l_r entspricht dem Gleisabschnitt, der vor der Zulassung einer nachfolgenden Zugfahrt vom vorausfahrenden Zug geräumt sein muss. Er umfasst

- den Durchrutschweg des den Blockabschnitt begrenzenden Hauptsignals
  l_d = Durchrutschweg   (km),
- den Gleisabschnitt zwischen dem Ende des Durchrutschweges und der Signalzugschlussstelle zur Wiederfreigabe des den Blockabschnitt begrenzenden Hauptsignals
  l_{ds} = Abstand bis zur Signalzugschlussstelle   (km),
- die Zuglänge (damit die Zugschlussstelle vom Zug freigefahren werden kann)
  l_{zl} = Zuglänge   (m),

- den Abstand zwischen der Signalzugschlussstelle und dem Gleisquerschnitt, der von einem Zug bei ungehinderter Fahrt erreicht sein muss, um die zugehörige Fahrstraße aufzulösen

l_{au} = Fahrstraßenauflöseabstand (km).

Der Zugfolgeabschnitt l_{Zf} ergibt sich aus

$$l_{Zf} = l_e + l_b + l_r = l_{bi} + l_s + l_a + l_b + l_d + l_{ds} + l_{zl} + l_{au}$$

Innerhalb von großen Bahnhöfen wird die Belegung von Fahrstraßen bzw. Teilfahrstraßen für Rangierfahrten nach den gleichen Grundsätzen durchgeführt. Der Zugfolgeabschnitt wird auch als Sperrabschnitt oder -strecke bezeichnet [7, 10].

Die **Zugfolgezeit** (Abbildung 7.5) entspricht dem Zeitabstand zwischen Abfahrt, Ankunft oder Durchfahrt *zweier Züge an einem Messpunkt* (Gleisquerschnitt) auf der freien Strecke (Strecken-Zugfolgezeit) oder in einem Bahnhof (Bahnhofs-Zugfolgezeit), der für eine ungehinderte Fahrweise
- mindestens erforderlich ist (Mindestzugfolgezeit) oder
- vorhanden ist (Zugfolgezeit).
Sie betrachtet zwei Zugfahrten an einem Messpunkt, der FZMP oder Hauptsignal ist. Entsprechend den Zugparametern beider Züge kann sich die Zugfolgezeit nur an Zugmeldestellen ändern, da hier die Reihenfolge der Züge aufgrund der betrieblichen Zwänge geändert werden kann.

Innerhalb der Zugfolgezeit ist die Zeitdauer von Bedeutung, in der der Blockabschnitt für das ungehinderte Verkehren anderer Zügen gesperrt sein muss. Diese Sperrzeit bezeichnet die Zeitdauer, in welcher der Fahrwegabschnitt durch eine Fahrt betrieblich beansprucht wird, und daher für die Nutzung durch andere Fahrten nicht zur Verfügung steht. In der Praxis lässt sich die Zugfolgezeit leicht mit Hilfe der Sperrzeiten ermitteln. Die Zugfolgezeit ist dann die Differenz des Beginns der Sperrzeiten bzw. Sperrzeitentreppen zweier definierter Züge bei der Einfahrt in einen definierten Bezugsquerschnitt.

Zur Sperrzeit gehören :
- die Vorbelegungszeit des Einfahrabschnitts,
- die eigentliche Belegungszeit des Blockabschnitts und
- die Nachbelegungszeit des Räumabschnitts.

Mit dem Einleiten der *Vorbelegungszeit* wird ein Blockabschnitt (analog Fahrstraßen- bzw. Teilfahrstraßenabschnitt) ausschließlich einer Zug- oder Rangierfahrt zugewiesen [3/0201] und der Fahrweg sicherungstechnisch festgelegt.

Die eigentliche *Belegungszeit* eines Abschnitts entspricht der Belegung durch die fahrplanmäßige Zugtrasse bzw. Zuglage während der Betriebsabwicklung. Sie kann aus den Unterlagen des Fahrplans bzw. der Betriebsprozessanalyse entnommen werden.

Mit dem Abschluss der *Nachbelegungszeit* wird der befahrene Blockabschnitt frei und steht für die ausschließliche Zuweisung an eine andere Zug- oder Rangierfahrt wieder zur Verfügung.

Die Sperrzeit t_{sp} ergibt sich aus:

$$t_{sp} = t_{vb} + t_f + t_{nb} = t_{bi} + t_s + t_a + t_f + t_d + t_{ds} + t_{zl} + t_{au}$$

Das von der Sperrzeit und der Länge des Blockabschnitts gebildete Viereck in Abbildung 7.5 wird *Sperrzeitkasten* genannt. Die entlang der befahrenen Blockabschnitte aneinandergereihten Sperrzeitkästchen eines Zuges stellen die **Sperrzeitentreppe** dar.

Bei den Betriebsverfahren „Fahren im wandernden Blockabstand" und „Fahren auf Sicht/im Bremswegabstand" wird die Sperrzeitentreppe zu einem Sperrzeitenband.

Für die Ermittlung der Fahrzeit stehen analytische, grafische und rechentechnische Verfahren zur Verfügung. Für die Fahrplanarbeit der DB AG wurde das Berechnungsverfahren des rechnerunterstützten Fahrplankonstruktionssystems RUT autorisiert. Mit RUT werden die Sperrzeiten als „Belegungszeiten" ermittelt. Da viele DV-Werkzeuge auch über eigene Berechnungsverfahren verfügen, müssen ggf. die Abweichungen innerhalb der üblichen Toleranzen liegen.

Die Zugfolgezeiten der Zugtrassen und -lagen können größer, aber nicht kleiner als die entsprechenden Sperrzeiten sein. Die Zugfolgezeit kann den Betrag der Sperrzeit annehmen, wenn
- beide Züge über die gleichen Zugparameter verfügen und analoge Fahrtbedingungen und -verläufe eintreten bzw. voraussichtlich eintreten werden und
- die Mindestzugfolgezeit eingehalten wird.
In diesem Falle wird die *bestmögliche Nutzung der Fahrwegkapazität erreicht.*

In der Literatur wird die Zugfolgezeit auch als Sperrzeit, mitunter auch als Belegungszeit bezeichnet [3, 4, 7, 13]. Ausschlaggebend sind die jeweils unterstellten Bedingungen.

Die Größe der Zugfolgezeit ist insbesondere abhängig von
- der Geschwindigkeit des Zuges auf dem Abschnitt und
- der sicherungstechnischen Ausrüstung des Fahrweges.

Das Beispiel im Abbildung 7.6 zeigt, dass sich bei fehlendem Ausfahrvorsignal die Sperrzeit des Blockabschnitts zwischen den Hauptsignalen 2N2 und 3 verlängert. Im Beispiel muss im Regelbetrieb das Ausfahrsignal zum Zeitpunkt des Auffahrtstellens des Einfahrsignals ebenfalls den Fahrtbegriff anzeigen, damit der Zug nicht behindert wird. Die Sperrzeit verlängert sich und beeinflusst die kürzeste Zugfolge negativ.

Es ist stets auf die Unterscheidung zwischen Zugtrassen und Zuglagen zu achten.

Fahrwegkapazitätsbetrachtungen

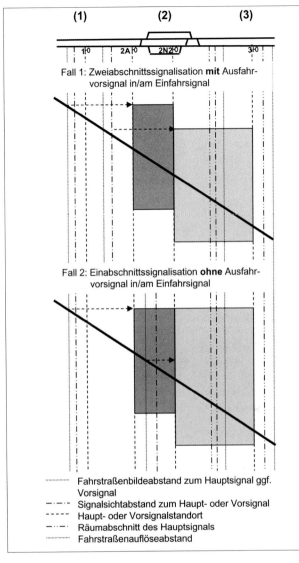

Abbildung 7.6:
Fahrweg-
ausrüstungs-
abhängige
Zugfolgezeiten.

Durch
- die Parameter der Zugtrassen und die dann tatsächlich vorhandenen Zugeigenschaften sowie
- die in den Plan eingearbeiteten Reservezeitanteile,

sind die Zugfolge- und die Sperrzeiten der Zugtrassen größer denen, welche die zugehörigen Zuglagen erreichen. Außerdem werden in den Betriebssteuerungssystemen durch die feingliedrigeren Weg-Linien (vgl. 7.1) die Sperrzeitenrechnungen ebenfalls genauer.

Bei Fahrwegkapazitätsuntersuchungen muss sorgfältig mit folgenden Sachverhalten umgegangen werden:

- An *einem* gewählten Gleisquerschnitt ist der gleiche Betrachtungspunkt der Zugeinheit *für alle* passierenden Züge festzulegen. Das kann je nach Lage der Schienenkontakte die erste oder letzte Achse bzw. überschläglich der Massenmittelpunkt des Zuges sein. Dementsprechend sind bei den Weg- und Zeitanteilen ggf. volle bzw. halbe Zuglängen bei den Rechnungen zu berücksichtigen.

- Detaillierte Kapazitätsrechnungen erfordern die blockabschnittsgenaue Darstellung der Fahrzeitanteile. Innerhalb der Blockabschnitte wird in der Fahrzeitrechnung die Reine Fahrzeit ermittelt und genutzt. Bei einigen DV-Werkzeugen werden die Blockabschnitte nicht im Detail nachgebildet, so dass ggf. durch Hinzufügen bzw. Abziehen von Weg- bzw. Zeitanteilen Korrekturen vorzunehmen sind. Die Beschreibung der verwendeten Bezugsweg-Linien sind den entsprechenden Handbüchern zu entnehmen. Dies gilt auch bei der Verwendung von Fahrzeitmesspunkten, die noch mitunter vom Trassenmanagement gewählt werden und die nicht mit der blockabschnittsgenauen Darstellung identisch sind. Bevor die Fahrzeitrechnung mit dem Verfahren RUT durchgeführt werden konnte, war der Bezug auf netzweit festgelegte Fahrzeitmesspunkte aus aufwandsreduzierenden Gründen unabdingbar.

- Zeitgünstig und oftmals auch für die Erfüllung der Aufgabenstellung – als grundsätzliche Aussage – ist das Bilden von Fahrzeitengruppen und das Verwenden gemittelter Beträge ausreichend. Bei den Ergebnisaussagen ist dies zu dokumentieren.

- Um eindeutige Werte zu erhalten, werden die Messpunkte für Fahrwegkapazitätsuntersuchungen möglichst an die Standorte der Hauptsignale (Beginn/Ende eines Blockabschnitts) gelegt.

- Bei der Ermittlung der Fahrzeiten für die Einfahr- und Räumabschnitte können diese anteilig aus den Reinen Fahrzeiten innerhalb des Blockabschnitts gewonnen werden.

$$t_{vb} = I_e * t_f/I_f \qquad\qquad t_{nb} = I_r * t_f/I_f$$

- Die Fahrstraßenbilde- und -auflösezeiten für das Bedienen und Wirken der sicherungstechnischen Einrichtungen vor und nach der Zugfahrt können durch Beobachtungen und/oder Berechnung ermittelt oder den örtlichen Richtlinien bzw. überschläglich der Literatur [10/0102] entnommen werden.

7.2.1.2 Zugtrassen/-lagen im Netzzusammenhang

Das Integrieren der einzelnen Zugtrassen/-lagen in das Gesamtzuggefüge erfordert bei der Ermittlung der Zugfolgezeiten die blockabschnittsgenaue Berücksichtigung der Sperrzeiten aller Züge. Im Sinne einer flüssigen Betriebsabwicklung ist der kürzeste Zeitabstand, in dem Züge ohne Veränderung ihrer Reihenfolge aufeinander folgen können, von Interesse.

Dieser Zeitabstand wird als **Mindestzugfolgezeit** (Abbildung 7.7) bezeichnet. Visualisiert aufgefasst bedeutet dieses, dass sich die Sperrzeitkästen zweier Züge

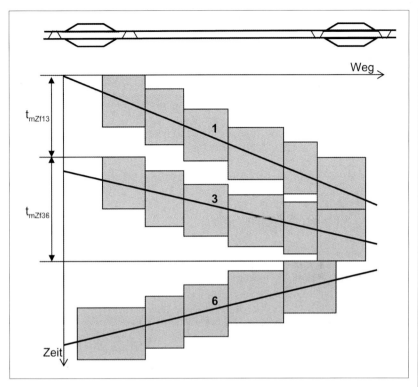

Abbildung 7.7: Mindestzugfolgezeiten.

in einem Blockabschnitt berühren und somit kein freier Zeitraum verfügbar ist und demzufolge die technisch schnellste Zugfolge erreicht wird. In Quelle [13] wird die Mindestzugfolgezeit zwischen Zugtrassen unterschiedlicher Geschwindigkeiten als *Heterogenitätszeit* bezeichnet.

Bei der Betrachtung von Strecken- bzw. Bahnhofsgleisabschnitten sind mehrere Blockabschnitte einzubeziehen. Dabei werden zunächst für alle Hauptsignale die Mindestzugfolgezeiten ermittelt und auf das Zwischen- bzw. Ausfahrsignal, in dem der betrachtete Abschnitt beginnt, bezogen, da hier die Reihenfolge der Züge veränderbar ist. Die größte der ermittelten Zugfolgezeiten ist die kürzeste und damit **maßgebende Zugfolgezeit** der insgesamt betrachteten Strecken- bzw. Bahnhofsgleisabschnitte. Können beim Umgang mit den Zugtrassen/-lagen die jeweils maßgebenden Zugfolgezeiten eingehalten werden, entstehen keine Behinderungen.

Die Zugfolgezeiten von Zugtrassen müssen stets gleich oder größer der Mindestzugfolgezeit sein, da sich anderenfalls Sperrzeiten überlagern würden. Gemäß [9] ist das Überschneiden von Sperrzeitkästen für Regelzüge nicht zulässig.

Bei einigen Fahrwegkapazitätsuntersuchungen ist die Ermittlung spezieller Zugfolgezeiten hilfreich wie bspw.:

■ nach der möglichen Reichweite von Verspätungsbeeinflussungen oder bei Engpassbetrachtungen die sog. *ferne Zugfolgezeit*, bei der mehrere hintereinanderliegende Abschnitte mit Kreuzungs- und Überholungsmöglichkeiten in die Untersuchung einzubeziehen sind,

■ nach der unmittelbaren Beeinflussung benachbarter Bahnhöfe ohne Veränderung der Zugfolge, die sog. *nahe Zugfolgezeit,*

■ nach Vergleichen von Varianten von Strecken- und Bahnhofsgleisnutzungen,

▣ die *mittlere Zugfolgezeit* als Quotienten aus Untersuchungszeitraum und der Anzahl der Zugfahrten,

▣ die sog. *Gesamtbelegungszeit* als Summe aller Mindestzugfolgezeiten eines betrachteten Abschnitts.

Weitere Ausführungen können der Literatur [2, 4, 7] entnommen werden.

Zur Verhinderung (Abbau) von Fahrplanabweichungen (aufgrund von Verspätungsübertragung) bei der Betriebsabwicklung wird zwischen den Zugtrassen **Pufferzeit** eingelegt. Sie ist eine *Zeitdauer, um die ein vorausfahrender Zug verspätet sein könnte*, ohne einen nachfahrenden zu behindern. Pufferzeiten werden als zusätzliche Zeitreserven für die möglichst planmäßige Durchführung

■ der Zuglage in ihrer Zugtrasse (Zugfolge-Pufferzeit),

■ des Übergangs der Reisenden, Ladeeinheiten, Fahrzeuge und Personale (Übergangs-Pufferzeit)

vorgehalten.

Die *Zugfolge-Pufferzeit* ergibt sich aus der Differenz zwischen der vorhandenen Zugfolgezeit und der Mindestzugfolgezeit und wird am Messpunkt durch die Festlegung des frühesten oder spätesten Beginns einer Zugtrasse bestimmt (Abbildung 7.8).

Abbildung 7.8: Zugfolge- und Pufferzeiten.

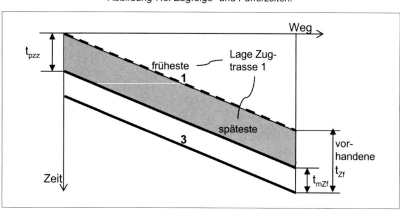

Fahrwegkapazitätsbetrachtungen

Die Dimensionierung der Zugfolge-Pufferzeiten zwischen zwei Zugtrassen ist abhängig von:

- den Wahrscheinlichkeitsverteilungen des Eintretens von Verspätungen,
- den Mindestzugfolgezeiten in der planmäßigen und abweichenden Reihenfolge der Züge,
- der Rangordnung und
- den zulässigen Beträgen (empirisch ermittelbar) der Folgeverspätungen weiterer Zuglagen.

In Fahrwegkapazitätsuntersuchungen sind diese Einflüsse zu ermitteln, um objektive Aussagen für einzelne Zugfolgefälle auf bestimmten Abschnitten zu erarbeiten. Die Dimensionierung der Pufferzeiten für alle jeweils örtlich in Betracht kommenden Fälle an Zugfolgen und ihre Kombination ist ein äußerst komplexes mathematisches Problem und konnte bisher noch nicht ausreichend für das Gesamtnetz gelöst werden. Bei der Fahrplanbearbeitung bedient man sich deshalb der *Mindest-Pufferzeit*, die sich aus empirischen Wahrnehmungen ableitet [9/0301]. Bei gebündelten Zugtrassen können die Mindest-Pufferzeiten gekürzt werden, wenn nach dem Bündel ein nicht planmäßig belegter Zeitraum folgt, um den analogen Zweck der Pufferzeitverteilung über die einzelnen Zugtrassen zu erreichen. I.d.R. reicht dann die Zugfolgezeit einer gebündelten Zugtrasse (sog. *Puffertrasse*) aus, um die Verspätungen innerhalb des Zugbündels abzubauen.

Für eine **planmäßige Übergangszeit** werden

- die *Mindestübergangszeit* für die Bewältigung der erforderlichen Wege der Reisenden, Ladeeinheiten, Triebfahrzeuge und Personale sowie
- die *Übergangs-Pufferzeit*

auf einem Übergangsbahnhof zwischen zwei Zugtrassen freigehalten.

Die Übergangs-Pufferzeit sollte der Zeitdauer,

- die eine voraussichtliche Zubringer-Zuglage gegenüber seiner Zugtrasse sowie
- der voraussichtlichen Abbringer-Zuglage gegenüber seiner Zugtrasse

haben darf, entsprechen. Damit kann die Übertragung einer Vielzahl kleiner Verspätungen (Folgeverspätungen) vermieden bzw. gedämpft werden. Die Dimensionierung der Übergangs-Pufferzeiten zwischen zwei Zugtrassen ist abhängig von

- den Wahrscheinlichkeitsverteilungen des Eintretens von Verspätungen (voraussichtlicher Zuglagen) und
- den zulässigen Beträgen der Folgeverspätungen weiterer ebenfalls voraussichtlicher Zuglagen.

Weiterführende Aussagen, insbesondere auch zu den Beziehungen zu den Halte- sowie Synchronisationszeiten, erfolgen in [10].

In Tabelle 7.3 werden die zugtrassen/-lagenabhängigen Zeitverbräuche im Netzzusammenhang zusammengefasst. Bei Analysen zum Betriebsgeschehen können entsprechende Werte, die den konkreten Bedingungen der Zuglagen entsprechen, aus den Unterlagen der Betriebsprozessanalyse entnommen werden.

Bezeichnung des Zeitverbrauchs	Erläuterung	Formel-zeichen (Einheit)
Zugfolgezeit	Zeitabstand zwischen Abfahrt, Ankunft oder Durchfahrt zweier Züge an einem Messpunkt der freien Strecke oder den Zugfahrgleisen in den Bahnhöfen. Vielfach werden gemittelte Werte angewendet.	t_{Zf} t_{Zfm} (Min)
Mindestzugfolgezeit	Kleinster technisch möglicher Zeitabstand zwischen Abfahrt, Ankunft oder Durchfahrt zweier Züge an einem Messpunkt der freien Strecke oder den Zugfahrgleisen in den Bahnhöfen ohne Veränderung ihrer Reihenfolge. Er entspricht der Sperrzeit des vorherfahrenden Zuges, während des Befahrens des zugehörigen Zugfolgeabschnitts. Gleisabschnitt über mehrere Hauptsignale: Die größte der einzelnen Mindestzugfolgezeiten wird als kürzeste zur *maßgebenden Zugfolgezeit*. Vielfach werden gemittelte Werte angewendet. In Quelle [13] wird die Mindestzugfolgezeit zwischen Zugtrassen unterschiedlicher Geschwindigkeiten als Heterogenitätszeit bezeichnet.	t_{mZf} (Min)
Pufferzeit	Reservezeitdauer zwischen zwei Zugtrassen zum Ausgleich von Fahrplanabweichungen, damit sich diese nicht bzw. nur teilweise auf einen folgenden Zug übertragen (Verhindern der Verspätungsübertragung). Vielfach werden gemittelte Werte angewendet.	t_{pz} (Min)
Zugfolge-Pufferzeit	Reservezeitdauer zwischen zwei Zugtrassen zum Ausgleich von Fahrplanabweichungen (Verhindern der Verspätungsübertragung) auf betrachteten Zugfahrgleisen der freien Strecke und in Bahnhöfen $t_{pzz} = t_{Zf} - t_{mZf}$ *Fahrwegkapazitätsuntersuchungen* [11/0102]: Ermittlung der Abhängigkeiten von ■ Verspätungen, ■ Mindestzugfolgezeiten bzw. maßgebenden Zugfolgezeiten mit planmäßiger und in abweichender Reihenfolge, ■ Zulässige Beträge der Folgeverspätungen für andere Züge. *Trassenmanagement* [10/0301]: Verwendung empirisch begründeter *Mindestpufferzeiten*.	t_{pzz} (Min)
Übergangs-Pufferzeit	Reservezeitdauer zwischen zwei Zugtrassen zum Ausgleich von Fahrplanabweichungen (Verhindern der Verspätungsübertragung) auf einem Übergangsbahnhof.	$t_{pzü}$ (Min)
Mindest-Übergangszeit	Zeitdauer zur Bewältigung des Weges der Reisenden, Ladeeinheiten, Triebfahrzeuge und Personale, die auf einem Übergangsbahnhof mindestens vorgehalten werden müssen.	$t_{mü}$ (Min)
Planmäßige Übergangszeit	$t_{pü} = t_{mü} + t_{pzü}$	$t_{pü}$ (Min)

▨▨▨▨ = Zeitbezogene Qualitätsaussage (vgl. 7.3.1)

Tabelle 7.3: Zeitverbräuche der Zugtrassen/-lagen im Netzzusammenhang.

Fahrwegkapazitätsbetrachtungen

Die Größe der Zugfolgezeiten ist entscheidend von der Art der auftretenden Zugfolgen abhängig. Dabei wird unterschieden nach:

- geschwindigkeitsabhängigen Zugfolgen infolge des Verkehrens (Abbildung 7.9)
  - ▨ eines schnellen Zuges vor einem ebenfalls schnellen Zug,
  - ▨ eines schnellen Zuges vor einem langsamen Zug,
  - ▨ eines langsamen Zuges vor einem schnellen Zug,
  - ▨ eines langsamen Zuges vor einem ebenfalls langsamen Zug,
- fahrtrichtungsabhängigen Zugfolgen im Ein- und Zweirichtungsbetrieb (Abbildung 7.10), die
  - ▨ den Vorsprung bzw. die Nachfolge,
  - ▨ das Kreuzen bzw.
  - ▨ den Abstand
  zweier Züge regeln.

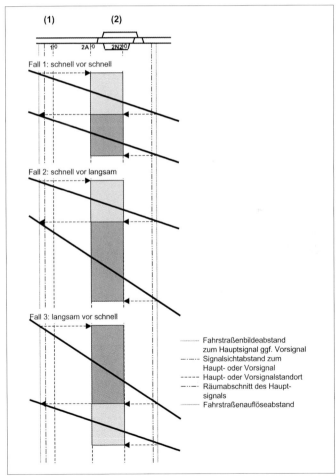

Abbildung 7.9:
Geschwindig-
keits-
abhängige
Zugfolgefälle/
-zeiten.

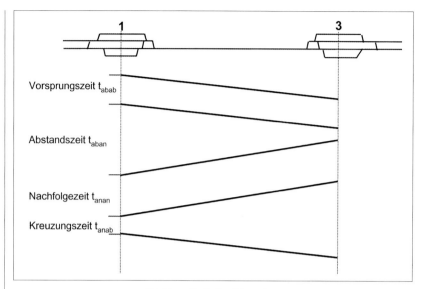

Abbildung 7.10: Zugfolgezeiten.

Die fahrtrichtungsabhängigen Zugfolgen werden durch die geschwindigkeitsabhängigen auf Mischbetriebsstrecken, auf denen Reise- und Güterzüge mit verschiedenen Geschwindigkeiten verkehren, überlagert. In Abhängigkeit von der Betriebsführung werden nachfolgende Arten von Zugfolgezeiten unterschieden:

- **im Einrichtungsbetrieb** (zwei- und mehrgleisig)
  - *Vorsprungszeiten* (Zugfolge t_{abab}) Abbildung 7.11,
  - *Nachfolgezeiten* (Zugfolge t_{anan}) Abbildung 7.12,
- **im Zweirichtungsbetrieb** (eingleisig)
  - *Vorsprungszeiten* (Zugfolge t_{abab}) analog Einrichtungsbetrieb,
  - *Nachfolgezeiten* (Zugfolge t_{anan}) analog Einrichtungsbetrieb,
  - *Abstandszeiten* (Zugfolge t_{aban}) Abbildung 7.13,
  - *Kreuzungszeiten* (Zugfolge t_{anab}) Abbildung 7.14.

Die Abbildungen beinhalten Beispiele für die Gleistopologie und ihre Ausrüstung mit Zweiabschnittssignalisation.

Fahrwegkapazitätsbetrachtungen

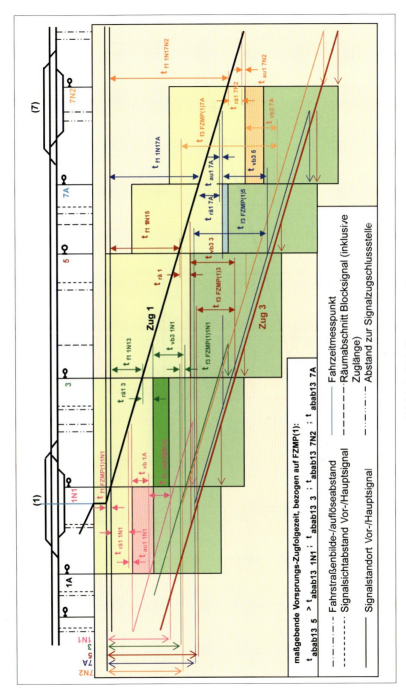

Abbildung 7.11: Vorsprungszeit.

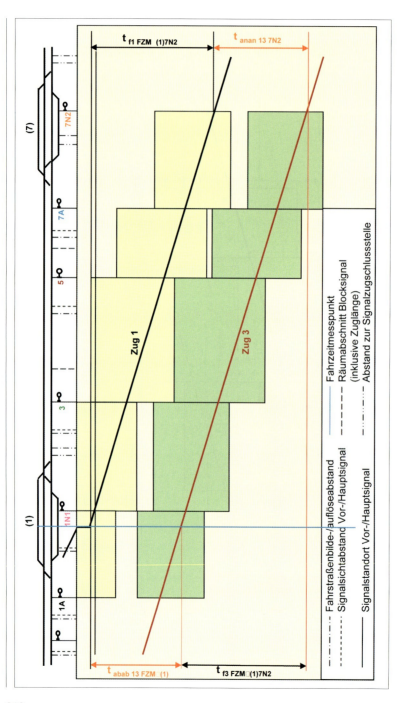

Abbildung 7.12: Nachfolgezeit.

Fahrwegkapazitätsbetrachtungen

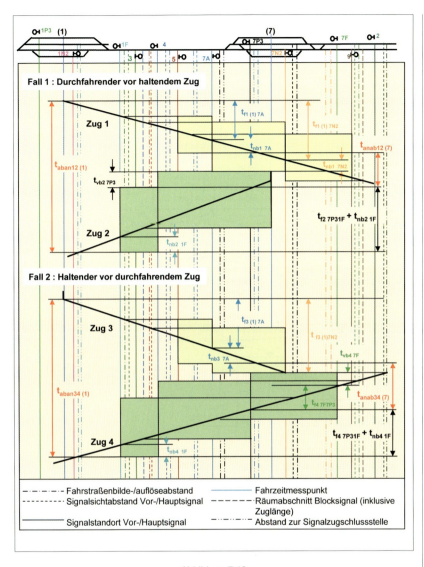

Abbildung 7.13:
Kreuzungs- und Abstandszeit.

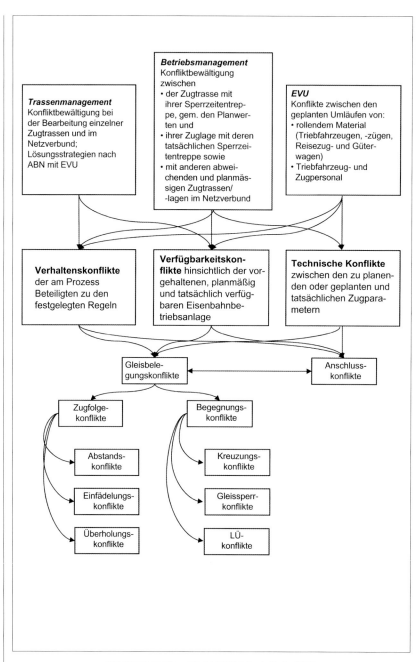

Abbildung 7.14 (zu Kapitel 7.2.1.3, ab Seite 318):
Struktur gleichartiger Konflikte der Zugtrassen/-lagen.

In Tabelle 7.4 sind die Zugfolgezeiten näher erläutert. Als Formelzeichen wurden verwendet:

$t_{abab13\,x}$ – Vorsprungszeit Zug 1 zum Zug 3 am Messpunkt x (Min)
$t_{anan31\,x}$ – Nachfolgezeit Zug 3 zum Zug 1 am Messpunkt x (Min)
$t_{anab13\,x}$ – Kreuzungszeit Zug 1 zum Zug 3 am Messpunkt x (Min)
$t_{aban13\,x}$ – Abstandszeit Zug 1 zum Zug 3 am Messpunkt x (Min)
$t_{au1\,x}$ – Fahrstraßenauflösezeit für Zug 1 zum Messpunkt x (Min)
$t_{bi1\,x}$ – Fahrstraßenbildezeit für Zug 1 zum Messpunkt x (Min)
$t_{vb1\,x}$ – Fahrzeit Einfahrabschnitt Zug 1 zum Messpunkt x (Min)
$t_{f1\,xy}$ – Fahrzeit für Zug 1 zwischen den Messpunkten x und y (Min)
$t_{nb1\,x}$ – Fahrzeit Räumabschnitt Zug 1 zum Messpunkt x (Min)

In anderen topologischen und Ausrüstungsfällen kann methodisch analog vorgegangen werden.

Bei der Ermittlung der **Vorsprungszeit** (Abbildung 7.11) wird
- zunächst für jeden einzelnen Blockabschnitt der Strecke die Mindestzugfolgezeit (Sperrkasten „stößt" an Sperrkasten) ermittelt und die jeweilig in diesem Abschnitt kürzest mögliche Lage des nachfolgenden Zuges auf die Abgangszugmeldestelle (im Beispiel: FZMP) bezogen.
- der maßgebende Blockabschnitt der Strecke ermittelt. Er ergibt sich aus der längsten Zugfolgezeit – im Beispiel: $t_{abab13\,5}$ im Blockabschnitt 3 bis 5 – unter den Einzelabschnitten, bezogen auf den im vorhergehenden Arbeitsschritt festgelegten Messpunkt. Diese Zugfolgezeit entspricht der Mindestzugfolgezeit und der Vorsprungszeit.

Das Beispiel zeigt, dass sich die früheste Lage des in (1) durchfahrenden Folgezuges 3 aus der Mindestzugfolgezeit im maßgebenden Blockabschnitt 3 bis 5 ergibt. Zug 3 kann frühestens im Beginnpunkt des Signalsichtabstandes des Vorsignals des Blocksignals 3, das bei der Zweiabschnittssignalisation in das Ausfahrsignal 1N1 integriert ist, eintreffen. Die Vorsprungszeit ergibt sich dann aus dem Zeitabstand zwischen dem abfahrenden Zug 1 und dem durchfahrenden Zug 3 im FZMP (1), als dem *gleichen* Gleisquerschnitt (Messpunkt).

Die übrigen Blockabschnitte verfügen über Zeitlücken zwischen den beiden Zugfahrten. **Vorsprungs- und Nachfolgezeiten** werden an einem Messpunkt gemessen. **Kreuzungs- und Abstandszeiten** beinhalten die Betrachtung von zwei Messpunkten:
- den Punkt des Fahrstraßenauflöseabstands hinter der Signalzugschlussstelle des Einfahrsignals und
- den Abfahrtsbezug auf den FZMP bzw. ein Hauptsignal.

Zur Erhaltung der Übersichtlichkeit wurde bei der Behandlung der Kreuzungs- und Abstandszeiten (Abbildung 7.13) im Beispiel t_{nb} verwendet. Sie entspricht der Summe aus $t_{rä} + t_{au}$, die bei den Vorsprungs- und Nachfolgezeiten detaillierter dargestellt sind.

Für Fahrwegkapazitätsuntersuchungen sind folgende Aspekte wichtig :

- Bei der Verwendung von DV-Werkzeugen sind aus den Dokumentationen die konkreten Zuscheidungen von Weg- und Zeitanteilen bzw. Zusammenfassungen und Vereinfachungen zu entnehmen, um die ermittelten Zugfolgen – entsprechend den Modellbedingungen – einer Wertung unterziehen zu können.
- Bei Modellanwendungen sind die Kenntnisse des Umgangs mit den Zugfolgezeiten im Ein- und Zweirichtungsbetrieb den entsprechenden Dokumentationen zu entnehmen.

Zugfolgezeit	Erläuterung	Beobachtungspunkt Beginn/Ende Bemerkungen	Ableitungen aus den beispielhaften Darstellungen der Bilder 7.11 bis 7.13
Vorsprungszeit t_{abab}	Zeitlicher Abstand (Vorsprung), den ein vorausfahrender Zug *am Beginn* des Gleis-(Strecken-) abschnitts bis zum nächsten Überholbahnhof/ Abzweigstelle, gegenüber einem im gleichen Gleis nachfolgenden Zug *mindestens* haben muss, um letzteren nicht zu behindern. Sie entspricht der Mindestzugfolgezeit.	*Messpunkt:* FZMP Ankunfts-/ Haltebahnhof wie im Beispiel oder Standort Hauptsignal (Einfahr-, Ausfahr- oder Blocksignal) ■ bei haltenden Zügen auf dem Abfahrts-/Haltebahnhof *Beginn:* Abfahrt des vorausfahrenden Zuges am gewöhnlichen Halteplatz *Ende:* Freigabe des Ausfahrsignals und Fahrzeit des nachfolgenden Zuges vom gewöhnlichen Halteplatz bis zum Ausfahrsignal. ■ bei durchfahrenden Zügen *Beginn:* Durchfahrt des vorausfahrenden Zuges am gleichen Hauptsignal *Ende:* Freigabe des Hauptsignals für den nachfolgenden Zug.	Einzelabschnitte, bezogen auf FZMP (1): $t_{abab13.1N1} =$ $t_{f1\,FZMP(1)1N1} + t_{ra1\,1N1} +$ $t_{au1\,1N1} + t_{vb3\,1A} + t_{f3.1A\,FZMP(1)}$ $t_{abab13.3} =$ $t_{f1\,FZMP(1)1N1} + t_{f1\,1N13} + t_{ra1\,3}$ $+ t_{vb3\,1N1} - t_{f3\,FZMP(1)1N1}$ $t_{abab13.5} =$ $t_{f1\,FZMP(1)1N1} + t_{f1\,1N15} + t_{ra1\,5}$ $+ t_{vb3} - t_{f3\,FZMP(1)3}$ $t_{abab13.7A} =$ $t_{f1\,FZMP(1)1N1} + t_{f1\,1N17A}$ $+ t_{ra1\,7A} + t_{au1\,7A} + t_{vb3.5}$ $- t_{f3\,FZMP\,(1)5}$ $t_{abab13.7N2} =$ $t_{f1\,FZMP(1)1N1} + t_{f1\,1N17N2}$ $+ t_{ra1\,7N2} + t_{au1\,7N2} + t_{vb3\,7A}$ $- t_{f3\,FZMP(1)7A}$ $t_{abab13.5} \Leftrightarrow$ maßgebende Vorsprungszeit, weil größer als $t_{abab13.1N1}, t_{abab13.3}, t_{abab13.7A},$ $t_{abab13.7N2}$
Nachfolgezeit t_{anan}	Zeitlicher Abstand (Nachfolge), in dem ein nachfahrender Zug *am Ende* des Gleis-(Strecken-) abschnitts gegenüber einem im gleichen Gleis vorausfahrenden mindestens ankommen darf, wenn er unterwegs von ersterem nicht behindert werden soll.	*Messpunkt:* FZMP Ankunfts-/ Haltebahnhof bzw. Standort Hauptsignal (Einfahr-, Ausfahr- oder Blocksignal) wie im Beispiel. *Beginn:* Befahren der Signalzugschlussstelle des Einfahrsignals oder des betrachteten Hauptsignals durch den vorausfahrenden Zug *Ende:* Befahren der Signalzugschlussstelle des Einfahrsignals oder des betrachteten Hauptsignals durch den nachfolgenden Zug und Auflösung der Fahrstraße.	$t_{anan13.7N2}$ $= t_{abab13\,FZMP(1)}$ $+ t_{f3\,FZMP(1)\,7N2}$ $- t_{f1\,FZMP(1)7N2}$

Zug-folge-zeit	Erläuterung	Beobachtungspunkt Beginn/Ende Bemerkungen	Ableitungen aus den beispielhaften Darstellungen der Bilder 7.11 bis 7.13
Kreu-zungs-zeit t_{anab}	Zeitlicher Abstand, den ein ab- oder durchfahrender Zug auf einem *Kreuzungsbahnhof* zu einem vorher aus dem gleichen Streckengleis an-kommenden Zug *mindestens* haben muss, um nicht von diesem behin-dert zu werden	*Messpunkt:* Kreuzungsbahnhof Fahrstraßenauflöseabstand hin-ter der Signalzugschlussstelle des Einfahrsignal durch ankom-menden/durchfahrenden Zug FZMP der Ab-/Durchfahrt des Gegenzuges **Fall 1:** Durchfahrender vor hal-tendem Zug *Beginn:* Ende der Räumzeit im Fahrstraßenauflöseabstand hinter der Signalzugschluss-stelle des Einfahrsignals des vorfahrenden Zuges (gleichzei-tig Ende der Sperrzeit des durch das Einfahrsignal be-grenzten Blockabschnitts) *Ende:* Abfahrt vom gewöhnli-chen Halteplatz (FZMP oder Hauptsignal) des nachfahren-den Zuges **Fall 2:** Haltender vor durchfah-rendem Zug *Beginn:* Ende der Räumzeit im Fahrstraßenauflöseabstand hinter der Signalzugschluss-stelle des Einfahrsignals und dem Halt am gewöhnlichen Halteplatz des vorfahrenden Zuges (gleichzeitig Ende der Sperrzeit des durch das Ein-fahrsignal begrenzten Blockab-schnitts) *Ende:* Durchfahrt (FZMP oder Hauptsignal)	*Fall 1:* $t_{anab12\,(7)} = t_{f1\,(1)7N2}$ $+\,t_{nb1\,7N2}$ $-\,t_{f1\,(1)7A}$ $-\,t_{nb1\,7A}$ $+\,t_{vb2\,7P3}$ *Fall 2:* $t_{anab34\,(7)} = t_{f3\,(1)7N2}$ $-\,t_{f3\,(1)7A}$ $-\,t_{nb3\,7A}$ $+\,t_{vb4\,7F}$ $+\,t_{f4\,7F7P3}$
Abstands-zeit t_{aban}	Zeitlicher Abstand, den ein ankom-mender Zug auf einem Kreuzungs-bahnhof zu einem vorher in das glei-che Streckengleis abgefahrenen Zug mindestens haben muss, um nicht von diesem behin-dert zu werden.	*Messpunkt:* Kreuzungsbahnhof FZMP der Ab-/Durchfahrt durch den abfahrenden Zug Fahrstraßenauflöseabstand hinter der Signalzugschluss-stelle des Einfahrsignal durch den Gegenzug **Fall 1 und Fall 2:** – in Analogie zur Kreuzungszeit –	*Fall 1:* $t_{aban12\,(1)} = t_{f1\,(1)7A} + t_{nb1\,7A}$ $+\,t_{anab12\,(7)}$ $+\,t_{f2\,7P31F}$ $+\,t_{nb2\,1F}$ *Fall 2:* $t_{aban34\,(1)} = t_{f3\,(1)7A}$ $+\,t_{nb3\,7A}$ $+\,t_{anab34\,(7)}$ $+\,t_{f4\,7P31F}$ $+\,t_{nb4\,1F}$

Tabelle 7.4: Zugfolgezeiten.

7.2.1.3 Konfliktbewältigung

Bei Fahrwegkapazitätsbetrachtungen werden i.d.R. alle Zugbewegungen (ggf. inklusive Rangierfahrten) als Zugtrasse und Zuglage innerhalb eines Untersuchungsbereichs berührt. Wie allgemein üblich, treten auch hierbei Konflikte durch den Widerstreit von Interessenlagen ein. Aus diesem Spannungsfeld lassen sich *Konfliktgruppen* ableiten

- Konflikte zwischen den zu erarbeitenden einzelnen Zugtrassen und deren Verknüpfung im Netzverbund. Gem. ABN sowie den Konstruktionsprioritäten [9] müssen diese Konflikte bis zum Redaktionsschluss des Fahrplangeschäfts gelöst werden. Ggf. sind hierzu Konfliktgespräche mit den EVU durchzuführen.
- Konflikte zwischen dem gültigen Fahrplan und seinen Abweichungen während der Betriebsabwicklung, d.h.
  - zwischen der geplanten einzelnen Zugtrasse (Soll) mit ihrer Sperrzeitentreppe, die auf einem bestimmten Fahrweg geplante Fahrzeitanteile mit den dazugehörigen Zugparametern unterstellt, und der im tatsächlichen Fahrbetrieb eingetretenen Zuglage (Ist), bei der die Sperrzeitenrechnung tatsächlich vorhandene Zugeigenschaften, entsprechende Fahrzeitanteile und die tatsächlich nutzbaren Fahrwege berücksichtigt (Soll-Ist-Vergleich der Einzelzugtrassen/-lagen).
  - zwischen den abweichenden und planmäßig verkehrenden Zuglagen und ihren Zugtrassen im Netzverbund (Soll-Ist-Vergleich im Netzverbund).
- Konflikte zwischen den Zuglagen bei der Betriebsabwicklung, deren Ursachen und Folgen
  - die Umläufe von rollendem Material (Triebfahrzeuge, Triebzüge, Reisezugwagen, Güterwagen) und von Personal (Triebfahrzeug- und Zugbegleitpersonal),
  - die Anschlüsse der Reisenden und das Zu- und Absetzen von Ladeeinheiten des SGV
  betreffen.

Im Betriebsmanagement [1, 6] wird unterschieden nach
- Verhaltenskonflikten,
- Verfügbarkeitskonflikten und
- Technischen Konflikten,
die mit den vorgenannten Konfliktgruppen erfahrungsgemäß in Übereinstimmung stehen.

In allen aufgeführten Konflikten spiegelt sich der Wettbewerb um die Belegung der Gleisressourcen und die damit verbundene Regelung der Zugfolge wider. Unter den jeweils aktuellen Bedingungen stellt sich die Belegungsfrage in allen Bearbeitungsphasen stets neu.

Die Struktur der Konfliktgruppen zeigt Abbildung 7.14 (Seite 314). Die Erkennung und Zuordnung der aufgetretenen Konflikte zu diesen Konfliktgruppen ist Voraussetzung zu deren Lösung.

Die Art der Konfliktbewältigung bei der Planung der Zugtrassen und bei den dispositiven Entscheidungen zur Regelung der Zuglagen sind weitestgehend identisch. Zugtrassen bzw. Zuglagen sind

- untereinander direkt abhängig
  - durch den Wunsch zur zeitgleichen Belegung von Fahrstraßen mit gegenseitigen Ausschlüssen laut Verschlusstafel,
  - durch Zugverknüpfungen (Zuganschlüsse, Übergang von Zugeinheiten),
- voneinander unabhängig, wenn sie gleichzeitig zulässig sind. Da sie jedoch zum Zeitpunkt der Zulassungsentscheidung für die Fahrt die gleichen Gleisressourcen benutzen wollen, sind sie letztlich in ihrer zeitlichen Lage ebenfalls voneinander abhängig.

Die Gedankengänge zur Konfliktbewältigung durch die menschliche Entscheidung sind zwischen den Beteiligten mitunter sehr verschieden. Führen sie auf unterschiedlichen Wegen zum gleichen Resultat, ist die Konfliktlösung *eindeutig bestimmbar* (determiniert). Oftmals sind diese menschlichen Problemlösungen jedoch willkürlich, weil sie intuitiv aus einer großen Menge von Möglichkeiten ausgewählt werden und nicht eindeutig aus den unmittelbaren konkreten Prozessabläufen, sondern aus der Gesamtsituation und den vorhandenen Erfahrungen ableitbar sind. Dieses Vorgehen wird als heuristisch (experimentell erworben) bezeichnet und ist *nicht eindeutig bestimmbar* (nichtdeterminiert).

Die Konfliktsituationen ermöglichen

- für einen gewissen Teil deterministische Lösungsstrategien, die in Regeln gefasst und für bestimmte Bedingungen gelten und als Algorithmen in Programmen hinterlegt werden können.
- für den anderen Teil zeiteffektive Lösungen, die heute meistenteils vom technologischen Vermögen des Menschen (Wissen und Erfahrungen der beteiligten Eisenbahner verbunden mit permanenter Entscheidungsfähigkeit) abhängen und für innovative Technik mit modernen mathematischen Methoden fassbar erscheinen.
- Für Fahrwegkapazitätsbetrachtungen ist bei der Verwendung von DV-Werkzeugen die Kenntnis der in den Modellen implementierten Konfliktlösungen (determiniert bzw. nichtdeterminiert) für die Wertung der Ergebnisaussagen unabdingbar. Ohne diese Kenntnis aus den entsprechenden Handbüchern bzw. dem Erfragen bei den Herstellerfirmen, sind Ergebnisse mitunter wenig plausibel.

7.2.2 Leistungsmäßige und qualitative Prozessbetrachtungen

Die **Leistungsfähigkeit** einer Eisenbahnbetriebsanlage wird bestimmt von

- der vorgehaltenen gleistopologischen Gestaltung und technischen Ausrüstung der Netzelemente sowie
- der zur Nutzung angewandten Fahrplantechnologie und während der Betriebsabwicklung der, den aktuellen Verhältnissen angepassten Dispositionsstrategie.

Aus diesem Zusammenhang lassen sich drei Zustände für Leistungsfähigkeiten ableiten

- einen *theoretischen Zustand*, bei dem berücksichtigt werden
  - die Struktur des Zugprogramms (Annahmen zu Zugeigenschaften, Reihenfolge und zeitlicher Verteilung des SPV/SGV) mit maximaler Auslastung des Untersuchungszeitraums,
  - die vorgehaltene Eisenbahnbetriebsanlage (Nutzung aller technisch zulässigen Fahrmöglichkeiten) mit maximaler Belegung gem. Zugprogramm,
  - die technischen Minimalbedingungen zur Durchführung von Zugfahrten (z.B. keine Reservezeiten, technische Maximalleistung der Fahrzeuge).
- einen *fahrplanmäßigen Zustand*, bei dem berücksichtigt werden
  - die Struktur des Trassenprogramms (Zugeigenschaften, Reihenfolge und zeitliche Verteilung des SPV/SGV) mit maximaler Auslastung des Untersuchungszeitraums,
  - die planmäßig verfügbare Eisenbahnbetriebsanlage mit maximaler Belegung gem. Trassenprogramm,
  - die Regularien des Trassenmanagements gem. [9].
- einen *aktuellen Zustand* während der Betriebsabwicklung, bei dem berücksichtigt werden
  - die Struktur des Betriebsprogramms (Zugeigenschaften, Reihenfolge und zeitliche Verteilung des SPV/SGV) mit maximaler Auslastung des Untersuchungszeitraums,
  - die tatsächlich verfügbare Eisenbahnbetriebsanlage mit der maximalen Belegung gem. Betriebsprogramm,
  - die Regularien des Betriebsmanagements gem. [12].

Als Maßeinheit dient die Anzahl von Zügen/Zugtrassen/Zuglagen in einem bestimmten Betrachtungszeitraum (24 h, 4 h, Spitzen-/Flutstunden).

In jedem dieser Prozesszustände wird ein maximaler Betrag der Leistungsfähigkeit erreicht. Wird dieser überschritten, „kollabiert" die Eisenbahnbetriebsanlage. Vor dem betrachteten Netzteil baut sich eine Warteschlange auf, die nicht mehr abgearbeitet werden kann. Die entstehende Rückstauwirkung wird auf die benachbarten Eisenbahnbetriebsanlagen übertragen.

Die *theoretische Leistungsfähigkeit* ist praktisch nicht verwertbar und höher als die Leistungsfähigkeiten in den Fahrplan- und Betriebszuständen. Sie unterstellt unbegrenzte Stauerscheinungen [7, 8]. Dem entspricht auch die in [13] aufgeführte „theoretische Höchstkapazität", auf deren idealen Bedingungen (absolut harmonisierte Zugtrassen, möglichst kurzer Zugfolgeabstand und Berücksichtigung des maßgebenden Abschnitts unter den Erfordernissen nationaler Qualitätsbedingungen) verwiesen wird.

Die Leistungsfähigkeit des Fahrplans kann aufgrund der Reservezeiten zum Ausgleich von möglichen Unregelmäßigkeiten im Betriebsablauf u.a. geringer sein als die Leistungsfähigkeit, welche die aktuelle Betriebssituation ermöglicht.

Fahrwegkapazitätsbetrachtungen

Für die Beurteilung einer Eisenbahnbetriebsanlage hat sich die **Fahrplan-Nennleistung** (vgl. 7.3.1) für den Planungsprozess als zweckmäßig erwiesen. Sie entspricht in einem Netzelement je Untersuchungszeitraum der Anzahl Zugtrassen, welche auf der planmäßig verfügbaren Eisenbahnbetriebsanlage konstruierbar bzw. voraussichtlich konstruierbar ist und während des Betriebsablaufes voraussichtlich mit einer „zufriedenstellenden (befriedigenden) Betriebsqualität" gefahren werden kann.

Die Zugtrassen sind
- an die Vorgaben zu den Zugparametern, der Reihenfolge und zeitlichen Verteilung gebunden und
- schöpfen die Regularien des Trassenmanagement (Regel- und Bauzuschläge, Pufferzeiten u.a.) aus.

Zwischen ihnen können infolge Takteinhaltung oder anderen zeitlichen Bindungen nicht belegte Zeitlücken entstehen. Diese freien Zeiträume sind für andere Zugtrassen nicht, jedoch in Bahnhöfen für Rangierfahrten, nutzbar [5, 7, 8].

Die Fahrplan-Nennleistung kann für die Anzahl der Zugtrassen ermittelt werden, die sich ergeben aus
- einem angenommenen Fahrplan (bei strategischen Aufgaben),
- einem konkreten Fahrplan,
  - für die gem. dem Vergabeprozedere der EIBV vertriebenen Zugtrassen,
  - für die vorgenannten zuzüglich weiterer vorgeplanter bzw. zusätzlicher Zugtrassen (z.B. Sonderzüge).

Unter den tatsächlichen Betriebsbedingungen hat sich für die Leistungsbeurteilung einer Eisenbahnbetriebsanlage die **Betriebsleistung**, auch als Ist-Durchsatz bezeichnet (vgl. 7.3.1), bewährt. Die täglich unterschiedlichen Einzelwerte der Betriebsleistung eines Netzelementes liegen, wenn keine erheblichen Betriebsbeeinträchtigungen vorlagen, in einer Bandbreite oberhalb der für den gleichen Bezugszeitraum ermittelten Fahrplan-Nennleistung, da die Zuglagen und nicht die Zugtrassen berücksichtigt werden.

Für strategische u.a. Betrachtungen, die nicht den direkten Bezug zur Fahrwegkapazität benutzen können, wird die *Durchfuhrfähigkeit*, welche die Beförderungsmenge nach Personen bzw. Tonnen je Gutart/-gruppen innerhalb eines Untersuchungsabschnitts und während eines bestimmten Zeitraums angibt, bestimmt. Die Durchfuhrfähigkeit gehört in die Betrachtungsweisen zur Umlegung von Verkehrsströmen (vgl. 7.1).

Das Leistungsverhalten bzw. **Leistungsvermögen** stellt den Zusammenhang zwischen den Leistungsanforderungen (Belastung) und der zu erwartenden Betriebsqualität her. Am gebräuchlichsten ist die Beschreibung des Leistungsverhaltens durch Wartezeitfunktionen [8]. Dabei werden die Wartezeiten als Funktion der Leistungsanforderungen (Belastung) dargestellt. Der höchste Belastungswert entspricht der Leistungsfähigkeit (Abbildung 7.15).

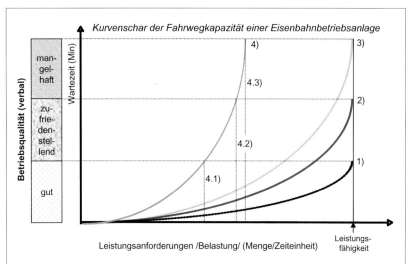

Kurvenschar der Fahrwegkapazität einer Eisenbahnbetriebsanlage

Diskussion der Fragestellung *„Wie können die Leistungsanforderungen (Belastung), die durch Menge, Mischungsverhältnis der Zuggattungen und zeitliche Forderungen gegeben sind, auf der betrachteten Eisenbahnbetriebsanlage erfüllt werden?"*

1) - geringe Belastung
   - kurze Wartezeiten vor dem System
   - der Einhaltung von Mindestbeförderungszeiten innerhalb des Systems, d.h. ohne Pufferzeiten
   -> gute Betriebsqualität, geringe Auslastung
2) - höhere Belastung als bei 1)
   - Wartezeiten vor dem System infolge Einschränkungen der vorgehaltenen betrieblichen Infrastruktur, anderer Abweichungen bei der Fahrzeugnutzung bzw. den Prozessregeln
   - entspricht in vielen Fällen der planmäßigen (fahrplanwirksamen) Nutzung der Fahrwegkapazität
   -> zufriedenstellende Betriebsqualität, zufriedenstellende Auslastung
3) - ggf. höhere Belastung als ursprünglich fahrplanmäßig vorgesehen
   - lange Wartezeiten vor dem System durch Verschärfung der Einschränkungen, analog 2)
   - keine systeminternen Reserven (Pufferzeiten etc.) mehr vorhanden
   - entspricht in einigen Fällen der tatsächlichen Nutzung der Fahrwegkapazität bei der Betriebsabwicklung
   -> mangelhafte Betriebsqualität, hohe Auslastung oder/und starke Systemeinschränkung
4) - bis 4.1) Aussage analog 1)
   - zwischen 4.1) und 4.2) Aussage analog 2)
   - zwischen 4.2) und 4.3) Aussage analog 3)
   - über 4.3) hinaus: unendlich hohe Wartezeiten; die Eisenbahnbetriebsanlage genügt nicht der Belastung.

Abbildung 7.15:
Leistungsmäßige Bewertung einer Eisenbahnbetriebsanlage.

In Qualitätsaussagen muss sich die **Einheit von Leistung und Qualität** widerspiegeln. Es sind
- leistungsbezogene und
- zeitbezogene

Fahrwegkapazitätsbetrachtungen

Qualitätsaussagen üblich. Dabei werden definierte Qualitätsstufen für die Betriebs-qualität als aussagekräftigste Kenngröße in Beziehung gebracht und bewertet. In diesem Zusammenhang ist die **Betriebsqualität** als ein Maßstab der Pünktlichkeit zu verstehen [10/0103].

Die Stufen der Betriebsqualität (Tabelle 7.5) sind Ausdruck der Güte der Leistung. Beim Vergleich von Varianten des Trassengefüges bzw. der Anlagenbemessung und -gestaltung sind die leistungsbezogenen Qualitätsunterschiede meist von ausschlaggebender Bedeutung für die Auswahl von Vorzugsvarianten.

Verspätungsniveau		Bewertungsstufen
Gesamtsumme der Ausbruchs- und Ankunftsverspätungen endender Züge im Verhältnis zur Summe der Einbruchs- und Urverspätungen im betrachteten Netzelement	verringert sich deutlich (Verspätungsabbau)	gut
	bleibt etwa gleich (Verspätung wird etwa beibehalten)	zufriedenstellend
	steigt stark an (Verspätungszuwachs)	mangelhaft

Tabelle 7.5:
Qualitätsstufen der Betriebsqualität.

Die Nutzung von Fahrwegkapazität muss sowohl für den Betreiber, d.h. das EIU, als auch für die EVU rentabel sein. Dazu ist die Festlegung eines **Leistungsbereichs** aus zwei Sichten möglich,

- der *betriebswirtschaftlichen Sicht*: Anzahl der Fahrten, die *wirtschaftlich* gefahren werden können und
- der *fahrplan- und betriebstechnologischen Sicht*: Anzahl der Fahrten, die die Eisenbahnbetriebsanlage *belastungsmäßig und zeitlich bei zufriedenstellender Betriebsqualität auslasten*.

Der fahrplan- und betriebstechnologische Aspekt liefert die produktiven Angaben für die betriebswirtschaftliche Bewertung. Dabei sind die Aussagen immer mit einer bestimmten Spannweite für die Anzahl der Zugbewegungen, die im Untersuchungs-bereich durchgeführt werden können, verbunden.

Liegt die Anzahl der Fahrten oberhalb des Leistungsbereichs des Netzelementes, ist die Eisenbahnbetriebsanlage überlastet, Stauerscheinungen treten ein und die Qualität verliert ihre Marktfähigkeit. Eine unterhalb des Leistungsbereichs liegende Anzahl von Fahrten zeigt freie Kapazitäten auf und erfordert Marktaktivitäten [10/0103].

In Quelle [13] wird die Infrastrukturauslastung als „Kapazitätsverbrauch" bezeich-net und im gleichen Sinne die Eisenbahnbetriebsanlage als „überlastet" bezeichnet bzw. auf „überschüssige" Kapazität verwiesen.

7.2.3 Maßnahmen zur Veränderung der Fahrwegkapazität

Die Veränderung der Fahrwegkapazität umfasst sowohl den Aus- als auch den Rückbau. Dazu gehören

- anlagenbedingte Maßnahmen, wie Mehrung oder Reduzierung
  - der Gleistopologie,
  - der Streckengeschwindigkeiten,
  - der Länge der Block-, Einfahr- und Räumabschnitte,
  - der Lage und Länge von Zugfahrgleisen zur Durchführung von fliegenden oder stehenden Überholungen oder Kreuzungen,
  - der sicherungstechnischen Ausrüstungen sowie Fahrmöglichkeiten auf den Strecken- und Bahnhofsabschnitten im Ein- und Zweirichtungsbetrieb und deren Wirkung im Netzzusammenhang.
- fahrplan- und betriebstechnologische Maßnahmen, wie Beeinflussung
  - der Struktur des Fahrplans (Zugmix: Menge, Zugfolge, zeitliche Verteilung) und der Art und Häufigkeit seiner Zugfolgefälle,
  - der von den EVU beabsichtigten Fahrzeugeinsätze (Zugkraftvermögen der Triebeinheiten und den entsprechenden Anhängelasten u.a.),
  - der Qualität der Fahrplanerarbeitung im gesamten Streckennetz u.a. durch Bereitstellung entsprechender Hilfsmittel.

Beide Faktoren sind direkt voneinander abhängig und führen gemeinsam zu kapazitätserhöhenden wie -senkenden Maßnahmen, die nachfolgend näher erläutert werden:

Länge der Blockabschnitte, Einfahr- und Räumabschnitte
Mit kurzen Blockabständen, wie im S-Bahnbetrieb, wird die günstigste Kapazitätsnutzung erzielt. Zur Zu- und Ablaufsteuerung in/aus großen Bahnhöfen werden deshalb kürzere Abschnitte

- bei der Ausfahrt aus einem Bahnhof zum Erreichen kürzerer Vorsprungs- bzw. Abstandszeiten an den Anfang des Streckenabschnitts und
- bei der Einfahrt in einen Bahnhof zum Erreichen kürzerer Nachfolge- bzw. Kreuzungszeiten an das Ende des Streckenabschnitts

gelegt.

Über die Ermittlung der Mindestzugfolgezeiten lassen sich die Längen von Blockabschnitten günstig (optimal) gestalten. Diese Maßnahme ermöglicht, vielfach erhebliche Kapazitätsreserven aufzuzeigen.

Günstig wirkt sich die Signalisierung über zwei Blockabschnitte (Zweiabschnittssignalisation) aus, da durch das Triebfahrzeugpersonal schneller auf die Signalgebung reagiert werden kann.

Vollständiger/abschnittsweiser mehrgleisiger Aus-/Rückbau
Durch ihn werden die Überholungs- und Kreuzungsmöglichkeiten einer Strecke erheblich verändert. Mehrgleisige Streckenabschnitte erhöhen durch Verringerung der Vorsprungzeiten das Leistungsvermögen

- in stark belasteten Teilnetzen und auf Strecken durch Trennung des schnelleren vom langsameren Verkehr (Entmischung und Geschwindigkeitsharmonisierung),
- in Zu-/Abführungsbereichen von Knoten und Bahnhöfen durch kurze Zugfolgen,
- bei schwierigen Neigungsverhältnissen durch Veränderung der Zugfolgezeiten bei zweckmäßiger Anordnung in der höher belasteten Fahrtrichtung.

Anordnung und Länge von Kreuzungs- und Überholungsgleisen
Kürzere Zugfolgen bei der Durchführung von Kreuzungen im Zweirichtungs- und von Überholungen im Ein- und Zweirichtungsbetrieb ermöglichen
- die Anordnung von Überholungs- und Kreuzungsgleisen auf der höher belasteten Fahrtrichtungsseite,
- die Planung und Durchführung von
  - „stehenden" Kreuzungen, bei denen ein langsamerer Zug auf einem Kreuzungsgleis hält, während der schnellere durchfährt sowie von „fliegenden" Kreuzungen, bei denen kein Zug halten muss, wie bspw. beim Gleiswechselbetrieb,
  - „stehenden" bzw. „fliegenden" Überholungen, die der vorgenannten Betriebsweise entspricht.

Die „fliegende" Verfahrensweise ist technologisch effektiver, setzt jedoch entsprechend lange Zuggleise mit einem höheren Unterhaltungsaufwand voraus.

Veränderung der Fahrgeschwindigkeiten
Die günstigste Anlagennutzung wird erreicht, wenn die Geschwindigkeit der Züge der Streckengeschwindigkeit entspricht.
Durch Erhöhung der Geschwindigkeiten
- der (langsamen) Fahrzeuge verringert sich das Geschwindigkeitsspektrum der Züge und schafft günstige Voraussetzungen für die Geschwindigkeitsharmonisierung zwischen ihnen,
- der Strecken- und durchgehenden Hauptgleise der Bahnhöfe verkürzt sich die Zugfolgezeit.

Von besonderer Bedeutung ist die Beseitigung von sog. Geschwindigkeitseinbrüchen (abschnittsweises Herabsetzen der Höchstgeschwindigkeit infolge technischer Mängel).

Verkehren in Zugbündeln
Der Effekt hinsichtlich der Erhöhung der Fahrwegkapazität wird erreicht durch:
- Geschwindigkeitsbündelung im Ein- und Zweirichtungsbetrieb, d.h. dem Hintereinanderfahren von Zügen gleicher Geschwindigkeit,
- Richtungsbündelung im Zweirichtungsbetrieb, d.h. dem Hintereinanderverkehren von Zügen gleicher Richtung.

Durch Kombination der Bündelungsarten mit anderen Maßnahmen, wie alternierendem Halten im SPV, kann die Fahrwegkapazität weiter erhöht werden.

Einsatz innovativer Technik
Aus fahrwegkapazitiver Sicht werden die günstigsten Wirkungen erzielt hinsichtlich
- der Verkürzung der Zugfolgeabstände durch das Fahren im wandernden Raum-

abstand auf elektrische Sicht, verbunden mit leistungsfähigen GSMR-Funksystemen, Führerstandssignalisation, Zugbeeinflussungsanlagen u.a.,

- der größtmöglichen Stimmigkeit der Zugtrassen im gesamten Streckennetz durch das fahrplantechnologische Handeln und den Einsatz rechnerunterstützender Planungsinstrumente im Trassenmanagement und dem Datentransfer zum Betriebsmanagement,

- der Herstellung qualitativ guter Verhältnisse während der netzweiten Betriebsabwicklung der Zuglagen durch das betriebsdispositive Handeln der Beteiligten und den Einsatz moderner Leit- und Sicherungstechnik.

Ein Beispiel für das Zusammenwirken mehrerer Komponenten zur Veränderung der Fahrwegkapazität zeigt Abbildung 7.16.

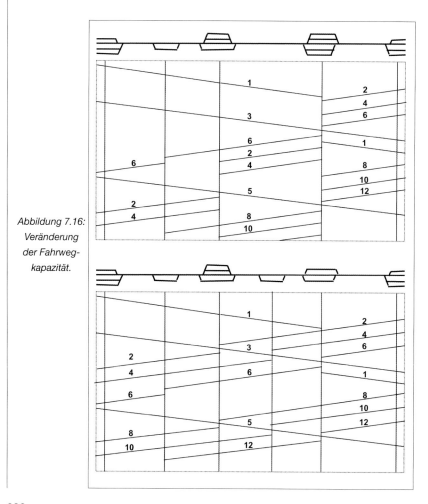

Abbildung 7.16:
Veränderung
der Fahrweg-
kapazität.

Fahrwegkapazitätsbetrachtungen

Wesentlich kürzere Zugfolgezeiten werden erreicht durch
- Anordnungen zusätzlicher Überholungs- und Kreuzungsgleise bei gleichzeitiger Reduzierung von Bahnhofsgleisen,
- Richtungs- und Geschwindigkeitsbündelung,
- alternierendes Halten im SPV.

Die Anzahl der Überholungs- und Kreuzungsgleise auf den Unterwegsbahnhöfen senkt sich von 7 auf 5. Die Beförderungszeit auf dem Gesamtabschnitt wird erheblich reduziert.

7.2.4 Untersuchungsbereich und -zeitraum

Für Fahrwegkapazitätsbetrachtungen wird der **räumliche Untersuchungsbereich** aus dem Streckennetz mit seinen Netzelementen, den Eisenbahnbetriebsanlagen, ausgewählt als
- Teilnetze, dazu zählen auch
  - große Knoten,
  - große Bahnhöfe mit ihren zu-/abführenden Strecken,
  - Korridore (mehrere Strecken zwischen gleichen Knoten),
- Strecken und Bahnhöfe bzw. deren Abschnitte, darunter Fahrstraßenknoten und Gleisgruppen.

Bei der räumlichen Auswahl muss beachtet werden, dass
- das Untersuchungsziel die Größe des Untersuchungsraums bestimmt. Es ist nur die Gleistopologie einzubeziehen, auf der sich ergebnisrelevante Prozessabläufe vollziehen. Je größer der Bereich ist, desto schwieriger gestaltet sich die Analyse der ursächlichen Einflüsse und deren Wirkungen.
- beim Herausschneiden von Teilnetzen die Einflüsse der umgebenden Netzelemente sowie die eigenen auf die benachbarten erfasst werden. Der ursprüngliche Untersuchungsbereich ist dann ggf. zu verändern.
- in Abhängigkeit vom Untersuchungsziel und der Ausdehnung des Untersuchungsbereichs die Auswahl der DV-Werkzeugen erfolgt. Ggf. sind räumliche Korrekturen erforderlich bzw. ist mitunter auch die vorgesehene Anwendung der Werkzeuge zu überdenken.
- die Grenzen des Untersuchungsbereichs in Abhängigkeit vom Zugfahrprozess in Zugfolge-/-meldestellen sein sollten.
- innerhalb einer Untersuchung verschiedene Netzteile mit unterschiedlicher Detailgenauigkeit betrachtet werden können. Die dabei erreichten Detailergebnisse sollten die Gesamtaussage stützen.

Jährliche, saisonale, tageszeitliche und stündliche Schwankungen der Trassenprogramme bzw. der tatsächlich gefahrenen Züge haben durch ihre zeitlichen Lagen und Struktur Einfluss auf die Auswahl des **Untersuchungszeitraums**. Je nach Zielstellung und der damit verbundenen Analyse von Einflüssen sind für die Untersuchung möglichst Zeiträume mit gleicher zeitlicher und struktureller Belastung auszuwählen. Für viele Betrachtungen müssen ein Tag (24 Stunden), Tages-

und/oder Nachtzeiträume und die Spitzenbelastungsstunden (meistens 4 Stunden) an Vor- und Nachmittagen beachtet werden. Für die Planung von Baumaßnahmen können aber auch Nachtstunden sowie Wochenendtage wichtig sein. Betrachtungen von weniger als drei Stunden ermöglichen repräsentative Aussagen nur bei identischen Belastungsfällen. Über 24 Stunden gemittelte Aussagen sind nicht zielführend.

7.2.5 Aufgabentypen

Fahrwegkapazitive Betrachtungen greifen zur Problembewältigung auf zwei Grundtypen von Aufgabenstellungen zurück

- Aufgabentyp 1   Fahrplan- und betriebstechnologische Studien
- Aufgabentyp 2   Anlagenbemessungsaufgaben

Beim **ersten Aufgabentyp** sind Ergebnisaussagen über zukünftige Zugfahrprozesse zu erarbeiten. Sie sollen darüber Auskunft geben, mit welcher voraussichtlichen Betriebsqualität ein konkreter Fahrplan auf dem zugrunde gelegten Fahrweg zu bewältigen ist. Eine ausreichende statistische Sicherheit der Aussage wird unterstellt.

Gegebene Angaben sind:

- die Daten der Eisenbahnbetriebsanlage (z.B. Gleistopologie inklusive sicherungstechnischer Angaben zur Abbildung der Zugfahrten),
- die vorhandenen bzw. gewünschten Leistungsanforderungen nach Menge, Zugfolge, zeitlichen Anforderungen (z.B. Anzahl und Struktur des Mix an Zugtrassen und ihren gewünschten Verkehrszeiten).

Es sind Trassenprogramme, betriebsdispositive Regelungen für konkrete Anwendungsfälle u.a. zu gestalten oder zu übernehmen und einer Bewertung zu unterziehen. Problemstellungen des mittel-, kurzfristigen bzw. ad-hoc-Geschäfts sind zu lösen.

Dabei werden Studien und Aussagen zur Qualitätsbewertung von

- einzelnen bzw. mehreren Zugtrassen des Fahrplangefüges,
- Zugfahrten bei angenommenen Szenarien eines voraussichtlichen Betriebsablaufs

durchgeführt.

Zur Verbesserung der Qualitätsaussagen sind neue und/oder veränderte Angaben zu den Leistungsanforderungen, verbunden mit einer effizienteren technologischen Prozessgestaltung durch Bündelung der Zugtrassen, Überholungen, veränderte Gleisnutzung u.a. Maßnahmen aufzuzeigen.

Der Lösungsweg (Abbildung 7.17) besteht in:

- der Vorgabe oder Annahme von einer, meistens mehrerer Varianten für die Leistungsanforderungen,

- der Annahme einer oder mehrerer Varianten der planmäßigen Prozessgestaltung, die auf den praktischen Erfahrungen bei der Betriebsdurchführung innerhalb des Untersuchungsbereiches beruhen muss,
- der Ermittlung des Leistungsverhaltens und Bewertung der Qualität,
- der iterativen Annäherung zwischen den Ergebnisaussagen und dem erwarteten Untersuchungserfolg sowie der ständigen Überprüfung der verwendeten Annahmen/Vorgaben mit dem Ziel einer effizienten Erfüllung der Leistungs- und Qualitätsanforderungen.

Beim **zweiten Aufgabentyp** sind die Größe und die Gestaltung von Eisenbahnbetriebsanlagen zu bemessen und die Auslegungsbegründungen zu erarbeiten.

Als gegebene Angaben sollten die Leistungsanforderungen nach Menge und Struktur, ggf. nach ihrer zeitlichen Verteilung sowie die geforderte Qualitätserwartung vorliegen bzw. müssen auch oft angenommen werden.

Die Fahrweganlagen
- werden mittel- bis langfristig geplant und gebaut, um sie infolge der sehr hohen Investitionskosten sehr lange zu nutzen.
- müssen permanent marktfähige Leistungsanforderungen (Trassenprogramme und die tatsächlichen Zugfahrten) bewältigen können.

Bemessungsaufgaben sind im Zusammenhang mit dem Neu- und Ausbau des Streckennetzes sowie mit Rückbaumaßnahmen zu lösen. Oftmals steht die Ermittlung der erforderlichen Anzahl von Gleisen zur Bewältigung der Leistungsanforderungen im Vordergrund.

Ergebnisaussagen zu diesem Aufgabentyp können
- auf stochastischen Fahrplänen beruhen bzw.
- sollten bei der Verwendung von einzelnen Fahrplanvarianten die Spannweite von best- und worst-case-Annahmen zu den Leistungsanforderungen beinhalten.

Der Lösungsweg besteht in:
- der Vorgabe oder Annahme von einer, meistens mehrerer Varianten der Gestaltung der Eisenbahnbetriebsanlage,
- der Annahme einer oder mehrerer Varianten der planmäßigen Prozessgestaltung, die auf den praktischen Erfahrungen bei der Betriebsabwicklung innerhalb des Untersuchungsbereiches beruhen muss,
- der Ermittlung des Leistungsverhaltens und Bewertung der Qualität,
- der iterativen Annäherung zwischen den Ergebnisaussagen und dem erwarteten Untersuchungserfolg sowie der ständigen Überprüfung der verwendeten Annahmen/Vorgaben mit dem Ziel einer effizienten Gestaltung der Eisenbahnbetriebsanlage.

Die Darstellung des Lösungsweges wäre analog zu Abbildung 7.17 vorstellbar.

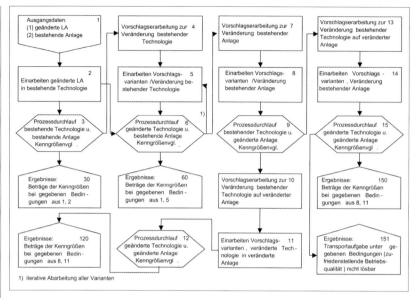

Abbildung 7.17:
Bewältigung einer Transportaufgabe bei gegebener Technologie.

7.3   Fahrwegkapazitätskenngrößen und -aussagen

Kenngrößen sind zum Messen, Vergleichen und Beurteilen von Sachverhalten nützlich. Ihre Beträge sollen Stärken und Schwächen der betrachteten Systeme deutlich machen. Damit sind sie wichtiges Hilfsmittel für Entscheidungen zu korrektiven Maßnahmen innerhalb oder aber auch außerhalb des analysierten Prozesses, wenn die Prozessbedingungen verändert werden.

Die Kenngrößen des Leistungsverhaltens müssen folgende Aspekte (Abbildung 7.18) beachten:
- Für Eisenbahnbetriebsanlagen ist typisch, dass mit der räumlichen und hierarchischen Ausdehnung des Untersuchungsbereiches die Komplexität und der Verflechtungsgrad ansteigen. In der Folge verlängert sich der Zeitabschnitt zwischen Eintritt eines Ereignisses und dem Wirken problemlösender Entscheidungen. Kenngrößen können beim Ausgleich dieses Zeitverlustes helfen, da die Einzelbeträge schnell einen Überblick über den Prozesszustand vermitteln.
- Die räumlichen und hierarchischen Aspekte erfordern eine Fokussierung auf abschnittsbezogene Fahrwegelemente der Strecken- und Bahnhofsgleistopologie, welche die Gesamtaussagen zu Knoten und Teilnetzen liefern.

Kenngrößen des Leistungsverhaltens von Eisenbahnbetriebsanlagen sind auf die vom Eigentümer vorzuhaltende Fahrwegkapazität auszurichten. Bei der Planung

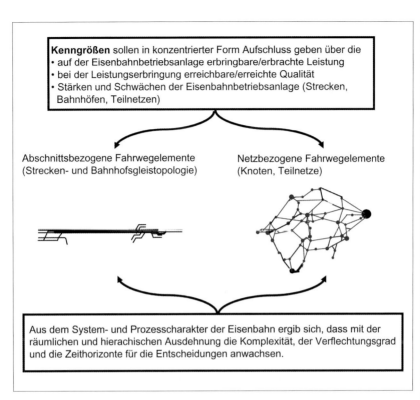

Kenngrößen sollen in konzentrierter Form Aufschluss geben über die
• auf der Eisenbahnbetriebsanlage erbringbare/erbrachte Leistung
• bei der Leistungserbringung erreichbare/erreichte Qualität
• Stärken und Schwächen der Eisenbahnbetriebsanlage (Strecken, Bahnhöfen, Teilnetzen)

Abschnittsbezogene Fahrwegelemente
(Strecken- und Bahnhofsgleistopologie)

Netzbezogene Fahrwegelemente
(Knoten, Teilnetze)

Aus dem System- und Prozesscharakter der Eisenbahn ergib sich, dass mit der räumlichen und hierachischen Ausdehnung die Komplexität, der Verflechtungsgrad und die Zeithorizonte für die Entscheidungen anwachsen.

Abbildung 7.18:
Räumliche und hierarchische Aspekte des Leistungsverhaltens und seiner Kenngrößen.

und Durchführung des Zugbetriebes müssen sie an der unternehmerischen Nutzung des Anlagenbestandes orientiert werden und Aufschluss über das Verhalten der möglichen bzw. erbrachten Leistung in Bezug auf die jeweils dabei erreichbare bzw. erreichte Qualität geben.

Bei der **Anwendung der Kenngrößen** im Planungsprozess des Zugfahrbetriebes sind für den gesamthaften Umgang mit fahrplan- und betriebstechnologischen sowie anlagenbezogenen Sachverhalten zielgerichtet Aussagen

■ zur Durchführbarkeit von Trassenprogrammen (Zugeigenschaften, Reihenfolge) unter den voraussichtlichen Betriebsbedingungen (Systemverfügbarkeit, Abweichungen vom Regelbetrieb),

■ zu nicht verkraftbaren Zuständen an Behinderungspunkten/-abschnitten und den vsl. zeitlichen und räumlichen Folgen im Netz,

■ zur Reservestrategie (Dimensionierung und Verteilung von Zeitreserven, Anpassung von Gleistopologien und anderer Ausrüstungen)

aufzubereiten.

Fahrwegkapazitive Kenngrößen können:

- für bestimmte Messpunkte (querschnittsbezogen),
- für ausgewählte Strecken-/Gleisabschnitte (abschnittsbezogen),
- für Teile des Untersuchungsraumes oder des gesamten Streckennetzes (netzbezogen)

ermittelt werden. Zur Aufnahme der Ausgangsdaten sind innerhalb des Untersuchungsbereichs zweckgerichtet Messpunkte zu positionieren.

Durch den Bezug einer Kenngröße auf eine andere oder einer davon abgeleiteten werden *spezifische Kenngrößen* gebildet. Diese sind insbesondere beim Vergleich von Varianten hilfreich.

Für den **praktischen Umgang** mit Kenngrößen zum Leistungsverhaltens sind diese bereits teilweise in DV-Werkzeugen implementiert. Bei Neuerungen besteht der Anspruch, dass

- die spezifischen Kenngrößen aus den verfügbaren Datenbeständen ableitbar sind,
- die Auswertealgorithmen relativ schnelle Ergebnisaufbereitungen zulassen,
- für den Tool-Nutzer der ggf. notwendige Nachbereitungsaufwand mit vertretbarem Zeitaufwand bewältigbar ist,
- die Ergebnisaufbereitung verschiedenen Ansprüchen an die fachliche Interpretation zugänglich sein muss.

7.3.1 Quer- und abschnittsbezogene Kenngrößen

Bei der abschnittsbezogenen Betrachtungsweise (Abbildung 7.19) wird unterschieden nach

- Leistungskenngrößen, die das Vermögen zur Erbringung der Leistung auf den betrachteten Fahrwegelementen beschreiben. Sie sind belastungsorientiert und ergeben sich aus der Anzahl der Zugtrassen bzw. Zuglagen je Betrachtungszeitraum.
- zeitlichen Qualitätskenngrößen, welche die Güte der Leistung beschreiben. Sie entsprechen der zeitlichen Inanspruchnahme der Fahrwegkapazität durch die Zugtrassen bzw. -lagen je Betrachtungszeitraum.

Die **Leistungskenngrößen** beschreiben das Vermögen einer Eisenbahnbetriebsanlage zur Durchführung des Zugfahrprozesses anhand des Fahrplans.

Die Tabelle 7.6 fasst die gebräuchlichsten Leistungskenngrößen zusammen.

Leistungsbezogene Aussagen konzentrieren sich auf den Belastungsgrad (Anzahl der Züge) an einem Querschnitt/Messpunkt. Beim Vergleich von Fahrplanvarianten sind die Nutzungsgrade der spezifischen Leistungskenngrößen oft hilfreich. Besonders häufig werden Aussagen zu den planmäßigen Wartezeiten benötigt.

Fahrwegkapazitätsbetrachtungen

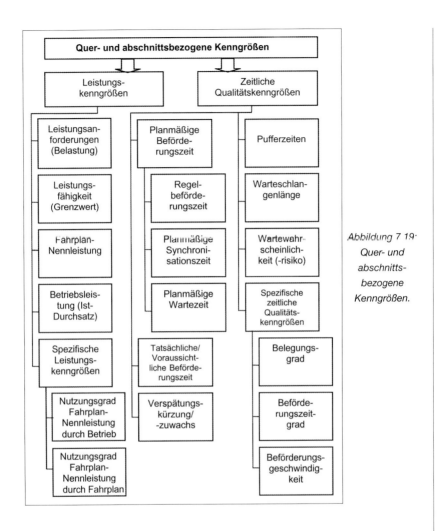

Abbildung 7.19:
Quer- und
abschnitts-
bezogene
Kenngrößen.

Bezeichnung	Bedeutung	Formel-zeichen (Dimension)
Leistungs-anforderung (Belastung)	*Anzahl von Zugtrassen bzw. -lagen* an einem Messpunkt oder Bezugsabschnitt je Untersuchungszeitraum ■ auf den geplanten Prozess bezogen (voraussichtlich bzw. auf einen konkreten Fahrplan bezogen) ■ während der Betriebsabwicklung (voraussichtlich bzw. tatsächlich).	LA LA_{Fpl}; LA_B (Züge/ Zeiteinheit)

Bezeichnung	Bedeutung	Formel-zeichen (Dimension)
Leistungs-fähigkeit (Grenzwert)	*Anzahl von Zugtrassen bzw. -lagen, die auf der vorgehalte-nen Eisenbahnbetriebsanlage voraussichtlich höchstens fahrbar sind bzw. gefahren werden können* ■ bei gegebener Struktur des Zug-/Trassen-/Betriebspro-gramms (Zugeigenschaften, Reihenfolge, zeitliche Ver-teilung) mit maximaler Auslastung des Untersuchungs-zeitraumes. ■ bei Nutzung der entsprechend verfügbaren Eisenbahn-betriebsanlage und ■ bei Ausschöpfung der technischen Minimalbedingungen zur Durchführung der Zugfahrten/der Regularien des Tras-senmanagements/der Regularien des Betriebsmanage-ments in einem Netzelement (Messpunkt, Abschnitt) je Untersu-chungszeitraum. Um die Anzahl der höchstens fahrbaren Zugtrassen ermit-teln zu können, muss die Zugfolge auf dem betrachteten Abschnitt auf die Mindestzugfolgezeiten komprimiert wer-den und die dabei berücksichtigten LA angegeben werden. Der Spitzenwert der Anzahl höchstens gefahrener Zugla-gen auf einem betrachteten Abschnitt ist aus den Unterla-gen der Betriebsprozessanalyse ableitbar und entspricht dem höchsten Wert der Betriebsleistung (IST-Durchsatz) unter den gegebenen Bedingungen. Dabei sind die LA von besonderem Interesse.	LF LF_{Fpl}; LF_B (Züge/ Zeiteinheit)
Fahrplan-Nennleistung	*Anzahl Zugtrassen, die auf der planmäßig verfügbaren Ei-senbahnbetriebsanlage konstruierbar bzw. voraussichtlich konstruierbar sind* ■ bei vorgegebener Struktur des Trassenprogramms (Zug-eigenschaften, Reihenfolge, zeitliche Verteilung), ■ bei Ausschöpfung der Regularien des Trassenmanage-ments (Regel- und Bauzuschläge, Pufferzeiten u.a.), ■ mit Zeitlücken, die infolge Takt oder anderen zeitlichen Bindungen entstehen und für andere Zugtrassen nicht, die aber für die Planung und Durchführung der Rangier-fahrten in Bahnhöfen, nutzbar sind, in einem Netzelement je Untersuchungszeitraum und wäh-rend des Betriebsablaufes voraussichtlich mit einer „zufrie-denstellenden (befriedigenden) Betriebsqualität" gefahren werden können. Bei Eingabe der LA des Bezugsfahrplanes in das DV-Ver-fahren „Strele" entspricht der Betrag der dort ermittelten Nennleistung dem der Fahrplan-Nennleistung.	NL (Züge/ Zeiteinheit)
Betriebsleistung (Ist-Durchsatz)	*Anzahl Zuglagen, die auf der tatsächlich verfügbaren Ei-senbahnbetriebsanlage gefahren bzw. voraussichtlich ge-fahren werden können.* ■ bei der durch das tatsächlich verkehrende Betriebspro-gramm (Zugeigenschaften, Reihenfolge, zeitliche Ver-teilung) gegebenen bzw. voraussichtlichen Struktur,	LB (Züge/ Zeiteinheit)

Bezeichnung	Bedeutung	Formel-zeichen (Dimension)
	■ unter den gegebenen bzw. wahrscheinlichen Bedingungen des Störgeschehens bzw. Abweichungen vom Regelbetrieb, ■ bei verspäteten Zügen unter Nutzung von Reservezeitanteilen der Fahrplankonstruktion in einem Bezugsabschnitt je Untersuchungszeitraum. Der Maximalwert entspricht der LF des Betriebes als oberstem Grenzwert.	
Nutzungsgrad[1] Fahrplan-Nennleistung durch den Betrieb	Durch die Leistungsanforderungen des Betriebes *genutzter Anteil der Fahrplan-Nennleistung* in einem Netzelement oder Teilnetz. $\eta_{NL,\,B} = LA_B/NL$ Bei Bahnhofsbetrachtungen entspricht er weitestgehend auch dem im DV-Verfahren „ANKE" ermittelten Belastungsgrad, wenn $LA_B = LA_{Fpl}$.	(dimensionslos)
Nutzungsgrad[1] Fahrplan-Nennleistung durch den Fahrplan [1] spezifische Kenngröße	Durch die Leistungsanforderungen des Fahrplans *genutzter Anteil der Fahrplan-Nennleistung* in einem Netzelement oder Teilnetz. $\eta_{NL,\,Fpl} = LA_{Fpl}/NL$ Bei Streckenbetrachtungen entspricht er dem reziproken Wert des mit dem DV-Verfahren „Strele" ermittelbaren „Hochrechnungsfaktor". Bei Bahnhofsbetrachtungen entspricht er weitestgehend auch dem im DV-Verfahren „ANKE" ermittelten Belastungsgrad, wenn $LA_B = LA_{Fpl}$.	(dimensionslos)

Tabelle 7.6: Leistungskenngrößen.

Zeitbezogene Qualitätsaussagen sind für Zugtrassen/-lagen am anschaulichsten bei ausgewähltem Zeitverbrauch (Minuten). Sie werden zwischen zwei Messpunkten auf einen Abschnitt (Bahnhofs-/Streckengleis, verdichtete Gleistopologien wie Kanten) bezogen. Zu den wichtigsten zeitlichen Qualitätskenngrößen gehören die,

■ bei der Behandlung der Zeitverbräuche erläuterten, grau unterlegten Größen aus den Tabellen 7.1 und 7.3 sowie
■ die in Tabelle 7.7 zusätzlich aufgeführten Kenngrößen.

Von den spezifischen Kenngrößen findet der *Belegungsgrad* vielfach Verwendung. Einen besonderen Platz nimmt der *Beförderungszeitgrad Betrieb* ein. Er ergibt sich zu

$$q_{Bef\,B} = t_{tbf}/t_{rbf}$$

Fahrwegkapazitätsbetrachtungen

Da bei Fahrwegkapazitätsuntersuchungen sehr oft voraussichtliche Beträge für die tatsächliche Beförderungszeit ermittelt werden, lässt sich ein „voraussichtlicher Beförderungszeitgrad Betrieb" ableiten. Beträgt dieser 1 bzw. weicht, in Übereinstimmung mit den Verspätungsregeln aus [12], geringfügig ab, ist ein Zug pünktlich. Seine Pünktlichkeitserwartung beträgt 100 %. In Abhängig von den beiden gewählten Messpunkten, wie bspw.

- Beginn und Ende eines betrachteten Gleisabschnitts,
- auf den Bahnhöfen, auf denen der Ein- bzw. Ausbruch der Züge in/aus dem Untersuchungsbereich stattfindet,
- Ankunft und Abfahrt in großen Bahnhöfen u.a.

Zeitliche Qualitätskenngrößen	Erläuterung	Formelzeichen (Dimension)
Gesamtbelegungszeit	Summe - der Mindestzugfolgezeiten $t_{Gbm} = \Sigma\ t_{mZf}$ über i = 1...n (i = Anzahl der Belegungen) - der Zugfolgezeiten $t_{Gb} = \Sigma\ t_{Zf}$ über i = 1...n (i = Anzahl der Belegungen) an einem Messpunkt. Einrichtungsbetrieb: $t_{Gb} = \Sigma\ t_{abab}$ über i = 1...n (i = Anzahl der Belegungen) Zweirichtungsbetrieb: $t_{Gb} = \Sigma\ t_{abab} + \Sigma\ t_{anan} + \Sigma\ t_{anab} + \Sigma\ t_{aban}$ über i = 1...n (i = Anzahl der entsprechenden Belegungen)	t_{Gbm} t_{Gb} (Std, Min)
Warteschlangenlänge, mittlere	Wahrscheinliche Anzahl gleichzeitig vor einem Messpunkt wartender Züge in ihren Zugtrassen/-lagen - auf den geplanten Prozess bezogen (voraussichtlich bzw. für einen konkreten Fahrplan), - während der Betriebsabwicklung (voraussichtlich bzw. tatsächlich) innerhalb eines Untersuchungszeitraums. Ihre mittleren Werte ergeben sich aus dem Quotienten der mittleren Wartezeiten und der mittleren Zugfolgezeiten.	lW lW_m (Anzahl Züge)
Wartewahrscheinlichkeit (-risiko)	Wahrscheinlichkeit, mit der Züge vor einem Messpunkt in ihren Zugtrassen/-lagen infolge Behinderungen warten müssen - auf den geplanten Prozess bezogen (voraussichtlich bzw. für einen konkreten Fahrplan), - während der Betriebsabwicklung (voraussichtlich bzw. tatsächlich) innerhalb eines Untersuchungszeitraums. Sie ergibt sich aus dem Quotienten der Anzahl wartender Züge zur Gesamtzuganzahl.	pW (dimensionslos bzw. %)

Zeitliche Qualitäts-kenngrößen	Erläuterung	Formel-zeichen (Dimension)
Belegungsgrad[1]	Zeitlich genutzter Anteil der Belegung eines Fahrwegabschnittes durch Zugtrassen/-lagen ■ auf den geplanten Prozess bezogen (voraussichtlich bzw. für einen konkreten Fahrplan) $q_{Bel\,Fpl} = (\, \Sigma\, t_{mZf} + \Sigma\, t_{pzz}\,)/\text{Betrachtungszeitraum}$ über i = 1…n (i = Anzahl der Belegungen) ■ während der Betriebsabwicklung (voraussichtlich bzw. tatsächlich) $q_{Bel\,B} = \Sigma\, t_{mZf}/\text{Betrachtungszeitraum}$ über i = 1…n (i = Anzahl der Belegungen) innerhalb eines Untersuchungszeitraums bezogen auf die Leistungsanforderungen.	q_{Bel} $q_{Bel\,Fpl}$ $q_{Bel\,B}$ (dimensionslos bzw. %)
Beförderungs-zeitgrad[1]	Zugtrassen/-lagenbezogener Faktor, der angibt, um wie viel sich die Beförderungszeit auf dem Laufweg bzw. Teilen davon ■ bei Zugtrassen gegenüber der Regelbeförderungszeit $q_{Bef\,Fpl} = t_{pbf}/t_{rbf}$ ■ bei Zuglagen gegenüber der planmäßigen Beförderungszeit $q_{Bef\,B} = t_{tbf}/t_{pbf}$ infolge von verkehrsbedingten Abstimmungen (planmäßige/außerplanmäßige Synchronisation) und/oder belastungsbedingten Behinderungen (planmäßiges/außerplanmäßiges Warten) innerhalb eines Untersuchungszeitraums verlängert.	q_{Bef} $q_{Bef\,Fpl}$ $q_{Bef\,B}$ (dimensionslos bzw. %)
Beförderungs-geschwindigkeit[1] [1] spezifische Kenngröße	Geschwindigkeit, die sich für einen Zug (oder auch eine Gruppe von Zügen) in seiner (ihrer) Zugtrasse über den Laufweg oder Teile davon ergibt. Sie wird aus dem Quotienten des betrachteten Laufwegs und der Beförderungszeit gebildet.	(Kilometer/ Stunde)

Tabelle 7.7: Zeitliche Qualitätskenngrößen.

sowie Kombinationen davon, können Pünktlichkeitserwartungswerte für Züge und Bahnhöfe ermittelt werden.

Die **Pünktlichkeitserwartungswerte** können als betragsmäßiger Ausdruck der Betriebsqualität aufgefasst werden und **lassen sich** bei praktischen Untersuchungen gut **den verbalen Bewertungsstufen der Betriebsqualität zuordnen**. Die Bewertung der Pünktlichkeitserwartungswerte ist u.a. abhängig von der marktbedingten Bedeutung des betrachteten Netzelementes.

7.3.2 Netzbezogene Aussagen

Bei der netzbezogenen Betrachtungsweise (Abbildung 7.20) wird unterschieden nach

■ *Einzelkenngrößen*, die innerhalb des Eisenbahn-Betriebssystems zielgerichtet an ausgewählten Messpunkten (Querschnitten, Abschnitten) das Vermögen zur Leistungserbringung bzw. deren Güte beschreiben. Sie entsprechen im Einzelnen den abschnittsbezogenen Kenngrößen. Durch die gesamtheitliche Beurteilung der Einzelwerte sind

　■ aus der Menge der ausgewählten Zeitpunkte,
　■ aus den Zuständen zu diesen Zeitpunkten,
　■ aus der Wahrscheinlichkeit möglicher Veränderungen u.a.

Merkmale, die den zufälligen Prozess charakterisieren, abzuleiten und Rückschlüsse auf das Leistungsverhalten des Teilnetzes möglich.

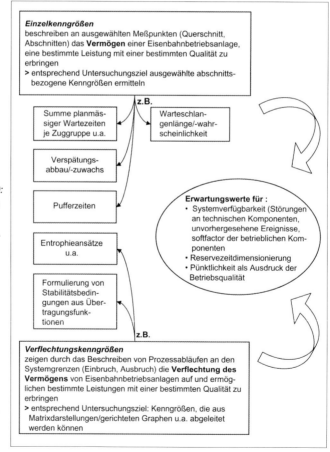

Abbildung 7.20:
Netzbezogene
Aspekte
des Leistungs-
verhaltens.

　　　　　　　　　　　　　　Fahrwegkapazitätsbetrachtungen

- *Verflechtungskenngrößen*, die durch das Beschreiben von Prozessabläufen an den Grenzen des Eisenbahn-Betriebssystems (Einbruch, Ausbruch) das Vermögen und die Güte der Leistungserbringung wiedergeben sollen.

Als Einzelkenngrößen können ausgewählte abschnittsbezogene Kenngrößen hilfreich sein. Wichtige Ableitungen führen zur Pünktlichkeitserwartung, zum Verspätungsabbau/-zuwachs, zu Aussagen über Reservezeiterfordernisse u.a. Ansätze dazu zeigt (Abbildung 7.21).

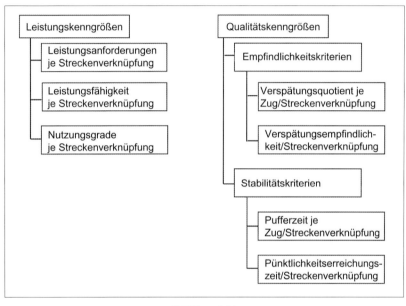

Abbildung 7.21:
Netzbezogene Kenngrößen.

Die Verflechtungskenngrößen können als Matrixdarstellungen bzw. in gerichteten Graphen deutlich gemacht und entsprechend ausgewertet werden. Sie sollen Aufschluss über die strukturellen und funktionellen Abhängigkeiten geben.

Einen besonderen Platz nehmen bei der Beurteilung von Eisenbahnnetzen leistungs- und zeitbezogene Aussagen zu **hochbelasteten Abschnitten (Engpassstellen)** ein. Dazu gehören Aufbereitungen zu
- einzelnen Engpassstellen und ihrer weniger belasteten Umgebung.
- Möglichkeiten der gezielten Einflussnahme auf den Zu-/Ablauf bzw. das Ableiten von Zugtrassen/-lagen in den Engpassstellen (bspw. Nichtzulassung einer Auslastung > 80 % – ausgenommen S-Bahnbetrieb – entspricht langjährigen Erfahrungen so auch angegeben in [4]).

- zulässigen Wertebereichen (Bandbreite) einzelner Kenngrößen, die eine abschnittsspezifische Verbesserung der zu erwartenden Betriebsqualität in der Umgebung noch ermöglichen. Mitunter ist bei der Abfahrt aus Engpassstellen eine mangelhafte Betriebsqualität zulässig, wenn der nachfolgende Verspätungsabbau für eine zufriedenstellende Betriebsqualität ausreichend ist.

In Quelle [13] werden folgende Richtzahlen angegeben:

Streckentyp	Hauptver- kehrszeit	Tages- zeitraum	Bemerkungen
Spezieller Vorort- personenverkehr	85 %	70 %	Die Möglichkeit, bei einem unpünktlichen Fahrplan einige Verkehre zu annullieren, ermöglicht einen Nutzungsgrad mit hoher Kapazität.
Spezielle Hoch- geschwindig- keitsstrecke	75 %	60 %	
Strecken mit gemischtem Verkehr	75 %	60 %	Kann höher liegen, wenn die Anzahl der Züge gering ist (weniger als 5 pro Stunde) mit starker Heterogenität.

Tabelle 7.8: UIC-Richtwerte für die Infrastrukturbelegungszeit.

Diese Aussagen sind nur Ansätze für zukünftige Arbeiten, die im Verbund mit aus der Praxis gewonnenen Erfahrungen fortgesetzt werden müssen.

7.4 Verwendung von Modellen für fahrwegkapazitive Untersuchungen

Für die Durchführung von fahrwegkapazitiven Untersuchungen ist es erforderlich, den Zugfahrprozess sowohl für die Planungs- als auch für die Betriebsabwicklungsphase modellhaft abzubilden. **Modelle** sind formale Darstellungen, die in mehr oder weniger vereinfachter Form die komplexe Wirklichkeit beschreiben. Sie spiegeln die Eigenschaften der Prozessvorgänge, die in Abhängigkeit von einem Betrachtungsziel für das Modell beschrieben, spezifiziert und in dieses implementiert werden, wider. Folglich beschreiben Modelle nur bestimmte Aspekte des realen Prozesses.

Zu den Modellen des Zugfahrprozesses gehören
- Eisenbahnmodellanlagen,
- mathematische Modelle, von der einfachen Formelbeschreibung bis zu Simulationsmodellen, die auf Rechenanlagen für Fahrwegkapazitätsbetrachtungen genutzt werden.

Die Ergebnisaussagen der **Modellrechnungen** beziehen sich ausschließlich auf diese Prozessseiten, d.h. auf die festgelegten Ausgangsbedingungen und Parameter. Abgeleitete Schlussfolgerungen für die Praxis müssen in diesen Rahmen gestellt werden.

Modelle beruhen auf verschiedenen mathematischen Modellierungsmethoden. Praktische Verwendung bei der Nachempfindung des Zugfahrprozesses fanden bisher **Knoten-Kanten-Modelle**. Sie entstammen der Graphentheorie und beschreiben Objekte, die miteinander in Beziehung stehen. Die Objekte werden als Knoten, die Beziehungen als Kanten definiert.

7.4.1 Modellierung von technologischen Prozessen

Bei der Modellierung von Zugfahrprozessen sind zu unterscheiden:
- Modelle zur Berechnung und Darstellung, die zur Nachahmung des betrachteten Prozesses geeignet sind (deterministische und nichtdeterministische Berechnungsmodelle).
- Datenmodelle zur formalen Beschreibung der verwendeten Daten und ihrer Beziehungen, um sie darzustellen, zu strukturieren, aufzubereiten, zu verarbeiten und zu speichern (diskrete und stochastische Datenmodelle).

Die Berechnungsalgorithmen müssen mit den Datenmodellen arbeiten können. Die Abbildung 7.22 verdeutlicht diese Zusammenhänge.

Für die **deterministischen Berechnungsmodelle** werden die modellinternen Verarbeitungsregeln (Algorithmen) so definiert, dass alle zu betrachtenden Situationen und deren Lösungsvarianten beschrieben und deshalb alle Programmschritte hierarchisch bearbeitbar sind. Ihr Vorbild sind die deterministischen Handlungsweisen bei der Konfliktlösung aus der Fahrplanbearbeitung und der Betriebsabwicklung. Gleistopologische Abbildungen beruhen auf deterministischen Berechnungsmodellen, die mit diskreten Datenmodellen arbeiten.

Nichtdeterministische Berechnungsmodelle beinhalten Lösungsschritte, die zweckmäßigen technologischen (heuristischen) Vorgehensweisen der Praxis nachempfunden und mit mathematischen Modellen nachvollziehbar sind. Dazu gehören auch Berechnungsmodelle, die mit stochastischen Datenmodellen die Ausgabe und/oder die Reihenfolge der Abarbeitungsschritte von zufälligen Ereignissen anhängig machen. In die Abbildung der Betriebsabläufe können mit diesen Modellen unvorhergesehene, zufällige Störungen imitiert werden.

Diskrete Datenmodelle bilden aus der Menge möglicher Eingabewerte eine Menge möglicher Ausgabewerte ab. Es werden konkrete Größenangaben, wie Ankunfts-, Abfahrts- und Durchfahrzeiten verwendet. Ein Modelldurchlauf entspricht einer bestimmten Variante der Fahrplangestaltung und des angenommenen Betriebsgeschehens. Bei Untersuchungen sind oftmals viele Variantenrechnungen durchzuführen. Gleisinfrastrukturangaben sind in diskreten Datenmodellen hinterlegt.

```
Anforderungen aus

• der erforderlichen Abbildungsgenauigkeit des Betriebsablaufs (z.B. verändern
  sich bei Abweichungen vom Betriebsablauf die Toleranzen für das Eintreten
  von Konflikten)
• den zur Verfügung stehenden Datenhaltungsmodellen für die Eingangsdaten
  (z.B. Gleistopologische, Zugtrassen/-lagen bezogene Angaben)

                              an die

Datenmodellierung

Transformation der Eingangsdaten in Strukturen, die rechnerintern effiziente
Zugriffsmöglichkeiten erlauben

                           als Basis für

Berechnungsmodellierung

• der Fahrzeiten
• der Zeiten, in denen Gleisabschnitte belegt bzw. für andere Fahrten ge-
  sperrt sind
• von Ergebniswerten (z.B. Kenngrößen)

Voraussetzung für

• Visualisierung der gleistopologischen und zugtrassen/-lagen bezogenen
  Daten
• Aufbereitung und Darstellung der Ergebnisse
• Sicherung der Konsistenz der Daten und der Status-/Gültigkeitsverwaltung
```

Stochastische Datenmodelle ermöglichen bei der Abbildung der Fahrplanzeiten die Berücksichtigung saisonaler, tageszeitlicher u.a. marktbedingter Veränderungen der Leistungsanforderungen, die auf dem anlagenbezogenen Netzmodell „bewältigt" werden sollen. Die einzelne Zeitangabe wird nicht vordergründig betrachtet bzw. ist unbekannt. So erfolgt bspw. bei der Bemessung von Neubaustrecken die zweckmäßige Abbildung der Zeitangaben mit stochastischen Zufallsgrößen, da diese Angabe über einen langen Nutzungszeitraum mit vielen konkreten Fahrplangefügen repräsentativ sein soll. Stochastische Fahrplanangaben bspw. Ankunftszeiten beinhalten durch die Verwendung von Mittelwerten und Wahrscheinlichkeitsangaben Unschärfen, die aufgrund der Wahrung der Unabhängigkeit von einem konkreten Fahrplan aber vertretbar sind. Als praktisch wertvolle Kenngröße stehen hier die Wartezeiten, die ggf. vor der Bedienung einer Eisenbahnbetriebsanlage bzw. Teilen davon eintreten können, zur Verfügung.

Die modellhafte Nachbildung des Zugfahrprozesses erfolgt
■ für die Gleistopologie des Fahrweges und
■ für die Zugtrassen und/oder die Zuglagen.
Mitunter werden auch Fahrten von Triebfahrzeugen sowie von Rangierabteilungen benötigt. Diese können in einigen DV-Werkzeugen durch die Festlegung entsprechender Zugparameter imitiert werden.

Die **Modellgröße hat Einfluss auf die** Sicherheit bei der **Ergebnisbeurteilung**. Diese Sicherheit kann erhöht werden

- durch die Vergrößerung des Untersuchungsbereichs und den Vergleich der Ergebnisse zwischen ursprünglichen und neuem Einzugsbereich. Es können „beseitigte Engpässe" im engeren Untersuchungsbereich schnell zu neuen Komplikationen in der Umgebung, aber auch zu „ferneren Engpässen" führen.
- durch den kombinierten Einsatzes verschiedener DV-Werkzeuge. Jedes Verfahren arbeitet mit Vernachlässigungen, die ihren spezifischen Einfluss auf die Abwägung der Ergebnisse haben.

Da fahrwegkapazitive Aufgaben nur durch die Verwendung von modellhaften Abbildungen zeitgerecht gelöst werden können, sind stets Vereinfachungen unterstellt, welche die Aussagen mit Risiken behaften. Die Ergebnisse tragen den Charakter von begründeten Vorhersagen. Erfahrungsgemäß gilt der Grundsatz: „Wenn die Komplexität eines Systems ansteigt, verlieren präzise Aussagen an Sinn und sinnvolle Aussagen an Präzision".

7.4.1.1 Anlagenbezogenes Netzmodell

Die Modellierung anlagenbezogener Netzabbildungen (Berechnungs-/Datenmodell) entspricht der deterministischen Vorgehensweise. Die Knoten-Kanten-Modelle der Gleisinfrastruktur werden als **Spurplanmodelle** bezeichnet.

Die **Spurplanknoten** erhalten über die Zuordnung von Attributen Informationen, wie z.B.:

- Lage im Streckennetz (Streckennummer, Betriebsstellen bzw. weitere topologische Gliederungen innerhalb von Betriebsstellen, Gleisbezeichnungen usw.),
- Art (Gleisverbindung, Halteplatz usw.),
- Eigenschaften (Geschwindigkeitswechsel, Neigung usw.),
- Zugehörigkeit zu Spurplankanten.

Die **Spurplankanten** verbinden die Spurplanknoten und ermöglichen die Abbildung der Fahrwege.

Entsprechend den modellinternen Regeln werden die gleistopologischen Angaben zum konkreten Netzmodell zusammengefügt. Die DV-Verfahrensbeschreibungen enthalten Hinweise zu den erforderlichen Daten und der Form ihrer Aufbereitung.

Die anlagenbezogenen Netzdatenmodelle verfügen über unterschiedliche Abbildungsgenauigkeiten

- nach Bedarf zusammengefasste/verdichtete und somit grobe topologische Abbildungen für Verkehrsumlegungen (Tonnen bzw. Personen pro Abschnitt), für Umlaufplanungen von Personal (auf Triebfahrzeugen, Zügen) und rollendem Material (u.a. Triebfahrzeuge, Zugeinheiten), die im Rahmen von Fahrwegkapazitätsuntersuchungen nicht behandelt werden.
- spurplangenaue Abbildungen der Fahrmöglichkeiten für Züge und ggf. Rangierfahrten zur Lösung von zugtrassen-/-lagenbezogenen Aufgaben aus dem Anlagen-, Fahrplan- und Betriebsgeschäft (Aufgabentyp 1 und 2).

Für Fahrwegkapazitätsbetrachtungen sind unterschiedliche **zeitliche Verfügbarkeiten** der Gleistopologie auch in den Datenmodellen erforderlich. Es müssen abgebildet werden:

■ die *vorgehaltene/vorzuhaltende Fahrwegkapazität* (Zugfahrgleise, Behandlungs- und Abstellgleise).

■ die für die Nutzung *planmäßig verfügbare Fahrwegkapazität* (mit planbaren Verfügbarkeitseinschränkungen bspw. in Übereinstimmung mit der Geschwindigkeitskonzeption (Geko), dem Verzeichnis der örtlich zulässigen Geschwindigkeiten (VzG), mit der den baubetrieblichen Zugregelungen zugrunde gelegten Eisenbahnbetriebsanlage (wird i.d.R. in den Fahrplan eingearbeitet).

■ die während der Betriebsdurchführung *tatsächlich verfügbare Fahrwegkapazität* (durch Störungen und andere Vorkommnisse entstandene Beeinträchtigungen der Verfügbarkeit).

Das anlagenbezogene Netzmodell muss zur Abbildung der Zugbewegungen über die für die Aufgabenlösung unbedingt erforderlichen Stützstellen im Fahrweg verfügen. Bei der Auswahl eines DV-Werkzeuges ist deshalb die Modellbeschreibung in den entsprechenden Dokumentationen von besonderer Wichtigkeit.

7.4.1.2 Prozessmodell

Das Prozessmodell soll die Abläufe des Zugbetriebes auf dem anlagenbezogenen Netzmodell möglichst real widerspiegeln können. Diese Modellierung ist durch die Genauigkeit der Fahrwegabbildung direkt an das Netzmodell gebunden.

Die Züge im Prozessmodell finden ihren Laufweg (Kanten) entlang der abgebildeten Stützstellen der Gleistopologie (Knoten). Die Berechnungsmodelle der Zugfahrprozesse können sowohl deterministischen als auch nichtdeterministischen, die Datenmodelle den diskreten sowie stochastischen Vorgehensweisen folgen. Detaillierte Ausführungen sind auch hier in den DV-Verfahrensbeschreibungen enthalten.

Erfahrungen bei der Nutzung von DV-Werkzeugen zur Durchführung von Fahrwegkapazitätsuntersuchungen führten vielfach zu kombinierten Anwendungsmöglichkeiten sowohl deterministischer als auch stochastischer Elemente innerhalb einzelner Werkzeuge (TOOL's). Besondere Sorgfalt muss im Umgang mit deterministischen und stochastischen Daten erfolgen. Das gilt für die entsprechenden Festlegungen in der Aufgabenstellung, bei der Datensammlung und -verwertung sowie bei der Ergebnisbeurteilung. Grundsätzlich sollte mit der Modellauswahl nicht die mögliche sondern die erforderliche Genauigkeit, die sich aus der Aufgabenstellung ergeben muss, in den Untersuchungen erreicht werden.

Für die Ermittlung der Zeitanteile müssen in den Datenmodellen Angaben vorliegen, zu
■ den Laufwegen für die Zuordnung der Spurplanknoten und -kanten, ggf. mit alternativen Möglichkeiten für die Gleisnutzung sowie den Haltebahnhöfen,
■ den Ankunfts-, den Abfahrts-, den Haltezeiten und ggf. deren Zeitreserven,

- den Anschlusszügen, den Zugübergängen und ggf. deren Zeitreserven,
- den vertakteten Zügen,
- ggf. Prioritäten bei der Vergabe von Zugtrassen bzw. bei der Betriebsabwicklung der Zugfahrten (Zuggattungen usw.),
- den fahrdynamischen Eigenschaften der Zugverbände (Beschleunigungsvermögen, Bremswerte, Masse, Reservezeitzuschläge. usw.),
- den Zuglängen.

Die Modelle des Zugfahrprozesses einzelner DV-Werkzeuge unterscheiden sich im Umfang der geforderten Eingabe- bzw. der transferierten Daten. Ein Teil der aufgeführten Angaben wird dann verfahrensintern ermittelt und verwendet. Im Sinne einer effektiven Gestaltung der Datenerfassung bzw. des Datentransfers aus anderen DV-Systemen ist beim Erzeugen konkreter Ergebnisaussagen ein derartiges Vorgehen gerechtfertigt. Vereinfachungen bei den Eingangsdaten sind z.B.:
- das Zuordnen von Zugtrassen/-lagen zu repräsentativen Gruppen sog. Modellzügen, die in wesentlichen Merkmalen, wie z.B. Laufwegen im Untersuchungsbereich, in bedeutsamen Zuggattungen, Haltemustern, Höchstgeschwindigkeiten, Zugmassen und -längen, Bespannung bzw. Triebzugeinheiten, LZB-Fähigkeit (und zukünftig auch ETCS-Fähigkeit) u.a. identisch sind, sowie
- das Zusammenfassen von Zugtrassen/-lagen oder von Modellzügen mit analoger Gleisnutzung innerhalb von Betriebsstellen.

Für die Nachbildung der zeitlichen Abfolge der einzelnen Zugtrassen/-lagen sind in den DV-Werkzeugen Möglichkeiten zur Bevorrechtigung von Zügen gegenüber anderen implementiert. Für diese **Rangordnung** werden verwendet
- Zahlen oder
- zeit- bzw. räumlich begrenzte Vorbelegungen.

Detaillierte Aussagen sind in den DV-Verfahrensbeschreibungen enthalten.

7.4.1.3 Zusammenwirken vom anlagenbezogenen Netzmodell mit dem Prozessmodell

Für Fahrwegkapazitätsbetrachtungen werden benutzt:
- analytische Methoden,
- Simulationsmethoden,
- konstruktive Methoden.

Alle methodischen Ansätze verwenden anlagenbezogene Netzmodelle, auf denen der Zugfahrprozess nachgebildet wird. Dabei können sowohl bereits vergangene als auch zukünftige Prozessen behandelt werden.

Mit **analytischen Methoden** sind die Prozessabläufe als Ganzes zu betrachten und in die interessierenden Einzelabläufe (zeitliche Lage, Dauer, ggf. Verspätungsursachen und -folgen usw.) zu zerlegen und zu bewerten. Aus den beobachteten und gemessenen Zeitverbräuchen sind Rückschlüsse auf Reserven möglich. Anschließend werden durch Variation von Zugtrassen/-lagen u.a. fahrplantechnologischen und/oder anlagenbezogenen Maßnahmen – je nach Aufgabentyp – Verbesserungen zur Prozessgestaltung (Fahrplan, Betriebsdisposition) bzw. zur Anlagenbemessung erreicht. Auf analytischen Methoden beruhen sowohl DV-Werkzeuge als auch manuelle Fahrwegkapazitätsbetrachtungen.

Einen besonderen Raum nehmen *bedienungstheoretische Methoden* mit stochastischen Prozessdaten ein. Sie eignen sich für die Betrachtung einzelner, begrenzter Netzelemente wie Bahnhofsanlagen, Teilen davon sowie Strecken. Durch die Beschreibung relativ weniger Bedingungen und Beziehungen sind sie effektiv.

Es können Fragestellungen, wie
- zur Länge von Warteschlangen bzw. zum Warterisiko vor Bedienungssystemen,
- zur Bemessung von Gleisgruppen

mit hinreichender Wahrscheinlichkeit beantwortet werden.

Mit **Simulationsmethoden** werden u.a. technische Systeme auf DV-Anlagen nachgeahmt, um Erkenntnisse zur Verbesserung der Produktionsabläufe zu gewinnen. Das betrifft Prozesse, bei denen aus Zeit-, Kosten-, aber auch Gefahrengründen, die entsprechenden Versuche nicht in der Realität durchführbar sind. Dazu gehören auch Zugfahrprozesse. Über das simulative Nachahmen können verschiedene Varianten modellierter Zugbewegungen auf den anlagenbezogenen Netzmodellen „ablaufen", um die Ergebnisse zu beurteilen.

Die Simulationsmethoden ermöglichen die Untersuchung großer Bereiche wie Teilnetze, Korridore und große Bahnhöfe. Bei fahrwegkapazitiven Untersuchungen wurden die Möglichkeiten zur Beurteilung von Fahrplangefügen gegenüber der menschlichen Vorstellungskraft wesentlich erweitert.

Die Berechnungsmodelle, die den eigentlichen Simulationsablauf unter den implementierten Bedingungen und Datenmodellen ermöglichen, werden auch als Simulatoren bezeichnet.

Während der Simulation greifen die eintretenden Gleisbelegungsanforderungen der Züge auf die Ressourcen des anlagenbezogenen Netzmodells methodisch auf zweierlei Weise zu
- mittels **synchroner Simulation**, bei der alle im Untersuchungsbereich befindlichen Züge in einem Simulationsdurchlauf gleichberechtigt zugelassen werden. Die Bevorrechtigung wird zeit- oder ereignisgesteuert geregelt.
- mittels **asynchroner Simulation**, bei der die im Untersuchungsbereich befindlichen Züge in mehreren Teildurchläufen (entsprechend den internen Prioritätsregeln z.B. nach Zuggattungen oder vorgegebenen Rangordnungen usw.) für Gruppen von Zügen erfolgt. Diese hierarchische Vorgehensweise entspricht dem technologischen Handeln des Planers und in vielen Situationen auch dem des Disponenten.

Fahrwegkapazitätsbetrachtungen

Neuere Simulationswerkzeuge, die bei fahrwegkapazitiven Untersuchungen zur Anwendung kommen, lassen Teile beider Simulationsarten zu

- mit asynchronen Grundelementen, um die Grundsätze der Fahrplangestaltung und Betriebsabwicklung regelkonform abzubilden und
- mit synchronen Grundelementen, um u.a. den diskriminierungsfreien Ablauf nachzuahmen bzw. realistische Varianten (z.B. bei Störungen oder Engpassbereichen) zu ermitteln.

Die simulativen Methoden eignen sich besonders, um

- innerhalb des Netzmodells die Wirkungen von vielen Zugtrassen/-lagen und bei einigen Verfahren auch die Verknüpfungen zwischen ihnen zu analysieren und über die Veränderung der Ausgangsbedingungen andere Varianten erarbeiten zu können sowie
- Kenntnisse über die Stimmigkeit des Zuggefüges und dessen planerische Qualität und Stabilität zu erlangen.

Bei der Ergebnisbewertung ist die Ursachenermittlung und deren Wirkungen aufgrund der Überlagerung verschiedener Ereignisse mitunter schwierig und verlangt eine zielgerichtet abgeforderte Ergebnisaufbereitung/-darstellung.

Als Simulationsmodelle werden erfolgreich angewendet:

- herkömmliche „Knoten-Kanten-Simulationen" und
- *Petri-Netze*. Das sind Knoten-Kanten-Modelle, deren Knoten und Kanten mit strukturierten Abläufen belegt werden. Petri-Netz-Anwendungen ermöglichen die Angabe der Anforderungen von Fahrwegressourcen bereits im Voraus, so dass sich die Anzahl der ggf. eintretenden Verklemmungsfälle reduzieren kann. Die Konfliktlösungsstrategien von Petri-Netzen beinhalten u.a. auch nichtdeterministische Lösungsschritte, um alle Anforderungen an Zugbewegungen realisieren und das Gesamtsystem zweckmäßig auslasten zu können.

Simulative Fahrwegkapazitätsbetrachtungen liefern Beträge von zeitlichen Qualitätskenngrößen.

Beim gleichzeitigen Auftreten von Zugriffsanforderungen auf das gleiche Fahrwegelement können unlösbare Konflikte, sog. *Verklemmungen* (deadlock), auftreten. Diese führen zum Prozessabbruch, da keine der Forderungen erfüllt werden kann. Diesem Nachteil der simulativen Methoden kann gegenwärtig praktisch nur durch eine bestimmte Anzahl von Simulationsläufen je Fahrplanvariante im Prozessmodell bzw. dem jeweiligen anlagenbezogenen Netzmodell begegnet werden. Mit der Anzahl der Simulationsläufe kann sich die Ergebnissicherheit erhöhen. Infolge der deadlock-Erscheinung abgebrochene Simulationsläufe können die Ergebnisaussagen erfolgreich verlaufener Simulationsläufe verfälschen, wenn sie nicht eliminiert werden. Die Identifizierung derartiger Systemabbrüche setzt sauber funktionierende Simulationswerkzeuge voraus. Praktisch führen zwischen 20 und 50 erfolgreich durchgeführte Simulationsläufe je Variante zu verwertbaren Aussagen. Sind die Abweichungen in den Ergebniswerten erheblich, ist eine größere Anzahl von Simulationsläufen erforderlich als bei niedriger Streuung.

Die Erscheinung von Deadlock-Effekten ist auch in der Realität während der Betriebsabwicklung zu beobachten. Die eingetretenen Situationen können zu Dispositionsentscheidungen führen, die vorerst nicht mehr lösbare Konflikte zur Folge haben. Im Gegensatz zum Software-deadlock, sind die handelnden Menschen jedoch zu jeder Zeit in der Lage, zur Wiederherstellung einer gewünschten Betriebssituation übergeordnete Entscheidungen zu treffen.

Mit Hilfe der **konstruktiven Methoden** werden die Einzelelemente der Prozessabläufe für auszuwählende Zeitabschnitte (Stunden, Betriebstag, Flutstunden) z.B. aus Fahrzeitangaben zusammengesetzt, d.h. konstruiert. Diese Vorgehensweise ermöglicht die Erarbeitung günstiger und technologisch effektiver Varianten. Sie wird insbesondere bei der Planung gewünschter Prozessabläufe, bspw. im Fahrplangeschäft eingesetzt.

Für fahrwegkapazitive Untersuchungen werden die Methoden der Fahrplankonstruktion ebenfalls genutzt. Sie kommen zur Anwendung, weil
- einige Simulationsverfahren als Eingabedaten trassenscharf konstruierte Fahrpläne benötigen, die – falls sie nicht vorliegen – speziell erzeugt werden müssen.
- Simulationsergebnisse auch den Zeitweg-Darstellungen von Fahrplanvarianten, die intern gem. den Konstruktionsregeln erzeugt werden, entsprechen.
- zur Wahrung des Überblicks bzw. für effektive Vorgehensweisen für einzelne Abschnitte des Untersuchungsraumes mitunter Konstruktionsstudien von Nutzen sind oder Ergebnisaussagen festigen.

Alle aufgeführten Methoden für Fahrwegkapazitätsuntersuchungen lassen die Ermittlung von Beträgen von Leistungs- und zeitlichen Qualitätskenngrößen zu.

7.4.2 IT-Unterstützung zur Durchführung von Fahrwegkapazitätsbetrachtungen

Die methodische Vorgehensweise bei der Durchführung von Fahrwegkapazitätsuntersuchungen ist grundsätzlich unabhängig von verwendeten Hilfsmitteln. Sowohl auf manuellem als auch auf IT-unterstütztem Wege können Ergebnisaussagen erreicht werden.

Mit der Nutzung von DV-Werkzeugen erhöht sich die Qualität durch
- die Bearbeitung von großen topografischen Ausdehnungsbereichen sowohl global als auch gleisgenau in Bahnhöfen und auf Streckenabschnitten bei einer Betrachtung über 24 Stunden,
- die Bereitstellung von Näherungslösungen für Probleme, für die es auf Grund aller wirkenden Bedingungen keine exakte Lösung geben kann,
- die Aufbereitung von Ergebnisaussagen,
- die Verringerung der Fehlerquote bei der Datenaufbereitung und -verwendung.

Zusätzlich kann ein hoher Zeitgewinn

- bei der Aufgabenbewältigung sowie
- bei der Variantenerarbeitung und -beurteilung für investive und andere bauliche Maßnahmen, zur Realisierung von diskriminierungsfreien Angeboten an die verschiedenen Trassenkunden sowie für andere Erfordernisse

erzielt werden.

Die Software-Erzeugnisse werden im Sinne von Werkzeugen zur Bewältigung einzelner Teile von Fahrwegkapazitätsuntersuchungen angewendet. Außer dem Qualitäts- und Zeitgewinn wird das menschliche Vorstellungsvermögen von Strecken und Bahnhöfen und den darin befindlichen Zügen, entlastet und steht für

- die Erarbeitung der Aufgabenstellung,
- die methodische Erweiterung der Lösungswege und
- die überschlägliche Ermittlung der Ergebniserwartung

effizienter zur Verfügung.

7.4.2.1 Überblick über DV-Verfahren

Für Fahrwegkapazitätsuntersuchungen stehen *gegenwärtig* die in den Tabellen aufgeführten DV-Werkzeuge zur Verfügung:

- zur Überblicksgewinnung im Gesamtstreckennetz auf der Makro-Ebene Tabelle 7.9,
- für die detaillierte Abbildung der Fahrmöglichkeiten auf Strecken- und Bahnhofsgleisen und die damit verbundene Abbildung in Teilnetzen auf der Mikro-Ebene – Tabelle 7.10,
- zur Vertiefung, Erweiterung sowie Verfestigung von Ergebnisaussagen und/oder zum Datentransfer von Infrastruktur- und/oder Zugdaten die Verfahren des Trassenmanagements – Tabelle 7.11.

Konkrete Angaben zu den Werkzeugen sind den entsprechenden Dokumentationen (Handbücher, Bedienungsanleitungen) zu entnehmen.

Tabelle 7.9:
DV-Werkzeuge für die Makrobetrachtung.

Kurz-Bezeichnung	Lang-Bezeichnung	Anwendungsgebiete
WIZUG	**Wi**rtschaftliche **Zug**führung	Strategische Infrastrukturplanung: – Ermittlung betriebswirtschaftlicher Effekte von anlagenbezogenen Maßnahmen unter Berücksichtigung von Nachfragereaktionen, – Optimierung der Anlagengestaltung, – Bearbeitung von Bezugs- und Planfällen mit stochastischen Angaben, – betriebswirtschaftliche Engpassbewertung.
PIN	**P**rojekt **I**ntegrierte **N**etzoptimierung	Strategische Anlagenplanung: Kosten-/Erlösbetrachtungen von anlagenbezogenen, Bezugs- und Planfällen

Kurz-Bezeichnung	Lang-Bezeichnung	Anwendungsgebiete	Verwendung von Fahrplanangaben	Ergebnisaussagen	Methode	Bemerkungen
Strele	Analytische Streckenleistungsfähigkeitsberechnung	Betrachtung von Strecken: – Leistungsverhalten – Bemessung von Strecken: Gleisanzahl, Blockteilung, Überholungsgleise, Begegnungsgleise, Überleitabstände	stochastisch oder deterministisch	– Mindestzugfolgezeiten – Pufferzeiten – Wartezeiten – Leistungsfähigkeiten – Nennleistung – Belastungsgrade – v-s-Diagramme	konstruktiv, analytisch	gehört zu SLS (Leistungsfähigkeitsberechnung und Simulation: Strecke: Strele, StreSI Bahnhof: ALFA)
StreSI	Asynchrone Streckensimulation	Betrachtung von Strecken/ Machbarkeitsstudien (zweigleisige Strecke): – Fahrplanbewertung, Betriebsqualität – Qualitätsprüfung bemessener Strecken	deterministisch oder stochastisch	– Zeit-Weg-Darstellungen – planmäßige Wartezeiten – Ausbruchsverspätungen – Belegungsgrade	konstruktiv, asynchronsimulativ	gehört zu SLS
Ux-Simu	Simulation und Bewertung Betriebsablauf komplexer streckenabhängiger Knoten	Betrachtung von Knoten, Strecken, Teilnetzen/Machbarkeitsstudien: – Fahrplanbewertung, Betriebsqualität	stochastisch oder tlw. deterministisch	– Zeit-Weg-Darstellungen – Gleisbelegungspläne – tlw. planmäßige Wartezeiten – Verspätungen – Belegungsgrade/-häufigkeit – v-s-Diagramme – statistische Auswertung	konstruktiv, synchronsimulativ	Anwendungsvorgänger zu Rail-Sys
Rail-Sys	Simulation von Eisenbahnsystemen	Betrachtung von Knoten, Strecken, Teilnetzen/Machbarkeitsstudien: – Fahrplanbewertung, Betriebsqualität	stochastisch oder deterministisch	– Zeit-Weg-Darstellungen – Gleisbelegungspläne – tlw. planmäßige Wartezeiten – Verspätungen – v-s-Diagramme – statistische Auswertung	konstruktiv, synchronsimulativ	Anwendungsnachfolger von Ux-Simu

Fahrwegkapazitätsbetrachtungen

	Aufgabe	Einsatzbereich	Verfahren	Kenngrößen	Art	Bemerkung
SABINE	Simulation und Auswertung des Betriebsablaufs im Netz	Betrachtung von großen Teilnetzen/Machbarkeitsstudien: – Fahrplanbewertung, Betriebsqualität – Variantenuntersuchungen	deterministisch	– Zeit-Weg-Darstellungen – Gleisbelegungspläne – planmäßige Wartezeiten – Synchronisationszeiten – Verspätungen – Beförderungszeitanteile – statistische Auswertung	konstruktiv, synchron-simulativ mit übergeordneten asynchronen Elementen	
ANKE	Analytische Ermittlung der Kapazität des Eisenbahnnetzes	Betrachtung von kleinen Teilnetzen und Fahrstraßenknoten in Bahnhöfen: Bewertung von Leistungskenngrößen in Fahrstraßenknoten	deterministisch oder stochastisch	– Anzahl wartender Züge – Länge der Warteschlange – Nennleistung u.a.	konstruktiv, analytisch	Vorläufer: SLS – ALFA
BABSI	Asynchrone Bahn-Betriebs-Simulation	Betrachtung von Knoten, Strecken, Teilnetzen/Machbarkeitsstudien: Zeitliche Qualitätskenngrößen	deterministisch	– Beförderungszeitanteile – Länge der Warteschlange u.a.	konstruktiv, asynchron-simulativ	
GRIT	Gleisgruppenbemessung bei Taktfahrplan	Betrachtung von Bahnhöfen: Überschlägliche Ermittlung der erforderlichen Anzahl von Bahnsteiggleisen bei Taktverkehren	stochastisch	– Wartezeiten – Belegungsgrad von Gleisgruppen	analytisch	
GLEISE	Gleisgruppenbemessung	Betrachtung von Bahnhöfen: – Überschlägliche Ermittlung des Leistungsverhaltens von Gleisgruppen – Einfluss der Zulaufstrecken	stochastisch	– Länge der Warteschlange – Warterisiko	analytisch	

Tabelle 7.10: DV-Werkzeuge für Fahrwegkapazitätsbetrachtungen.

Kurz- Bezeichnung	Lang-	Anwendungsgebiete
GFD – I	**G**emeinsame **F**ahrplan**d**atenhaltung – **I**nfrastrukturdaten	Verwaltung der fahrplanmäßig genutzten Streckengleise für Jahres- und unterjährige Planungen des gesamten Streckennetzes. Vervollständigung um die fahrplanmäßig genutzten Zugfahrgleise in den Bahnhöfen innerhalb des DaViT-Spurplans (gehört zu DaViT, Überführung in DaViT-Spurplan)
GFD – Z	**G**emeinsame **F**ahrplan**d**atenhaltung – **Z**ugdaten	Verwaltung der Zugdaten für Jahres- und unterjährige Planungen des gesamten Streckennetzes (gehört zu DaViT)
RUT	**R**echner**u**nterstütztes **T**rassenmanagement	Fahrplankonstruktion mit rechnerunterstütztem Lösen der Belegungskonflikte für Mehrjahres-, Jahres- und unterjährige Planungen – Fahrzeitberechnung – Machbarkeitskonstruktionen (gehört zu DaViT, Vorversion: RUT – 0)
Geko	–	DV-gestützte Erstellung der **Ge**schwindigkeits**ko**nzeption für Bauzustände in der Jahresfahrplanperiode
VzG	–	DV-gestützte Erstellung des **V**erzeichnisses der örtlich **z**ulässigen **G**eschwindigkeiten
La	–	DV-gestützte Erstellung des Verzeichnisses der vorübergehenden **La**ngsamfahrstellen und anderen Besonderheiten

Tabelle 7.11: DV-Werkzeuge des Trassenmanagement,
die für Fahrwegkapazitätsbetrachtungen mitgenutzt werden

In Abbildung 7.23 wird das Zusammenwirken der DV-Werkzeuge des Produktionsprozesses wiedergegeben. In diesem Zusammenhang ist es bei Fahrwegkapazitätsuntersuchungen immer wieder bedeutsam

- die Quellen der erforderlichen Ausgangsdaten (manuelle Aufbereitung bzw. Datentransfer) und
- die Übergabe von Ergebnisaussagen an andere DV-Systeme

zu prüfen und dem Entwicklungsstand anzupassen.

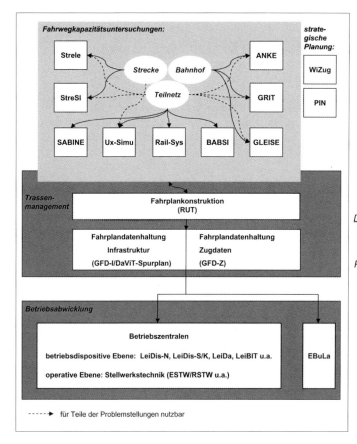

Abbildung 7.23: Fahrweg-kapazitive DV-Verfahren innerhalb des Produktions-prozesses.

7.4.2.2 Ausblick

Die Weiterentwicklung der fahrwegkapazitiven Untersuchungsmethoden ist

- aufgrund der Marktdynamik ständig mit wachsenden Anforderungen an die fahrplantechnologische und betriebsdispositive Arbeit sowie
- mit der Einführung neuer Systemtechnik und/oder anderen Veränderungen, die Einfluss auf die zu nutzende Fahrwegkapazität haben,

verbunden.

Die Vielfalt der Wünsche hinsichtlich Verkehrszeiten, Zuglaufwegen u.a. Parameter sowie die Erwartungshaltung an die Pünktlichkeit erfordern, in immer kürzerer Bearbeitungszeit einzelne Zugtrassen/-lagen, Teilnetze oder Ausschnitte daraus zu bearbeiten. Die zeitlich schnelle Erzeugung von Angeboten oder Dispositions-entscheidungen wird immer dringender.

Die Ausrüstungsparameter der Anlagen lassen durch den Einsatz konventioneller Blocktechnik, Linienzugbeeinflussung und dem Fahren im Bremswegabstand (Moving block) unterschiedliche Technologien des Zugfahrprozesses zu.

Modelle für fahrwegkapazitive Untersuchungen müssen diesen Anforderungen gerecht werden. Erfolgversprechende Ansätze bieten nachfolgende Methoden:

- **Evolutionär-/genetische Methoden**, bei denen in zunehmenden Maße das Prozessgeschehen der Natur genutzt wird, um komplexe Systeme besser beherrschen zu lernen. So gelingt es, bspw. der Natur durch evolutionäre Optimierungsstrategien das Überleben der Nachkommen zu ermöglichen. Dieses effiziente Vorgehen hat ähnliche Aspekte wie das technologische Handeln bei der Gestaltung von Zuggefügen in Eisenbahnnetzen und deren bestmöglichen Auslastung. In Zugfahrt-Prozessmodellen sind einige Seiten des natürlichen Prozesses nachbildbar. Die Zugtrassen/-lagen werden als Individuen angesehen. Die Veränderung der Kodierung dieser Individuen ermöglicht Änderungen des Laufwegs, der Gleisbenutzung, der zeitlichen Lage u.a. Die bei der Prozessabarbeitung eintretenden Konflikte werden mittels „Mutation und Kreuzung" und anhand der gültigen Bearbeitungsregeln für Zugtrassen/-lagen gelöst. Bei der Untersuchung von Teilnetzen sind die Suchräume zur Erzeugung eines konfliktfreien Fahrplans sehr komplex. Eine Vielzahl von Konflikten sind jedoch in eingeschränkten Räumen und damit lokal lösbar. Meist sind die lokalen Lösungen innerhalb des Teilnetzes jedoch nicht brauchbar, da sie das Gesamtergebnis, wie Stabilität im Zuglauf, Pünktlichkeit u.a. im Gesamtmaßstab verschlechtern. Mit genetischen Algorithmen sind – gegenwärtig labormäßig – global abgestimmte gute Lösungen innerhalb von Teilnetzen erzielbar.
- **Constraint-basierende Methoden**, sind den exakten mathematischen Methoden des Operations Research entlehnt. Die sog. Constrains (Regeln) werden aus den prozesseigenen Bedingungen und den mit dem Umfeld korrespondierenden Restriktionen formuliert. Beim Ablauf des Zugfahrt-Prozessmodells wird die Einhaltung dieser Regeln z.B. für eine bevorrechtigte Gleisbelegungen „erzwungen". Diese Vorgehensweise führt zu konsistenten Lösungen. Über die Aussonderung von Forderungen, die zu Regelverletzungen führen, werden die kombinatorischen Möglichkeiten immer weiter eingeschränkt. In der Zwischenzeit liegen ebenfalls erste Anwendungen vor.

Außer den aufgeführten Methoden sind weitere Entwicklungen hinsichtlich ihrer Möglichkeiten zur besseren Abbildung des Zugfahrprozesses immer interessant.

7.5 Durchführung von Fahrwegkapazitäts-betrachtungen

7.5.1 Methodisches Vorgehen

Aus den Erfahrungen bei der Vorbereitung der Eisenbahn auf Systemveränderungen mit großen Auswirkungen, wie bei der Einführung neuer Systemtechnik, Baumaßnahmen und Großveranstaltungen, können die nachfolgenden grundsätzlichen Arbeitsschritte abgeleitet werden:

- das Vertrautmachen mit der Problemlage und das Ableiten der konkreten Aufgabe,
- das Formulieren der Aufgabenstellung,
- das Erarbeiten des methodischen Vorgehens zu Lösungsvarianten und das Ableiten von Ergebniserwartungen,
- das Entwerfen der Ergebnisaufbereitung,
- das Auswählen unterstützender Werkzeuge (DV-Tools),
- das Sammeln und Aufbereiten der Daten für Einzeluntersuchungen,
- das rechentechnische Vorbereiten der Daten,
- das Abarbeiten von Teilschritten zu Lösungsvarianten, meist mit Hilfe eines bzw. mehrerer DV-Werkzeuge,
- das Zusammenstellen der Teilergebnisse und das Ableiten von ggf. zusätzlichen iterativen Lösungsschritten zur Festigung der Ergebnisaussagen,
- das Aufbereiten, Darstellen und Interpretieren der Einzel- und der Gesamtergebnisse,
- das Abfassen der Untersuchungsdokumentation (Bericht, Resümee, Dokumentationsunterlagen, Präsentationsunterlagen).

Bei Fahrwegkapazitätsuntersuchungen ermöglicht allein ein zielgerichtetes Vorgehen innerhalb der zur Verfügung stehenden Zeit sinnvolle Lösungen für eine Vielzahl von Problemen.

Die Arbeitsschritte sind ausschließlich erfolgreich zu bewältigen, wenn die enge Zusammenarbeit zwischen dem Auftraggeber für die Untersuchung und dem Untersuchungsführenden beidseitig gepflegt wird. Viele Detailabsprachen, insbesondere:

- zu Beginn der Untersuchung während der eigentlichen Problemfindung, die mitunter nicht Gegenstand der ursprünglichen Aufgabenstellung war,
- während der Interpretation von Teilergebnissen und der Ableitung neuer Untersuchungs- und Lösungsvarianten,
- zum Abschluss der Arbeiten bei der Interpretation und Darstellung der Einzel- und Gesamtergebnisse,

sind für beide Seiten von ausschlaggebender Bedeutung. Der Untersuchungsführende kann dabei wertvolle Kenntnisse zu Prozessabläufen und -bedingungen, Anregungen zum methodischen Vorgehen und zu den Ergebnisaussagen erhalten.

Schwerpunkte der **Problemanalyse und Formulierung der Aufgabenstellung** sind:

- das Beschreiben der Leistungsanforderungen und ihrer Toleranzbereiche („Spielräume") nach Menge, Reihenfolge und zeitlicher Verteilung unter Verwendung von
  - Vorgaben und/oder
  - Annahmen,
- das Darstellen der Gleistopologie und der technischen Ausrüstungen der Eisenbahnbetriebsanlage (Streckenabschnitt, Bahnhof, Teilnetz), d.h. soweit relevant für die Untersuchung

- die vorgehaltene Fahrwegkapazität,
- die planmäßig verfügbare Fahrwegkapazität (ggf. verschiedene Planungs-stände),
- die tatsächlich verfügbare Fahrwegkapazität (je nach Untersuchungsziel z.B. bei Verspätungsanalysen detailliert erforderlich) und
- Vorschläge zu anlagenbezogenen Gestaltungsvarianten einschließlich deren Zwangspunkte,
- das Festlegen der Betriebsszenarien ggf. mit Modifizierung, unter denen die bestmögliche bzw. noch marktfähig zumutbare Leistung erbracht werden soll,
- das Aufzeigen möglicher Ergebnisaufbereitungen (Vorschlagserarbeitung),
- das Analysieren des vorhandenen Datenmaterials und seiner Quellen,
- das Identifizieren der zutreffenden Annahmen und deren Begründung.

Im Ergebnis sollten vereinbart sein:
- die Festlegung des Untersuchungsraums und des -zeitraums,
- alle zu betrachtenden Varianten (Leistungsanforderungen, Eisenbahnbetriebs-anlage, Betriebsszenarien, Qualitätsanforderungen),
- die Quellen des verfügbaren Datenmaterials und die vereinbarten Annahmen sowie
- die Art der Ergebnisaufbereitung.
Im Anschluss daran können die Lösungswege erarbeitet werden.

Bei Fahrwegkapazitätsuntersuchungen in **Strecken- und Bahnhofsbereichen** sind sorgfältig durchzuführen:
- das Zerlegen der betrachteten Strecken- und Bahnhofsabschnitte in Fahrstraßenbereiche und Blockabschnitte beim Fahren im Blockabstand bzw. der entsprechenden Abstände beim Fahren im Bremswegabstand.
- das Zusammenstellen der Angaben für
  - die Ermittlung der Längen der Einfahrabschnitte (zwischen der Sichtstelle des maßgebenden Hauptsignals und dem gewählten Halteplatz bei ankommenden bzw. dem Ausfahrsignal bei durchfahrenden Zügen) und der Räumabschnitte (zwischen der Sichtstelle des maßgebenden Hauptsignals bis zur dazugehörigen Signalzugschlussstelle),
  - das Festlegen der jeweiligen Bezugspunkte des Zuges beim Passieren von Zugschlussstellen (Zugspitze, -mitte, -schluss),
  - die abschnittsweise Entnahme der Fahrzeiten je Zuggruppe aus den Fahrplanunterlagen, falls vorhanden und wenn keine eigene Fahrzeitenermittlung durchgeführt wird,
  - die Zusammenstellung der Zugfolgefälle und ihrer Häufigkeit und
  - das abschnittsweise Analysieren der Zugbündelung, d.h. im Einrichtungsbetrieb der Geschwindigkeitsbündelung und im Zweirichtungsbetrieb der Richtungs- und Geschwindigkeitsbündelung.
- das Ermitteln
  - der Zuglängen je Zuggruppe bzw. deren Mittelwert,
  - der Fahrzeiten innerhalb der Einfahr- und Räumabschnitte,
  - der Vorsprungs-, Nachfolge-, Abstands- u. Kreuzungszeiten je Zuggruppe,

- der Belegungszeiten durch Multiplikation der Zugfolgezeiten mit den Häufigkeiten,
- der Gesamtbelegungszeit des untersuchten Abschnitts aus der Summe der Belegungszeiten und
- der Mindestzugfolgezeiten, ggf. der maßgebenden Zugfolgezeiten, Belegungsgrade sowie weiterer fahrwegkapazitiver Kenngrößen.

Zusätzlich ist bei den Untersuchungen von großen **Bahnhöfen** zu beachten:
- das Zerlegen des Gesamtsystems in seine funktionalen Gleisgruppen
  - Personenbahnhöfe mit Bahnsteig-, Abstell-, Behandlungsgleisgruppen sowie Lokumfahrgleisen,
  - Güterbahnhöfe mit Lade-, Abstellgleisgruppen,
  - Rangierbahnhöfe mit Ein-/Ausfahr-, Ablauf-, Richtungs-, Vorstellgleisgruppen sowie Lokumfahrgleisen u.a.

  und deren Einbindung in das Streckennetz,
- das Prüfen der zeitlichen und quantitativen Anpassung der Leistungsanforderungen des Ankunftsstroms aus dem Streckennetz an die Verarbeitungsfähigkeit des Bahnhofssystems,
- das Herausfiltern der Fahrwege zwischen den Gleisgruppen und der Nutzungsdauer sowie -häufigkeiten zur Selektion der meistbefahrenen Weichen-/Fahrstraßenknoten in Hochlastzeiten,
- das Ermitteln der Belegung-/Besetzungszeiten, d.h.
  - der Fahrstraßenbelegungszeiten (Fahrstraßenbilde-/-auflösezeit, Fahrzeiten zum Einfahren und zum Räumen der Fahrstraßen) – in Analogie auch gültig für Rangierfahrstraßen und
  - der Gleisbelegungszeiten (Fahrstraßenbelegungszeit, Gleisbesetzungszeit als Standzeit von Fahrzeugen im Gleis)

  gem. den örtlichen Planungen in den entsprechenden Bahnhofsunterlagen sowie einzelnen Vorgaben,
- das Herausfinden von Wartezeiten, die infolge des nicht zeitgerechten Füllens und Leerens von Gleisgruppen (Rückstauwirkung) entstehen,
- die Möglichkeiten zur Veränderung von Wartezeiten verursachender kommerzieller und technischer Versorgungshandlungen in den Gleisen auszuloten,
- oftmals das Neuaufnehmen der Zeitanteile beim Einsatz innovativer Technik vor Ort. Da jede Messung an bestimmte Prozessvorgänge gebunden ist, entstehen infolge unterschiedlicher Eigenschaften der Einheiten (Masse, Länge, Auslastung), Fahrweisen, Reaktionszeiten und anderer Einflüsse Abweichungen zwischen den Aufnahmen einer Zuggruppe. Deshalb sind
  - relevante Gruppen von Zug- bzw. Rangiereinheiten und deren Zuordnung an die Nutzung von Fahrstraßen festzulegen,
  - für diese Gruppen Zeitaufwände zu ermitteln,
- das Untersuchen von Teilfahrstraßenknoten (TFK) als typisches Netzelement. Zu ihnen gehören die Teile des Spurplans, in denen sich alle Fahrten jeweils gegenseitig ausschließen. Damit handelt es sich um Weichen und Kreuzungen, die als einkanalige Bedienungsstellen aufgefasst werden und an denen sich die Reihenfolge der Zug- bzw. Rangierfahrten ändern kann. Interessant sind die

Wartezeiten, die vor diesen Teilfahrstraßenknoten entstehen und auf die rückwärtigen TFK und Gleisgruppen übertragen werden können. Da in komplexen Bahnhofsanlagen für mehrere TFK Fahrstraßenausschlüsse auftreten können, werden diese TFK zu sog. Gesamtfahrstraßenknoten zusammenfasst.

Bei der Untersuchung von **Teilnetzen** stehen im Vordergrund:
■ das sorgfältige Abgrenzen des Untersuchungsraums und des zu betrachtenden Zeitabschnitts,
■ das Widerspiegeln der Korrespondenzen zu den benachbarten Teilsystemen und die Stärke der beidseitigen Einflüsse,
■ das detaillierte Untersuchen der Bereiche innerhalb des Untersuchungsraums (Bahnhöfe und Streckenabschnitte) und
■ das Herausfinden des/der Abschnitte mit dem geringsten Leistungsvermögen, die das gesamte Teilnetz oder Teile davon beeinflussen und dadurch zum maßgebenden Abschnitt werden.

Ziel aller Arbeitsschritte ist letztlich das Erarbeiten von Vorschlägen zur Verbesserung der Nutzung der Fahrwegkapazität mittels technologischer und/oder anlagenbezogener Maßnahmen und entsprechend der gegebenen Bedingungen.

Die **Aufbereitung der Ausgangsdaten** nimmt meistens viel Zeit in Anspruch und erfordert große Sorgfalt. Zu ihnen gehören u.a.:
■ die *Infrastrukturdaten des Fahrweges*,
  ▣ die aus Knotenübersichtsplänen, ausgewählten Lageplänen, weiteren aktuellen Unterlagen und Planungsmaterialien entnommen werden können,
  ▣ die, wenn sie entsprechend vorliegen, aus DV-Tools (bspw. RUT-Familie) transferiert werden können,
■ die *Zugdaten*,
  ▣ die manuell aufbereitet werden müssen aus Angebotskonzepten, Laufweggraphen der Fahrlagenplanungen, Fahrplanunterlagen u.a.,
  ▣ die, soweit ihre Stände vorliegen, ebenfalls aus DV-Tools (bspw. RUT-Familie) übernehmbar sind und
■ die *Verspätungs- und Störungsparameter*.
  Sie sind manuell zusammenstellbar als absolute und/oder gemittelte Verspätungsangaben einzelner Zuglagen bzw. Gruppen von Zuglagen an festgelegten Messpunkten und deren Häufigkeiten über einen repräsentativen Betrachtungszeitraum. Diese können aus den DV-Systemen der Betriebszentralen, anderen Systemen oder aus Unterlagen entnommen werden. Die festgelegten Messpunkte sind nicht identisch mit den Messpunkten, die der Untersuchungsführende für Fahrwegkapazitätsbetrachtungen auswählt.

Zur **Aufbereitung der Ergebnisse** zählen u.a. das Erarbeiten von:
■ Vorschlägen zur Entmischung und Harmonisierung von Zügen in Korridoren,
■ Vorschlägen zur Beseitigung von Engpässen
  ▣ durch alternative Laufwege, insbesondere bei Baumaßnahmen,

- durch fahrplantechnologische Maßnahmen,
- durch Änderungen an der Anlagengestaltung,
- Vorschlägen zur Einrichtung bzw. Modifikation von Vorrangstrecken,
- Darstellungen von Lösungseffekten hinsichtlich
  - zusätzlich durchführbarer Trassen,
  - Erhöhung der Fahrplan- und Betriebsqualität,
  - Rationalisierung der vorzuhaltenden Fahrwegkapazität,
- Bewertungen zur
  - Dimensionierung der Reservezeiten,
  - Fahrplanstabilität usw.

Das methodische Vorgehen für eine Fahrwegkapazitätsuntersuchung zu System-veränderungen mit großen Auswirkungen (Großveranstaltung, Baumaßnahmen u.a.), wie bspw. die Vorbereitung des Zugverkehrs zur Expo im Jahre 2000, zeigt uberblicksweise Abblldung 7.24.

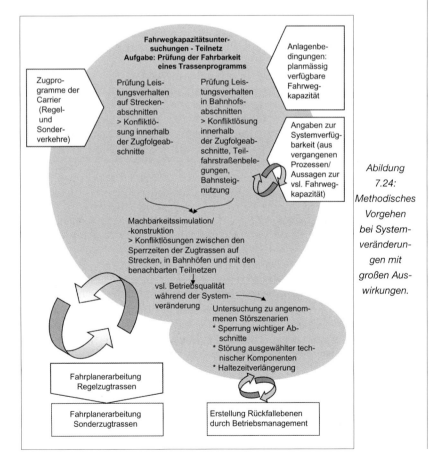

Abildung 7.24: Methodisches Vorgehen bei System-veränderungen mit großen Aus-wirkungen.

7.5.2 Beispiele zu Fahrwegkapazitätsbetrachtungen

Das beschriebene methodische Vorgehen zur Durchführung von Fahrwegkapazitätsbetrachtungen beider Aufgabentypen wurde aus Anwendungserfahrungen zusammengetragen und kann nur Anhaltspunkte wiedergeben. In diesem Rahmen beschränken sich die nachfolgenden Beispiele auf einige Ergebnisaspekte. Die Zahlenbeispiele sind theoretisch gewählt.

7.5.2.1 Streckenbetrachtung

Aufgabe: Pünktlichkeitserwartung eines hochbelasteten Streckenabschnitts im Einrichtungsbetrieb

1. Übersicht – Abbildung 7.25

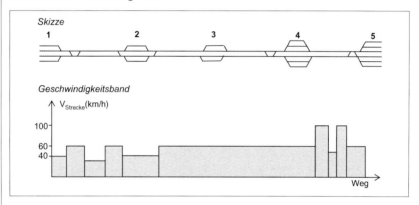

Abildung 7.25: Strecken-Übersicht.

2. Leistungsanforderungen
- 12 Zugtrassen/Std. im 5-Minuten-Takt während der Spitzenzeiträume (6:00 – 11:00 Uhr und 15:00 – 19.00 Uhr);
- SPFV-Halte in den Bahnhöfen 1, 4;
- SPNV-Halte in den Bahnhöfen 1, 2, 3, 4:
- getrennte Behandlungsanlagen für SPFV im Bahnhof 5, für SPNV im Umland.

3. Zugfolge-Pufferzeiten

Richtung	Zugfolgefälle je Spitzenstunde (Züge)	Zugfolge-Pufferzeiten t_{pzz} (Min)			
		< 0,5	0,5 bis 0,9	0,9 bis 1,0	≥ 1,0
1	12	12 %	8 %	5 %	75 %
2	12	20 %	28 %	17 %	35 %

Tabelle 7.12: Zugfolge-Pufferzeiten in Spitzenstunden.

Optimale Blockteilung liegt bereits vor.

4. Verspätungsanalyse

Rich-tung	SPFV	SPNV	Ursachenanalyse
1	75 %	72 %	■ gleichmäßiges „Einschleppen" des Verspätungsniveaus der Zuglagen auf die geschwindigkeitsharmonisierten Zugtrassen, bei ■ streckennetzweiten Zuläufen des SPFV, ■ Umland-Zuläufen des SPNV, ■ Verspätungsniveau SPFV liegt oberhalb, SPNV unterhalb des Gesamtdurchschnitts im Streckennetz, ■ bei der Analyse der SPV-Linien zeigen sich deutlich Schwerpunkte > Analyse vertiefen.
2	82 %	64 %	■ sehr hohes Verspätungsniveau im Zulauf aus den verschiedenen Behandlungsanlagen ■ sehr hohes Ausbruchsverspätungsniveau in die Räume, aus denen das Einbruchsverspätungsniveau (Richtung 1) empfangen wird ■ SPFV: Verspätungskompensation zwischen Ein-/Ausbruch, ■ SPNV: Verspätungszuwachs zwischen Ein-/Ausbruch.

Tabelle 7.13: Durchschnittliche Tagespünktlichkeit nach Richtungen.

■ Messpunkte (Ein-/Ausbruch): Richtung 1 in Bahnhof 1; Richtung 2 in Bahnhof 4,
■ Innerhalb des betrachteten Streckenabschnitts treten geringfügige, deshalb vernachlässigbare Urverspätungen auf.

5. Vergleich der Zugfolge-Pufferzeit mit dem durchschnittlichen Verspätungsniveau
■ Vergleich zwischen
   ■ der Lage der geplanten Zugtrassen, inklusive den dazwischenliegenden Zugfolge-Pufferzeiten und
   ■ den nachgestellten, verspäteten Zuglagen.
■ Ergebnisaussage
   ■ Infolge des hohen Eingangsverspätungsniveaus und der zur Verfügung stehenden Zugfolge-Pufferzeiten in Richtung 1, kann auf dem Streckenabschnitt keine Reduzierung des Verspätungsniveaus erfolgen. Die Verspätung wird auf die Behandlungsanlagen übertragen.
   ■ Die Behandlungsanlagen verfügen über geringe Zeitreserven, um den durchschnittlich verspäteten Eingang zu kompensieren. Das hohe Ausgangsverspätungsniveau wird an die Richtung 2 weitergegeben.

6. Pünktlichkeitserwartung

Richtung	SPFV		SPNV	
	Bahnhof 1	Bahnhof 4	Bahnhof 1	Bahnhof 4
1	64 %	72 %	63 %	67%
2	85 %	83 %	72 %	76 %

Tabelle 7.14: Prozentuale Pünktlichkeitserwartung in den Spitzenstunden.

- Auf dem betrachteten Streckenabschnitt kann unter den gegeben Bedingungen (strikte Einhaltung des 5 Minuten-Taktes) im Durchschnitt „voraussichtlich" eine zufriedenstellende Betriebsqualität erreicht werden. Das absolute Verspätungsniveau ist jedoch durch das vorhandene Verhältnis zwischen Ein- und Ausgangsverspätung inakzeptabel.
- Bestätigung des unter 4. aufgeführten Vergleichs.

7. Vorschläge
- Beseitigung der Geschwindigkeitseinbrüche und damit Ausgleichen bzw. abschnittsweißes Erhöhen der Zugfolge-Pufferzeit (erforderlich aufgrund der Besonderheit des hohen verspäteten Zulaufs aus dem Streckennetz).
- Strikte Einhaltung des 5 Minuten-Taktverkehrs. Um die zusätzlichen SPNV-Halte in den Bahnhöfen 3 und 4 zeitlich ausgleichen zu können, müssen die SPFV-Halte in den Bahnhöfen 2 und 5 verlängert werden.
- Der betrachtete Streckenabschnitt hat eine hohe Gesamtnetzabhängigkeit und -wirkung. Den größten Einfluss übt die verspätete Zuführung aus dem Streckennetz aus.

8. Verwendete DV-Werkzeuge
Ux-Simu, Strele, RUT

7.5.2.2 Bahnhofsbetrachtung
Aufgabe: Pünktlichkeitserwartung eines großen Personenbahnhofs.

1. Übersicht – Abbildung 7.26

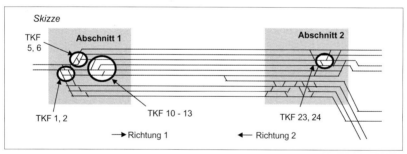

Abbildung 7.26: Bahnhofs-Übersicht.

2. Leistungsanforderungen

Stunde		7	8	9	10	15	16	17	18	19	20
Ankunft	SPFV	13	11	10	15	13	13	11	13	14	13
	SPNV	19	16	15	10	7	10	11	10	14	11
	sonstige	2	1	1	2	5	2	3	2	6	–
	Summe	34	28	26	27	25	25	25	25	34	24

Stunde		7	8	9	10	15	16	17	18	19	20
Abfahrt	SPFV	12	12	14	12	16	14	13	11	13	13
noch	SPNV	11	11	8	9	10	10	14	15	15	8
Abfahrt	sonstige	4	1	2	3	2	1	2	1	2	1
	Summe	27	24	24	24	28	25	29	27	30	22

Grau = höchste Werte
Auswahl des Spitzenzeitraums zur tieferen Untersuchung einzelner Bahnhofsabschnitte

Tabelle 7.15: Zugankünfte und -abfahrten.

3. Zugfolge-Pufferzeiten

Ab-schnitt	Rich-tung	Zugfolgen 15:00 – 19:00 Uhr (Züge)	Zugfolge-Pufferzeiten tpzz (Min)			
			< 0,5	0,5 bis 0,9	0,9 bis 1,0	≥ 1,0
1	1	70	45 %	20 %	2 %	33 %
	2	72	35 %	22 %	3 %	40 %
2	1	67	26 %	12 %	2 %	60 %
	2	64	20 %	18 %	4 %	58 %

Tabelle 7.16: Strecken- und richtungsbezogene Zugfolge-Pufferzeiten in Spitzenstunden.

- In die Betrachtung wurden im Abschnitt 1 der Nordkopf, im Abschnitt 2 der Südkopf einbezogen.
- Der Abschnitt 1 verfügt über erheblich geringere Zugfolge-Pufferzeiten als Abschnitt 2. Der Nordkopf ist mehr beansprucht.
- Innerhalb des Abschnitt 1 liegen im Zulauf (Richtung 1) geringere Zeitreserven vor als im Ablauf (Richtung 2). Vermutlich befinden sich die am meisten belasteten Fahrstraßen im Zulauf des Nordkopfes der Anlage.
  > Belastungsanalyse einzelner Fahrwegelemente im Nordkopf erforderlich.
- Abschnitt 2 hat in beiden Richtungen ausgeglichen verteilte und relativ hohe Zugfolge-Pufferzeiten.
- Die Klasse „0,9 bis 1,0" erfasst im Anwendungsfall eine geringe, die Klasse „= 1,0" eine zu große Anzahl Zugfolgefälle.
  > Korrektur der Klasseneinteilung durchführen und analysieren.

4. Verspätungsanalyse

Abschnitt	Richtung	ICE	Sonstige
1	1 (Ankunft)	84 %	74 %
	2 (Abfahrt)	39 %	58 %
2	1 (Abfahrt)	83 %	70 %
	2 (Ankunft)	40 %	61 %

Tabelle 7.17: SPFV-Produktbezogene Tagespünktlichkeit nach Richtungen.

- Messpunkte (Ein-/Ausbruch): Einfahr- und Ausfahrsignale.
- Im ICE-Verkehr werden aus dem Abschnitt 1 die sehr hohen Einbruchsverspätungen (Richtung 1) direkt auf den Ablauf im Abschnitt 2 übertragen. Im Tagesdurchschnitt ist diese Tendenz auch bei den übrigen Verkehren, jedoch sind geringfügige Zeitreserven für den Verspätungsabbau vorhanden.
- In Richtung 2 ist die gleiche Tendenz wie in Richtung 1 jedoch auf halbem Niveau zu verzeichnen.
  > Erweiterung der richtungsweißen Analyse auf den Zu- und Ablauf im näheren und ferneren Umfeld (Ursachen der hohen Verspätungen aus Richtung Norden aufklären).
- Vertiefung der SPV-linienbezogenen Analyse.

5. Vergleich der Zugfolge-Pufferzeit mit dem durchschnittlichen Verspätungsniveau
- Vergleich zwischen
  - der Lage der geplanten Zugtrassen, inklusive den dazwischenliegenden Zugfolge-Pufferzeiten und
  - den nachgestellten, verspäteten Zuglagen.
- Ergebnisaussage
  - Infolge des hohen Eingangsverspätungsniveaus und der zur Verfügung stehenden Zugfolge-Pufferzeiten im Abschnitt 1 der Richtung 1, wird trotz höherer Zugfolge-Pufferzeiten im Ablauf des Abschnitt 2 keine Reduzierung der verspäteten Anzahl Züge erreicht.
    > Belastungsanalyse einzelner Fahrwegelemente erforderlich.
  - Die Bahnhofsanlage ist sehr stark vom pünktlichen Zulauf der Züge abhängig. Aufgrund der hohen Leistungsanforderungen können keine weiteren Reservezeiten zum Verspätungsausgleich eingeräumt werden. Die aus dem Umfeld in den Bahnhof hineingetragenen Verspätungen werden gleichermaßen an dieses wieder abgegeben.

6. Belastungsanalyse – Abbildung 7.27
- Abschnitt 1: Im Nordkopf befinden sich konzentriert drei Belastungsschwerpunkte. Im Einzelnen sind es die Teilfahrstraßenknoten 1 und 2, 5 und 6 sowie 10 – 12. Alle Zügen im Zu- und Ablauf befahren die hochbelasteten Fahrwege. Eine zusätzliche Belastung tritt durch ein hohes Aufkommen von umzusetzen-

den Triebfahrzeugen, mit denen weitere Züge bespannt werden müssen, als Rangierfahrten ein. Die vorhandenen Fahrstrassen lassen keine parallen Zugfahrten zu.

■ Abschnitt 2: Im Südkopf liegt ein Belastungsschwerpunkt in den Teilfahrstraßenknoten 23 und 24. Die Weichen werden besonders von den in Richtung 1 abfahrenden Zügen befahren.

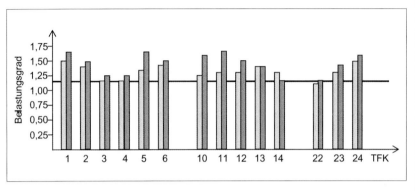

Abbildung 7.27: Belastungsanalyse.

7. Pünktlichkeitserwartung

Abschnitt	Richtung	
	1	2
1	80 %	46 %
2	75 %	50 %

Tabelle 7.18:
Prozentuale Pünktlichkeitserwartung
in den Spitzenstunden.

■ Für den betrachteten Bahnhof kann insgesamt unter den gegebenen Bedingungen (hohes Ein- und Ausgangsverspätungsniveau) im Durchschnitt „voraussichtlich" eine gerade noch zufriedenstellende Betriebsqualität erreicht werden. Die bereits fahrplanmäßig überlasteten Fahrwegelemente werden durch die durchschnittlichen Verspätungen zusätzlich belastet.

■ Bestätigung der unter 2 bis 4 aufgeführten Probleme.

8. Vorschläge

■ Erfordernis von detaillierten Verspätungsanalysen des Zu- und Ablaufs der Züge aus und in die benachbarten sowie ferneren Räume.

■ Prüfung der gegenwärtigen gleistopologischen Gestaltung, der Vielzahl von Fahrstraßenausschlüssen im Nordkopf und deren Veränderungsmöglichkeiten (Aufgabentyp 2).

9. Verwendete DV-Werkzeuge

■ ANKE, Gleise, Strele, RUT

7.5.2.3 Betrachtung eines Teilnetzes

Aufgabe: Erforderliche Maßnahmen für die zufriedenstellende Durchführung einer Systemveränderung in einem Teilnetz

1. Untersuchungsziel
- Für die Durchführung einer 14-tägigen Massenveranstaltung (täglich: 8:00 – 24:00 Uhr) an verschiedenen Standorten einer Großstadt ist umfangreicher und netzweit zusätzlicher Zugverkehr vorzubereiten. Derartige Verkehre sind typisch für die Durchführung von Messen, Sportveranstaltungen usw.
- Es sind die erforderlichen Maßnahmen zur zufriedenstellenden Durchführung dieser Systemveränderung mit großen Auswirkungen vorzuschlagen.
- Zu Vergleichszwecken wird ein Trassenprogramm und dessen Betriebsabwicklung, welches teilweise die gleichen Bedingungen erfüllt, herangezogen. Die Leistungsanforderungen je Streckenabschnitt sind insgesamt höher als der Regelverkehr, jedoch geringer als an der Grenze der Leistungsfähigkeit.

2. Leistungsanforderungen
- In den Spitzenzeiten (6:00 – 11:00 Uhr und 15:00 – 24:00 Uhr) maximal fahrbare Anzahl von Zügen in/aus den Richtungen 1 – 3, 5 und 7, zusätzliche Züge verkehren zur Entlastung in/aus den Richtungen 4 und 6.
- SPFV-Züge halten restriktiv nicht mehrfach im Teilnetz.
- SPNV-Züge halten alternierend.

3. Übersicht – Abbildung 7.28

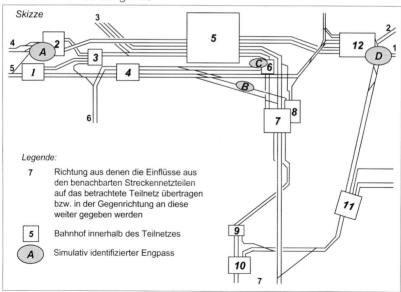

Abbildung 7.28: Teilnetz – Übersicht.

4. Verspätungsanalyse

aus Rich-tung	SPFV		SPNV		SGV		Ursachen-Analyse
	Verspä-tungs-wahr-scheinlich-keit (%)	mittlere Fahrplan-abwei-chung ver-späteter Züge (Min)	Verspä-tungs-wahr-scheinlich-keit (%)	mittlere Fahrplan-abwei-chung ver-späteter Züge (Min)	Verspä-tungs-wahr-scheinlich-keit (%)	mittlere Fahrplan-abwei-chung ver-späteter Züge (Min)	
1	95 %	10	50 %	5	60 %	60	Baumaß-nahmen
2	25 %	5	40 %	5	25 %	40	
3	50 %	5	30 %	5	35 %	30	
4	35 %	12	60 %	5	40 %	30	
5	70 %	8	70 %	5	50 %	50	vielfach Belegungs-konflikte durch Zugfolgen
6	–	–	50 %	5	70 %	40	
7	75 %	8	70 %	5	60 %	40	vielfach sicherungs-technische Störungen

Tabelle 7.19: Durchschnittliche Einbruchsverspätung in das Teilnetz in Spitzenstunden und nach Richtungen.

- Für die Analyse wurde die Durchführung des unter 1 (3. Punkt) genannten Trassenprogramms genutzt.
- Für die dargestellte Analyse der Einbruchsverspätungen wurden die Messpunkte an die Ausfahrsignale der für den Einbruch definierten Bahnhöfe gelegt.
- Aus den während des betrachteten Zeitraums aufgetretenen technischen Störungen und anderen Unregelmäßigkeiten (Haltezeitverlängerungen, verspätete Bereitstellung von rollendem Material sowie nicht zeitgerechtem Herankommen von Personalen) wurden Wahrscheinlichkeiten für das Auftreten von Störungen sowie mittlere Zeiten für deren Dauer (Nichtverfügbarkeit von Fahrwegkapazität) ermittelt.
  > Datenmaterial für die Dimensionierung von Reservezeitanteilen des zu konzipierenden Fahrplans sowie für die Aufbereitung von möglichen Betriebsszenarien.
- Die Ursachenermittlung aus Richtung 5 ergab, dass die Einbruchsverspätung der Zubringerzüge

- in einem weit vorgelagertem Teilnetz (infolge eines starkbelasteten Nahverkehrstakts und dessen durchschnittlichen Verspätungsniveaus) entstehen und
- in der Folge aufgrund der dichten Streckenbelegung hohe außerplanmäßige Wartezeiten in Streckenabschnitten vor dem Einbruchsbahnhof entstehen.
- Die Ursachen der Verspätungen aus Richtung 6 sind vielschichtig und nicht schwerpunktmäßig beeinflussbar.

5. Zugfolge-Pufferzeiten

Richtung	Zugfolge-Pufferzeiten t_{pzz} (Min)		
	< 0,5	0,5 bis 1,0	>1,0
1 – 3, 5 – 6	80 %	20 %	–
4, 6	50 %	25 %	25 %

Tabelle 7.20:
Zugfolge-Pufferzeiten
in Spitzenstunden.

Auf der Basis:
- der Verspätungsanalyse,
- der Mindestzugfolgezeiten und
- der Störungswahrscheinlichkeiten sowie vsl. -zeiten
wurden richtungsbezogene Varianten (bspw. Tabelle 7.21) von Zugfolge-Pufferzeiten festgelegt.

6. Konzeption von Fahrplanvarianten und Betriebsszenarien
- Die erarbeiteten Fahrplanvarianten berücksichtigen:
  - die von den EVU vorgelegten Konzeptionen,
  - die Ergebnisse der Leistungsfähigkeitsermittlungen, u.a. der Fahrplan-Nennleistung für alle hochbelasteten Streckenabschnitte im Zu- und Ablauf sowie innerhalb des Teilnetzes
  - die Belastungsanalysen von ausgewählten Teilfahrstraßenknoten und
  - ausgewählte Befragungsergebnisse von Stellwerkenspersonalen.
  > Durchführung von Fahrplan- und Betriebssimulationen.
- Die Betriebsszenarien zur Erarbeitung eines Rückfallebenenkonzepts beruhen auf:
  - den Ausführungen unter 4. (Punkt 3),
  - den mit dem Betriebsmanagement abgestimmten Einzelfällen.
  > Durchführung von Betriebssimulationen, die diese Szenarien imitieren.

7. Simultativ ermittelte Pünktlichkeitserwartung einer definierten Fahrplanvariante auf einigen Bahnhöfen in der Ankunft

Fahrwegkapazitätsbetrachtungen

Bahnhof	Richtung[1]	Wahrscheinlichkeit (%)	Durchschnittliches Verspätungsniveau (Min)
5	1 (WO)	60 %	1,5
	2 (OW)	50 %	2
7	1 (NS)	50 %	2
	2 (SN)	50 %	1
8	1 (NS)	70 %	1,5
	2 (SN)	30 %	1

[1] West – Ost, Ost – West; Nord – Süd, Süd – Nord

Tabelle 7.21: Prozentuale Pünktlichkeitserwartung in den Spitzenstunden.

Aus der Ergebnisauswahl ist ersichtlich, dass die richtungsweisen Ankünfte auf den Bahnhöfen 5 beidseitig und 7/8 aus Richtung 1 inakzeptabel sind. Die Betriebsqualität im Bahnhof 5 kann nicht gewährleistet werden. Die Detailanalyse führt zu den in der Übersicht aufgeführten Engpässen A bis D.

■ Engpass A entsteht durch die permanente Kreuzung eines Fernbahngleises durch Nahverkehrszüge und überträgt die zusätzlichen Verspätungen auf die Ankunftsströme aus Richtung 1 in den Bahnhof 5.

■ Engpass B ist die Folge der eingleisigen Nutzung der Kurve während des hohen Zugaufkommens in den Spitzenzeiten. Sie verursacht Zusatzverspätungen für einen Teil der ankommenden Züge aus der Richtung 1 im Bahnhof 8. Die Betriebsweise ergibt sich aus der Gleistopologie, die so ausgelegt ist, dass das zweite Gleis bei der Einmündung in den Bahnhof 7 stark befahrene Nahverkehrsgleise kreuzt.

■ Engpass C ergibt sich aus einem niveaufreien Einkreuzen von Nahverkehrszügen vom Haltebahnhof 4 in den Bahnhof 6. Die Behinderung der im Bahnhof 7 aus Richtung 1 ankommenden Züge entstehen durch Fahrstraßenausschlüsse im Bahnhof 6.

■ Engpass D entsteht durch das eingleisige Befahren von Abschnitten innerhalb des Bahnhofs 12 durch Züge, die aus der Einbruchsrichtung 1 kommen und im Bahnhof 5 enden. Damit wird die Ankunftsverspätung im Bahnhof 5 aus Richtung 2 negativ beeinflusst.

8. Vorschläge

■ Netzweites striktes Verbot von planmäßigen Baumaßnahmen, die den Zugverkehren in/aus dem Teilnetz in den Spitzenzeiträumen beeinträchtigen können. Absolutes planmäßiges Bauverbot während der Systemveränderung im Teilnetz und in definierten Abschnitten von Bahnhöfen und Strecken des Umfeldes.

■ In den Hochleistungsabschnitten kann eine zufriedenstellende Betriebsqualität nur durch das Planen und Durchführen von richtungs- und geschwindigkeitsharmonisierten Zugbündeln im Taktverkehr erreicht werden.

■ Der gem. 3 (4. Punkt) identifizierte, den Verspätungszuwachs erzeugende Streckenabschnitt wurde innerhalb der zuführenden Gesamtstrecke einer Detailbetrachtung unterzogen. Im Ergebnis werden für den Zustand der betrieblichen Infrastruktur zum Zeitpunkt der angedachten Systemveränderung (planmäßig verfügbare Fahrwegkapazität) vor dem Einbruchsbahnhof jeweils ein Streckenabschnitt

- ▪ mit optimierter Blockteilung (Versetzen von zwei Hauptsignalen) und
- ▪ mit einem ca. 5 km langen dreigleisigen Ausbau

in Ansatz gebracht.

- ■ Die gem. 7 aufgeführten Engpässe sind durch die Erarbeitung von infrastrukturellen Gestaltungsvorschlägen (Aufgabentyp 2) zu untersetzen.
- ■ Interative Fortführung der Aufgabenstellung.

9. Verwendete DV-Werkzeuge
- ■ SABINE, Strele, StreSI, ANKE, GRIT, RUT.

Literaturverzeichnis

Kapitel 1

**[1] Wittenberg, K.-D;
Heinrichs, H.-P.;
Mittmann, W.:** Kommentar zur Eisenbahn-Bau- und Betriebsordnung. Hestra-Verlag, 4. Auflage 2001, S. 260.

[2] Deutsche Bahn AG: KoRil 408, Züge fahren und Rangieren. KoRil 408.01 – 09, gültig ab 12.12.2004, Modul 408.0101.

**[3] Wittenberg, K.-D;
Heinrichs, H.-P.;
Mittmann, W.:** Kommentar zur Eisenbahn-Bau- und Betriebsordnung. Hestra-Verlag, 4. Auflage 2001, S. 232.

**[4] Preußische Staats-
eisenbahn-
verwaltung:** Nr. 112 d. Verzeichnisses d. DV. u. DA. Fahrdienstvorschriften (FV.), Gültig vom 1. August 1907 ab, Ausgabe 1913, Seite 14.

**[5] Fahrdienstaus-
schuss Reichsbahn-
Zentralamt Berlin:** Fahrdienstvorschriften (FV), gültig vom 1. April 1944 an, Seite 11.

[6] VDV: Fahrdienstvorschrift für Nichtbundeseigene Eisenbahnen (FV-NE), i.d.F. Berichtigung 11 gültig ab 01.07.2001.

[7] Deutsche Bahn AG: KoRil 408, Züge fahren und Rangieren. KoRil 408.01 – 09, gültig ab 12.12.2004, Modul 408.0101 Abschnitt 1.

[8] Deutsche Bahn AG: DV 408, Züge fahren und Rangieren – Fahrdienstvorschrift (FV) – 3., überarbeitete Auflage i.d.F. der Berichtigung 14, gültig vom 01.09.1990 an.

[9] Deutsche Bahn AG: KoRil 408, Züge fahren und Rangieren. KoRil 408.01 – 09, gültig ab 12.12.2004, Modul 408.0121.

[10] Deutsche Bahn AG: KoRil 408, Züge fahren und Rangieren. KoRil 408.01 – 09, gültig ab 12.12.2004, Modul 408.0401.

[11] Deutsche Bahn AG: KoRil 408, Züge fahren und Rangieren. KoRil 408.01 – 09, gültig ab 12.12.2004, Modul 408.0331.

[12] Deutsche Bahn AG: KoRil 408, Züge fahren und Rangieren. KoRil 408.01 – 09, gültig ab 12.12.2004, Modul 408.0435.

[13] Deutsche Bahn AG: KoRil 408, Züge fahren und Rangieren. KoRil 408.01
– 09, gültig ab 12.12.2004, Modul 408.0311.

[14] Deutsche Bahn AG: KoRil 408, Züge fahren und Rangieren. KoRil 408.01
– 09, gültig ab 12.12.2004, Modul 408.0301.

[15] Wittenberg, K.-D;
Heinrichs, H.-P.;
Mittmann, W. Kommentar zur Eisenbahn-Bau- und Betriebsord-
nung. Hestra-Verlag, 4. Auflage 2001, S. 260.

Kapitel 2

[1] Deutsche Bahn AG: Funktionsausbildung für Technische Mitarbeiter im
Bahnbetrieb. Modul 046.2471 (Ausgabe: 01.03.
2001).

[2] Deutsche Bahn AG: Funktionsausbildung zum Bauüberwacher mit betrieblichen Aufgaben. Modul 046.275, (Ausgabe:
01.12.1997).

[3] Deutsche Bahn AG: Funktionsausbildung zum Baubetriebskoordinator.
Ril 046.2835 (Neuausgabe: 01.01.2002).

[4] Deutsche Bahn AG: Gemeinsames Signalbuch. DS/DV 301,
(Bekanntgabe 5: 15.12.2003).

[5] Deutsche Bahn AG: Fahren und Bauen – Betrieb und Bau koordinieren –
Grundlagen. Modul 406.1101, Neuherausgabe
15.06.2003.

[6] Deutsche Bahn AG: Fahren und Bauen – Betrieb und Bau koordinieren –
Rahmenbedingungen. Modul 406.1102, Neuheraus-
gabe 15.06.2003.

[7] Deutsche Bahn AG: Fahren und Bauen – Betrieb und Bau koordinieren –
Prozessbeschreibung. Modul 406.1103, Neuheraus-
gabe 15.06.2003.

[8] Deutsche Bahn AG: Fahren und Bauen – Betra erarbeiten. Modul
406.1201, (Bekanntgabe 1: 01.08.2005).

[9] Deutsche Bahn AG: Fahren und Bauen – La erarbeiten. Modul 406.1202,
(Bekanntgabe 1: 01.08.2005).

[10] Deutsche Bahn AG: Züge fahren und Rangieren. KoRil 408.01 – 09, (Bekanntgabe 3: 12.12.2004).

[11] Deutsche Bahn AG: Züge fahren und Rangieren. KoRil 408.01 – 09,
(Bekanntgabe 3: 12.12.2004).

Kapitel 3
[1] Deutsche Bahn AG: Handbuch „Betriebszentralen DB Netz AG". Richtlinie 420.01.

Kapitel 4
[1] Deutsche Bahn AG: Handbuch „Betriebszentralen DB Netz AG", Modul 7 „Analysieren des Betriebsprozesses", Richtlinie 420.0107 vom 26.09.99, Ausgabe 01.07.2004.

[2] Deutsche Bahn AG: Handbuch „Betriebszentralen DB Netz AG", Unterlage „Kodierung der Verspätungsursachen mit Zuordnungsbeispielen", Richtlinie 420.9001 vom 26.09.99, 7. Aktualisierung, gültig ab 01.01.2005.

[3] Deutsche Bahn AG: Handbuch „Betriebszentralen DB Netz AG", Kodierliste, Richtlinie 420.9001, Vordruck 01, gültig ab 01.01.2005.

Kapitel 5
[1] Oser, U.; Wegel, H.: Automation im Eisenbahnbetrieb – Stand, Ziele, Anforderungen – . Z. ETR 47 (1998), H. 1 – Januar, S. 9 – 13.

[2] Pachl, J.: Steuerlogik für Zuglenkanlagen zum Einsatz unter stochastischen Betriebsbedingungen. Dissertation, Technische Universität Braunschweig, Institut für Verkehr, Eisenbahnwesen und Verkehrssicherheit, Braunschweig 1993.

[3] Bormet, J.: Funktion der fahrplanbasierten Zuglenkung für Betriebszentralen. Z. EI – Eisenbahningenieur (53), 6/2002, S. 36 – 44.

Kapitel 7
[1] Bormet, J.: Funktion der fahrplanbasierten Zuglenkung für Betriebszentralen. Deine Bahn 3/2003.

[2] Hahn, H.: Eisenbahnbetriebslehre. Transpress VEB Verlag für Verkehrswesen Berlin, 2. Auflage 1969.

[3] Naumann, P.
Pachl, J.: Leit- und Sicherungstechnik im Bahnbetrieb. Tetzlaff-Verlag, Hamburg, 2002, Schriftenreihe für Verkehr und Bahntechnik, Bd. 2.

[4] Potthoff, G.:	Verkehrsströmungslehre, Bd. 1. Die Zugfolge auf Strecken und in Bahnhöfen, Transpress VEB-Verlag für Verkehrswesen, Berlin, 3. Auflage 1980.
[5] Potthoff, G.:	Verkehrsströmungslehre, Bd. 3. Die Verkehrsströme im Netz, Transpress VEB-Verlag für Verkehrswesen, Berlin, 2. Auflage 1970.
[6] Schaer, T.:	Disposition und Konfliktlösungsmanagement für die beste Bahn (DisKon). Unveröffentlichtes Projektmaterial 03/2003.
[7] Schwanhäußer, W.:	Bemessen und Gestaltung von Eisenbahnbetriebsanlagen. Umdruck RWTH Aachen, 1998.
[8] Schwanhäußer, W.:	Kenngrößen der Fahrwegkapazität. Umdruck RWTH Aachen, 1999.
[9] Richtlinie:	Trassenmanagement. R 402 0203 /0301/0311/ 0410/0420.
[10] Richtlinie:	Fahrwegkapazität. R 405 0101 – 0103.
[11] Richtlinie:	Fahren und Bauen. R 406 0101.
[12] Richtlinie:	Betriebszentralen DB Netz AG. R 420 0107.
[13] UIC-Merkblatt:	Kapazität. UIC-Kodex 406 E, 1. Ausgabe, September 2004.

Autorenverzeichnis

Kapitel 1

Dipl.-Ing. (FH) *Carsten Lindstedt*
* 08/97: Sachbearbeiter, Deutsche Bahn AG, Geschäftsbereich Netz, NGB 32 – Mainz,
* 02/02: Sachbearbeiter beim Eisenbahnbetriebsleiter, DB Station&Service AG – Zentrale, Berlin.

DB Station&Service AG
Betrieb (I.SBB)
Köthener Strasse 2 – 3, 10963 Berlin
Telefon: (0 30) 2 97-6 90 57, Fax: -6 90 53, intern 9 99-
Carsten.Lindstedt@bahn.de

Kapitel 2

Dipl.-Ing. (FH) *Jörg Kuhnke*
* 09/90: Wissenschaftlicher Mitarbeiter „rechnergestützte Bearbeitung der Baubetriebstechnologie", Deutsche Reichsbahn, Zentrale Hauptverwaltung,
* 01/94: Sachbearbeiter „Weiterentwicklung von IT-Verfahren beim Prozess Baubetriebliche Planung", DB Netz AG – Zentrale, Frankfurt am Main.

DB Netz AG – Zentrale
Koordination Betrieb/Bau (I.NBBK)
Theodor-Heuss-Allee 5 – 7, 60486 Frankfurt am Main
Telefon: (0 69) 2 65-3 14 89, Fax: -3 14 49, intern 9 55-
Joerg.Kuhnke@bahn.de

Thomas Schill, Diplomverwaltungsbetriebswirt
* 02/91 – 05/92: Betra-Sachbearbeiter in der damaligen Regionalabteilung Mainz der Bundesbahndirektion Frankfurt am Main,
* 05/92 – 10/97: Zentrale Baubetriebsplanung in Mainz,
* seit 10/97: Zentrale Baubetriebsplanung/Zentrale Koordination Betrieb und Bau in Frankfurt am Main in wechselnden Tätigkeitsfeldern,
* seit 11/01: außerdem Fachautor der Richtlinie 406 „Fahren und Bauen", zuständig für die Regelwerksmodule 406.1201 „Betra erarbeiten" und 406.1202 „La erarbeiten"

DB Netz AG – Zentrale
Koordination Betrieb/Bau (I.NBBK)
Theodor-Heuss-Allee 5 – 7, 60486 Frankfurt am Main
Telefon: (0 69) 2 65-3 14 44, Fax: -3 14 49, intern 9 55-
Thomas.Schill@bahn.de

Stephan Schmidt
* 09/98: Ausbildung zum Eisenbahner im Betriebsdienst/Fachwirt für den Bahn-betrieb,
* 02/02: Bezirksleiter Betrieb,
* 12/02: Zentrale Koordination Betrieb und Bau.

DB Netz AG – Zentrale
Koordination Betrieb/Bau (I.NBBK)
Theodor-Heuss-Allee 5 – 7, 60486 Frankfurt am Main
Telefon: (0 69) 2 65-3 14 46, Fax: -3 14 49, intern 9 55-
Stephan.A.Schmidt@bahn.de

Kapitel 3

Dipl.-Ing. (FH) **Wolfgang Weber**

* bis zum Eintritt in den Ruhestand:
Chefanwender Handbuch „Betriebszentralen DB Netz AG".

Kapitel 4

Dr.-Ing. **Gert Heister**, Bundesbahndirektor a.D.
* 1986 – 1997: Leiter Betriebsführung Hannover,
* 1997 – 2000: Leiter Betriebszentrale Hannover.

Dr.-Ing. Gert Heister
Goerdelerstr. 12
31303 Burgdorf

Kapitel 5 und Fach-Koordination

Dipl.-Ing. *Thorsten Schaer*
* 11/00: Referent „Bahnbetrieb" und stellv. Teamleiter „Infrastruktur und Technik", DB Bildung – Zentrale, Frankfurt am Main,
* 01/02: Sachbearbeiter „Systemverträglichkeit und Netzzugang", DB Systemtechnik, Minden (Westf.),
* 01/04: wissenschaftlicher Mitarbeiter „Betriebsverfahren" und Projektleiter „DisKon – Disposition und Konfliktlösungsmanagement für die beste Bahn", DB Systemtechnik, München.

Deutsche Bahn AG
Technik/Beschaffung, DB Systemtechnik
LCC-Methodik, Systemanalysen und Betriebskonzepte (TZF 11)
Völckerstraße 5, 80939 München
Telefon: (0 89) 13 08-48 53, Fax: -25 90, intern 9 62-
Thorsten.Schaer@bahn.de

Kapitel 6

Norbert Wagner
* Sachbearbeiter im Trassenmanagement mit den Themenschwerpunkten: Fahrplanqualität, Koordination Großprogramme, VIP-Reisen, Workshop Trassenmanagement.

DB Netz AG – Zentrale
Servicecenter Fahrplan (I.NMVF)
Theodor-Heuss-Allee 5 – 7, 60486 Frankfurt am Main
Telefon: (0 69) 2 65-3 19 64, Fax: -3 19 47, intern: 955-
Norbert.M.Wagner@bahn.de

Kapitel 7

Dr.-Ing. *Roswitha Pomp*
* 1970 – 1976: Operative Tätigkeiten auf Bahnhofs- und Direktionsebene,
* 1981 – 1990: Hauptstab für die operative Betriebsleitung DR,
* 1990 – 2001: Hauptabteilungsleiterin Betriebsinnovation/Netz-Technikzentrum Vetrieb/DV Marketing und Vertrieb,
* ab 2002: Leitende Tätigkeiten – Interoperabilität/TSI

DB Netz AG – Zentrale
Grundsätze Infrastruktur (I.NBAG (G))
Theodor-Heuss-Allee 5 – 7, 60486 Frankfurt am Main
Telefon: (0 69) 2 65-3 17 21, Fax: - 3 18 78, intern: 9 55-
Roswitha.Pomp@bahn.de

Abkürzungsverzeichnis

Abkürzung	Erklärung
ABN	Allgemeine Bedingungen für die Nutzung der Eisenbahn-infrastruktur
ABP	Anlagen, Betriebsmittel und Personal
ABS	Ausbaustrecke
Abzw	Abzweigstelle
AEG	Allgemeines Eisenbahn Gesetz
AFB	Automatische Fahr- und Bremssteuerung
Ag	Arbeitsgebiet
AP	Anstoßpunkt
Asig	Ausfahrsignal
AsStb	Assistent im Steuerbezirk
ATC	Automatic Train Control
AVI	Dispostelle für Arbeitsvorbereitung und Instandhaltung (AVI)
Basa	Bahnselbstanschlussanlage
BAST	Betriebliche Aufgabenstellung (bei Investvorhaben)
BBP	Baubetriebsplanung
Bd	Bereichsdisponent
Berü	Bereichsübersicht
Betra	Betriebs- und Bauanweisung
BEV	Bundeseisenbahnvermögen
Bf	Bahnhof
BFG	Bahnhofsgrafik
Bfo	Bahnhofsfahrordnung (neu: Fahrplan für Zugmeldestellen)
BKU	Unternehmensinterne Bürokommunikation der DB AG
BL	Betriebsleitung
BLST	Betriebsleitstellen
BO	Bedienoberfläche
BPA	Betriebsprozessanalyse
BPD	Betriebsprozessdaten
BPR	Bedienplatzrechner
BPS	Bedienplatzsystem
BSL	Betriebliche Störfallliste
BÜ	Bahnübergang
Bü	(örtliche) Betriebsüberwachung
BVU	Besondere Verspätungsursachen
BZ	Betriebszentrale
Bzu	Bauzuschlag
DaVIT	Datenverarbeitung im Trassenmanagement
DB	Deutsche Bundesbahn
DB AG	Deutsche Bahn AG
DET	Dateneingabetastatur

DFB	Dispositive Fahrplanbearbeitung
DR	Deutsche Reichsbahn
DRG	Deutsche Reichsbahn-Gesellschaft
DS	Druckschrift
DV	Dienstvorschrift
EAS	Ein- und Ausgabestation
EBO	Eisenbahn-Bau- und Betriebsordnung
EBuLa	Elektronischer Buchfahrplan und La
EDP	Elektronische Datenpost
EIBV	Eisenbahninfrastruktur-Benutzungsverordnung
EIRENE	European Integrated Railway Radio Enhanced Network
EIU	Eisenbahninfrastrukturunternehmen
El-Signale	Fahrleitungssignale (DS 301)/Signale für elektrische Zug-förderung (DV 301)
EP	Einschaltpunkt
ERTMS	European Railway Transport Management System
Esig	Einfahrsignal
ESTW	Elektronisches Stellwerk
ETCS	European Train Control System
EU	Europäische Union
EVU	Eisenbahnverkehrsunternehmen
Fahrplan Zf	Fahrplan für Zugführer
Fdl	Fahrdienstleiter
FFB	Funk-Fahr-Betrieb
Fpl	Fahrplan
Fplo	Fahrplananordnung
FV	Fahrdienstvorschrift
FW	Firewall
FZB	Funkzugbeeinflussung
FZMP	Fahrzeitmesspunkt
FztH	Fahrzeitenheft
GBT	Gleisbenutzungstabelle
GeH	Geschwindigkeitsheft
Geko	Geschwindigkeitskonzeption
GF	Geschäftsfeld
GFD	Gemeinsame Fahrplandatenhaltung
GG	Grundgesetz
GWB	Gleiswechselbetrieb
Gz	Güterzug
H/V	Hauptsignal/Vorsignal
Hg	Höchstgeschwindigkeit
HGV	Hochgeschwindigkeitsverkehr
Hp	Haltepunkt
IB	Instandhaltungs-Berechtigter
IB 1	Integritätsbereich 1
IB 2	Integritätsbereich 2

IB 3	Integritätsbereich 3
IB-Apl	Arbeitsplatz des Instandhaltungsberechtigten in der Unterzentrale
IBF	Integrierte Bedienerführung
ICE	Inter City Express/Intercityexpresszug
IFB	Interaktive Fahrplanbearbeitung
INV	Infrastruktur-Nutzungsvertrag
ISDN	Integrated Services Digital Network (Dienste-integrierendes digitales Fernmeldenetz)
ITF	Integraler Taktfahrplan
Jfpl	Jahresfahrplan
KE	Konflikterkennung
KF	Kommandofreigabe
KL	Konfliktlösung
KNG	grafische Knotenübersicht
KNT	tabellarische Knotenübersicht
KoRil	Konzernrichtlinie
Ks	Kombinationssignal
La	Zusammenstellung der vorübergehenden Langsamfahrstellen und anderen Besonderheiten
LAN	Local Area Network (Lokales Netz)
LeiBIT	Leitsystem der Betriebsführung Betriebliche Informationsverteilung
LeiDa-F	Leitsystem der Betriebsführung Datenhaltung-Fahrplanbearbeitung
LeiDa-S	Leitsystem der Betriebsführung Zentrale Datenhaltung-Systemdaten
LeiDis	Leitsystem der Betriebsführung Disposition
LeiDis-N	Leitsystem der Betriebsführung Netzdisposition
LeiDis-S/K	Leitsystem der Betriebsführung Streckendisposition/Knotendisposition
LeiPro-A	Leitsystem der Betriebsführung Betriebsprozess-Analyse
LeiStö	Leitsystem der Betriebsführung Betriebliche Störungsbehandlung
LeiTFÜ	Leitsystem der Betriebsführung Technische Fahrwegüberwachung
Lf-Signale	Langsamfahrsignale (DS/DV 301)
Lfst	Langsamfahrstelle
Lisba	Liste speziell vorzubereitender Baumaßnahmen
Lpw	Lokpersonalwechsel
LST	Leit- und Sicherungstechnik
LÜ	Lademaßüberschreitung
Lüs	Lenkübersicht
Lz	Triebfahrzeugleerfahrt
LZB	Linienzugbeeinflussung
MORANE	Mobil Radio for Railway Networks in Europe

MÜV	Melde- und Überwachungsverfahren (auf Basis MAS 90)
MÜV-UZ	Melden, Überwachen und Verteilen in der Unterzentrale
MÜZ	Mindestübergangszeit
NBS	Neubaustrecke
NL	Niederlassung
NLZ	Netzleitzentrale
OE	Organisationseinheit
ÖPNV	Öffentlicher Personennahverkehr
özF	Örtlich-zuständiger Fahrdienstleiter
PIC	Parcel-Intercity-Zug
PRINZIP	Projekt Instandhaltung durch zentral gesteuerte Prozesse
PVG	Produktionssystem Güterverkehr
PZB	Punktförmige Zugbeeinflussung
PZB 90	Punktförmige Zugbeeinflussung, Bauart 90
R	Richtlinie
RB	Regionalbahn
Rbf	Rangierbahnhof
RBL	Rechnergestütztes Arbeiten in der Betriebsleitung
RbmV	Rechnergestütztes Betriebsmeldeverfahren (neu: LeiBIT)
RE	RegionalExpress
Regionali-	
sierungsG	Gesetz zur Regionalisierung des öffentlichen Personennahverkehrs (Regionalisierungsgesetz)
Ril	Richtlinie
RSTW	Relaisstellwerk
RUT	Rechnerunterstützte Trassenkonstruktion/Rechnerunterstütztes Trassenmanagement
RWZ	Regelwartezeit
Rz	Reisezug
RZBL	Rechnergestütztes Arbeiten in der Zentralen Betriebsleitung
Rzu	Regelzuschlag
RZü	Rechnergestützte Zugüberwachung
SB	Selbststellbetrieb
Sbk	Selbstblocksignal
SBP	Standard-Bedienplatz
SFS	Schnellfahrstrecke
SGV	Schienengüterverkehr
Sipo	Sicherungsposten
SNB	Schienennetznutzungsbedingungen
SPFV	Schienenpersonenfernverkehr
SPNV	Schienenpersonennahverkehr
SPV	Schienenpersonenverkehr
SSP	Streckenspiegel
ST	Security Translator
TA	Trassenanmeldung
TCP/IP	Internetprotokolle

Tf	Triebfahrzeugführer
TFK	Teilfahrstraßenknoten
Tfz	Triebfahrzeug
TGV	HGV der SNCF
TL	Transportleitung
TM	Trassenmanagement
TPN	Trassenportal
Üb	Überwachungsbereich
U-Plan	Umleitungsfahrplan
US	Unterstation
Üst	Überleitstelle
UZ	Unterzentrale – bestehend aus ESTW mit IB-Bedienplatz, ZN 800 und ZL
v-s-Diagramm	Geschwindigkeits-Weg-Diagramm
VSP	Verspätungsspiegel
VzG	Verzeichnis der örtlich zulässigen Geschwindigkeiten
Ww	Weichenwärter
WZV – WZVR	Wartezeit-Vorschrift – Wartezeit und Vormelden (Zusatz zu R 420)
Zd	Zugdisponent
Zf	Zugführer
ZFI	Zugfahrtinformation
ZL	Zuglenkung
Zlr	Zuglenker
ZLV	Zuglaufverfolgung
ZN 800	Zugnummernmeldeanlage der DB AG
Zs	Zusatzsignal
Zsig	Zwischensignal
Zü	Zugüberwachung
ZUB	Zugbeeinflussungssysteme: z.B. PZB und LZB
Zub	Zugbegleitpersonal
ZWL-Bilder	Zeit-Weg-Linien-Bilder

Abkürzungsverzeichnis

Stichwortverzeichnis